高等学校理工科数学类规划教材

数学分析(基础篇)

MATHEMATICAL ANALYSIS: AN ELEMENTARY INTRODUCTION

钱晓元　主编

大连理工大学出版社
DALIAN UNIVERSITY OF TECHNOLOGY PRESS

图书在版编目(CIP)数据

数学分析. 基础篇 / 钱晓元主编. -- 大连 : 大连理工大学出版社, 2021.9
ISBN 978-7-5685-2926-6

Ⅰ. ①数… Ⅱ. ①钱… Ⅲ. ①数学分析－高等学校－教材 Ⅳ. ①O17

中国版本图书馆 CIP 数据核字(2020)第 269680 号

数学分析(基础篇)
SHUXUE FENXI(JICHU PIAN)

大连理工大学出版社出版
地址:大连市软件园路 80 号　邮政编码:116023
发行:0411-84708842　邮购:0411-84708943　传真:0411-84701466
E-mail:dutp@dutp.cn　URL:http://dutp.dlut.edu.cn
大连图腾彩色印刷有限公司印刷　大连理工大学出版社发行

幅面尺寸:185mm×260mm　印张:17.75　字数:346 千字
2021 年 9 月第 1 版　2021 年 9 月第 1 次印刷

责任编辑:王　伟　责任校对:李宏艳
封面设计:宋　蕾

ISBN 978-7-5685-2926-6　定　价:45.00 元

本书如有印装质量问题,请与我社发行部联系更换。

前　言

高等数学是高等学校理工科非数学类专业本科生的主要公共基础课，其教学成效对于高等学校学生后续课程的学习乃至未来事业的发展起着举足轻重的作用。20 世纪五六十年代，我国数学界主要借鉴苏联的教学内容和体系，编写了多种受到普遍好评的高等数学教材。这些高等数学教材为我国高等教育的发展和专业人才的培养做出了不可磨灭的贡献。1994 年开始，我国高等院校全面贯彻实施"高等教育面向 21 世纪教学内容和课程体系改革计划"。为改变当时高等数学的教学内容陈旧和课程体系滞后于科技、经济、社会发展的状况，一批更加突出高等数学的理论性、实用性、科学性和针对性的优秀教材脱颖而出，高等数学的教学改革也呈现出蓬勃发展的新局面。

与数十年前使用的传统教材相比，现有主流教材保持了内容和体系的基本稳定，通常包括一元微积分、多元微积分、向量代数与空间解析几何、无穷级数和微分方程等。不同教材的差异主要体现在根据不同专业、不同层次的教学需求，对内容进行了有针对性的局部调整。但是，相较于 21 世纪科学技术日新月异的前进浪潮和数学在科技创新中的支撑作用日益突出的发展趋势，高等数学教材的改革力度明显不足。为了满足人工智能时代对创新型人才培养的全新需求，我们必须在更大程度上突破传统框架的束缚，与时俱进地建设新的课程教学体系。

大连理工大学按照分层次分流培养的教学理念，将高等数学细分为微积分、高等数学、工科数学分析和数学分析 B 等多门课程，并开展了相应的教学建设。本书是为数学分析 B 课程第一学期编写的教材，包括了一元微积分和多元微积分的基本内容。传统上，多元微积分总是留到第二学期讲授。我们将其提前到第一学期，有以下几个原因。首先，为了在第二学期留出足够的课时，加入含参变量积分、Fourier 变换、Lebesgue 测度与积分等近代数学理论的入门知识。其次，以多元微积分为基础，将微分方程放到第二学期中的场论之后，整个数学分析 B 课程的逻辑结构更加严密，知识体系也更加完整。最后，物理类相关课程中很早就会用到偏导数、梯度、重积分等概念，将多元微积分内容提前教授，有助于数学公共基础课与专业课程的顺利衔接。

本书借鉴了数学专业数学分析教材的体系结构，以集合、映射和实数系的基本知识开篇，通过对数列的讨论，简单明快地导入整个数学分析的核心概念——极限，以及由此产生的收敛性问题。在此基础上讨论了函数的极限和连续函数，进而阐述一元函数微分学和一元函数积分学。接下来从欧氏空间的概念出发，引进了多元函数的极限和多元连续函数，再介绍多元函数微分学和多元函数积分学,最后以曲线积分和曲面积分结束。

虽然本书的目标读者并非数学专业的学生,但编者仍然力求保持现代数学高度抽象和严密的特色。例如,我们用乘积集合给出映射的定义,用一一对应明确了有限与无限的含义。我们指出实数系同时具备三种基本的数学结构:算术结构、序结构和距离结构。我们遵循标准的数学分析逻辑架构,陈述了实数系的确界原理,由此导出阿基米德原理,作为引进极限概念的基础。我们严格阐述了隐式曲线、隐式曲面、参数曲线、参数曲面的含义,同时也没有回避连续函数介值定理、隐函数定理等存在性的证明,目的是让学生更好地领会其中的数学理念,做到知其然,也知其所以然。

在原有课时不变的条件下,增添大量新的内容,显然必须实施相应的减法。但是,高等数学的基础地位,决定了针对教学体系所做的任何改革必须有坚实可靠的依据,充分考虑利弊得失,在取舍之间将潜在的风险降到最低。我们所做的减法,主要的着力点在于通过考察现代信息社会对科技工作者数学能力所产生的需求变化,尽量删减由于客观环境的改变而不再需要由高等数学课程承担的培养任务。

实际上,任何一门数学课程都包含语言、工具、方法和技巧四个层面。这四个层面的难度,由低到高呈指数级增长;而它们的应用范围,则由广到狭呈指数级下降。传统上,高等数学的教学非常重视解题技巧的训练,为此投入了大量课时。这种做法在过去是合理的。因为二三十年前,高等院校的学生在毕业后开展工作时,大多处在相对封闭的业务环境之中,经常需要自己动手求解具体的数学应用问题。因此,熟悉各种不同类型的具体问题的解法,是非常有必要的。

进入21世纪以来,这种状况有了巨大的变化。首先,通过跨学科、跨行业的协作,组成包括数学专家在内的研究团队,成为科技创新的常态。其次,互联网的出现,为专业和技术交流提供了方便、迅捷的通信手段。此外,计算机技术的发展,使得算导数、求积分、做Taylor展开,甚至解微分方程这样的高等数学问题,都可以借助软件快速完成。对应用领域的科技专家来说,数学语言、工具和通用方法方面的需求日益增长,但掌握各种运算技巧和特殊解题方法的必要性则远不如以往。

有鉴于此,本书更侧重于基本概念、基本原理和基本方法的阐述,以此为基础,让学生学会数学语言,熟悉数学工具,掌握基本的数学方法和必要的数学技巧。我们鼓励有余力的学生阅读相关的参考书,例如本书参考文献中的著作,尝试解答更多的数学分析习题。为了方便读者根据单一的顺序关系查找目标的位置,我们在本书中将定义、定理、例题和注记统一进行了编号。

限于作者的水平和经验,书中难免存在许多缺点和不足,恳请读者不吝指正。

编　者

于大连理工大学

2021年8月

目　录

第 1 章　集合•映射•实数系

1.1　集合

大道至简. 研究的对象越简单, 人们对它的认识就越深入, 越可靠. 数学追求极致的可靠性, 所以采用了集合这种最简单的材料建造自己的基础. 所有数学概念的精确定义都要通过集合论的语言来表达. 为了学习现代数学的理论和方法, 必须首先了解集合论的基本概念.

1.1.1　集合与元素

数学概念来源于客观事物的抽象. 人们接触到的客体形形色色、千差万别, 从这些差异中认识到多个客体共有的属性, 是最初级的一种抽象. 集合就是共性的一种表现形式, 因此成为最基本的数学概念.

一般说来, 集合由一些具有某个共同属性的个体成员组成, 这些个体成员称为集合的元素. 如果我们用陈述句 $P(x)$ 表示关于个体 x 的一个性质, 那么, 由全体具有性质 $P(x)$ 的个体所组成的集合, 可以表示为

$$\left\{x \,\middle|\, P(x)\right\}.$$

例如, “所有羊的集合” 可以表示为 $\left\{x \,\middle|\, x\text{是一只羊}\right\}$.

例 1.1.1. 集合 $\left\{x \,\middle|\, x^2=1\right\}$ 由方程 $x^2=1$ 的全部解组成, 它包含两个元素： 1 和 −1.

由少数几个元素组成的集合, 也可以用枚举法表示, 也就是将所有元素逐一写到花括号中, 彼此间用逗号隔开.

例 1.1.2. 集合 $\{1, 2, 3, 4, 5\}$ 由前5 个正整数 1, 2, 3, 4, 5 组成.

如果集合的元素比较多, 也可以写出少量元素作为示例, 省略其他元素.

例 1.1.3. 集合 $\{1,3,5,\cdots,9999\}$ 由所有小于10000 的正奇数组成.

例 1.1.4. 所有正奇数组成的集合可以写成

$$\{1, 3, 5, \cdots\}.$$

如果觉得这个写法不够清楚，可以做得更细致一些：

$$\{1, 3, 5, \cdots, 2n-1, \cdots\}.$$

这里字母 n 习惯上代表一个任意的正整数，因此任意正奇数具有 $2n-1$ 的形式. 将集合中元素的一般形式写出来，它包含哪些成员就更清楚了. 又比如 $\{1, 4, 9, \cdots, n^2, \cdots\}$ 是所有平方数（即正整数的平方）组成的集合. n^2 是平方数的一般形式.

下面有关集合与元素的基本概念和术语是务必要熟悉的.

假如 S 是一个集合，a 是 S 的一个元素，我们就说 a **属于** S，记为 $a \in S$，也可以说集合 S **有**元素 a，记为 $S \ni a$. 如果 a 不是 S 的元素，我们就说 a **不属于** S，记为 $a \notin S$.

假如两个集合 A 和 B 包含的元素完全相同，我们就说 A **等于** B，记为 $A = B$. 假如集合 A 与集合 B 包含的元素不完全相同，我们就说 A **不等于** B，记为 $A \neq B$.

如果集合 A 的元素都是集合 B 的元素，我们就说 A 是 B 的**子集**，记为 $A \subset B$，也可以说 B 是 A 的**超集**，记为 $B \supset A$.

如果 $A \subset B$，但是 $A \neq B$，就说 A 是 B 的**真子集**，记为 $A \subsetneq B$. 显然，在这种情况下 B 中一定有不属于 A 的元素.

空集 $\varnothing$ 是唯一没有任何元素的集合，它是任意集合的子集. 至少有一个元素的集合称为**非空集**.

1.1.2 集合的运算

集合之间有以下几个基本运算：并，交和差. 假设 A 和 B 是两个集合.

A 与 B 的**并**是由 A 中所有元素和 B 中所有元素共同组成的集合，记为 $A \cup B$，即

$$A \cup B = \left\{x \mid x \in A \text{ 或 } x \in B\right\}.$$

A 与 B 的**交**是由 A 和 B 的公共元素组成的集合，记为 $A \cap B$，即

$$A \cap B = \left\{x \mid x \in A \text{ 且 } x \in B\right\}.$$

A 与 B 的**差**是由 A 中不属于 B 的元素组成的集合，记为 $A \setminus B$，即

$$A \setminus B = \left\{x \mid x \in A \text{ 且 } x \notin B\right\}.$$

并和交运算具有下面的性质.

命题 1.1.5. 设 A, B, C 为集合, 则

1) **(结合律)** $(A\cup B)\cup C = A\cup(B\cup C)$, $(A\cap B)\cap C = A\cap(B\cap C)$;

2) **(交换律)** $A\cup B = B\cup A$, $A\cap B = B\cap A$;

3) **(分配律)** $(A\cup B)\cap C = (A\cap C)\cup(B\cap C)$, $(A\cap B)\cup C = (A\cup C)\cap(B\cup C)$.

并、交和差运算满足下面的**对偶律**.

命题 1.1.6. 设 A, B, C 为集合, 则

$$C\setminus(A\cup B) = (C\setminus A)\cap(C\setminus B), \quad C\setminus(A\cap B) = (C\setminus A)\cup(C\setminus B).$$

在研究具体问题时, 涉及的所有个体往往都属于同一个特定的集合, 称为**全集**. 如果已经确定了全集 X, 对 X 的任意子集 A, 可以定义 A 的**补集**

$$A^c = X\setminus A.$$

将对偶律用于补集的情形, 我们得到

$$(A\cup B)^c = A^c\cap B^c, \quad (A\cap B)^c = A^c\cup B^c.$$

1.1.3 集合的乘积

设 A, B 是两个集合. 我们考虑由所有的有序对 (x, y) 组成的集合, 其中 $x\in A$, $y\in B$. 这个集合称为 A 和 B 的**乘积**, 记为 $A\times B$, 即

$$A\times B = \{(x, y) \mid x\in A, y\in B\}.$$

我们约定当 A 或 B 为空集时, $A\times B$ 为空集.

例 1.1.7. 设 $A=(1,2,3)$, $B=(a,b)$, 则

$$A\times B = \{(1,a), (1,b), (2,a), (2,b), (3,a), (3,b)\}.$$

注记 1.1.8. 显然, 有序对 (x, y) 比集合 $\{x, y\}$ 包含了更多的信息, 但它仍然可以从已有的集合概念导出. 比较常用的做法是定义

$$(x, y) = \Big\{x, \{x, y\}\Big\}.$$

一般地, 对正整数 $n\geq 2$ 和多个集合 $A_1, A_2, \cdots, A_n$, 可以定义 $n-$ 元有序组 $(x_1, x_2, \cdots, x_n)$ 和乘积集合

$$A_1\times A_2\times\cdots\times A_n = \Big\{(x_1, x_2, \cdots, x_n) \;\Big|\; x_1\in A_1, x_2\in A_2, \cdots, x_n\in A_n\Big\}.$$

1.1.4 一些常用集合

我们用记号

$$\mathbb{N},\ \mathbb{Z},\ \mathbb{Q},\ \mathbb{R},\ \mathbb{C}$$

分别表示全体**自然数集**, 全体**整数集**, 全体**有理数集**, 全体**实数集**, 全体**复数集**.

一般地, 对于数集 S, 我们用 S^* 表示在 S 中去掉零元素得到的集合; 用 S^+ 表示在 S 中去掉 0 和负数得到的集合. 即

$$S^* = S\setminus\{0\},\quad S^+ = S\setminus\{x \mid x \le 0\}.$$

例如, $\mathbb{Z}^*$, $\mathbb{Q}^*$, $\mathbb{R}^*$ 分别表示全体非零整数集, 全体非零有理数集, 全体非零实数集; $\mathbb{Z}^+$, $\mathbb{Q}^+$, $\mathbb{R}^+$ 分别表示全体正整数集, 全体正有理数集, 全体正实数集.

练习 1.1

1. 设 A, B 是两个集合. 证明

$$(A\cup B)^c = A^c \cap B^c.$$

2. 设 A, B, C 是三个集合. 证明

$$(A\cup B)\times C = (A\times C)\cup(B\times C).$$

3. 指出下列集合之间有哪些相等或包含关系:

$$\mathbb{Q}^+,\ \mathbb{Q}^*,\ \mathbb{Q},\ \left\{\frac{p}{q}\ \middle|\ p, q\in\mathbb{Z}^*\right\},\ \left\{\frac{m}{n}\ \middle|\ m\in\mathbb{Z}^+, n\in\mathbb{Z}^*\right\},\ \left\{nr\ \middle|\ n\in\mathbb{N}, r\in\mathbb{Q}^*\right\}.$$

4. 指出下列集合之间有哪些相等或包含关系:

$$\mathbb{Q}\times\mathbb{Q},\ \mathbb{Z}^+\times\mathbb{R},\ \mathbb{R}\times\mathbb{R},\ \left\{(n, x)\ \middle|\ n\in\mathbb{Z}^+, x\in\mathbb{R}\right\},\ \left\{(x, x)\ \middle|\ x\in\mathbb{R}\right\},\ \left\{(r, s)\ \middle|\ r, s\in\mathbb{Q}\right\}.$$

5. 指出下列集合之间有哪些相等或包含关系:

$$\varnothing,\ \{0\},\ \mathbb{Q}^*\cup\{0\},\ \mathbb{Q}^*\cap\{0\},\ \mathbb{Q},\ \mathbb{Q}\setminus\mathbb{R}^*,\ \mathbb{Z}\setminus\mathbb{Q}.$$

1.2 映射

通过集合的乘积, 可以建立集合与集合、元素与元素、元素与集合之间的各种联系. 映射可能是其中最重要的一种, 它是我们熟悉的函数概念的推广.

1.2.1 定义和表示法

设 X 和 Y 是两个非空集合, f 是乘积集合 $X\times Y$ 的一个子集. 如果对任意一个 $x\in X$, 存在唯一的 $y\in Y$, 使得 $(x,y)\in f$, 我们就说 f 将 x **映到** y, 并将这个 y 记为 $f(x)$, 称为 x 在 f 之下的**像**, x 称为 y 的**原像**. 此时, X, Y 与 f 合在一起, 称为从 X 到 Y 的一个**映射**, 记为

$$f: X\to Y,\ x\mapsto y,$$

简记为 $f: X\to Y$, 或者 $y=f(x)$, 或者 f.

X, Y 和 f 分别称为该映射的**定义域**, **目标域**和**对应关系**.

定义一个映射的关键是说明对应关系. 可以用语言陈述, 也可以用公式表示.

例 1.2.1. 记 $P=\{$项羽, 吕布, 秦琼$\}$, $H=\{$乌骓, 赤兔, 黄骠$\}$. $P\times H$ 的子集

$$m=\{(\text{项羽},\text{乌骓}),(\text{吕布},\text{赤兔}),(\text{秦琼},\text{黄骠})\}.$$

给出了传说中三位历史人物与他们的坐骑之间的骑乘映射

$$m: P\to H,\ \text{骑手}\mapsto\text{坐骑}.$$

此时我们有

$$m(\text{项羽})=\text{乌骓},\ m(\text{吕布})=\text{赤兔},\ m(\text{秦琼})=\text{黄骠}.$$

例 1.2.2. $f:\mathbb{N}\to\mathbb{N},\ n\mapsto n^2$ 表示从全体自然数集到自身的一个映射, 它将每个自然数映到自身的平方.

给定映射 $f: X\to Y$, 对定义域 X 的子集 A, 目标域 Y 的子集 $f(A):=\{f(x)\mid x\in A\}$ 称为 A 在映射 f 之下的**像**. 特别地, 整个定义域的像 $f(X)$ 称为 f 的**值域**.

对目标域的子集 B, 定义域的子集 $f^{-1}(B):=\{x\mid f(x)\in B\}$ 称为 B 的**原像**.

映射的值域总是目标域的子集, 但二者未必相等. 对于比较复杂的映射, 值域往往不那么容易确定.

例 1.2.3. 定义映射 $g:\mathbb{N}\to\mathbb{N}$,

$$n\mapsto\begin{cases}0, & \text{当}\, n\ \text{为奇数, 或者}\, n\in\{0,2,4\},\\ 1, & \text{当}\, n\ \text{能表示为两个奇素数之和},\\ n, & \text{当}\, n\ \text{为其他偶数}.\end{cases}$$

此时, 著名的哥德巴赫猜想就是要证明 $g(\mathbb{N})=\{0,1\}$.

如果两个映射 f 与 g 的定义域, 目标域和对应规则都相同, 就说这两个映射**相等**, 记为 $f=g$; 否则, 就说二者**不相等**.

如果有两个映射 $f:X\to Y$, $g:Y\to Z$, 我们可以定义映射

$$g\circ f:X\to Z,\ x\mapsto g\big(f(x)\big),$$

称为映射 g 与 f 的**复合映射**（图 1.1）.

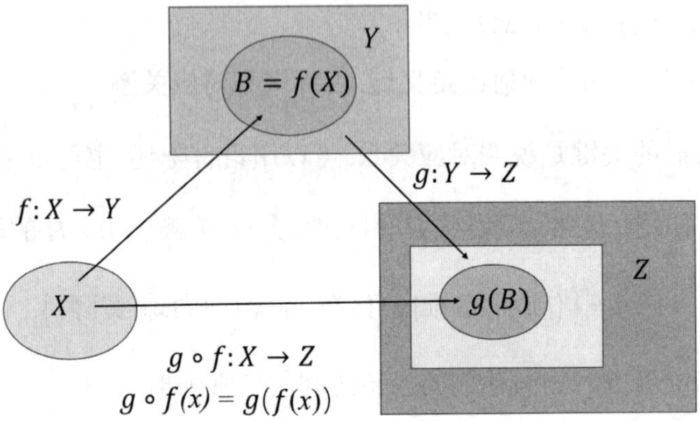

图 1.1

很容易验证, 复合映射满足如下的**结合律**:

命题 1.2.4. 设有映射 $f: X\to Y$, $g: Y\to Z$, $h: Z\to W$, 则有

$$(h\circ g)\circ f=h\circ(g\circ f).$$

1.2.2 映射的限制与延拓

例 1.2.5. $f:\mathbb{N}\to\mathbb{N}$, $n\mapsto n^2$ 和 $g:\mathbb{Z}\to\mathbb{N}$, $n\mapsto n^2$ 定义域不同, 所以是两个不同的映射, 但它们的对应规则看上去完全一样. 这种情形在数学上很常见, 有必要引进相应的概念来表达.

定义 1.2.6. 设有三个集合 X, Y, Z, 其中 $X\subset Y$, 映射 $f: X\to Z$ 和 $g: Y\to Z$ 满足

$$g(x)=f(x),\ x\in X,$$

则称映射 f 是映射 g 在 X 上的**限制**, 记为

$$f=g\Big|_X.$$

此时, g 称为 f 到 Y 上的**延拓**.

1.2.3 可逆映射

我们现在考察一些特殊的映射.

定义 1.2.7. 对于任意集合 X，有一个从 X 到自身的映射，称为**恒等映射**，记为 $\mathrm{id}_X\colon X \to X$，它将 X 中的任意元素映到自身，即 $\mathrm{id}_X(x) = x$. 在不致引起误解的情形下，可以省略下标 X，将 $\mathrm{id}_X(x)$ 直接写成 id.

显然，恒等映射有如下的性质:

命题 1.2.8. 对映射 $f\colon X \to Y$，总有

$$f = f \circ \mathrm{id}_X = \mathrm{id}_Y \circ f.$$

定义 1.2.9. 设 $f\colon X \to Y$ 是一个映射.

1) 如果当 $x_1 \neq x_2$ 时 $f(x_1) \neq f(x_2)$，就说 f 是一个**单射**;
2) 如果 $Y = f(X)$，就说 f 是一个**满射**;
3) 如果 f 既是单射又是满射，就说它是一个**双射**.

定义 1.2.10. 给定映射 $f\colon X \to Y$ 和 $g\colon Y \to X$. 如果它们满足等式

$$f \circ g = \mathrm{id}_Y, \quad g \circ f = \mathrm{id}_X, \tag{1.1}$$

那么 f 和 g 各自被称为对方的**逆映射**.

一个映射有逆映射，就称为**可逆映射**. 可逆映射又叫作**一一对应**.

命题 1.2.11. 可逆映射的逆映射是唯一的；就是说，如果 f 是可逆映射，g 和 h 都是 f 的逆映射，那么 $g = h$.

证明. 根据(1.1) 式，$g = g \circ \mathrm{id}_Y = g \circ \big(f \circ h\big) = \big(g \circ f\big) \circ h = \mathrm{id}_X \circ h = h$. □

注记 1.2.12. 今后，对可逆映射 f，我们总是将其唯一的逆映射记为 f^{-1}.

命题 1.2.13. 可逆映射是双射.

证明. 设映射 $f\colon X \to Y$ 可逆，逆映射为 g.

先证 f 为单射. 用反证法. 设有 x_1，$x_2 \in X$ 满足 $x_1 \neq x_2$，且 $f(x_1) = f(x_2)$，则

$$x_1 = \mathrm{id}_X(x_1) = g \circ f(x_1) = g\big(f(x_1)\big) = g\big(f(x_2)\big) = g \circ f(x_2) = \mathrm{id}_X(x_2) = x_2,$$

这与假设 $x_1 \neq x_2$ 矛盾.

再证 f 为满射. 仍用反证法. 设有 $y_1 \in Y$ 使得 $y_1 \notin f(X)$, 则

$$y_1 = \mathrm{id}_Y(y_1) = f \circ g(y_1) = f\big(g(y_1)\big) \in f(X),$$

这与假设 $y_1 \notin f(X)$ 矛盾. □

这个命题的逆命题仍然成立, 证明留作练习. 这样我们就看到: 双射与可逆映射本质上是同一个概念.

命题 1.2.14. 可逆映射的复合映射仍然是可逆映射.

证明留作练习.

练习 1.2

1. 设有映射 $f: X \to Y$, 集合 $A \subset B \subset X$.

   1) 若集合 $A \subset B \subset X$, 证明 $f(A) \subset f(B)$;

   2) 若集合 $C \subset D \subset Y$, 证明 $f^{-1}(C) \subset f^{-1}(D)$.

2. 设有映射 $f: X \to Y$, 集合 $\varnothing \neq B \subset Y$. 试问: B 满足什么条件时必定有 $f^{-1}(B) \neq \varnothing$?

3. 设 $f: X \to Y$ 是单射.

   1) 证明存在映射 $g: Y \to X$ 使得 $g \circ f = \mathrm{id}_X$;

   2) 在什么条件下, g 是唯一的?

4. 设 $f: X \to Y$ 是满射.

   1) 证明存在映射 $g: Y \to X$ 使得 $f \circ g = \mathrm{id}_Y$;

   2) 在什么条件下, g 是唯一的?

5. 证明命题1.2.13 的逆命题: 如果映射 $f: X \to Y$ 既是单射又是满射, 那么 f 可逆.

6. 证明命题1.2.14.

7. 设有映射

$$f: \mathbb{N} \to \mathbb{N},\ n \mapsto n^2, \quad g: \mathbb{N} \to \mathbb{R} \times \mathbb{R},\ n \mapsto (\sqrt{n}, \sqrt{n}), \quad h: \mathbb{R} \times \mathbb{R} \to \mathbb{R},\ (x, y) \mapsto x - y.$$

求复合映射 $h \circ g \circ f$.

8. 考虑映射 $f: \mathbb{Z} \to \mathbb{R}$, $n \mapsto (-1)^n$ 和 $g: \mathbb{R} \to \mathbb{R}$, $x \mapsto \cos \pi x$. 这两个映射之间有什么关系?

1.3 实数系

在数学上，如果一个集合的元素之间有某些联系，这些联系的全体就称为该集合的一个结构。有结构的集合，通常称为**系统**；或者，采用几何的术语，叫作**空间**。集合 $\mathbb{R}$ 被称为实数系统，简称**实数系**，是因为它有三大基本结构：**代数结构**，即四则运算；**序结构**，即实数之间的顺序关系“$\le$”和“$<$”；**距离结构**，即实数 a 和 b 之间有一个距离 $|a-b|$。这三大结构及其基本性质，都是我们已经熟知的。此外，我们同样知道**数轴**的概念，它是 $\mathbb{R}$ 与直线的一个一一对应。通过数轴，我们可以用直观的方式描述实数系的结构性质。

1.3.1 确界原理

在逻辑学中，符号 $\forall$ 是全称量词，表示“对所有的”，也就是“对任意一个”。符号 $\exists$ 是特称量词，表示“存在”，也就是“对某一个”。数学分析中将频繁使用这两个量词。它们不仅能简化陈述，而且有助于快速准确地推理。

定义 1.3.1. 设 A 是 $\mathbb{R}$ 的非空子集，$M, m\in\mathbb{R}$。

1) 如果 $\forall a\in A$，都有 $a\le M$，就说 M 是集合 A 的一个**上界**；

2) 如果 $\forall a\in A$，都有 $a\ge m$，就说 m 是集合 A 的一个**下界**；

3) 如果一个集合既有上界又有下界，就说该集合有界。

显然，如果 M 是 A 的上界，那么任意一个实数 $M'>M$ 也是 A 的上界。如果能找到最小的上界，也就知道了所有的上界。这就引出了下面的概念。

定义 1.3.2. 设 A 是 $\mathbb{R}$ 的非空子集，若 a^* 是 A 的上界，并且 $\forall x<a^*$，$\exists a\in A$，使得 $x<a$，则称 a^* 是 A 的**上确界**，记为 $a^*=\sup A$。

类似地，若 a_* 是 A 的下界，并且 $\forall x>a_*$，$\exists a\in A$，使得 $x>a$，则称 a_* 是 A 的**下确界**，记为 $\inf A$。

下面的结果至关重要，是数学分析中赖以建立极限概念的前题。它可以由实数构造的Dedkind 分割理论推出。

定理 1.3.3. （**确界原理**） 非空数集 A 若有上界，必有上确界；若有下界，必有下确界。

如果非空数集 A 无上界，就记 $\sup A=+\infty$；如果 A 无下界，就记 $\inf A=-\infty$。

定义 1.3.4. 设 A 是 $\mathbb{R}$ 的非空子集。

1) 如果 $\alpha\in A$，且 $\forall a\in A$，都有 $a\le\alpha$，就说 α 是集合 A 的**最大数**，记为 $\max A$；

2) 类似地可以定义集合 A 的**最小数**，记为 $\min A$。

显然, 如果 $\sup A$ 本身是 A 的元素, 那么 $\sup A=\max A$. 类似地, 如果 $\inf A$ 本身是 A 的元素, 那么 $\inf A=\min A$.

例 1.3.5. 与确界的情形不同, 非空数集即使有界, 也未必有最小数和最大数. 例如, 数集

$$\left\{\frac{1}{n}\;\middle|\; n\in\mathbb{N}^*\right\}=\left\{1,\frac{1}{2},\frac{1}{3},\cdots\frac{1}{n},\cdots\right\}$$

有最大数 1, 但没有最小数; 开区间 $(0,1)$ 既没有最小数, 也没有最大数.

下面的重要结果同样可以由实数构造理论得出.

定理 1.3.6. （阿基米德原理） 设 $M\in\mathbb{R}$, 则 $\forall\varepsilon>0$, $\exists N\in\mathbb{N}$, 使得 $N\varepsilon\geq M$.

例 1.3.7. 电子质量 $m_e=9.10956\times10^{-31}$kg, 地球质量 $M_{\oplus}=5.965\times10^{24}$kg, 而

$$\frac{M_{\oplus}}{m_e}<6.5503\times10^{54},$$

可见 6.5503×10^{54} 个电子的总质量大于地球的质量.

1.3.2 一些常用不等式

首先, 关于绝对值有基本的**三角不等式**

$$|a+b|\leq|a|+|b|,\quad a,b\in\mathbb{R},\tag{1.2}$$

还有

$$|a-b|\geq\Big||a|-|b|\Big|,\quad a,b\in\mathbb{R}.\tag{1.3}$$

对任意两组实数 $a_1,a_2,\cdots,a_n$ 和 $b_1,b_2,\cdots,b_n$, 有著名的**Cauchy 不等式**

$$\left(\sum_{i=1}^{n}a_i^2\right)\left(\sum_{i=1}^{n}b_i^2\right)\geq\left(\sum_{i=1}^{n}a_ib_i\right)^2,\tag{1.4}$$

其中等号仅当$\exists\lambda\in\mathbb{R}$ 使得 $a_i=\lambda b_i$ $(i=1,2,\cdots,n)$, 或者所有 $b_i=0$ $(i=1,2,\cdots,n)$ 时成立.

对非负实数 $a_1,a_2,\cdots,a_n$, 有著名的**算术-几何平均不等式**

$$\frac{a_1+a_2+\cdots+a_n}{n}\geq\sqrt[n]{a_1a_2\cdots a_n},\tag{1.5}$$

其中等号仅当 $a_1=a_2=\cdots=a_n$ 时成立.

对任意正整数 n 和实数 $x>-1$, 有**Bernoulli**不等式

$$(1+x)^n\geq1+nx,\tag{1.6}$$

其中等号仅当 $n=1$ 或 $x=0$ 时成立.

1.3.3 一些常用实数集

作为 $\mathbb{R}$ 的子集, 我们已经熟悉了各类区间, 包括无界区间如 $(0,+\infty)$, $[1,+\infty)$, $(-\infty,0)$, $(-\infty,+\infty)$ 等.

设 $a\in\mathbb{R}$, $\delta>0$. 开区间 $(a-\delta,a+\delta)$ 称为点 a 的**δ–邻域**, 记作 $U(a,\delta)$, 即

$$U(a,\delta)=\left\{x\,\middle|\,|x-a|<\delta\right\}.$$

此时, 点 a 称为该邻域的**中心**, δ 称为该邻域的**半径**. 有时我们不关心邻域半径的具体数值, 可将其简记为 $U(a)$, 称为点 a 的一个**邻域**.

去掉邻域的中心得到的集合称为点 a 的**去心δ–邻域**, 记作 $\mathring{U}(a,\delta)$, 即

$$\mathring{U}(a,\delta)=\left\{x\,\middle|\,0<|x-a|<\delta\right\}=(a-\delta,a)\cup(a,a+\delta).$$

类似地, 当我们不关心邻域半径时, 可将其简记为 $\mathring{U}(a)$, 称为点 a 的一个**去心邻域**.

我们也将开区间 $(a-\delta,a)$ 和 $(a,a+\delta)$ 分别称为点 a 的**左δ–邻域** 和**右δ–邻域**.

练习 1.3

1. 证明 $\sqrt{3}$ 不是有理数.

2. 设 $a,b\in\mathbb{R}$, 证明下面四个命题等价:

   1) $\forall\varepsilon>0$, $a+\varepsilon\geq b$;

   2) $\forall\varepsilon>0$, $a+\varepsilon>b$;

   3) $\forall k\in\mathbb{N}^*$, $a+k^{-1}>b$;

   4) $a\geq b$.

3. 设 $a,b\in\mathbb{R}$. 如果$\forall\varepsilon>0$, $|a-b|<\varepsilon$, 证明 $a=b$.

4. 证明 $\forall\varepsilon>0$, $\exists N\in\mathbb{N}^*$, 使得 $\dfrac{1}{N}<\varepsilon$.

5. 设集合 $A=\left\{\sqrt{n+1}-\sqrt{n}\,\middle|\,n\in\mathbb{N}\right\}$. 求 $\sup A$ 和$\inf A$.

6. 设 A 是非空有界数集, 记 $-A=\left\{-x\middle|x\in A\right\}$. 证明:

$$\sup A=-\inf -A.$$

7. 设非空数集 $A\subset B$, B 有界. 证明:

$$\sup A \le \sup B, \quad \inf A \ge \inf B.$$

8. 设 $A \subset B$ 是非空数集，B 有界，$S = \left\{a+b \middle| a \in A, b \in B\right\}$. 证明:

$$\sup S = \sup A + \sup B, \quad \inf S = \inf A + \inf B.$$

9. 证明不等式(1.5).

10. 证明Bernoulli 不等式(1.6).

11. 设 a_0, $a_1, \cdots$, $a_n \in \mathbb{R}$. 证明

$$\sum_{k=1}^{n} |a_k - a_{k-1}| \ge |a_n - a_0|,$$

并指出等号成立的条件.

第 2 章　数列极限

2.1　收敛数列及其极限

极限是数学分析的核心概念, 它以各种形式出现. 数列极限是其中最简单的一种, 也是研究其他极限的基础.

2.1.1　数列极限的定义

定义 2.1.1. 定义域为正整数集 $\mathbb{N}^*$, 目标域为实数集 $\mathbb{R}$ 的映射称为**数列**. 数列

$$s: \mathbb{N}^* \to \mathbb{R},\ n \mapsto a_n$$

通常记为 $\{a_n\}_{n=1}^{\infty}$, 或者更简单地记为 $\{a_n\}$, 有时也记作

$$a_1, a_2, \cdots, a_n, \cdots$$

定义 2.1.2. 设 $\{a_n\}$ 是一个数列, a 是一个实数. 如果 $\forall \varepsilon > 0$, 存在正整数 N, 使得当正整数 $n \geq N$ 时 $|a_n - a| < \varepsilon$, 我们就称 $\{a_n\}$ **收敛于** a, 或者**趋于** a, 记作

$$a_n \to a\ (n \to \infty), \quad \text{或者} \quad \lim_{n\to\infty} a_n = a.$$

此时, 实数 a 称为数列 $\{a_n\}$ 的**极限**.

为保证上面定义中的等式有意义, 我们首先要确认收敛数列的极限是唯一的.

定理 2.1.3. **(极限的唯一性)** 设数列 $\{a_n\}$ 既收敛于 a, 又收敛于 b, 即

$$\lim_{n\to\infty} a_n = a, \quad \lim_{n\to\infty} a_n = b,$$

则必有 $a = b$.

证明. 用反证法. 设 $a \neq b$, 则 $|b-a|>0$. 此时可取正整数 N_1, 使得 $n \geq N_1$ 时,

$$|a_n - a| < \frac{|b-a|}{2};$$

同时可取正整数 N_2, 使得 $n \geq N_2$ 时,

$$|a_n - b| < \frac{|b-a|}{2}.$$

取正整数 $N = \max\{N_1, N_2\}$, 我们得到

$$|b-a| \leq |a_N - b| + |a_N - a| < \frac{|b-a|}{2} + \frac{|b-a|}{2} = |b-a|,$$

矛盾. □

例 2.1.4. 若数列的各项等于一个常数, 则称为**常数列**. 易证, 常数列收敛于该常数.

为论证的方便, 我们引进用方括号表示的**取整函数**

$$[x] := \max\left\{k \,\middle|\, k \in \mathbb{Z},\ k \leq x\right\}, \tag{2.1}$$

即小于等于 x 的最大整数, 也叫作 x 的**整数部分**.

例 2.1.5. 我们有以下重要的极限等式.

1) $p>0$ 时 $\lim\limits_{n\to\infty} \dfrac{1}{n^p} = 0$;

2) $\lim\limits_{n\to\infty} \sqrt[n]{n} = 1$;

3) $a>1$ 时 $\lim\limits_{n\to\infty} \dfrac{n}{a^n} = 0$.

证明. 1) 对任意给定的 $\varepsilon>0$, 取正整数

$$N = \left[\frac{1}{\varepsilon^{1/p}}\right] + 1 > \frac{1}{\varepsilon^{1/p}},$$

则 $n \geq N$ 时,

$$\left|\frac{1}{n^p} - 0\right| = \frac{1}{n^p} \leq \frac{1}{N^p} < \varepsilon,$$

因此数列 $\left\{\dfrac{1}{n^p}\right\}$ 收敛于 0.

2) 对任意给定的 $\varepsilon>0$, 取正整数

$$N = \left[\frac{2}{\varepsilon^2}\right] + 1 > \frac{2}{\varepsilon^2},$$

则 $n \ge N$ 时,

$$(1+\varepsilon)^n > 1 + \frac{n(n-1)}{2}\varepsilon^2 \ge 1 + (n-1)N\frac{\varepsilon^2}{2} > n,$$

两端开 n 次方得 $1+\varepsilon > \sqrt[n]{n}$, 或

$$\left|\sqrt[n]{n} - 1\right| = \sqrt[n]{n} - 1 < \varepsilon.$$

因此数列 $\{\sqrt[n]{n}\}$ 收敛于 1.

3) 留作练习. □

定义 2.1.6. 设数列 $\{a_n\}$ 收敛于某个实数, 我们就称它是**收敛的**. 如果一个数列不是收敛的, 就称为**发散的**.

例 2.1.7. 数列 $\{(-1)^n\}$ 发散.

证明. 用反证法. 假设数列 $\{(-1)^n\}$ 收敛于 $a \in \mathbb{R}$. 取 $\varepsilon = 1$, 则有 $N \in \mathbb{N}^*$, 使得 $n \ge N$ 时,

$$\left|(-1)^n - a\right| < 1.$$

但这就导致

$$2 = \left|(-1)^{2N-1} - (-1)^{2N}\right| \le \left|(-1)^{2N-1} - a\right| + \left|(-1)^{2N} - a\right| < 2,$$

矛盾. □

一个数列是否收敛, 与数列前面任意有限多项的取值毫不相关.

命题 2.1.8. 设有数列 $\{a_n\}$ 和 $\{b_n\}$. 若存在 $N \in \mathbb{N}^*$, 使得 $n \ge N$ 时 $b_n = a_n$, 则 $\{a_n\}$ 与 $\{b_n\}$ 同时收敛或发散, 且当二者收敛时极限相等.

在一个数列前面任意添加或删除有限多项, 也不会改变原数列的收敛性.

命题 2.1.9. 设有数列 $\{a_n\}$, $k \in \mathbb{N}^*$. 对每个 $n \in \mathbb{N}^*$, 定义 $b_n = a_{n+k}$, 则 $\{a_n\}$ 与 $\{b_n\}$ 同时收敛或发散, 且当二者收敛时极限相等.

注记 2.1.10. 由于这一原因, 今后在讨论数列时, 我们允许下标从任意整数 k 开始, 即考虑形如

$$a_k,\ a_{k+1},\ a_{k+2}, \cdots$$

的数列, 记为 $\{a_n\}_{n=k}^{\infty}$, 仍简化为 $\{a_n\}$.

此外, 设符号 $P(n)$ 表示一个与正整数 n 有关的命题. 如果存在 $N \in \mathbb{N}^*$, 使得 $n \ge N$ 时 $P(n)$ 成立, 我们就说 n **充分大**时 $P(n)$ 成立, 或者说 $P(n)$ 对充分大的 n 成立.

2.1.2 数列极限的性质

数列极限与实数系的结构联系起来,可以得到各种有用的性质.

定义 2.1.11. 如果数列 $\{a_n\}$ 的值域 $\left\{a_n \,\middle|\, n\in\mathbb{N}^*\right\}$ 是有界的,我们就称该数列**有界**.如果数列不是有界的,就称其**无界**.

定理 2.1.12. 收敛数列必定有界.

证明. 设数列 $\{a_n\}$ 收敛于 a. 取正整数 N, 使得 $n\ge N$ 时, $|a_n-a|<1$, 这蕴涵着

$$|a_n|<|a|+1.$$

此时,对所有正整数 $n\in\mathbb{N}^*$,

$$|a_n|\le\max\{|a_1|,\cdots,|a_{N-1}|,\,|a|+1\},$$

上面不等式的右端是一个常数. □

例 2.1.13. 数列 $\{\sqrt{n}\}$ 发散.

证明. 用反证法. 假设数列 $\{\sqrt{n}\}$ 收敛, 则必定有界, 即有常数 $M>0$, 使得 $\forall n\in\mathbb{N}^*$, $\left|\sqrt{n}\right|\le M$. 但只要我们取 $n=([M]+1)^2$, 即有 $\sqrt{n}=[M]+1>M$, 矛盾. □

注意,例2.1.7表明,定理2.1.12的逆定理并不成立.

注记 2.1.14. 同一数学对象,经常有不同的表示方法,包括不同的记号.在根据上下文很容易看出含义的情况下,数学术语和记号可以适当简化.例如, $a_n\to a\ (n\to\infty)$ 有时简化为 $a_n\to a$; $\lim\limits_{n\to\infty}a_n$ 简化为 $\lim a_n$.

定理 2.1.15. **（极限的四则运算性）** 设数列 $\{a_n\}$ 和 $\{b_n\}$ 均收敛,则有以下性质:

1) 对常数 $c\in\mathbb{R}$, 数乘数列 $\{ca_n\}$ 也收敛, 且

$$\lim(ca_n)=c\lim a_n;$$

2) 和数列 $\{a_n+b_n\}$ 也收敛, 且

$$\lim(a_n+b_n)=\lim a_n+\lim b_n;$$

3) 积数列 $\{a_n\cdot b_n\}$ 也收敛, 且

$$\lim(a_n\cdot b_n)=\lim a_n\cdot\lim b_n;$$

4) 当数列 $\{b_n\}$ 收敛于非零常数时, 商数列 $\{a_n/b_n\}$ 也收敛, 且

$$\lim\frac{a_n}{b_n}=\frac{\lim a_n}{\lim b_n}.$$

证明. 1) 是平凡的. 以下设 $\lim a_n = a$, $\lim b_n = b$.

2) 对任意 $\varepsilon > 0$, 可取正整数 N_1, 使得 $n \geq N_1$ 时,

$$|a_n - a| < \frac{\varepsilon}{2};$$

又可取正整数 N_2, 使得 $n \geq N_2$ 时,

$$|b_n - b| < \frac{\varepsilon}{2}.$$

取正整数 $N = \max\{N_1, N_2\}$, 则 $n \geq N$ 时,

$$|(a_n + b_n) - (a + b)| \leq |a_n - a| + |b_n - b| < \frac{\varepsilon}{2} + \frac{\varepsilon}{2} = \varepsilon,$$

即 $\{a_n + b_n\}$ 收敛于 $a + b$.

3) 由收敛数列的有界性, 可取实数 $M > 0$ 使得 $|a_n| \leq M$ $(n \in \mathbb{N}^*)$. 对任意 $\varepsilon > 0$, 可取正整数 N_1, 使得 $n \geq N_1$ 时,

$$|a_n - a| < \frac{\varepsilon}{2(|b| + 1)};$$

又可取正整数 N_2, 使得 $n \geq N_2$ 时,

$$|b_n - b| < \frac{\varepsilon}{2M}.$$

取正整数 $N = \max\{N_1, N_2\}$, 则 $n \geq N$ 时,

$$\begin{aligned}
|a_n b_n - ab| &\leq |a_n b_n - a_n b| + |a_n b - ab| \\
&\leq |a_n||b_n - b| + |b||a_n - a| \\
&\leq M|b_n - b| + |b||a_n - a| \\
&< M\frac{\varepsilon}{2M} + |b|\frac{\varepsilon}{2(|b| + 1)} < \frac{\varepsilon}{2} + \frac{\varepsilon}{2} = \varepsilon,
\end{aligned}$$

即 $\{a_n b_n\}$ 收敛于 ab.

4) 取正整数 N_1, 使得 $n \geq N_1$ 时, $|b_n - b| < |b|/2$, 此时 $|b_n| > |b|/2$, $\left|1/b_n\right| < 2/|b|$.

$$\left|\frac{1}{b_n} - \frac{1}{b}\right| = \frac{|b_n - b|}{|bb_n|} \leq \frac{2|b_n - b|}{b^2}.$$

对任意 $\varepsilon > 0$, 我们再取正整数 $N \geq N_1$, 使得 $n \geq N$ 时,

$$|b_n - b| < \frac{b^2 \varepsilon}{2},$$

即有

$$\left|\frac{1}{b_n} - \frac{1}{b}\right| \leq \frac{2|b_n - b|}{b^2} < \varepsilon.$$

于是数列 $\left\{1/b_n\right\}$ 收敛于 $1/b$. 再利用3) 的结果即完成证明. □

例 2.1.16. 求极限

$$\lim_{n\to\infty}\frac{2n^3+5n^2+1}{3n^3+4n^2-2n+1}.$$

解. 由例2.1.5 的1) 有

$$\lim n^{-1}=\lim n^{-2}=\lim n^{-3}=0.$$

从而

$$\begin{aligned}\lim\frac{2n^3+5n^2+1}{3n^3+4n^2-2n+1} &= \lim\frac{2+5n^{-1}+n^{-3}}{3+4n^{-1}-2n^{-2}+n^{-3}}\\ &= \frac{\lim\left(2+5n^{-1}+n^{-3}\right)}{\lim\left(3+4n^{-1}-2n^{-2}+n^{-3}\right)}\\ &= \frac{\lim 2+5\cdot\lim n^{-1}+\lim n^{-3}}{\lim 3+4\cdot\lim n^{-1}-2\cdot\lim n^{-2}+\lim n^{-3}}\\ &= \frac{2+5\cdot 0+0}{3+4\cdot 0-2\cdot 0+0}=\frac{2}{3}.\end{aligned}$$

定理 2.1.17. 设数列 $\{a_n\}$ 和 $\{b_n\}$ 均收敛.

1) **(极限的保序性)** 若有正整数 N 使得 $n\ge N$ 时 $a_n\le b_n$, 则 $\lim a_n\le\lim b_n$.

2) **(夹挤原理)** 若 $\lim a_n=\lim b_n$ 且数列 $\{c_n\}$ 满足

$$a_n\le c_n\le b_n\ \ (n\in\mathbb{N}),$$

则 $\{c_n\}$ 也收敛, 且 $\lim c_n=\lim a_n=\lim b_n$.

证明留作练习.

例 2.1.18. 设 $a>0$, 则 $\lim\sqrt[n]{a}=1$.

证明. $a=1$ 的情形是平凡的. 现设$a>1$. 显然 n 充分大时 $1\le\sqrt[n]{a}\le\sqrt[n]{n}$, 前面例2.1.5 的2) 已经得到 $\lim\sqrt[n]{n}=1$, 由夹挤原理立即推出本例的结论.

现设$0<a<1$. 则从前面推导知道 $\lim\sqrt[n]{a^{-1}}=1$, 再由极限的四则运算性,

$$\lim\sqrt[n]{a}=\frac{1}{\lim\sqrt[n]{a^{-1}}}=1.$$ □

例 2.1.19. 求极限 $\lim\left(\sqrt{n^2+n}-n\right)$.

解. 注意 $\sqrt{n^2+n}-n=\frac{n}{\sqrt{n^2+n}+n}$, 且

$$\frac{n}{2n+1}=\frac{n}{\sqrt{n^2+2n+1}+n}\le\frac{n}{\sqrt{n^2+n}+n}\le\frac{n}{\sqrt{n^2}+n}=\frac{1}{2},$$

而上式左右两端均收敛于$\dfrac{1}{2}$, 由夹挤原理即知所求极限也等于$\dfrac{1}{2}$. □

2.1.3 数列的子列

定义 2.1.20. 设 $\{a_n\}$ 是一个数列, 对任意一列正整数 $n_1 < n_2 < n_3 < \cdots$, 我们称数列 $\{a_{n_k}\}_{k=1}^{\infty}$ 为 $\{a_n\}$ 的一个**子列**.

显然, 子列可以视为复合映射 $s\circ\varphi: \mathbb{N}^* \to \mathbb{R}$, 此处映射 $s: \mathbb{N}^* \to \mathbb{R}$ 是一个数列而映射 $\varphi: \mathbb{N}^* \to \mathbb{N}^*$ 满足严格递增条件：当 $n < m$ 时 $\varphi(n) < \varphi(m)$.

定理 2.1.21. 收敛数列的任意子列收敛于同一极限.

证明. 假设数列 $\{a_n\}$ 收敛于某个实数a, $\{a_{n_k}\}$ 是 $\{a_n\}$ 的子列, 显然 $n_k \geq k$ $(k \in \mathbb{N}^*)$. 对任意 $\varepsilon > 0$, 可取正整数 N 使得$n \geq N$时, $|a_n - a| < \varepsilon$. 当 $k \geq N$ 时, 由 $n_k \geq k$ 得到 $n_k \geq N$, 从而有 $|a_{n_k} - a| < \varepsilon$, 即 $\{a_{n_k}\}$ 收敛于a. □

例 2.1.22. 考虑例2.1.7 中讨论过的数列$\{(-1)^n\}$, 其子列$\{(-1)^{2n}\}$ 和$\{(-1)^{2n-1}\}$ 分别收敛于1 和−1, 由此即知$\{(-1)^n\}$ 发散. 与例2.1.7 中直接采用定义证明发散的方法相比, 这里的论证显然更为简明.

练习 2.1

1. 求下列极限:

   1) $\lim \dfrac{n+3}{3n+1}$;　2) $\lim \sqrt[n]{5n+1}$;　3) $\lim \dfrac{n^2}{2^n}$;　4) $\lim \dfrac{3^n}{n!}$.

2. 求下列极限:

   1) $\lim \dfrac{(-3)^n + 4^n}{(-3)^{n+1} + 4^{n+1}}$;　2) $\lim\left(\sqrt[n]{1} + \sqrt[n]{2} + \cdots + \sqrt[n]{2049}\right)$;

   3) $\lim\left(\dfrac{1}{1\cdot 2} + \dfrac{1}{2\cdot 3} + \cdots + \dfrac{1}{n(n+1)}\right)$;　4) $\lim\left(\dfrac{1}{\sqrt{n^2+1}} + \dfrac{1}{\sqrt{n^2+2}} + \cdots + \dfrac{1}{\sqrt{n^2+n}}\right)$.

3. 判断下列命题是否成立. 如果成立, 请给出证明；如果不成立, 请给出反例.

   1) 若 $\{a_n\}$ 收敛, 则 $\{a_n^2\}$ 收敛;

   2) 若 $\{a_n^2\}$ 收敛, 则 $\{a_n\}$ 收敛;

   3) 若 $\{a_n\}$ 发散, $\{b_n\}$ 收敛, 则 $\{a_n + b_n\}$ 发散;

   4) 若 $\{a_n\}$ 发散, $\{b_n\}$ 发散, 则 $\{a_n + b_n\}$ 发散;

   5) 若 $\{a_n \sqrt[n]{n}\}$ 发散, 则 $\{a_n\}$ 发散;

   6) 若 $\{a_n\}$ 发散, $\{b_n\}$ 收敛, 则 $\{a_n b_n\}$ 发散;

   7) 若 $\{a_n \sqrt[n]{n}\}$ 收敛, 则 $\{a_n\}$ 收敛;

   8) 若 $\{a_n b_n\}$ 收敛, $\{b_n\}$ 收敛, 则 $\{a_n\}$ 收敛.

4. 证明命题2.1.8.

5. 证明命题2.1.9.

6. 设 $\lim a_n = a > 0$, 证明 $\lim \sqrt{a_n} = \sqrt{a}$.

7. 证明下列数列发散：

1) $\left\{2^{(-1)^n}\right\}$;　　2) $\left\{(-1)^n + \frac{1}{n}\right\}$;　　3) $\left\{\sqrt{n} - \sqrt[3]{n}\right\}$.

8. 证明定理2.1.17.

9. 证明例2.1.5 之3).

10. 证明数列极限的**保号性**: 若 $\lim a_n = a > 0$, 则 n 充分大时 $a_n > 0$.

11. 证明数列 $\{\sin n\}$ 发散.

2.2 收敛性的判定

到目前为止, 我们证明一个数列收敛的前提, 是能够猜到极限的数值. 本节的任务, 是寻找不依赖于极限值而判断数列是否收敛的方法.

例 2.2.1. 考虑数列

$$\sqrt{1}, \sqrt{1+\sqrt{1}}, \sqrt{1+\sqrt{1+\sqrt{1}}}, \cdots,$$

其通项满足递推公式

$$a_{n+1} = \sqrt{1+a_n}, \ n \in \mathbb{N}^*.$$

有个巧妙的方法可以求出这个数列的极限. 首先假设 $a_n \to a$. 在递推公式两边取平方, 得到 $a_{n+1}^2 = 1 + a_n$, 两边取极限, 即有

$$a^2 = \left(\lim_{n\to\infty} a_{n+1}\right)^2 = \lim_{n\to\infty} a_{n+1}^2 = 1 + \lim_{n\to\infty} a_n = 1 + a,$$

可见 a 满足二次方程 $x^2 = 1 + x$. 解此方程, 取正根即得 $a = \frac{1+\sqrt{5}}{2}$.

实施这个解法, 需要预先确认 $\{a_n\}$ 收敛. 为什么? 请看数列 $\left\{(-1)^n\right\}$. 设其极限为 b. 用同样的方法, 在 $(-1)^{n+1} = -(-1)^n$ 两边取极限得到 $b = -b$, 于是 $b = 0$. 然而, 在例2.1.7 中我们已经证明了数列 $\left\{(-1)^n\right\}$ 是发散的.

2.2.1 单调数列

我们先考虑一类特殊的数列.

定义 2.2.2. 设数列 $\{a_n\}$ 满足条件 $a_n \le a_{n+1}$ $(n \in \mathbb{N}^*)$, 我们就称它是**递增的**; 若它满足反向的不等式 $a_n \ge a_{n+1}$ $(n \in \mathbb{N}^*)$, 我们就称它是**递减的**. 递增和递减的数列, 统称为**单调的**.

定理 2.2.3. **(单调有界原理)** 设数列$\{a_n\}$ 单调有界, 则必定收敛.

证明. 不妨设数列 $\{a_n\}$ 是递增的. 根据确界原理, 其值域 $\left\{a_n \mid n \in \mathbb{N}^*\right\}$ 有上确界 $a^* \in \mathbb{R}$. 于是对任意 $\varepsilon > 0$, 必有某个下标 N 使得 $a^* < a_N + \varepsilon$.

当$n \ge N$ 时, 由上确界的性质和数列的递增性, $a_n \le a^* < a_N + \varepsilon \le a_n + \varepsilon$. 即有 $|a_n - a^*| = a^* - a_n < \varepsilon$. 这就是说 $\{a_n\}$ 收敛于 a^*. □

2.2.2 数 e

定理 2.2.4. 数列 $\left\{\left(1+\frac{1}{n}\right)^n\right\}$ 收敛, 其极限记为 e.

证明. 记 $e_n = \left(1+\dfrac{1}{n}\right)^n$. 先证 $\{e_n\}$ 有界. 实际上,

$$\begin{aligned}
e_n &= 1 + \frac{n}{1!}\cdot\frac{1}{n} + \frac{n(n-1)}{2!}\cdot\frac{1}{n^2} + \cdots + \frac{n!}{n!}\cdot\frac{1}{n^n} \\
&= 1 + \frac{1}{1!}\frac{n}{n} + \frac{1}{2!}\frac{n(n-1)}{n^2} + \cdots + \frac{1}{n!}\frac{n!}{n^n} \\
&\le 1 + 1 + \frac{1}{2!} + \cdots + \frac{1}{n!} \le 1 + 1 + \frac{1}{2} + \cdots + \frac{1}{2^{n-1}} \\
&= 1 + 2\left(1 - 2^{-n}\right) < 3.
\end{aligned}$$

递增性的证明留作练习. □

例 2.2.5. 记

$$e_n = \left(1+\frac{1}{n}\right)^n, \quad s_n = 1 + \frac{1}{1!} + \frac{1}{2!} + \cdots + \frac{1}{n!}. \tag{2.2}$$

由定理2.2.4, $e_n \to \mathrm{e}$ $(n \to \infty)$. 另一方面, 显然 $\{s_n\}$ 递增,

$$s_n \le 1 + 1 + \frac{1}{2} + \cdots + \frac{1}{2^{n-1}} < 3.$$

可见数列 $\{s_n\}$ 有界, 从而收敛. 我们记该数列的极限为 s. 注意定理2.2.4 的证明中已经得到了

$$e_n \le s_n.$$

该式两端对 n 取极限, 得

$$s \ge \mathrm{e}. \tag{2.3}$$

另一方面, 给定正整数 n, 对任意正整数 $m \geq n$,

$$\begin{aligned}
e_m &= 1+\frac{m}{1!}\frac{1}{m}+\frac{m(m-1)}{2!}\frac{1}{m^2}+\cdots+\frac{m!}{m!}\frac{1}{m^m}\\
&\geq 1+\frac{m}{1!}\frac{1}{m}+\frac{m(m-1)}{2!}\frac{1}{m^2}+\cdots+\frac{m(m-1)\cdots(m-n+1)}{n!}\frac{1}{m^n}\\
&= 1+\frac{1}{1!}\frac{m}{m}+\frac{1}{2!}\frac{m(m-1)}{m^2}+\cdots+\frac{1}{n!}\frac{m(m-1)\cdots(m-n+1)}{m^n}\\
&= 1+\sum_{k=1}^{n}\frac{1}{k!}\frac{m(m-1)\cdots(m-k+1)}{m^k}.
\end{aligned}$$

上式首末两端对 m 取极限, 得

$$\mathrm{e}=\lim_{m\to\infty}e_m \geq 1+\lim_{m\to\infty}\sum_{k=1}^{n}\frac{1}{k!}\frac{m(m-1)\cdots(m-k+1)}{m^k}=1+\sum_{k=1}^{n}\frac{1}{k!}=s_n.$$

上式首末两端对 n 取极限, 得

$$\mathrm{e}\geq s. \tag{2.4}$$

将(2.3)与(2.4)联立, 只有 $\mathrm{e}=s$. 这样我们就得到了 e 的另一个重要表示:

$$\mathrm{e}=\lim_{n\to\infty}\sum_{k=0}^{n}\frac{1}{k!}. \tag{2.5}$$

进一步考察, $m>n$ 时,

$$\begin{aligned}
0<s_m-s_n &= \frac{1}{(n+1)!}+\frac{1}{(n+2)!}+\cdots+\frac{1}{m!}\\
&= \frac{1}{n!}\left(\frac{1}{n+1}+\frac{1}{(n+1)(n+2)}+\cdots+\frac{1}{(n+1)(n+2)\cdots m}\right)\\
&< \frac{1}{n!}\left(\frac{1}{n+1}+\frac{1}{(n+1)^2}+\cdots+\frac{1}{(n+1)^{m-n}}\right)\\
&< \frac{1}{n\,n!}.
\end{aligned}$$

上式对 m 取极限, 即得

$$0<\mathrm{e}-s_n\leq\frac{1}{n\,n!},\quad n\in\mathbb{N}^*. \tag{2.6}$$

定理 2.2.6. e 是无理数.

证明. 用反证法. 假设 $\mathrm{e}=\dfrac{p}{q}$, 其中 $p,q\in\mathbb{N}^*$. 注意到 $2<\mathrm{e}<3$, 故 e 不是正整数, 因此 $q\geq 2$. 由(2.6) 即有

$$0<q!\left(\mathrm{e}-s_q\right)\leq\frac{1}{q}\leq\frac{1}{2}. \tag{2.7}$$

另一方面,

$$
\begin{aligned}
q!\left(\mathrm{e}-s_q\right) &= q!\frac{p}{q}-q!\left(1+\frac{1}{1!}+\frac{1}{2!}+\cdots+\frac{1}{q!}\right)\\
&= p(q-1)!-q!-\frac{q!}{1!}-\frac{q!}{2!}-\cdots-\frac{q!}{q!}.
\end{aligned}
$$

上式末端每一项都是整数, 故 $q!\left(\mathrm{e}-s_q\right)$ 是整数, 这与(2.7) 矛盾. □

2.2.3 基本列

定义 2.2.7. 设有数列 $\{a_n\}$. 如果对任意 $\varepsilon>0$, 存在正整数 N 使得 $m,\ n\geq N$ 时 $|a_m-a_n|<\varepsilon$, 我们就称 $\{a_n\}$ 是一个**基本列**, 也叫**Cauchy 列**.

引理 2.2.8. 基本列必定有界.

证明. 设 $\{a_n\}$ 是基本列, 则存在正整数 N 使得 $n\geq N$ 时 $|a_n-a_N|<1$, 因此 $|a_n|<|a_N|+1$. 取 $C=\max\left\{|a_1|,\cdots,|a_{N-1}|,|a_N|+1\right\}$, 显然对所有 $n\in\mathbb{N}^*$, $|a_n|\leq C$. □

定理 2.2.9. **(Cauchy 收敛原理)** 数列 $\{a_n\}$ 收敛, 当且仅当它是基本列.

证明. 先证必要性. 对任意 $\varepsilon>0$, 由 $\{a_n\}$ 收敛, 可取正整数 N 使得 $n\geq N$ 时 $|a_n-a|<\varepsilon/2$, 则 $m,\ n\geq N$ 时

$$|a_m-a_n|\leq|a_m-a|+|a_n-a|<\varepsilon,$$

因此 $\{a_n\}$ 是基本列.

现证充分性. 设 $\{a_n\}$ 是基本列, 则有常数 C 使得对所有 $n\in\mathbb{N}^*$, $|a_n|\leq C$. 记

$$b_n=\sup_{k\geq n}a_k,\quad n\in\mathbb{N}^*,$$

则易见 $\{b_n\}$ 是递减数列, 且 $|b_n|\leq C\ \ (n\in\mathbb{N}^*)$. 由单调有界原理, $\{b_n\}$ 收敛于某个实数 a. 对任意 $\varepsilon>0$, 我们取正整数 N 使得 $m,\ n\geq N$ 时 $|a_m-a_n|<\varepsilon/3$, 再取正整数 $K\geq N$ 使得 $|b_K-a|<\varepsilon/3$. 注意到 b_K 的上确界定义, 又可取正整数 $M\geq K$ 使得 $|b_K-a_M|<\varepsilon/3$. 此时, 对任意 $n\geq K$, 我们有

$$|a_n-a|\leq|a_n-a_M|+|a_M-b_K|+|b_K-a|<\frac{\varepsilon}{3}+\frac{\varepsilon}{3}+\frac{\varepsilon}{3}=\varepsilon,$$

即 $\{a_n\}$ 收敛于 a. □

例 2.2.10. 考虑数列

$$a_n = 1 - \frac{1}{2} + \frac{1}{3} - \frac{1}{4} + \cdots + \frac{(-1)^{n-1}}{n}, \quad n \in \mathbb{N}^*.$$

注意 $m > n$ 时

$$|a_m - a_n| = \frac{1}{n+1} - \frac{1}{n+2} + \frac{1}{n+3} - \frac{1}{n+4} + \cdots + \frac{(-1)^{m-n-1}}{m},$$

当 $m - n = 2k$ 为偶数时,

$$\begin{aligned}|a_m - a_n| &= \left(\frac{1}{n+1} - \frac{1}{n+2}\right) + \left(\frac{1}{n+3} - \frac{1}{n+4}\right) + \cdots + \left(\frac{1}{n+2k-1} - \frac{1}{n+2k}\right)\\ &= \frac{1}{n+1} - \left(\left(\frac{1}{n+2} - \frac{1}{n+3}\right) + \cdots + \left(\frac{1}{n+2k-2} - \frac{1}{n+2k-1}\right) + \frac{1}{n+2k}\right)\\ &< \frac{1}{n+1},\end{aligned}$$

当 $m - n = 2k+1$ 为奇数时,

$$\begin{aligned}|a_m - a_n| &= \left(\frac{1}{n+1} - \frac{1}{n+2}\right) + \left(\frac{1}{n+3} - \frac{1}{n+4}\right) + \cdots + \left(\frac{1}{n+2k-1} - \frac{1}{n+2k}\right) + \frac{1}{n+2k+1}\\ &= \frac{1}{n+1} - \left(\left(\frac{1}{n+2} - \frac{1}{n+3}\right) + \cdots + \left(\frac{1}{n+2k} - \frac{1}{n+2k+1}\right)\right)\\ &< \frac{1}{n+1}.\end{aligned}$$

总之, 只要 $m > n$, 就有

$$|a_m - a_n| < \frac{1}{n+1}. \tag{2.8}$$

现在, 对任意 $\varepsilon > 0$, 取正整数 $N = [1/\varepsilon] + 1$, 则 $m > n \geq N$ 时由(2.8)即得

$$|a_m - a_n| \leq \frac{1}{n} < \varepsilon.$$

根据Cauchy 收敛原理, 数列 $\{a_n\}$ 收敛.

练习 2.2

1. 证明定理2.2.4.

2. 求下列极限:

1) $\lim\limits_{n\to\infty}\left(1 - \frac{1}{n}\right)^n$;　　2) $\lim\limits_{n\to\infty}\left(1 + \frac{1}{2n}\right)^n$;

3) $\lim\limits_{n\to\infty}\left(1 + \frac{1}{n} + \frac{1}{n^2}\right)^n$;　　4) $\lim\limits_{n\to\infty}\left(1 + \frac{1}{n^2}\right)^n$.

3. 设 $0 < a_0 < 1$，$a_{n+1} = a_n(2 - a_n)$，$n \in \mathbb{N}^*$. 证明数列 $\{a_n\}$ 收敛并求其极限.

4. 已知 $a_0 > 0$，$a_{n+1} = \sqrt{2 + a_n}$，$n \in \mathbb{N}^*$. 证明数列 $\{a_n\}$ 收敛并求其极限.

5. 设 $a_n = \dfrac{\cos 1}{2} + \dfrac{\cos 2}{2^2} + \cdots + \dfrac{\cos n}{2^n}$，$n \in \mathbb{N}^*$. 证明数列 $\{a_n\}$ 收敛.

6. 已知 $a_1 > b_1 > 0$，

$$a_{n+1} = \frac{a_n + b_n}{2}, \quad b_{n+1} = \sqrt{a_n b_n}, \quad n \in \mathbb{N}^*.$$

证明数列 $\{a_n\}$ 和 $\{b_n\}$ 均收敛且极限相等.

7. 设 $0 < c < 1$, 数列 $\{a_n\}$ 满足 $\left|a_{n+2} - a_{n+1}\right| \le c\left|a_{n+1} - a_n\right|$，$n \in \mathbb{N}^*$. 证明 $\{a_n\}$ 收敛.

8. 设 $\{a_n\}$ 是一个递减的正数列. 若 $a_n \to 0$ $(n \to \infty)$, 则数列 $\{s_n\}$ 收敛, 其中

$$s_n = \sum_{k=1}^{n} (-1)^{k-1} a_k = a_1 - a_2 + \cdots + (-1)^{n-1} a_n.$$

2.3　实数系的扩张

2.3.1　无穷小数列

定义 2.3.1. 收敛于 0 的数列也称为**无穷小数列**, 简称为**无穷小**.

以下结论是显而易见的. 证明留给读者作为练习.

定理 2.3.2. 设 $\{a_n\}$ 是一个数列. 1) $\{a_n\}$ 是无穷小的充要条件是: $\{|a_n|\}$ 为无穷小;

2) $\{a_n\}$ 收敛于 a 的充要条件是: $\{a_n - a\}$ 为无穷小.

2.3.2　三种无穷大

定义 2.3.3. 设 $\{a_n\}$ 是一个数列.

如果对任意一个正数 $C > 0$, 存在一个正整数 N, 使得当正整数 $n \ge N$ 时, $a_n \ge C$, 我们就称 $\{a_n\}$ 发散到**正无穷**, 或者说 $\{a_n\}$ 是正无穷, 记作 $a_n \to +\infty$ $(n \to \infty)$, 或

$$\lim_{n\to\infty} a_n = +\infty.$$

如果 $\{-a_n\}$ 发散到正无穷, 我们就称 $\{a_n\}$ 发散到**负无穷**, 或者说 $\{a_n\}$ 是负无穷, 记作 $a_n \to -\infty$ $(n \to \infty)$, 或

$$\lim_{n\to\infty} a_n = -\infty.$$

如果 $\{|a_n|\}$ 发散到正无穷, 我们就称 $\{a_n\}$ 发散到**无穷大**, 或者说 $\{a_n\}$ 是无穷大, 记作 $a_n \to \infty$ $(n \to \infty)$, 或

$$\lim_{n\to\infty} a_n = \infty.$$

如果 $\{a_n\}$ 收敛或者发散到无穷大, 我们就说 $\{a_n\}$ 的极限存在.

注记 2.3.4. 显然, 正无穷和负无穷都是无穷大的特殊情形. 此外, 需要注意的是, 无穷大并不是一个真正的数, 而是一类数列的共同性质.

例 2.3.5. 记

$$a_n = 1 + \frac{1}{2} + \frac{1}{3} + \cdots + \frac{1}{n}, \ n \in \mathbb{N}^*.$$

对任意给定的 $C > 0$, 取 $N = 2[C] + 2 \in \mathbb{N}^*$, 则当 $n \geq 2^N$ 时

$$\begin{aligned} a_n \ \geq \ a_{2^N} &= 1 + \frac{1}{2} + \frac{1}{3} + \frac{1}{4} + \frac{1}{5} + \cdots + \frac{1}{8} + \cdots + \frac{1}{2^N} \\ &= 1 + \frac{1}{2} + \left(\frac{1}{3} + \frac{1}{4}\right) + \left(\frac{1}{5} + \cdots + \frac{1}{8}\right) + \cdots + \left(\frac{1}{2^{N-1}+1} + \cdots + \frac{1}{2^N}\right) \\ &> 1 + \frac{1}{2} + \left(\frac{1}{4} + \frac{1}{4}\right) + \left(\frac{1}{8} + \cdots + \frac{1}{8}\right) + \cdots + \left(\frac{1}{2^N} + \cdots + \frac{1}{2^N}\right) \\ &= 1 + \frac{1}{2} + \frac{1}{2} + \frac{1}{2} + \cdots + \frac{1}{2} = 1 + \frac{N}{2} > 1 + C > C. \end{aligned}$$

由定义2.3.3, 我们有

$$\lim_{n\to\infty}\left(1 + \frac{1}{2} + \frac{1}{3} + \cdots + \frac{1}{n}\right) = +\infty.$$

2.3.3 广义实数系

为更方便地处理极限为正无穷和负无穷的情形, 我们给实数集增添两个元素 $+\infty$ 和 $-\infty$, 得到集合 $\mathbb{R} \cup \{+\infty, -\infty\}$. 我们引进运算和序规则如下:

1) 对任意 $a \in \mathbb{R}$, $(+\infty) + a = +\infty$, $(-\infty) + a = -\infty$;

2) 对任意正数 $c > 0$, $c \cdot (+\infty) = +\infty$, $c \cdot (-\infty) = -\infty$;

3) $0 \cdot (+\infty) = 0 \cdot (-\infty) = 0$;

4) $(-1) \cdot (+\infty) = -\infty$, $(-1) \cdot (-\infty) = +\infty$;

5) $(+\infty) \cdot (+\infty) = (-\infty) \cdot (-\infty) = +\infty$, $(-\infty) \cdot (+\infty) = (+\infty) \cdot (-\infty) = -\infty$;

6) 对任意 $a \in \mathbb{R}$, $-\infty < a < +\infty$.

不难验证, 这些规则与实数系的原有结构, 以及 $+\infty$ 和 $-\infty$ 的定义没有任何矛盾.

定义 2.3.6. 集合 $\mathbb{R} \cup \{+\infty, -\infty\}$ 附带上述规则及实数系结构, 称为**广义实数系**, 记为 $\mathbb{R}_\infty$.

例 2.3.7. 在 $\mathbb{R}_\infty$ 中, 单调数列的极限总是存在.

1) 若 $\{a_n\}$ 递增且无上界, 则 $\lim\limits_{n\to\infty} a_n = +\infty$;

2) 若 $\{a_n\}$ 递减且无下界, 则 $\lim\limits_{n\to\infty} a_n = -\infty$.

例 2.3.8. 对一般的数列$\{a_n\}$, 总共有下面几种情形:

1) $\{a_n\}$ 收敛, 即 $\lim\limits_{n\to\infty} a_n$ 存在且有限;

2) $\{a_n\}$ 发散到无穷大, 即 $\lim\limits_{n\to\infty} a_n = \infty$. 这里又包含三种情形:

2a) $\{a_n\}$ 发散到正无穷, 则 $\{a_n\}$ 有下界, 且 $\lim\limits_{n\to\infty} a_n = +\infty$;

2b) $\{a_n\}$ 发散到负无穷, 则 $\{a_n\}$ 有上界, 且 $\lim\limits_{n\to\infty} a_n = -\infty$;

2c) $\{|a_n|\}$ 发散到正无穷, 但 $\{a_n\}$ 既无上界, 也无下界;

3) $\{a_n\}$ 不存在有限或无穷的极限.

练习 2.3

1. 证明定理2.3.2.

2. 设数列 $\{a_n\}$ 是无穷小, $\{b_n\}$ 有界. 证明数列 $\{a_nb_n\}$ 是无穷小.

3. 设数列 $\{a_n\}$ 是无穷大, 证明 $\left\{\dfrac{1}{a_n}\right\}$ 是无穷小.

4. 设数列 $\{a_n\}$ 发散到正无穷, $\{b_n\}$ 发散到负无穷. 证明数列 $\{a_nb_n\}$ 发散到负无穷.

5. 证明

   1) $\lim\limits_{n\to\infty}\left(1+\dfrac{1}{n}\right)^{n^2} = +\infty$;　　2) $\lim\limits_{n\to\infty}\left(n-\sqrt{n}\right) = +\infty$;　　3) $\lim\limits_{n\to\infty}\dfrac{(-\mathrm{e})^n}{n} = \infty$.

6. 下列数列哪些收敛? 哪些极限存在? 哪些是正无穷? 哪些是负无穷? 哪些是无穷大?

   1) $\{n^{(-1)^n}\}$;　　2) $\{n^{2+(-1)^n}\}$;　　3) $\{n+(-1)^n\}$;　　4) $\{(-1)^n n\}$;

   5) $\{n^{-n}\}$;　　6) $\{n-2^n\}$;　　7) $\{\mathrm{e}^{n+(-1)^n n}\}$;　　8) $\{n-[n]\}$.

第 3 章　一元函数的连续性

3.1　一元函数及其性质

如果映射 $f: X \to Y$ 的目标域 Y 是数集, 我们就称其为**函数**. 当目标域 $Y \subset \mathbb{R}$ 时, 称为**实函数**; 当 $Y \subset \mathbb{C}$ 时, 称为**复函数**. 因此, 函数是特殊的映射, 而映射是函数的推广.

本书仅限于讨论实函数.

3.1.1　函数的一般性质

目标域为数集带来的好处, 是可以将数系的性质与映射相结合, 赋予函数集合丰富的结构. 前面我们考察的数列, 就是定义在全体正整数集合 $\mathbb{N}^*$ 上的函数.

数列的**有界性**概念, 可以推广到一般的函数.

定义 3.1.1. 对函数 $f: X \to \mathbb{R}$, 如果集合 $A \subset X$ 的像 $f(A)$ 是有界的, 就说函数 f 在 A 上**有界**; 如果 f 的值域 $f(X)$ 是有界的, 就说函数 f **有界**.

例 3.1.2. 如果一个函数的值域只包含一个实数 c, 就称其为**常函数**. 我们也用 c 表示这个函数. 显然, 常函数是有界的.

例 3.1.3. 数列 $s: \mathbb{N}^* \to \mathbb{R}$ 是定义在全体正整数集合上的函数.

数列的**四则运算**, 也可以推广到一般的函数.

定义 3.1.4. 设函数 $f, g: X \to \mathbb{R}$.

1) 函数 $f+g: x \mapsto f(x)+g(x)$ 称为 f 与 g 的**和**.
2) 函数 $fg: x \mapsto f(x)g(x)$ 称为 f 与 g 的**积**.
3) 当 g 总取非零值时, 函数 $f/g: x \mapsto f(x)/g(x)$ 称为 f 与 g 的**商**.

定义 3.1.5. 对函数 $f: X \to \mathbb{R}$, 函数 $-f: X \to \mathbb{R}$ 定义为常函数 -1 与 f 的积.

定义 3.1.6. 函数 $f: X \to \mathbb{R}$ 与 $g: X \to \mathbb{R}$ 的**差** $f-g: X \to \mathbb{R}$ 定义为函数 f 与 $-g$ 的和:

$$f-g = f+(-g).$$

3.1.2 一元函数

我们下面将要着重讨论的**一元函数**, 其定义域是一个区间, 或者若干区间之并. 与数列相比, 它们具有更加丰富的性质, 也是最重要的数学工具.

以下所说的**函数, 除非另有说明, 一律指一元函数**. 此外, 我们所说的**区间至少包含一个点**; 也就是说, **空集不算区间.**

例 3.1.7. 根式函数 $f(x)=\sqrt{x}$, 其定义域是 $[0,+\infty)$.

例 3.1.8. 反比例函数 $f(x)=1/x$, 其定义域是 $(-\infty,0)\cup(0,+\infty)$.

例 3.1.9. 正切函数 $f(x)=\tan x$, 其定义域是

$$\left\{x\in\mathbb{R}\;\middle|\; x\neq k\pi+\frac{\pi}{2},\ k\in\mathbb{Z}\right\}=\bigcup_{k\in\mathbb{Z}}\left(k\pi-\frac{\pi}{2},k\pi+\frac{\pi}{2}\right).$$

定义 3.1.10. 对函数 $f:A\to\mathbb{R}$ 和 $g:B\to\mathbb{R}$, 如果 $f(A)\subset B$, 那么复合映射

$$g\circ f:A\to\mathbb{R}$$

也是一个函数, 称为它们的**复合函数**.

定义 3.1.11. 设 $A\subset\mathbb{R}$. 如果函数 $f:A\to f(A)$ 是可逆映射, 那么逆映射 $f^{-1}:f(A)\to A$ 也是一个函数, 称其为 f 的**反函数**.

与数列类似, 函数也有**单调性**的概念.

定义 3.1.12. 设 f 是定义在数集上的函数. 如果对 f 的定义域中任意两点 x_1, x_2, 当 $x_1<x_2$ 时总有

$$f(x_1)\leq f(x_2),\tag{3.1}$$

就说 f **递增**, 简称**递增**; 特别地, 如果不等式(3.1) 总是严格成立, 就说 f **严格递增**.

类似地, 可以定义**递减**和**严格递减**的函数.

递增和递减函数统称为**单调**函数. 特别地, 严格递增和严格递减函数统称为**严格单调**函数.

例 3.1.13. 给定 $k\in\mathbb{R}$, 正比例函数 $f(x)=kx$ 是定义在整个实数轴 $(-\infty,+\infty)$ 上的单调函数. 特别地, 当 $k>0$ 时, f 严格递增; 当 $k<0$ 时, f 严格递减; 当 $k=0$ 时, f 是一个常函数. 常函数既是递增函数, 又是递减函数.

注记 3.1.14. 为了在保证严密性的前提下兼顾到陈述的简明，类似前面注记2.1.14 中提到的处理方法，我们以后将采用以下约定:

当一段陈述中提到函数 f 在某个 x 处的函数值 $f(x)$ 具有某个性质时，就表示我们已经预先假设 x 属于 f 的定义域.

例 3.1.15. 按照上述约定，递增函数的定义可以简述为:

设 f 是一个函数. 如果对任意两点 $x_1 < x_2$，总是有 $f(x_1) \le f(x_2)$，就说 f 递增.

例 3.1.16. ReLU 函数

$$f(x) = \begin{cases} x, & \text{当 } x > 0; \\ 0, & \text{当 } x \le 0 \end{cases}$$

是神经网络中常用的激活函数. 它是递增函数，但不是严格递增的.

注记 3.1.17. 我们约定，对于给定的函数 $f: D \to \mathbb{R}$ 和集合 $A \subset D$，如果函数 f 在 A 上的限制 $f|_A$ 有某个性质 P，就说 f 在 A 上有性质 P.

现在，我们可以说例3.1.16 中的ReLU 函数在负半轴 $(-\infty, 0]$ 上是一个常函数，而在正半轴 $[0, +\infty)$ 上是严格递增的.

周期运动是最常见的自然现象之一. 日出日没，涨潮落潮，车轮旋转，血液循环，都是周而复始的. **周期函数**就是专门表示和研究周期运动的数学工具，值得特别注意.

定义 3.1.18. 设 f 是一个函数，$T \in \mathbb{R}^*$. 如果对 f 的定义域中任意一个 x，总是有

$$f(x+T) = f(x), \tag{3.2}$$

我们就说 f 是一个**周期函数**. 此时，T 称为 f 的一个**周期**.

例 3.1.19. 函数 $x-[x]$ 表示实数 x 的小数部分，就称为**小数部分函数**. 它的定义域是整个实数轴 $(-\infty, +\infty)$，每个整数 k 都是它的周期.

不难看出，对于一般的周期函数 f，如果 T 是 f 的周期，那么 T 的任意整数倍也是 f 的周期. 因此，每个周期函数都有无穷多个周期.

术语**最小正周期**的含义从字面即可知晓. 显然，1 是小数部分函数 $x-[x]$ 的最小正周期. 但是，并非每个周期函数都有最小正周期.

例 3.1.20. Dirichlet 函数

$$D(x) = \begin{cases} 1, & \text{当 } x \text{ 是有理数}; \\ 0, & \text{当 } x \text{ 是无理数} \end{cases}$$

也是周期函数. 不难证明，每个有理数都是它的周期.

注记 3.1.21. 周期函数的定义域通常是整个实数轴, 但也有例外. 如正切函数 $\tan x$.

为了让(3.2) 式有意义, 周期函数的定义域必须满足一些特定的条件. 比如, 周期函数的定义域一定是无界集. 一般地, 设 D 是周期函数 f 的定义域, 区间 $I\subset D$, T 是 f 的一个周期, 则 $I\subset D$ 的平移 $\left\{x+T \,\middle|\, x\in I\right\}\subset D$.

练习 3.1

1. 下列函数哪些是有界的, 哪些是递增的? 哪些是递减的? 哪些是严格单调的?

1) $\sin\sqrt{x^2+1}$, $x\in\mathbb{R}$; 2) $\tan x$, $-\dfrac{\pi}{2}<x<\dfrac{\pi}{2}$; 3) x^2, $x\in[0,1]$;

4) $\dfrac{1}{x^2+1}$, $x\in\mathbb{R}$; 5) $\ln\dfrac{1}{x^2+1}$, $x\in(0,+\infty)$; 6) $\ln\dfrac{1}{x^2+1}$, $x\in\mathbb{R}$.

2. 证明例3.1.20 中的结论: 每个有理数都是Dirichlet 函数的周期.

3. 使得函数表达式有意义的一切实数组成的集合称为函数的**自然定义域**. 试求以下函数的自然定义域:

1) $\sqrt{x^2-2x-3}+\ln\sin x$; 2) $\tan\sqrt{x^2-2x-3}$; 3) $\dfrac{1}{\ln(3-x)}+\sqrt{49-x^2}$.

4. 定义在整个 $\mathbb{R}$ 上的周期函数是否一定有界? 如果结论成立, 请给出证明; 否则, 请举出反例.

5. 考察 $\ln\sin x$, $\sqrt{1+\sin x}$, $2\cos^2 x-3\tan x$ 等函数的周期性. 你能否想到更一般的结论? 请给出你的猜想并证明之.

6. 设 $f(x)=\dfrac{x}{\sqrt{1+x^2}}$, 递归地定义

$$f_1(x)=f(x),\quad f_{n+1}(x)=f\circ f_n(x),\qquad n\in\mathbb{N}^*.$$

试求 $f_n(x)$ 的通项表达式.

7. 设

$$f(x)=\frac{\sqrt{4-x^2}}{2},\quad -1<x\le 0.$$

求反函数 $f^{-1}(x)$.

3.2 函数的极限

3.2.1 定义和基本性质

例 3.2.1. 考察函数

$$f(x)=\frac{\sin x}{x}.$$

如图 3.1 所示, 其中 A, C 为单位圆周上两点, B, C, D 在 x 轴上, 线段 $\overline{AB}$ 垂直于 x 轴, $\overline{AD}$ 与单位圆周相切, $x=\angle AOC$ 以弧度计算.

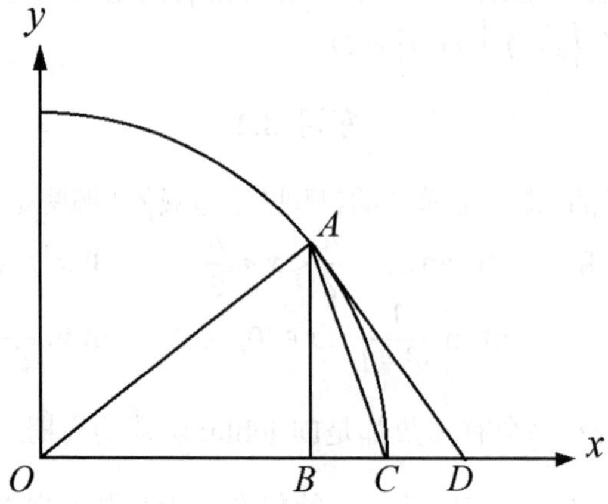

图3.1

直观地看, 当 $0<x<\pi/2$ 时, 由于

$$\triangle AOC\text{的面积}<\text{扇形}OAC\text{的面积}<\triangle AOD\text{的面积},$$

即

$$\frac{\sin x}{2}<\frac{x}{2}<\frac{\tan x}{2},$$

或者

$$\sin x<x<\tan x.$$

因此我们有

$$\cos x<f(x)<1. \tag{3.3}$$

注意上式对 $0<|x|<\pi/2$ 都成立.

当自变量 x 趋近于 0 时, $\cos x$ 越来越接近 1, 即 $|\cos x-1|$ 趋近于 0, 这样一来, 由于 $\left|f(x)-1\right|<|\cos x-1|$, $\left|f(x)-1\right|$ 同样越来越接近 0, 即 $f(x)$ 越来越接近 1. 这表明, 函数 f 在原点附近有一种确定的变化趋势. 虽然函数 f 在原点处没有定义, 但不影响这一趋势存在的事实.

与数列极限类似, 我们引进**函数极限**来刻画这种变化趋势, 并给出如下定义.

定义 3.2.2. 设函数 f 在点 x_0 的某个去心邻域上有定义, $A\in\mathbb{R}$. 如果对任意一个 $\varepsilon>0$, 存在 $\delta>0$, 使得当 x 满足 $0<|x-x_0|<\delta$, 即 $x\in\mathring{U}(x_0,\delta)$ 时, 总有

$$\left|f(x)-A\right|<\varepsilon,\quad \text{即}\quad f(x)\in U(A,\varepsilon),$$

就说当 x 趋于点 x_0 时函数 f 趋于 A, 或者说 f 在点 x_0 有**极限** A, 记作

$$\lim_{x\to x_0} f(x)=A,\quad \text{或}\quad f(x)\to A\ (x\to x_0).$$

如果不关心极限的具体数值, 也可以说 f 在点 x_0 存在**有限的极限**.

例 3.2.3. 对任意 $\varepsilon>0$, 只要取 $\delta=\min\{\varepsilon,\pi/2\}$, 则当 $x\in \mathring{U}(0,\delta)$ 时,

$$|1-\cos x|=1-\cos x=\frac{\sin^2 x}{1+\cos x}<|\sin x|<|x|<\delta\le\varepsilon,$$

这就得到了

$$\lim_{x\to 0}\sin x=0 \quad \text{和} \quad \lim_{x\to 0}\cos x=1. \tag{3.4}$$

由(3.3) 有

$$\left|1-\frac{\sin x}{x}\right|<|1-\cos x|<\varepsilon,$$

即有

$$\lim_{x\to 0}\frac{\sin x}{x}=1. \tag{3.5}$$

类似数列的情形, 函数极限有以下基本性质.

定理 3.2.4. **(函数极限的唯一性)** 若有两个实数 A, A' 满足

$$\lim_{x\to x_0} f(x)=A,\quad \lim_{x\to x_0} f(x)=A',$$

则必有 $A=A'$.

证明. 用反证法, 假设 $A\neq A'$. 此时我们取 $\varepsilon=\dfrac{|A'-A|}{2}$. 显然 $\varepsilon>0$. 由函数极限定义, 可取正数 δ_1, 使得对任意 $x\in\mathring{U}(x_0,\delta_1)$,

$$\left|f(x)-A\right|<\varepsilon. \tag{3.6}$$

同样可取正数 δ_2, 使得对任意 $x\in\mathring{U}(x_0,\delta_2)$,

$$\left|f(x)-A'\right|<\varepsilon. \tag{3.7}$$

取 $\delta=\min\{\delta_1,\delta_2\}$, 则对任意 $x\in\mathring{U}(x_0,\delta)$, 不等式(3.6) 和(3.7) 都成立, 此时即有

$$\left|A'-A\right|\le\left|f(x)-A'\right|+\left|f(x)-A\right|<\frac{|A'-A|}{2}+\frac{|A'-A|}{2}=\left|A'-A\right|.$$

这就得到了我们所要的矛盾. □

定理 3.2.5. （局部有界性）若 f 在点 x_0 存在有限的极限, 则 f 在点 x_0 的某个去心邻域 $\mathring{U}(x_0)$ 上有界, 即存在常数 $M>0$, 使得对任意 $x\in\mathring{U}(x_0)$, 有

$$\left|f(x)\right|\le M.$$

证明. 设 $\lim\limits_{x\to x_0}f(x)=A\in\mathbb{R}$, 则存在点 x_0 的某个去心邻域 $\mathring{U}(x_0)$, 使得对任意 $x\in\mathring{U}(x_0)$, $\left|f(x)-A\right|<1$, 于是 $\left|f(x)\right|<|A|+1$. 这样, 我们只要取 $M=|A|+1$ 就完成了证明. □

定理 3.2.6. （极限的四则运算性）设函数 f, g 在点 x_0 都存在有限的极限, 则有以下性质:

1) 对常数 $c\in\mathbb{R}$, $\lim\limits_{x\to x_0}\left(cf\right)(x)=c\lim\limits_{x\to x_0}f(x)$;
2) $\lim\limits_{x\to x_0}\left(f+g\right)(x)=\lim\limits_{x\to x_0}f(x)+\lim\limits_{x\to x_0}g(x)$;
3) $\lim\limits_{x\to x_0}\left(fg\right)(x)=\lim\limits_{x\to x_0}f(x)\cdot\lim\limits_{x\to x_0}g(x)$;
4) 当 $\lim\limits_{x\to x_0}g(x)\ne 0$ 时,

$$\lim_{x\to x_0}\left(\frac{f}{g}\right)(x)=\frac{\lim\limits_{x\to x_0}f(x)}{\lim\limits_{x\to x_0}g(x)}.$$

证明. 1), 2)从略.

3) 设 $\lim\limits_{x\to x_0}f(x)=A$, $\lim\limits_{x\to x_0}g(x)=B$. 由局部有界性, 存在常数 M, $\delta_1>0$, 使得对任意 $x\in\mathring{U}(x_0,\delta_1)$, 有 $\left|f(x)\right|\le M$. 对任意 $\varepsilon>0$, 存在 $\delta_2>0$, 使得对任意 $x\in\mathring{U}(x_0,\delta_2)$, 有

$$\left|f(x)-A\right|<\frac{\varepsilon}{2|B|+1}, \tag{3.8}$$

同时存在 $\delta_3>0$, 使得对任意 $x\in\mathring{U}(x_0,\delta_3)$, 有

$$\left|g(x)-B\right|<\frac{\varepsilon}{2M}. \tag{3.9}$$

取 $\delta=\min\{\delta_1,\delta_2,\delta_3\}$, 则对任意 $x\in\mathring{U}(x_0,\delta)$, 不等式(3.8) 和(3.9) 都成立, 此时即有

$$\begin{aligned}\left|f(x)g(x)-AB\right|&\le\left|f(x)g(x)-f(x)B\right|+\left|f(x)B-AB\right|\\&=\left|f(x)\right|\left|g(x)-B\right|+|B|\left|f(x)-A\right|\\&\le M\left|g(x)-B\right|+|B|\left|f(x)-A\right|\\&<M\cdot\frac{\varepsilon}{2M}+|B|\cdot\frac{\varepsilon}{2|B|+1}<\frac{\varepsilon}{2}+\frac{\varepsilon}{2}=\varepsilon.\end{aligned}$$

4) 留作练习. □

例 3.2.7. 求极限 $\lim\limits_{x\to1}\dfrac{x+x^2+\cdots+x^n-n}{x-1}$, 其中 $n\in\mathbb{N}^*$.

解. 根据极限的四则运算性, 我们有

$$\begin{aligned}\lim_{x\to1}\frac{x+x^2+\cdots+x^n-n}{x-1} &= \lim_{x\to1}\frac{(x-1)+\left(x^2-1\right)+\cdots+(x^n-1)}{x-1}\\ &= \sum_{k=1}^{n}\lim_{x\to1}\frac{x^k-1}{x-1}=\sum_{k=1}^{n}\lim_{x\to1}\left(x^{k-1}+x^{k-2}+\cdots+1\right)\\ &= \sum_{k=1}^{n}\left(\lim_{x\to1}x^{k-1}+\lim_{x\to1}x^{k-2}+\cdots+\lim_{x\to1}1\right)\\ &= \sum_{k=1}^{n}k=\frac{n(n+1)}{2}.\end{aligned}$$

□

从本节前面的内容可以看出, 函数极限的处理思路与数列极限非常相似, 只是细节不同. 实际上, 这两种极限可以互相转化.

定理 3.2.8. (归结原理) *设函数 f 在点 x_0 的某个去心邻域 $\mathring{U}(x_0)$ 上有定义, 常数 $A\in\mathbb{R}$, 则 $\lim\limits_{x\to x_0}f(x)=A$ 的充要条件是: 对 $\mathring{U}(x_0)$ 中的任意一个数列 $\{x_n\}$, 只要 $\lim\limits_{n\to\infty}x_n=x_0$, 就有 $\lim\limits_{n\to\infty}f(x_n)=A$.*

证明. 先证必要性. 此时对任意 $\varepsilon>0$, 存在 $\delta>0$, 使得 $x\in\mathring{U}(x_0,\delta)$ 时 $\left|f(x)-A\right|<\varepsilon$. 对 $\mathring{U}(x_0)$ 中任意一个收敛于 x_0 的数列 $\{x_n\}$, 可取正整数 N 使得 $n\geq N$ 时, $|x_n-x_0|<\delta$. 此时 $x_n\in\mathring{U}(x_0,\delta)$, 从而 $\left|f(x_n)-A\right|<\varepsilon$, 即 $\lim\limits_{n\to\infty}f(x_n)=A$.

现证充分性. 用反证法, 如果 $\lim\limits_{x\to x_0}f(x)=A$ 不成立, 则存在某个 $\varepsilon_0>0$, 使得对任意 $n\in\mathbb{N}^*$, 存在 $x_n\in\mathring{U}(x_0,1/n)$, 满足 $\left|f(x_n)-A\right|\geq\varepsilon_0$, 可见 A 不是 $\{f(x_n)\}$ 的极限. 但数列 $\{x_n\}$ 显然收敛于 x_0, 按充分性假设, $\lim\limits_{n\to\infty}f(x_n)=A$, 这就得到了所要的矛盾. □

例 3.2.9. 函数极限 $\lim\limits_{x\to0}\sin\dfrac{1}{x}$ 不存在.

实际上, 取

$$x_n=\frac{1}{2n\pi},\quad x_n'=\frac{1}{\left(2n+\frac{1}{2}\right)\pi},\quad n\in\mathbb{N}^*,$$

显然 $\lim x_n=\lim x_n'=0$. 但

$$\sin\frac{1}{x_n}=\sin2n\pi\to0,\quad \sin\frac{1}{x_n'}=\sin\left(2n+\frac{1}{2}\right)\pi\to1,$$

由定理3.2.8即得所要的结论. □

下面结论的证明留给读者作为练习.

定理 3.2.10. 设函数 f 和 g 在点 x_0 处均存在有限的极限.

1)（**极限的保序性**）若有点 x_0 的某个去心邻域 $\mathring{U}(x_0)$ 使得 $x\in\mathring{U}(x_0)$ 时 $f(x)\le g(x)$, 则 $\lim\limits_{x\to x_0}f(x)\le\lim\limits_{x\to x_0}g(x)$;

2)（**夹挤原理**）若 $\lim\limits_{x\to x_0}f(x)=\lim\limits_{x\to x_0}g(x)$, 函数 h 在点 x_0 的某个去心邻域 $\mathring{U}(x_0)$ 有定义, 且对任意 $x\in\mathring{U}(x_0)$, 有

$$f(x)\le h(x)\le g(x),$$

则函数 h 在点 x_0 处也有极限, 且

$$\lim_{x\to x_0}h(x)=\lim_{x\to x_0}f(x)=\lim_{x\to x_0}g(x).$$

定理 3.2.11.（**函数极限的Cauchy收敛原理**）函数 f 在点 x_0 存在有限的极限的充要条件是: 对任意一个 $\varepsilon>0$, 存在 $\delta>0$, 使得 $x,\ x'\in\mathring{U}(x_0,\delta)$ 时, 总有

$$\left|f(x')-f(x)\right|<\varepsilon.$$

定理 3.2.12.（**复合函数的极限**）设 $t_0,\ x_0,\ A\in\mathbb{R}$, $\lim\limits_{x\to x_0}f(x)=A$, $\lim\limits_{t\to t_0}\varphi(t)=x_0$, 且有某个去心邻域 $\mathring{U}(t_0)$, 使得

$$\varphi(t)\ne x_0,\quad t\in\mathring{U}(t_0),$$

则复合函数 $f\circ\varphi$ 在点 t_0 有极限 A, 即

$$\lim_{t\to t_0}f\circ\varphi(t)=\lim_{x\to x_0}f(x).$$

证明. 对任意 $\varepsilon>0$, 先取 $\sigma>0$, 使得 $x\in\mathring{U}(x_0,\sigma)$ 时,

$$\left|f(x)-A\right|<\varepsilon;$$

再取 $\delta>0$, 使得 $t\in\mathring{U}(t_0,\delta)$ 时,

$$\left|\varphi(t)-x_0\right|<\sigma.$$

可见当 $t\in\mathring{U}(t_0,\delta)$ 时,

$$\left|f\circ\varphi(t)-A\right|=\left|f\left(\varphi(t)\right)-A\right|=<\varepsilon.$$

这就是 $\lim\limits_{t\to t_0}f\circ\varphi(t)=A$. □

3.2.2 极限的其他形式

在定义3.2.2中, 我们讨论了函数 f 在自变量趋于某个实数时的极限. 在许多问题中, 我们需要考虑自变量趋于无穷大的情形.

定义 3.2.13. 设 $A\in\mathbb{R}$, f 是一个函数.

1) 如果对任意 $\varepsilon>0$, 存在 $M>0$, 使得对任意 $x>M$, 总有 $\left|f(x)-A\right|<\varepsilon$, 就说当 x 趋于正无穷时, 函数 f 趋于 A, 或者说 f**在正无穷处有极限** A, 记作

$$\lim_{x\to+\infty} f(x)=A,$$

或 $f(x)\to A\ (x\to+\infty)$, 简记为 $f(+\infty)=A$;

2) 如果对任意 $\varepsilon>0$, 存在 $M>0$, 使得对任意 $x<-M$, 总有 $\left|f(x)-A\right|<\varepsilon$, 就说当 x 趋于负无穷时, 函数 f 趋于 A, 或者说 f**在负无穷处有极限** A, 记作

$$\lim_{x\to-\infty} f(x)=A,$$

或 $f(x)\to A\ (x\to-\infty)$, 简记为 $f(-\infty)=A$;

3) 如果对任意 $\varepsilon>0$, 存在 $M>0$, 使得对任意 $x<-M$ 或 $x>M$ 总有 $\left|f(x)-A\right|<\varepsilon$, 就说当 x 趋于无穷时, 函数 f 趋于 A, 或者说 f**在无穷远处有极限** A, 记作

$$\lim_{x\to\infty} f(x)=A,$$

或 $f(x)\to A\ (x\to\infty)$, 简记为 $f(\infty)=A$.

注记 3.2.14. 由定义3.2.13 不难看出, $\lim\limits_{x\to\infty} f(x)=A$ 的充要条件是

$$\lim_{x\to+\infty} f(x)=\lim_{x\to-\infty} f(x)=A.$$

直观地说, 如果 f 在无穷远处有极限, 那么当 x 从正负两个方向趋于无穷时, f 趋于同一个极限; 反之亦然. 对自变量趋于某个实数的情形, 也有类似现象.

定义 3.2.15. **(单侧极限)** 设 x_0, $A\in\mathbb{R}$, f 是一个函数. 如果对任意 $\varepsilon>0$, 存在 $\delta>0$, 使得对任意 $x\in(x_0,\ x_0+\delta)$, 总有

$$\left|f(x)-A\right|<\varepsilon,$$

就说当 x 从右侧趋于 x_0 时, 函数 f 趋于 A, 或者说 f 在点 x_0 有**右极限** A, 记作

$$\lim_{x\to x_0^+} f(x)=A,\quad 或\quad f(x)\to A\ (x\to x_0^+),\quad 简记为\quad f(x_0^+)=A.$$

类似地, 可以定义 f 在点 x_0 的**左极限** $\lim\limits_{x\to x_0^-} f(x)$, 简记为 $f(x_0^-)$.

命题 3.2.16. 设 $x_0,\ A\in\mathbb{R}$. $\lim\limits_{x\to x_0} f(x)=A$ 的充要条件是

$$\lim_{x\to x_0^+} f(x)=\lim_{x\to x_0^-} f(x)=A.$$

注记 3.2.17. 不难验证, 前面有关自变量趋于某个实数时函数存在有限极限所蕴涵的各种性质, 包括极限的唯一性, 局部有界性, 四则运算性, 归结原理, 保序性, 夹挤原理, Cauchy收敛原理, 复合函数的极限等, 对自变量趋于无穷大的各种情形, 以及自变量从单侧趋于某个实数的情形都成立.

例 3.2.18. 我们有

$$\lim_{x\to\infty}\left(1+\frac{1}{x}\right)^x=\mathrm{e}. \tag{3.10}$$

证明. 我们首先证明

$$\lim_{x\to+\infty}\left(1+\frac{1}{[x]}\right)^{[x]}=\mathrm{e}. \tag{3.11}$$

对任意 $\varepsilon>0$, 由于

$$\lim_{n\to\infty}\left(1+\frac{1}{n}\right)^n=\mathrm{e},$$

我们可以取正整数 N 使得对任意正整数 $n\geq N$,

$$\left|\left(1+\frac{1}{n}\right)^n-\mathrm{e}\right|<\varepsilon.$$

可见当 $x>N$ 时, 有

$$\left|\left(1+\frac{1}{[x]}\right)^{[x]}-\mathrm{e}\right|<\varepsilon,$$

即(3.11) 式成立.

现在当 $x>0$ 时, 我们有

$$\left(1+\frac{1}{[x]+1}\right)^{[x]}\leq\left(1+\frac{1}{x}\right)^x\leq\left(1+\frac{1}{[x]}\right)^{[x]+1}. \tag{3.12}$$

由(3.11) 式易见

$$\lim_{x\to+\infty}\left(1+\frac{1}{[x]+1}\right)^{[x]}=\lim_{x\to+\infty}\left(1+\frac{1}{[x]}\right)^{[x]+1}=\mathrm{e},$$

根据不等式(3.12) 和夹挤原理即得

$$\lim_{x\to+\infty}\left(1+\frac{1}{x}\right)^x=\mathrm{e}. \tag{3.13}$$

对 $x<0$, 令 $y=-x$, 则

$$\begin{aligned}\left(1+\frac{1}{x}\right)^x&=\left(1-\frac{1}{y}\right)^{-y}=\left(\frac{y-1}{y}\right)^{-y}\\&=\left(\frac{y}{y-1}\right)^y=\left(1+\frac{1}{y-1}\right)^{y-1}\left(1+\frac{1}{y-1}\right).\end{aligned}$$

再取 $z=y-1$, 则

$$\left(1+\frac{1}{x}\right)^x=\left(1+\frac{1}{y-1}\right)^{y-1}\left(1+\frac{1}{y-1}\right)=\left(1+\frac{1}{z}\right)^z\left(1+\frac{1}{z}\right),$$

故

$$\lim_{x\to-\infty}\left(1+\frac{1}{x}\right)^x=\lim_{z\to+\infty}\left(1+\frac{1}{z}\right)^z\lim_{z\to+\infty}\left(1+\frac{1}{z}\right)=\mathrm{e}.$$

结合(3.13) 式即得(3.10) 式. □

例 3.2.19. 我们有

$$\lim_{x\to+\infty}\frac{x}{\mathrm{e}^x} = 0, \tag{3.14}$$

$$\lim_{x\to+\infty}\frac{\ln x}{x} = 0. \tag{3.15}$$

证明. 对任意 $\varepsilon>0$, 由于

$$\lim_{n\to\infty}\frac{n+1}{\mathrm{e}^n}=0,$$

我们可以取正整数 N, 使得对任意正整数 $n\geq N$,

$$\frac{n+1}{\mathrm{e}^n}<\varepsilon.$$

可见当 $x>N$ 时, 有

$$\frac{x}{\mathrm{e}^x}<\frac{[x]+1}{\mathrm{e}^{[x]}}<\varepsilon.$$

即(3.14) 式成立.

令 $y=\ln x$. 对任意 $\varepsilon>0$, 由(3.14) 式, 可取 $K>0$, 使得当 $y>K$ 时, 有

$$\frac{y}{\mathrm{e}^y}<\varepsilon.$$

于是当 $x>M=\mathrm{e}^K$ 时, 有

$$\frac{\ln x}{x}=\frac{y}{\mathrm{e}^y}=0<\varepsilon,$$

这就是(3.15) 式. □

3.2.3　无穷小与无穷大

与数列极限类似, 关于函数极限, 也有无穷大和无穷小的概念.

定义 3.2.20. 设 $x_0\in\mathbb{R}$, f 是一个函数. 如果 $\lim\limits_{x\to x_0}f(x)=0$, 就说当 x 趋于 x_0 时, f 是一个**无穷小**; 更进一步, 如果还有某个去心邻域 $\overset{\circ}{U}(x_0)$, 使得 $x\in\overset{\circ}{U}(x_0)$ 时总是有 $f(x)\neq0$, 就称 f 是一个**非零无穷小**.

定义 3.2.21. 设 $x_0 \in \mathbb{R}$，f 是一个函数. 如果对任意 $M>0$, 存在去心邻域 $\mathring{U}(x_0)$, 使得 $x \in \mathring{U}(x_0)$ 时, 总有

$$f(x) > M,$$

就说当 x 趋于 x_0 时, 函数 f 趋于**正无穷**, 记作

$$\lim_{x \to x_0} f(x) = +\infty.$$

类似地可以定义**负无穷**, 记作

$$\lim_{x \to x_0} f(x) = -\infty.$$

当 $\lim\limits_{x \to x_0} \left| f(x) \right| = +\infty$ 时, 就说当 x 趋于 x_0 时, 函数 f 趋于**无穷大**, 记作

$$\lim_{x \to x_0} f(x) = \infty.$$

注记 3.2.22. 自变量趋于有限实数或无穷大的各种情形, 我们统称为**极限过程**. 用 $P(x)$ 表示某个极限过程, 则 $P(x)$ 可以取

$$x \to x_0, \quad x \to x_0^+, \quad x \to x_0^-, \quad x \to \infty, \quad x \to +\infty, \quad x \to -\infty$$

等六种情形之一. 对后面五种情形, 都可以按照定义3.2.20 和3.2.21 的方式, 类似地定义**无穷小**和**非零无穷小**, 以及**正无穷**, **负无穷**和**无穷大**这三种无穷极限.

只要 $\lim\limits_{P(x)} f(x)$ 是一个实数或者取无穷极限, 我们就说极限 $\lim\limits_{P(x)} f(x)$ **存在**.

例 3.2.23. 我们有

$$\begin{aligned}
&\lim_{x \to 0^+} \frac{1}{x} = +\infty, && \lim_{x \to 0^-} \frac{1}{x} = -\infty, && \lim_{x \to 0} \frac{1}{x} = \infty, \\
&\lim_{x \to \frac{\pi}{2}^-} \tan x = +\infty, && \lim_{x \to \frac{\pi}{2}^+} \tan x = -\infty, && \lim_{x \to \frac{\pi}{2}} \tan x = \infty, \\
&\lim_{x \to -\infty} x^2 = +\infty, && \lim_{x \to \infty} \frac{x}{2 + \sin x} = \infty, && \lim_{x \to +\infty} \frac{x^2}{x+1} = +\infty, \\
&\lim_{x \to 0^+} \ln x = -\infty, && \lim_{x \to +\infty} \ln x = +\infty, && \lim_{x \to 1} \frac{x}{1 - x^2} = \infty.
\end{aligned}$$

显然, 无穷小和无穷大之间有以下关系.

命题 3.2.24. 用 $P(x)$ 表示某个极限过程. $\lim\limits_{P(x)} f(x) = \infty$ 的充要条件是: $\lim\limits_{P(x)} \dfrac{1}{f(x)}$ 是非零无穷小.

3.2.4 阶的比较

定义 3.2.25. 用 $P(x)$ 表示自变量趋于有限实数或无穷大的某个情形. 假设当 $P(x)$ 时, f, g 都是无穷大, 或者非零无穷小.

1) 如果

$$\lim_{P(x)}\frac{f(x)}{g(x)}=0,$$

就称 f 是比 g **低阶的无穷大**, 或者**高阶的无穷小**, 记为

$$f(x)=o\big(g(x)\big)\ \ (P(x));$$

2) 如果

$$\lim_{P(x)}\frac{f(x)}{g(x)}=\infty,$$

就称 f 是比 g **高阶的无穷大**, 或者**低阶的无穷小**;

3) 如果

$$\lim_{P(x)}\frac{f(x)}{g(x)}\in\mathbb{R}^*,$$

就称 f 是与 g **同阶的无穷大**, 或者**同阶的无穷小**;

4) 特别地, 当

$$\lim_{P(x)}\frac{f(x)}{g(x)}=1$$

时, 称 f 是与 g **等价的无穷大**, 或者**等价的无穷小**, 记为

$$f(x)\sim g(x)\ \ (P(x)).$$

例 3.2.26. 由例3.2.3可知: 当 $x\to 0$ 时, $\sin x$ 是与 x 等价的无穷小, 即 $\sin x\sim x\ \ (x\to 0)$.

例 3.2.27. 由例3.2.19可知: 当 $x\to+\infty$ 时, x 是比 e^x 低价的无穷大, $\ln x$ 是比 x 低价的无穷大, 即 $x=o(\mathrm{e}^x)$, $\ln x=o(x)\ \ (x\to+\infty)$.

定义 3.2.28. 设 $x_0\in\mathbb{R}$, 函数 f, g 在 x_0 的某个去心邻域 $\mathring{U}(x_0)$ 中有定义, 使得 $x\in\mathring{U}(x_0)$ 时, 总有 $g(x)\neq 0$. 如果存在常数 $M>0$, 使得

$$\left|\frac{f(x)}{g(x)}\right|\le M,\quad x\in\mathring{U}(x_0),$$

就记为

$$f(x)=O\big(g(x)\big)\ \ (x\to x_0).$$

特别地, 记号 $f(x)=O(1)\ \ (x\to x_0)$ 表示 f 在 x_0 的某个去心邻域 $\mathring{U}(x_0)$ 中有界; $f(x)=o(1)\ \ (x\to x_0)$ 表示当 $x\to x_0$ 时, f 是个无穷小.

对其他极限过程, 可以类似地定义记号 O 的用法.

例 3.2.29. 我们有

$$x^2-x+1=O\left(x^2\right)\ (x\to\infty),\quad x\sin\frac{1}{x}=O(\sin x)\ (x\to 0),\quad \cos x=O(1)\ (x\to\infty),$$
$$\ln x=o(x)\ (x\to+\infty),\qquad \sin x=o(1)\ (x\to 0),\qquad \mathrm{e}^x=o(1)\ (x\to-\infty).$$

注记 3.2.30. 显然, 记号 $O\big(g(x)\big)$ 并非表示一个特定的函数, 而是一类函数的共同性质. 因此, $O\big(g(x)\big)$ 本质上是一个集合. 记号 $o\big(g(x)\big)$ 的用法也是如此.

为什么要用 $f(x)=O\big(g(x)\big)$ 取代更准确的记号 $f(x)\in O\big(g(x)\big)$ 呢? 原因是这里的等号为表达运算性质带来了特别的好处.

命题 3.2.31. **（大 O 小 o 的吸收律）** 对同一极限过程, 我们有下列性质:

$$o\big(f(x)\big)+o\big(f(x)\big)=o\big(f(x)\big),\quad o\big(f(x)\big)+O\big(f(x)\big)=O\big(f(x)\big),\quad O\big(f(x)\big)+O\big(f(x)\big)=O\big(f(x)\big),$$
$$o\big(f(x)\big)\cdot O\big(g(x)\big)=o\big(f(x)g(x)\big),\quad O\big(f(x)\big)\cdot O\big(g(x)\big)=O\big(f(x)g(x)\big).$$

第一个等式的含义是: 若 $g(x)=o\big(f(x)\big)$, $h(x)=o\big(f(x)\big)$, 则 $g(x)+h(x)=o\big(f(x)\big)$. 其他等式可以类似地解释.

例 3.2.32. 由于 $x^2=o(x)$, $x\sin\frac{1}{x}=O(x)$, $\sin x=O(x)\ (x\to 0)$, 我们有

$$x^2+x\sin\frac{1}{x}+\sin x=O(x)\ (x\to 0).$$

命题 3.2.33. **（等价无穷替换律）** 设 $P(x)$ 表示某个极限过程, 极限 $\lim\limits_{P(x)}h(x)$ 存在. 如果 $f(x)\sim g(x)\ (P(x))$, 则有

$$\lim_{P(x)}f(x)h(x)=\lim_{P(x)}g(x)h(x), \tag{3.16}$$
$$\lim_{P(x)}\frac{h(x)}{f(x)}=\lim_{P(x)}\frac{h(x)}{g(x)}. \tag{3.17}$$

就是说, 在同一极限过程中, 乘法和除法的函数因子可以用等价的无穷大或非零无穷小替换, 结果不变.

证明. 不妨设(3.16) 式左端极限存在, 则

$$\begin{aligned}\lim_{P(x)}g(x)h(x)&=\lim_{P(x)}\frac{f(x)}{f(x)}g(x)h(x)=\lim_{P(x)}\left(\frac{g(x)}{f(x)}f(x)h(x)\right)\\&=\lim_{P(x)}\frac{g(x)}{f(x)}\cdot\lim_{P(x)}f(x)h(x)=1\cdot\lim_{P(x)}f(x)h(x)=\lim_{P(x)}f(x)h(x).\end{aligned}$$

因此(3.16) 式成立. 又 $f(x)\sim g(x)$ 等价于 $1/f(x)\sim 1/g(x)$, 由(3.16) 式即得(3.17) 式. □

例 3.2.34. 注意 $\sin x \sim x$，$\cos x \sim 1\ (x \to 0)$，用等价无穷替换律，得到

$$\lim_{x\to 0}\frac{x\tan^4 x}{\sin^3 x(1-\cos x)} = \lim_{x\to 0}\frac{x\frac{\sin^4 x}{\cos^4 x}}{\sin^3 x\left(2\sin^2\frac{x}{2}\right)} = \lim_{x\to 0}\frac{x\sin^4 x}{x^3\left(2\sin^2\frac{x}{2}\right)} = \lim_{x\to 0}\frac{x\cdot x^4}{x^3 2\left(\frac{x}{2}\right)^2} = 2.$$

练习 3.2

1. 求极限

1) $\lim\limits_{x\to 2}\frac{1-x+x^3}{1+2x^2}$；　2) $\lim\limits_{x\to 0}\frac{\tan x}{x}$；　3) $\lim\limits_{x\to 1}\sqrt{1+x}$；　4) $\lim\limits_{x\to 0} x\left[\frac{1}{x}\right]$.

2. 设 $\lim\limits_{x\to x_0} f(x)\in\mathbb{R}^+$，证明 $\lim\limits_{x\to x_0}\sqrt{f(x)} = \sqrt{\lim\limits_{x\to x_0} f(x)}$.

3. 证明定理3.2.6之结论4).

4. 证明定理3.2.10.

5. 证明定理3.2.11.

6. 证明函数极限的**保号性**：若 $\lim\limits_{x\to x_0} f(x)\in\mathbb{R}^+$，则存在 x_0 的某个去心邻域 $\mathring{U}(x_0)$，使得对任意 $x\in\mathring{U}(x_0)$，$f(x)>0$.

7. 求极限

1) $\lim\limits_{x\to\infty}\frac{2x-5}{5x-2}$；　2) $\lim\limits_{x\to+\infty}\arctan x$；　3) $\lim\limits_{x\to+\infty}\left(\sqrt{x+1}-\sqrt{x-1}\right)$.

8. 叙述并证明关于 $\lim\limits_{x\to\infty} f(x)$ 的唯一性定理.

9. 叙述并证明关于 $\lim\limits_{x\to\infty} f(x)$ 的归结原理.

10. 确定常数 a, b，使得下列等式成立：

1) $\lim\limits_{x\to+\infty}\left(\sqrt{x^2-x+1}-ax-b\right)=0$；　2) $\lim\limits_{x\to-\infty}\left(\sqrt{x^2-x+1}-ax-b\right)=0$.

11. 叙述关于 $\lim\limits_{x\to x_0^+} f(x)\in\mathbb{R}$ 的唯一性，局部有界性，四则运算性，归结原理，保序性，夹挤原理，以及Cauchy收敛原理.

12. 设 $\lim\limits_{x\to\infty} f(x)$ 存在，$\lim\limits_{t\to\infty}\varphi(t)=\infty$，证明

$$\lim_{t\to\infty} f\circ\varphi(t) = \lim_{x\to\infty} f(x).$$

13. 设 $\lim\limits_{x\to\infty} f(x)=+\infty$，$\lim\limits_{x\to\infty} g(x)=c\in\mathbb{R}^*$，试证

1) $\lim\limits_{x\to\infty}(f+g)(x)=+\infty$；　2) $\lim\limits_{x\to\infty}(f\cdot g)(x)=\infty$；　3) $\lim\limits_{x\to\infty}\frac{f+g}{f-g}(x)=1$.

14. 证明命题3.2.24.

15. 证明下列等式:

1) $\sin x = o\left(\sqrt{x}\right)\ (x \to 0^+)$；　　2) $\sqrt{\sin x} = o(\ln x)\ (x \to 0^+)$；

3) $\dfrac{\cos x}{1+x^2} = O\left(x^{-2}\right)\ (x \to \infty)$；　　4) $x^{1000} = o\left(\mathrm{e}^x\right)\ (x \to +\infty)$；

5) $\ln x = o\left(\sqrt{x}\right)\ (x \to +\infty)$；　　6) $\dfrac{1-\cos x}{2+\sin x} = O(1)\ (x \to \infty)$.

16. 用等价无穷替换律求下列极限:

1) $\lim\limits_{x\to 0}\dfrac{\sqrt{1+x^2}-1}{1-\cos x}$；　　2) $\lim\limits_{x\to 0}\dfrac{3x-\sin 3x}{x^3}$；　　3) $\lim\limits_{x\to\frac{\pi}{2}}\dfrac{\tan^2\left(\frac{\pi}{2}-x\right)}{\cos x^2}$.

17. 试证极限 $\lim\limits_{x\to\infty}\sin x^2$ 不存在.

18. 设 f 是 $\mathbb{R}$ 上的周期函数, 且 $\lim\limits_{x\to\infty} f(x) = 1$. 证明 $f = 1$.

19. 考察本练习第7题的 2) 和 3), 你能想到更一般的结论吗? 给出你的猜想并证明它.

20. 证明

$$\lim_{x\to+\infty}\left(\sin\sqrt{x+1} - \sin\sqrt{x-1}\right) = 0.$$

这个极限等式能推广到什么情形? 给出你的猜想并证明它.

3.3 连续函数

3.3.1 连续与间断

定义 3.3.1. 设函数 f 在点 x_0 的某个邻域上有定义. 如果

$$\lim_{x\to x_0} f(x) = f(x_0),$$

就说 f 在点 x_0 **连续**, 或者说 x_0 是 f 的**连续点**; 否则, 就说 f 在点 x_0 **间断**, 或者说 x_0 是 f 的**间断点**.

注记 3.3.2. 回顾函数极限的定义, “f 在点 x_0 连续” 可以用 $\varepsilon-\delta$ 语言表述为:

对任意 $\varepsilon > 0$, 存在 $\delta > 0$, 使得当 x 满足 $|x - x_0| < \delta$, 总有 $\left|f(x) - f(x_0)\right| < \varepsilon$.

或者用邻域的语言表述为:

对任意点 $f(x_0)$ 的一个邻域 $U\left(f(x_0)\right)$, 存在点 x_0 的邻域 $U(x_0)$, 使得当 $x \in U(x_0)$ 时, $f(x) \in U\left(f(x_0)\right)$.

注记 3.3.3. 用 $\varepsilon-\delta$ 语言，"f 在点 x_0 间断" 应当表述为:

存在 $\varepsilon_0>0$, 对任意 $\delta>0$, 存在 x_δ 满足 $|x_\delta-x_0|<\delta$, 且 $\left|f(x_\delta)-f(x_0)\right|\ge\varepsilon_0$.

定义 3.3.4. 设函数 f 在左闭右开区间 $[a,b)$ 上有定义, 且

$$\lim_{x\to a^+}f(x)=f(a),$$

就说 f 在点 a **右连续**. 类似地, 可以给出 f 在点 a **左连续**的定义.

右连续和左连续统称为**单侧连续**.

根据命题3.2.16, 显然有下面结论.

命题 3.3.5. 若函数 f 在点 x_0 的某邻域 $U(x_0)$ 上有定义. 则 f 在点 x_0 连续的充要条件是 f 在点 x_0 既是右连续, 又是左连续.

例 3.3.6. 对于**符号函数**

$$\operatorname{sgn}(x)=\begin{cases}1, & \text{当 } x>0;\\ 0, & \text{当 } x=0;\\ -1, & \text{当 } x<0,\end{cases}$$

当 $x_0\ne0$ 时, sgn 在点 x_0 连续. 在原点 $x=0$ 处, 由于 $\lim\limits_{x\to0^+}\operatorname{sgn}(x)=1$, $\lim\limits_{x\to0^-}\operatorname{sgn}(x)=-1$, 可见 $\lim\limits_{x\to0}\operatorname{sgn}(x)$ 不存在, 因此 sgn 在原点处间断, 如图 3.2 所示.

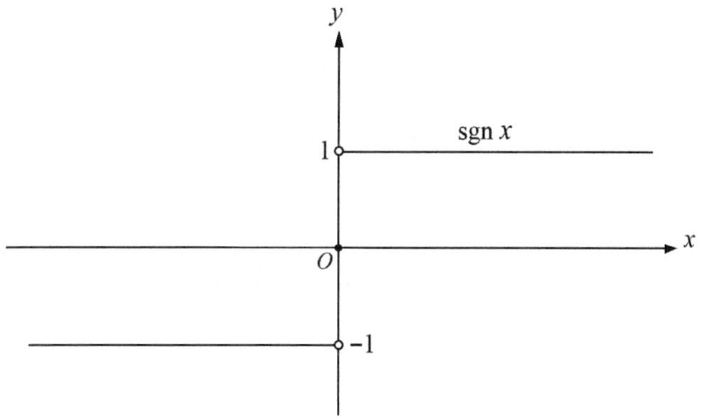

图 3.2

定义 3.3.7. 如果函数 f 在区间 I 的每个内点连续, 并且, 当 I 包含左端点时, f 在该点右连续; 当 I 包含右端点时, f 在该点左连续, 就说 f 在 I 上**连续**.

如果集合 A 是若干个区间之并, 其中任意两个区间之并都不是区间, 且 f 在其中每个区间上连续, 就说 f 在 A 上**连续**.

如果函数 f 在整个定义域上连续, 就说 f 是**连续函数**.

例 3.3.8. 显然,常函数在定义域上处处连续,也就是说,它是一个连续函数.

例 3.3.9. 设 $n\in\mathbb{N}^*$,则函数 $f(x)=x^n$ 是连续函数.

证明. 对任意 $a\in\mathbb{R}$,注意到当 $|x-a|<1$ 时,$|x|<|a|+1$,于是

$$\left|x^n-a^n\right|=\left|x^{n-1}+ax^{n-2}+\cdots+a^{n-1}\right||x-a|<C|x-a|,$$

其中 $C=n(|a|+1)^{n-1}$. 可见对任意 $\varepsilon>0$,只要取 $\delta=C^{-1}\varepsilon$,则当 x 满足 $|x-a|<\delta$ 时 $|x^n-a^n|<C\delta=\varepsilon$,即 f 在点 a 连续. 因为 a 是任取的,故 f 在 $\mathbb{R}$ 上处处连续. □

根据前面函数极限的性质,不难得到下面结论.

定理 3.3.10. **（连续函数的四则运算性）** 设函数 f 和 g 在点 x_0 连续,$c\in\mathbb{R}$,则函数 cf,$f\pm g$,fg 在点 x_0 都连续;当 $g(x_0)\neq 0$ 时,f/g 在点 x_0 也连续.

例 3.3.11. 由于对 $n\in\mathbb{N}^*$,x^n 是连续函数,因此所有多项式都是连续函数. □

定理 3.3.12. **（复合函数的连续性）** 设函数 f 在点 x_0 连续,φ 在点 t_0 连续,$\varphi(t_0)=x_0$,则复合函数 $f\circ\varphi$ 在点 t_0 连续.

证明. 因 f 在点 x_0 连续,按函数极限定义,对任意 $\varepsilon>0$,可取 $\eta>0$,使得 $|x-x_0|<\eta$ 时,

$$\left|f(x)-f(x_0)\right|<\varepsilon.$$

又由 φ 在点 t_0 连续,可取 $\delta>0$,使得 $|t-t_0|<\delta$ 时,

$$\left|\varphi(t)-\varphi(t_0)\right|<\eta.$$

此时即有

$$\left|f\circ\varphi(t)-f\circ\varphi(t_0)\right|=\left|f\big(\varphi(t)\big)-f\big(\varphi(t_0)\big)\right|<\varepsilon.$$

即 $f\circ\varphi$ 在点 t_0 连续. □

3.3.2 介值性 • 反函数的连续性

定理 3.3.13. **（连续函数的介值性）** 设 I 是一个区间. 若 f 是 I 上的连续函数,则 $f(I)$ 也是一个区间.

证明. 若 f 是常函数,则定理的结论是平凡的. 现设 $f(I)$ 中至少有两个数. 记

$$\alpha=\inf f(I),\qquad \beta=\sup f(I).$$

则 $\alpha<\beta$, 且

$$f(I)\subset[\alpha,\beta]. \tag{3.18}$$

对任意 $\xi\in(\alpha,\beta)$, 有 $a,b\in I$, 使得 $f(a)<\xi<f(b)$. 不妨设 $a<b$. 取

$$A=\left\{x \,\middle|\, x\le b, f(x)\le\xi\right\}.$$

注意 $a\in A$, 因此 A 非空. 另一方面, b 是 A 的一个上界, 因此有上确界

$$c=\sup A\le b. \tag{3.19}$$

此时必有一列 $x_n\in A$ 满足 $\lim\limits_{n\to\infty}x_n=c$ 及 $f(x_n)\le\xi$. 再由连续性,

$$\lim_{n\to\infty}f(x_n)=f(c)\le\xi, \tag{3.20}$$

结合(3.19) 式即知 $c\in A$. 于是

$$f(c)\le\xi. \tag{3.21}$$

取

$$x_n=c+\frac{1}{n},\quad n\in\mathbb{N}^*.$$

由于 $c<b$, 故 n 充分大时 $x_n<b$, 然而 $x_n\notin A$, 故

$$f(x_n)>\xi.$$

从 f 在 c 点连续和 $\lim\limits_{n\to\infty}x_n=c$, 即得

$$\lim_{n\to\infty}f(x_n)=f(c)\ge\xi.$$

上式与(3.21) 式联立, 只有 $f(c)=\xi$, 也就是说 $\xi\in f(I)$. 由 ξ 的任意性即知 $(\alpha,\beta)\subset f(I)$. 再结合(3.18) 式就完成了证明. □

定理 3.3.14. **(反函数的连续性)** 若 f 是区间 I 上严格单调的连续函数, 则 f 有反函数 $f^{-1}: f(I)\to I$, 且 f^{-1} 也是连续函数.

证明. 不妨设 f 严格递增, 显然反函数 f^{-1} 存在, 并且不难证明 f^{-1} 也是严格递增的.

对任意 $\varepsilon>0$, $J_\varepsilon=I\bigcap(x_0-\varepsilon,x_0+\varepsilon)$ 是一个区间. 若 x_0 是 J_ε 的内点, 则有 $\alpha,\beta\in J_\varepsilon$ 使得 $\alpha<x_0<\beta$, 由 f 严格递增, $f(\alpha)<y_0<f(\beta)$. 由介值定理, $(f(\alpha),\ f(\beta))\subset f(J_\varepsilon)$, 取

$$\delta=\min\{y_0-f(\alpha),f(\beta)-y_0\},$$

则 $\big(y_0-\delta, y_0+\delta\big)\subset\big(f(\alpha), f(\beta)\big)\subset f(J_\varepsilon)$. 于是

$$f^{-1}\Big(\big(y_0-\delta, y_0+\delta\big)\Big)\subset f^{-1}\big(f(J_\varepsilon)\big)=J_\varepsilon\subset(x_0-\varepsilon, x_0+\varepsilon).$$

即 f^{-1} 在 y_0 处连续.

若 x_0 是 J_ε 的左端点, 则 x_0 是 I 的左端点. 此时有 $\beta\in J_\varepsilon$ 使得 $x_0<\beta$, 由 f 严格递增, $y_0<f(\beta)$. 取 $\delta=f(\beta)-y_0$, 由介值定理, $[y_0, y_0+\delta)=[f(x_0), f(\beta))\subset f(J_\varepsilon)$, 于是

$$f^{-1}\big([y_0, y_0+\delta)\big)\subset f^{-1}\big(f(J_\varepsilon)\big)=J_\varepsilon\subset[x_0, x_0+\varepsilon).$$

即 f^{-1} 在 y_0 处右连续.

类似地, 若 x_0 是 J_ε 的右端点, 则可以证明 f^{-1} 在 y_0 处左连续.

综上所述, f^{-1} 在 $f(I)$ 上连续. □

3.3.3 初等函数的连续性

定义 3.3.15. 多项式, 幂函数, 指数函数, 对数函数, 三角函数和反三角函数, 称为**基本初等函数**.

基本初等函数经过有限次的四则运算和复合运算得到的函数, 称为**初等函数**.

例 3.3.16. **（指数函数的连续性）** 对任意 $\varepsilon>0$, 由 $\lim\limits_{n\to\infty}\sqrt[n]{\mathrm{e}}=1$, 可取正整数 N 使得

$$0<\sqrt[N]{\mathrm{e}}-1<\varepsilon.$$

取 $\delta=1/N$, 则当 $x\in(0,\delta)$ 时,

$$0<\mathrm{e}^x-1<\mathrm{e}^\delta-1=\sqrt[N]{\mathrm{e}}-1<\varepsilon.$$

这就是

$$\lim_{x\to0^+}\mathrm{e}^x=1.$$

又由 $\lim\limits_{n\to\infty}\sqrt[n]{1/\mathrm{e}}=1$, 可取正整数 K 使得

$$0<1-\sqrt[K]{1/\mathrm{e}}<\varepsilon.$$

取 $\eta=1/K$, 则当 $x\in\big(-\eta,0\big)$ 时,

$$0<1-\mathrm{e}^x<1-\mathrm{e}^{-\eta}=1-\sqrt[K]{1/\mathrm{e}}<\varepsilon.$$

这就是

$$\lim_{x\to 0^-} e^x = 1.$$

注意 $e^0 = 1$, 即知 e^x 在 $x = 0$ 处连续.

现在对任意 $x_0 \in \mathbb{R}$, 注意 $y = x - x_0$ 是 x 的连续函数, 根据复合函数的连续性, 我们有

$$\lim_{x\to x_0} e^x = e^{x_0} \lim_{x\to x_0} e^{x-x_0} = e^{x_0} \lim_{y\to 0} e^y = e^{x_0}\cdot 1 = e^{x_0},$$

即 e^x 在 x_0 处连续. 因此, e^x 是 $\mathbb{R}$ 上的连续函数.

给定 $a > 0$, 由

$$a^x = e^{x\ln a}$$

即知 a^x 也是 $\mathbb{R}$ 上的连续函数. □

例 3.3.17. **(对数函数的连续性)** e^x 是 $\mathbb{R}$ 上的严格递增函数, 因此, 反函数 $\ln x$ 是 e^x 的值域 $(0, +\infty)$ 上的连续函数.

例 3.3.18. **(三角函数的连续性)** 对任意 $x_0 \in \mathbb{R}$, 我们有

$$\begin{aligned}\lim_{x\to x_0} \sin x &= \lim_{x\to x_0} \sin(x_0 + (x - x_0)) \\ &= \sin x_0 \cdot \lim_{x\to x_0} \cos(x - x_0) + \cos x_0 \cdot \lim_{x\to x_0} \sin(x - x_0) \\ &= \sin x_0 \cdot 1 + \cos x_0 \cdot 0 = \sin x_0,\end{aligned}$$

即 $\sin x$ 在 x_0 处连续. 因此, $\sin x$ 是 $\mathbb{R}$ 上的连续函数.

类似地可证 $\cos x$ 是 $\mathbb{R}$ 上的连续函数, 进而得到 $\tan x = \sin x/\cos x$ 也是连续函数.

例 3.3.19. **(反三角函数的连续性)** $\sin x$ 在 $[-\pi/2, \pi/2]$ 上严格递增, 因此, 反函数 $\arcsin x$ 是 $[-1, 1]$ 上的连续函数.

类似地可得 $\arccos x$ 和 $\arctan x$ 的连续性.

综上所述, 我们已经证明了下面的结论.

定理 3.3.20. **(初等函数的连续性)** 任意初等函数在其自然定义域上连续.

3.3.4 连续性与极限计算

函数 f 在 x_0 处连续, 本质上是一个极限交换关系:

$$\lim_{x\to x_0} f(x) = f\left(\lim_{x\to x_0} x\right).$$

它将求极限问题转化为求函数值的问题.

例 3.3.21. 计算

$$1)\ \lim_{x\to0}\frac{\ln(1+x)}{x};\qquad 2)\ \lim_{x\to0}\frac{a^x-1}{x}\ \ (a>0);\qquad 3)\ \lim_{x\to0}\frac{(1+x)^\alpha-1}{x}\ \ (\alpha\neq0).$$

解. 1) 由函数 ln 在点 e 的连续性和例3.2.18, 我们有

$$\lim_{x\to0}\frac{\ln(1+x)}{x}=\lim_{x\to0}\ln(1+x)^{1/x}=\lim_{y\to\infty}\ln(1+\frac{1}{y})^y=\ln\left(\lim_{y\to\infty}(1+\frac{1}{y})^y\right)=\ln\mathrm{e}=1.$$

2) 令 $u(x)=a^x-1$, 则 $u(x)$ 严格递增, 反函数

$$x=\frac{\ln(1+u)}{\ln a}$$

连续. 显然, $u\to0\ (x\to0)$. 由本例结论1) 即有

$$\lim_{x\to0}\frac{a^x-1}{x}=\lim_{u\to0}\left(u\cdot\frac{\ln a}{\ln(1+u)}\right)=\ln a\lim_{u\to0}\frac{u}{\ln(1+u)}=\ln a.$$

3) 考虑

$$\frac{(1+x)^\alpha-1}{x}=\frac{\mathrm{e}^{\alpha\ln(1+x)}-1}{x}=\frac{\mathrm{e}^{\alpha\ln(1+x)}-1}{\alpha\ln(1+x)}\cdot\frac{\alpha\ln(1+x)}{x},$$

由前面结论1) 和2) 即有

$$\lim_{x\to0}\frac{(1+x)^\alpha-1}{x}=\alpha\lim_{y\to0}\frac{\mathrm{e}^y-1}{y}\lim_{x\to0}\frac{\ln(1+x)}{x}=\alpha\ln\mathrm{e}\cdot1=\alpha.$$ □

例 3.3.22. **（幂指函数）** 考察函数 $u(x)^{v(x)}$, 其中 u 总是正的. 由于

$$u(x)^{v(x)}=\mathrm{e}^{v(x)\ln u(x)},$$

可见 u, v 都是连续函数时, 幂指函数 $u(x)^{v(x)}$ 也是连续函数.

如果

$$\lim_{x\to x_0}u(x)=1,\quad \lim_{x\to x_0}v(x)=\infty,$$

我们就称极限

$$\lim_{x\to x_0}u(x)^{v(x)}\tag{3.22}$$

是 1^∞ 型的.

虽然我们假设了 u, v 的连续性, 但是 x_0 未必在它们的定义域中. 为保证极限(3.22)存在, 注意

$$u^v=\left((1+(u-1))^{1/(u-1)}\right)^{(u-1)v},$$

我们补充假设在 x_0 的某个去心邻域上总是有 $u(x)\neq1$, 并且定义函数

$$\varphi(x)=\begin{cases}(1+(u(x)-1))^{1/(u(x)-1)}, & 当\ x\neq x_0;\\ \mathrm{e}, & 当\ x=x_0.\end{cases}$$

由于 $x \to x_0$ 时 $u(x)-1 \to 0$, 显然 φ 在 x_0 处连续.

我们进一步假设存在极限

$$\lambda = \lim_{x \to x_0} (u(x)-1)\,v(x) \in \mathbb{R}.$$

定义函数

$$\psi(x) = \begin{cases} (u(x)-1)\,v(x), & \text{当 } x \neq x_0; \\ \lambda, & \text{当 } x = x_0. \end{cases}$$

则 ψ 在 x_0 处连续.

这样一来, 函数

$$u(x)^{v(x)} = \varphi(x)^{\psi(x)}$$

在 x_0 处连续, 从而

$$\lim_{x \to x_0} u(x)^{v(x)} = \lim_{x \to x_0} \varphi(x)^{\psi(x)} = \varphi(x_0)^{\psi(x_0)} = \mathrm{e}^{\lambda}. \tag{3.23}$$

例 3.3.23. 计算极限

$$\lim_{x \to 0} (\cos x)^{1/x^2}.$$

解. 显然本极限是 1^∞ 型的. 注意到

$$\lim_{x \to 0} (\cos x - 1)\frac{1}{x^2} = \lim_{x \to 0} \left(-2\sin^2\frac{x}{2}\right)\frac{1}{x^2} = \lim_{x \to 0} -2\left(\frac{x}{2}\right)^2 \frac{1}{x^2} = -\frac{1}{2},$$

根据(3.23)式, 所求极限为 $\mathrm{e}^{-1/2}$. □

3.3.5 闭区间上连续函数的最值性

定理 3.3.24. 设函数 f 在闭区间 $[a,b]$ 上连续, 则以下结论成立.

1) (**有界性**) f 在闭区间 $[a,b]$ 上有界;

2) (**最值性**) f 在闭区间 $[a,b]$ 上有最大值和最小值.

证明. 1) 用反证法. 不妨设 f 在闭区间 $[a,b]$ 上没有上界. 将 $[a,b]$ 平分成左右两个闭区间, 分别是

$$\left[a, \frac{a+b}{2}\right] \text{ 和 } \left[\frac{a+b}{2}, b\right].$$

显然, 其中至少可以取出一个, 记为 I_1, 使得 f 在 I_1 上没有上界. 接下来将 I_1 平分成左右两个闭区间, 其中同样可以取出一个, 记为 I_2, 使得 f 在 I_2 上没有上界. 依此类推, 即可得到一列闭区间 I_n, 使得 I_{n+1} 恰好是 I_n 的一半, 并且 f 在每个 I_n 上都没有上界.

现在, 我们可以取点列 $x_n \in I_n$, 使得

$$f(x_n) > n,\ n \in \mathbb{N}^*. \tag{3.24}$$

注意对每个正整数 n, 当正整数 $m > n$ 时, $x_m \in I_n$, 因此 x_m 与 x_n 之间的距离不超过 I_n 的长度, 即

$$|x_m - x_n| \leq \frac{b-a}{2^n};$$

这就是说, $\{x_n\}$ 是一个基本列, 因此有极限 $c = \lim\limits_{n\to\infty} x_n$. 由 $a \leq x_n \leq b$ 可知 $c \in [a,b]$, 因此 f 在点 c 处连续, 于是 $\lim\limits_{n\to\infty} f(x_n) = f(c)$. 但是根据(3.24) 式, 我们又有

$$\lim_{n\to\infty} f(x_n) = +\infty,$$

这样就得到了所需要的矛盾.

2) 根据结论1), f 在闭区间 $[a,b]$ 上有上界, 故上确界

$$M = \sup_{x\in[a,b]} f(x) \in \mathbb{R}.$$

仍用反证法. 假设 f 在闭区间 $[a,b]$ 上没有最大值, 则所有函数值均严格小于 M. 这样一来, 函数

$$g(x) = \frac{1}{M - f(x)}$$

在闭区间 $[a,b]$ 上连续, 因此必定有界.

另一方面, M 是 f 在 $[a,b]$ 上的上确界, 故可取一列 $x_n \in [a,b]$, 使得

$$f(x_n) > M - \frac{1}{n},\ n \in \mathbb{N}^*.$$

此时

$$g(x_n) = \frac{1}{M - f(x)} > n,\ n \in \mathbb{N}^*,$$

与 g 的有界性矛盾. □

例 3.3.25. 正切函数 $\tan x$ 在开区间 $\left(-\frac{\pi}{2}, \frac{\pi}{2}\right)$ 上既无上界, 也无下界. 函数 x 在开区间 $(0,1)$ 上虽然有界, 但既无最大值, 也无最小值.

练习 3.3

1. 计算极限:

1) $\lim\limits_{x\to 0} \dfrac{(1+x)^5 - (1+5x)}{x^2 + x^5}$;　　2) $\lim\limits_{x\to 1} \dfrac{x^{2021} - 2021x + 2020}{x^2 - 2x + 1}$;

3) $\lim\limits_{x\to1}\dfrac{\sqrt[5]{x}-1}{\sqrt[7]{x}-1}$;　　4) $\lim\limits_{x\to\infty}\left(\dfrac{x+a}{x-a}\right)^x$;

5) $\lim\limits_{x\to0}\left(\dfrac{1+\tan x}{1+\sin x}\right)^{1/\sin x}$;　　6) $\lim\limits_{x\to\pi/2}(\sin x)^{\tan x}$;

7) $\lim\limits_{n\to\infty}\cos^n\dfrac{x}{\sqrt{n}}$;　　8) $\lim\limits_{x\to0^+}\left(\cos\sqrt{x}\right)^{1/x}$.

2. 设 $|x|<1$, 求极限 $\lim\limits_{n\to\infty}\left(1+\dfrac{x+x^2+\cdots+x^n}{n}\right)^n$.

3. 不用例3.3.22 的结论, 直接证明 $\lim\limits_{x\to0}\left(1+x+o(x)\right)^{1/x}=\mathrm{e}$.

4. 设 f, g 均在区间 I 上连续, 记

$$F(x)=\max\left\{f(x),g(x)\right\},\qquad G(x)=\min\left\{f(x),g(x)\right\}.$$

证明 F, G 均在区间 I 上连续.

5. 证明Dirichlet 函数（见例3.1.20 ）处处间断.

6. 构造一个函数 $f:\mathbb{R}\to\mathbb{R}$, 使得 f 在原点连续, 但在所有其他点间断.

7. 设 f 在 $[a,b]$ 上连续, 记 $m(x)=\inf\limits_{a\le t\le x}f(t)$. 证明 m 在 $[a,b]$ 上连续.

8. 设 $\alpha>1$, $\beta>1$, 函数 f 在原点的某邻域 $U(0)$ 上有界, 且满足 $f(\alpha x)=\beta f(x)$, $x\in U(0)$. 证明 f 在原点连续.

9. 设函数 $f:\mathbb{R}\to\mathbb{R}$ 在 $x=0,1$ 处连续, 且满足 $f\left(x^2\right)=f(x)$, $x\in\mathbb{R}$. 证明 f 为常函数.

10. 设 f 在 $[0,2a]$ 上连续, 且 $f(0)=f(2a)$. 证明必存在 $\xi\in[0,a]$, 使得 $f(\xi)=f(\xi+a)$.

11. 设 $p(x)=x^{2n-1}+a_1x^{2n-2}+\cdots+a_{2n-2}x+a_{2n-1}$ 是一个奇次多项式, 此处 $n\in\mathbb{N}^*$. 试证代数方程 $p(x)=0$ 必有实数解.

12. 考察双曲正切函数 $\tanh x=\dfrac{\mathrm{e}^x-\mathrm{e}^{-x}}{\mathrm{e}^x+\mathrm{e}^{-x}}$.

1) 证明 $\tanh x$ 在 $\mathbb{R}$ 上有界, 并求其上确界和下确界;

2) $\tanh x$ 在 $\mathbb{R}$ 上是否有最大值和最小值?

3) 求 $\tanh x$ 在 $[-1,1]$ 上的最大值和最小值.

13. 设函数 f 在 $\mathbb{R}$ 上连续, 且 $\lim\limits_{x\to-\infty}f(x)$, $\lim\limits_{x\to+\infty}f(x)$ 均存在且有限. 证明 f 在 $\mathbb{R}$ 上有最大值和最小值.

第 4 章　一元函数微分学

4.1　导数与微分

4.1.1　函数的导数

定义 4.1.1. 设函数 f 在点 x 的某个邻域上有定义. 如果

$$\lim_{h\to 0}\frac{f(x+h)-f(x)}{h} \tag{4.1}$$

存在且有限, 我们就说 f 在点 x 处**可导**, 也叫作**可微**, 并称该极限为 f 在点 x 的**导数**.

如果极限(4.1) 不存在或等于无穷大, 就说 f 在点 x **不可导**或者**不可微**.

例 4.1.2. （常函数的导数） 对常函数 $f(x)=c$, 显然有

$$\lim_{h\to 0}\frac{c-c}{h}=0.$$

也就是 $(c)'=0$.

例 4.1.3. （单项式的导数） 设 $n\in\mathbb{N}^*$. 对函数 $f(x)=x^n$, 我们有

$$\begin{aligned}\lim_{h\to 0}\frac{(x+h)^n-x^n}{h} &= \lim_{h\to 0}\frac{h\left(nx^{n-1}+\frac{n(n-1)}{2}x^{n-2}h+\cdots+h^{n-1}\right)}{h}\\ &= \lim_{h\to 0}\left(nx^{n-1}+\frac{n(n-1)}{2}x^{n-2}h+\cdots+h^{n-1}\right)\\ &= nx^{n-1}.\end{aligned}$$

也就是 $(x^n)'=nx^{n-1}$. 特别地, $(x)'=1$.

例 4.1.4. （指数函数的导数） 对函数 $f(x)=\mathrm{e}^x$, 我们有

$$\lim_{h\to 0}\frac{\mathrm{e}^{x+h}-\mathrm{e}^x}{h}=\lim_{h\to 0}\mathrm{e}^x\frac{\mathrm{e}^h-1}{h}=\mathrm{e}^x\lim_{h\to 0}\frac{\mathrm{e}^h-1}{h}=\mathrm{e}^x.$$

即 $(\mathrm{e}^x)'=\mathrm{e}^x$.

例 4.1.5. **（对数函数的导数）** 对函数 $f(x)=\ln x$, 我们有

$$\lim_{h\to 0}\frac{\ln(x+h)-\ln x}{h} = \lim_{h\to 0}\frac{\ln\left(1+\frac{h}{x}\right)}{h}=\frac{1}{x}\lim_{h\to 0}\frac{\ln\left(1+\frac{h}{x}\right)}{\frac{h}{x}}$$
$$=\frac{1}{x}\ln\left(\lim_{h\to 0}\left(1+\frac{h}{x}\right)^{\frac{x}{h}}\right)=\frac{1}{x}\ln \mathrm{e}=\frac{1}{x}.$$

即 $(\ln x)'=1/x$.

例 4.1.6. **（正弦和余弦函数的导数）** 对函数 $f(x)=\sin x$, 我们有

$$\lim_{h\to 0}\frac{\sin(x+h)-\sin x}{h} = \lim_{h\to 0}\frac{2\cos\left(x+\frac{h}{2}\right)\sin\frac{h}{2}}{h}$$
$$=\lim_{h\to 0}\cos\left(x+\frac{h}{2}\right)\lim_{h\to 0}\frac{2\sin\frac{h}{2}}{h}$$
$$=\cos x.$$

即 $(\sin x)'=\cos x$.

类似地, 我们可以证明 $(\cos x)'=-\sin x$.

为进一步研究导数的性质, 我们引进单侧导数的概念.

定义 4.1.7. 设函数 f 在某个区间 $[x,x+\delta)$ 上有定义. 如果

$$\lim_{h\to 0^+}\frac{f(x+h)-f(x)}{h} \tag{4.2}$$

存在且有限, 我们就说 f 在点 x **右可导**, 并称该极限为 f 在点 x 的**右导数**, 记为 $f'_+(x)$.

类似地可定义 f 在点 x **左可导**和**左导数**, 记为 $f'_-(x)$.

根据极限与单侧极限的关系, 下面的结论是显然的.

命题 4.1.8. 函数 f 在 x 处可导的充要条件是: f 在 x 处既是左可导, 又是右可导, 且左导数与右导数相等.

例 4.1.9. 对函数 $f(x)=|x|$, 我们有

$$f'_+(0)=\lim_{h\to 0^+}\frac{|h|-0}{h}=\lim_{h\to 0^+}\frac{h}{h}=1;$$

$$f'_-(0)=\lim_{h\to 0^-}\frac{|h|-0}{h}=\lim_{h\to 0^-}\frac{-h}{h}=-1,$$

虽然 f 在 $x=0$ 处既是左可导, 又是右可导, 但 $f'_+(0)\neq f'_-(0)$, 因此 f 在 $x=0$ 处不可导.

4.1.2 导数的基本性质

定理 4.1.10. （可导必连续） 设函数 f 在点 x 可导, 则 f 在点 x 连续.

证明. 此时

$$\lim_{h\to 0}\big(f(x+h)-f(x)\big)=\lim_{h\to 0}\frac{f(x+h)-f(x)}{h}\cdot\lim_{h\to 0}h=f'(x)\cdot 0=0,$$

即 $f(x+h)\to f(x)\ (h\to 0)$. □

由前面例4.1.9 可知, 定理4.1.10 的逆命题不成立.

定理 4.1.11. （导数的四则运算性） 设函数 f, g 都在点 x 可导, 则以下命题成立:

1) 和函数 $f+g$ 在点 x 可导, 且 $(f+g)'(x)=f'(x)+g'(x)$;

2) 积函数 fg 在点 x 可导, 且

$$(fg)'(x)=f'(x)g(x)+f(x)g'(x); \tag{4.3}$$

3) 若 $g(x)\neq 0$, 则商函数 f/g 在点 x 可导, 且

$$\left(\frac{f}{g}\right)'(x)=\frac{f'(x)g(x)-g'(x)f(x)}{g(x)^2}. \tag{4.4}$$

证明. 1) 是平凡的.

2) 我们有

$$\begin{aligned}&\frac{f(x+h)g(x+h)-f(x)g(x)}{h}\\=&\frac{f(x+h)g(x+h)-f(x)g(x+h)}{h}+\frac{f(x)g(x+h)-f(x)g(x)}{h}\\=&g(x+h)\frac{f(x+h)-f(x)}{h}+f(x)\frac{g(x+h)-g(x)}{h},\end{aligned}$$

因此

$$\begin{aligned}(fg)'(x)&=\lim_{h\to 0}\frac{f(x+h)g(x+h)-f(x)g(x)}{h}\\&=\lim_{h\to 0}\left(g(x+h)\frac{f(x+h)-f(x)}{h}\right)+\lim_{h\to 0}\left(f(x)\frac{g(x+h)-g(x)}{h}\right)\\&=\lim_{h\to 0}g(x+h)\cdot\lim_{h\to 0}\frac{f(x+h)-f(x)}{h}+f(x)\lim_{h\to 0}\frac{g(x+h)-g(x)}{h}\\&=f'(x)g(x)+f(x)g'(x).\end{aligned}$$

3) 我们有

$$
\begin{aligned}
&\left(\frac{f(x+h)}{g(x+h)}-\frac{f(x)}{g(x)}\right)\Big/ h=\frac{1}{g(x+h)\,g(x)}\cdot\frac{f(x+h)\,g(x)-f(x)\,g(x+h)}{h}\\
=&\ \frac{1}{g(x+h)\,g(x)}\left(\frac{f(x+h)\,g(x)-f(x)\,g(x)}{h}+\frac{f(x)\,g(x)-f(x)\,g(x+h)}{h}\right)\\
=&\ \frac{1}{g(x+h)\,g(x)}\left(\frac{f(x+h)-f(x)}{h}g(x)-\frac{g(x+h)-g(x)}{h}f(x)\right),
\end{aligned}
$$

注意 $g(x+h)\to g(x)\ \ (h\to 0)$, 因此

$$
\begin{aligned}
&\left(\frac{f}{g}\right)'(x)=\lim_{h\to 0}\left(\frac{f(x+h)}{g(x+h)}-\frac{f(x)}{g(x)}\right)\Big/ h\\
=&\ \lim_{h\to 0}\frac{1}{g(x+h)\,g(x)}\cdot\lim_{h\to 0}\left(\frac{f(x+h)-f(x)}{h}g(x)-\frac{g(x+h)-g(x)}{h}f(x)\right)\\
=&\ \frac{1}{g(x)\lim\limits_{h\to 0}g(x+h)}\left(g(x)\lim_{h\to 0}\frac{f(x+h)-f(x)}{h}-f(x)\lim_{h\to 0}\frac{g(x+h)-g(x)}{h}\right)\\
=&\ \frac{f'(x)\,g(x)-g'(x)\,f(x)}{g(x)^2}.
\end{aligned}
$$

□

例 4.1.12. （正切函数的导数） 对函数 $f(x)=\tan x=\dfrac{\sin x}{\cos x}$, 我们有

$$
(\tan x)'=\frac{\cos x\cos x-\sin x(-\sin x)}{\cos^2 x}=\frac{\cos^2 x+\sin^2 x}{\cos^2 x}=\cos^{-2}x.
$$

定理 4.1.13. （链式法则） 设函数 f 在 x 处可导, g 在 t 处可导, $g(t)=x$, 则复合函数 $f\circ g$ 在 t 处可导, 且

$$
(f\circ g)'(t)=f'(x)\,g'(t). \tag{4.5}
$$

证明. 定义函数

$$
\varphi(h)=\begin{cases}\dfrac{f\big(g(t+h)\big)-f\big(g(t)\big)}{g(t+h)-g(t)}, & \text{当 } g(t+h)\neq g(t);\\[2mm] f'(x), & \text{当 } g(t+h)=g(t),\end{cases}
$$

不难证明 $\varphi(h)\to f'(x)\ \ (h\to 0)$, 且

$$
\frac{(f\circ g)(t+h)-(f\circ g)(t)}{h}=\frac{f\big(g(t+h)\big)-f\big(g(t)\big)}{h}=\varphi(h)\cdot\frac{g(t+h)-g(t)}{h}.
$$

于是

$$
\begin{aligned}
(f\circ g)'(t)&=\lim_{h\to 0}\frac{(f\circ g)(t+h)-(f\circ g)(t)}{h}=\lim_{h\to 0}\varphi(h)\cdot\lim_{h\to 0}\frac{g(t+h)-g(t)}{h}\\
&=f'(x)\,g'(t).
\end{aligned}
$$

□

例 4.1.14. **（幂函数的导数）** 对函数 $x^{\mu}=e^{\mu\ln x}$, 记 $y=\mu\ln x$, 由上面的链式法则及例4.1.4和例4.1.5的结果, 我们就有

$$(x^{\mu})'=e^{y}\frac{\mu}{x}=e^{\mu\ln x}\frac{\mu}{x}=\mu x^{\mu-1}.$$

定理 4.1.15. **（反函数的求导法则）** 设函数 f 在 x 的某个邻域上有连续的反函数 f^{-1}, f 在 x 处可导, 且 $f'(x)\neq 0$, 则 f^{-1} 在 $y=f(x)$ 处可导, 且

$$(f^{-1})'(y)=\frac{1}{f'(x)}. \tag{4.6}$$

证明. 注意 $x=f^{-1}(y)$. 记 $k=k(h)=f^{-1}(y+h)-f^{-1}(y)$, 则 $f^{-1}(y+h)=x+k$. 由反函数的连续性, $k\to 0\ (h\to 0)$, 于是

$$\begin{aligned}(f^{-1})'(y) &= \lim_{h\to 0}\frac{f^{-1}(y+h)-f^{-1}(y)}{h}=\lim_{h\to 0}\frac{f^{-1}(y+h)-f^{-1}(y)}{f(f^{-1}(y+h))-y}\\ &= \lim_{h\to 0} 1\Big/\frac{f(f^{-1}(y+h))-f(x)}{f^{-1}(y+h)-f^{-1}(y)}=\lim_{h\to 0} 1\Big/\frac{f(x+k)-f(x)}{k}\\ &= 1\Big/\lim_{k\to 0}\frac{f(x+k)-f(x)}{k}=\frac{1}{f'(x)}.\end{aligned}$$

□

例 4.1.16. **（反三角函数的导数）** 反正弦函数 $y=\arcsin x$ 的反函数是

$$x=\sin y,\quad y\in\left[-\frac{\pi}{2},\frac{\pi}{2}\right].$$

此时 $\cos y=\sqrt{1-\sin^2 y}$, 因此

$$(\arcsin x)'=\frac{1}{(\sin y)'}=\frac{1}{\cos y}=\frac{1}{\sqrt{1-\sin^2 y}}=\frac{1}{\sqrt{1-x^2}}.$$

类似地有

$$(\arccos x)'=-\frac{1}{\sqrt{1-x^2}}.$$

对反正切函数 $y=\arctan x$, 我们有

$$x=\tan y,\quad y\in\left(-\frac{\pi}{2},\frac{\pi}{2}\right).$$

因此

$$(\arctan x)'=\frac{1}{(\tan y)'}=\frac{1}{\cos^{-2} y}=\frac{1}{1+\tan^2 y}=\frac{1}{1+x^2}.$$

例 4.1.17.（双曲函数的导数） 双曲正弦函数 $\sinh x = \dfrac{e^x - e^{-x}}{2}$ 的导函数是

$$(\sinh x)' = \frac{(e^x - e^{-x})'}{2} = \frac{e^x + e^{-x}}{2} = \cosh x.$$

双曲余弦函数 $\cosh x = \dfrac{e^x + e^{-x}}{2}$ 的导函数是

$$(\cosh x)' = \frac{(e^x + e^{-x})'}{2} = \frac{e^x - e^{-x}}{2} = \sinh x.$$

对于双曲正切函数 $\tanh x = \dfrac{e^x - e^{-x}}{e^x + e^{-x}}$, 不难算出其导函数

$$(\tanh x)' = \frac{1}{\cosh^2 x}.$$

例 4.1.18. 对一般的指数函数 a^x, 由复合函数求导的链式法则, 我们有

$$\left(a^x\right)' = \left(e^{x\ln a}\right)' = e^{x\ln a}(x\ln a)' = a^x \ln a.$$

对一般的对数函数 $y = \log_a x$, 记 $x = a^y$, 由反函数的求导法则, 我们有

$$\left(\log_a x\right)' = \frac{1}{(a^y)'} = \frac{1}{a^y \ln a} = \frac{1}{x\ln a}.$$

4.1.3 导函数

定义 4.1.19. 设函数 f 在开区间 I 上处处可导, 就说 f 在 I 上**可导**或**可微**. 此时, 由

$$f' : I \to \mathbb{R}, \quad x \mapsto f'(x)$$

定义的函数称为 f 的**导函数**.

注记 4.1.20. 当区间包含左端点 a 时, f 在该点的可导性改为右可导, 在该点的导数改为右导数 $f'_+(a)$; 当区间包含右端点 b 时, f 在该点的可导性改为左可导, 在该点的导数改为左导数 $f'_-(b)$, 即可将 f 在开区间上**可导**及其**导函数**的定义扩展到任意区间上.

现在我们已经获得了下面的导函数公式:

表 4.1 导函数公式表

f	f'	f	f'	f	f'
c	0	x^{μ}	$\mu x^{\mu-1}$	e^x	e^x
a^x	$a^x\ln a$	$\log_a x$	$\frac{1}{x\ln a}$	$\ln x$	$\frac{1}{x}$
$\sin x$	$\cos x$	$\cos x$	$-\sin x$	$\tan x$	$\frac{1}{\cos^2 x}$
$\arcsin x$	$\frac{1}{\sqrt{1-x^2}}$	$\arccos x$	$-\frac{1}{\sqrt{1-x^2}}$	$\arctan x$	$\frac{1}{1+x^2}$
$\sinh x$	$\cosh x$	$\cosh x$	$\sinh x$	$\tanh x$	$\frac{1}{\cosh^2 x}$

例 4.1.21. 设 $f(x)=\operatorname{arccot}\dfrac{1+x}{1-x}$. 求 f 的导函数.

解. 由 $\operatorname{arccot} x=\dfrac{\pi}{2}-\arctan x$ 和已知的 $(\arctan x)'=\dfrac{1}{1+x^2}$, 即得 $\operatorname{arccot} x=-\dfrac{1}{1+x^2}$. 再利用链式法则即得

$$f'(x)=-\frac{1}{1+\left(\frac{1+x}{1-x}\right)^2}\cdot\frac{(1-x)-(1+x)\cdot(-1)}{(1-x)^2}=-\frac{1}{1+x^2}. \qquad \square$$

4.1.4 函数的微分

设函数 $y=f(x)$ 可导, 记

$$\Delta y=f(x+h)-f(x),$$

则 Δy 是 h 的函数, 称为 f 在点 x 处关于 h 的**增量**. 记 $\Delta x=h$, 称为**自变量的增量**.

定义 4.1.22. 我们记

$$\mathrm{d}y=\mathrm{d}f=f'(x)\Delta x,$$

称为 f 在点 x 处关于 h 的**微分**.

对函数 x, 显然有 $\Delta x=\mathrm{d}x$, 因此对一般的

$$\mathrm{d}y=f'(x)\mathrm{d}x. \tag{4.7}$$

由于这一关系, 我们可以引进导数的另一种记法

$$\frac{\mathrm{d}y}{\mathrm{d}x}=f'(x).$$

例 4.1.23. 对 $f=f(x)$，$x=x(t)$, 链式法则可以写成

$$\frac{\mathrm{d}f}{\mathrm{d}t}=\frac{\mathrm{d}f}{\mathrm{d}x}\frac{\mathrm{d}x}{\mathrm{d}t}.$$

对 $y=f(x)$，$x=f^{-1}(y)$, 反函数的求导公式可以写成

$$\frac{\mathrm{d}f^{-1}}{\mathrm{d}y}=\left(\frac{\mathrm{d}f}{\mathrm{d}x}\right)^{-1}.$$

显然, 导数的定义等价于 $\Delta y=f'(x)\mathrm{d}x+o(\mathrm{d}x)$, 即

$$\Delta y=\mathrm{d}y+o(\mathrm{d}x). \tag{4.8}$$

这一关系表明, $\mathrm{d}y$ 可以作为函数增量 Δy 的近似, 其相对误差当自变量趋近于零时变得越来越微不足道. 换言之, 在 $\mathrm{d}x=0$ 附近, $\mathrm{d}y$ 对函数 y 的量变起决定性作用.

例 4.1.24. 导数的四则运算公式可以改写成以下微分公式:

$$\mathrm{d}(cf)=c\,\mathrm{d}f,\quad \mathrm{d}(f+g)=\mathrm{d}f+\mathrm{d}g,$$

$$\mathrm{d}(fg)=f\,\mathrm{d}g+g\,\mathrm{d}f,\quad \mathrm{d}\left(\frac{f}{g}\right)=\frac{1}{g^2}\left(g\,\mathrm{d}f-f\,\mathrm{d}g\right),$$

反函数的求导公式可以改写成以下微分公式:

$$\mathrm{d}f^{-1}=\frac{\mathrm{d}x}{\mathrm{d}y}\mathrm{d}y.$$

一般地, 每个求导公式都可以改写成相应的微分公式.

注记 4.1.25. 对 $y=f(x)=f\circ x(t)$, 由链式法则有

$$\mathrm{d}y=f'(x)\mathrm{d}x=\left(f\circ x\right)'(t)\mathrm{d}t.$$

从变量 y 的角度看来, 不论自变量是什么, 微分 $\mathrm{d}y$ 总是等于对相应的函数关系求导数, 再乘以自变量的增量. 这个性质, 称为**微分的形式不变性**.

微分的形式不变性为隐函数的求导提供了一种强有力的工具.

例 4.1.26. **(隐函数的求导)** 设 $\mathrm{e}^x+\sin x=t^2+1$. 用 y 表示等式两边的变量, 则 $\mathrm{d}y=(\cos x+\mathrm{e}^x)\,\mathrm{d}x$. 又 $\mathrm{d}y=2t\mathrm{d}t$, 从而 $(\cos x+\mathrm{e}^x)\,\mathrm{d}x=2t\mathrm{d}t$. 这样得到 x 关于 t 的导数

$$\frac{\mathrm{d}x}{\mathrm{d}t}=\frac{2t}{\cos x+\mathrm{e}^x}.$$

现设 $e^x+\sin xt=t^2+1$. 等式两边求微分得 $d(e^x+\sin xt)=d(t^2+1)$, 即

$$\begin{aligned} e^x dx+d(\sin xt) &= e^x dx+(\cos xt)d(xt) \\ &= e^x dx+\cos xt(tdx+xdt) = 2tdt, \end{aligned}$$

整理得到 x 关于 t 的导数

$$\frac{dx}{dt}=\frac{2t-x\cos xt}{t\cos xt+e^x}.$$

例 4.1.27. **（参变量函数的求导）** 设变量 x，y 满足下列参数方程:

$$\begin{cases} x=\varphi(t) \\ y=\psi(t) \end{cases},$$

它确定了 y 关于 x 的函数关系. 对 x，y 分别求微分得

$$dx=\varphi'(t)dt, \qquad dy=\psi'(t)dt,$$

这样就得到

$$\frac{dy}{dx}=\frac{\psi'(t)}{\varphi'(t)}.$$

练习 4.1

1. 将表4.1 中所列的每个导数公式改写成相应的微分公式.

2. 求下列函数的导数和微分.

1) $3x^4-5x^3$; 2) $\cot x$; 3) $\operatorname{arccot} x$;

4) $\ln\sin x$; 5) $\dfrac{ax+b}{cx+d}$; 6) $2^{\sin x}$;

7) $\arctan(1+x^2)$; 8) $\sqrt{1+\sqrt{x}}$; 9) $\ln\left(x+\sqrt{x^2+1}\right)$;

10) $\ln(\ln x)$; 11) $e^{-x^2}\cos x$; 12) x^x;

13) $x^{\sin x}$; 14) $\sin(\sin x)$; 15) $\arcsin\dfrac{a\sin x+b}{a+b\sin x}$.

3. 设 g 可导, 试求下列函数 f 的导数:

1) $f(x)=g(g(x))$; 2) $f(x)=g(x+g(x))$;

3) $f(x)=g(xg(x))$; 4) $f(x)=g(g(x)^x)$;

5) $f(x)=g(x\sin x)$; 6) $f(x)=g(x\sinh x)$.

4. 设函数 $y=y(x)$ 满足下列参数方程:

$$\begin{cases} x=t-\sin t, \\ y=1-\cos t. \end{cases}$$

求 $y'\left(\frac{\pi}{2}-1\right)$, $y'(\pi)$.

5. 设 f 是可导的偶函数, 证明 $f'(0)=0$.

6. 设 f 是可导的周期函数, 证明 f' 也是周期函数.

7. 设 f 是可导的正值函数, 证明

$$f'(x)=f(x)\left(\ln f(x)\right)'.$$

8. 设 $u(x)$, $v(x)$ 均可导, 证明

$$\left(u(x)^{v(x)}\right)'=u(x)^{v(x)}\left(v'\ln u+\frac{v}{u}u'\right).$$

9. 利用公式

$$1+x+\cdots+x^n=\frac{1-x^{n+1}}{1-x}$$

求下面的和:

1) $1+2x+3x^2+\cdots+nx^{n-1}$; 2) $\frac{1}{2}+\frac{2}{2^2}+\frac{3}{2^3}+\cdots+\frac{n}{2^n}$.

10. 设 f 在 $x=a$ 处可导, 证明

$$f'(a)=\lim_{h\to 0}\frac{f(a+h)-f(a-h)}{2h}.$$

11. 设 f 在 $x=a$ 处可导, 且 $f(a)f'(a)\neq 0$, 求数列极限

$$\lim_{n\to\infty}\left(\frac{f\left(a+1/n\right)}{f(a)}\right)^n.$$

12. 设

$$f(x)=\begin{cases} 0, & \text{当 } x=0; \\ |x|^\lambda \sin\frac{1}{x}, & \text{当 } x\neq 0. \end{cases}$$

证明 f 在 $x=0$ 处当 $\lambda>1$ 时可导; 当 $\lambda\leq 1$ 时不可导.

13. 举反例说明: 极限 $\lim\limits_{h\to 0}\frac{f(a+h)-f(a-h)}{2h}$ 存在且有限, 不能保证 f 在 $x=a$ 处可导.

4.2 微分学基本定理

4.2.1 极值与驻点

定义 4.2.1. 设函数 f 在点 a 的某个邻域 $U(a)$ 有定义. 如果对任意 $x\in U(a)$，有

$$f(x)\geq f(a), \tag{4.9}$$

就称 a 为 f 的一个**极小值点**, 称 $f(a)$ 为 f 的一个**极小值**. 如果(4.9) 式中的不等号严格成立, 那么 a 和 $f(a)$ 分别称为 f 的**严格极小值点**和**严格极小值**.

类似地可以定义 f 的**极大值点**, **极大值**, **严格极大值点**和**严格极大值**.

极小值点和极大值点统称为**极值点**; 极小值和极大值统称为**极值**.

根据最值和极值的定义, 显然有以下结果.

命题 4.2.2. 设定义在区间 I 上的函数 f 在点 a 达到最小值, 则 a 是 f 的一个极小值点, 或者是区间 I 的一个端点.

定义 4.2.3. 设 f 在点 a 的某邻域 $U(a)$ 上可导. 如果 $f'(a)=0$, 就称 a 为 f 的一个**驻点**.

定理 4.2.4. （Fermat 定理）设函数 f 在点 a 的某个邻域 $U(a)$ 可导. 若 a 是 f 的极值点, 则 a 必定是 f 的驻点.

证明. 不妨设 a 是极小值点. 则 $h>0$ 时 $f(a+h)-f(a)\geq 0$, 因此

$$f'(a)=\lim_{h\to 0^+}\frac{f(a+h)-f(a)}{h}\geq 0. \tag{4.10}$$

同时, $h<0$ 时仍然有 $f(a+h)-f(a)\geq 0$, 因此

$$f'(a)=\lim_{h\to 0^-}\frac{f(a+h)-f(a)}{h}\leq 0. \tag{4.11}$$

综合不等式(4.10) 和(4.11), 只有 $f'(a)=0$. □

注记 4.2.5. 求极值是数学分析最重要的应用之一, 上述Fermat 定理为解决这一问题提供了基本的工具. 它将求函数的极值转化为求导函数的零点, 也就是解方程的问题.

然而, 驻点只是极值点的必要条件. 例如, $x=0$ 虽然是函数 $y=x^3$ 的驻点, 但不是极值点. 一个驻点是不是极值点, 还需要另外的方法来判定.

命题 4.2.6. 设 f 在区间 I 上可导, a, $b\in I$, $f'(a)<0$, $f'(b)>0$, 则必有 a, b 之间的点 ξ, 使得 $f'(\xi)=0$.

证明. 不妨设 $a<b$. 由连续函数的最值性, f 在 $[a,b]$ 上必有最小值点 ξ. 已知

$$\lim_{h\to 0^+}\frac{f(a+h)-f(a)}{h}=f'(a)<0,$$

即有 $\delta>0$, 使得 $0<h<\delta$ 时,

$$\frac{f(a+h)-f(a)}{h}<0, \quad 或者 \quad f(a+h)<f(a),$$

由此可见 $f(a)$ 不是 f 在 $[a,b]$ 上的最小值, 即 $\xi\neq a$. 类似地可证 $\xi\neq b$.

现在只能有 $a<\xi<b$, 于是 ξ 是一个极值点, 从而 $f'(\xi)=0$. □

根据这个结果, 我们立即推出如下结论: *如果一个定义在区间上的函数, 其导数处处不等于零, 那么导函数就不能变号; 也就是说, 导函数要么恒大于零, 要么恒小于零.*

定理 4.2.7. **(导函数的介值性)** *设 f 在区间 I 上可导, 则 $f'(I)$ 是一个区间.*

证明. 我们只需证明: 对任意 a, $b\in I$, $f'(a)<f'(b)$, 则对每个 $\eta\in\big(f'(a),f'(b)\big)$, 有 a, b 之间的点 ξ, 使得 $f'(\xi)=\eta$.

为此我们取 $g(x)=f(x)-\eta x$, 则 $g'(x)=f'(x)-\eta$. 易见 $g'(a)<0$, $g'(b)>0$. 由前面命题4.2.6, 有 a, b 之间的点 ξ 满足 $g'(\xi)=0$, 即 $f'(\xi)=\eta$. □

定理 4.2.8. **(Rolle 定理)** *设 f 在闭区间 $[a,b]$ 上连续, 在开区间 (a,b) 上可导. 如果 $f(a)=f(b)$, 那么 f 在 (a,b) 上必有驻点.*

证明. 如果 f 在 $[a,b]$ 上恒等于一个常数, 那么 f' 在 (a,b) 上恒等于零, 本定理自然成立.

如果 f 并非常数, 那么 f 在 $[a,b]$ 上的最大值和最小值至少有一个不等于 $f(a)$. 不妨设 ξ 是最小值点, 且 $f(\xi)<f(a)$. 此时 $a<\xi<b$, 因此 ξ 是极值点, 从而也是一个驻点. □

例 4.2.9. 对任意 $c\in\mathbb{R}$, 多项式 x^3-3x+c 在区间 $[0,1]$ 上至多有一个零点.

证明. 用反证法. 假设 $p(x)=x^3-3x+c$ 有两个不同的零点 α, β 满足 $0\le\alpha<\beta\le 1$, 则由Rolle 定理, 存在 $\xi\in(\alpha,\ \beta)$ 使得

$$p'(\xi)=3\xi^2-3=3\left(\xi^2-1\right)=0,$$

从而 $\xi=\pm 1$, 这与 $\alpha<\xi<\beta$ 矛盾. □

4.2.2 中值定理

定理 4.2.10. （**Lagrange 中值定理**） 设 f 在闭区间 $[a,b]$ 上连续, 在开区间 (a,b) 上可导, 则必有点 $\xi \in (a,b)$, 使得

$$f'(\xi) = \frac{f(b)-f(a)}{b-a}. \tag{4.12}$$

证明. 记

$$g(x) = f(x) - \frac{f(b)-f(a)}{b-a}x,$$

显然函数 g 在闭区间 $[a,b]$ 上连续, 在开区间 (a,b) 上可导, 且

$$g(a) = f(a) - \frac{f(b)-f(a)}{b-a}a = \frac{(b-a)f(a) - a\big(f(b)-f(a)\big)}{b-a} = \frac{bf(a)-af(b)}{b-a},$$

$$g(b) = f(b) - \frac{f(b)-f(a)}{b-a}b = \frac{(b-a)f(b) - b\big(f(b)-f(a)\big)}{b-a} = \frac{bf(a)-af(b)}{b-a}.$$

可见 $g(a) = g(b)$. 由Rolle 定理, 有点 $\xi \in (a,b)$, 使得

$$g'(\xi) = f'(\xi) - \frac{f(b)-f(a)}{b-a} = 0,$$

即得(4.12) 式. □

Lagrange 中值定理为研究可导函数在区间上的整体性质提供了强有力的工具, 因此也被称为**微分学基本定理**.

首先, 我们知道常函数的导数处处为零. 一个自然的问题是: 逆命题是否成立? Lagrange 中值定理给出了肯定的回答.

定理 4.2.11. （**导函数与常值性**） 设 f 在闭区间 $[a,b]$ 上连续, 在开区间 (a,b) 上可导. 若 f' 在 (a,b) 上恒等于零, 则 f 在 $[a,b]$ 上是一个常函数.

证明. 用反证法. 若有点 x_1, $x_2 \in [a,b]$ 使得 $f(x_1) \neq f(x_2)$, 则由Lagrange 中值定理, 在 x_1 与 x_2 之间必存在一点 ξ, 使得

$$f'(\xi) = \frac{f(x_2)-f(x_1)}{x_2-x_1} \neq 0.$$

这与 f' 在 (a,b) 上恒等于零的假设矛盾. □

现在我们关心的是: 什么样的函数导数不变号? 借鉴定理4.2.11 的证明方法, 我们可以得到下面结果.

定理 4.2.12. （**导函数与单调性**） 设 f 在开区间 (a,b) 上可导.

1) f 在 (a,b) 上递增（递减）的充要条件是: f' 处处大于（小于）等于零;

2) f 在开区间 (a,b) 严格递增（递减）的充要条件是: f' 处处大于（小于）等于零, 且对任意一个区间 $I \subset (a,b)$, 至少有一点 $x \in I$ 使得 $f'(x) \neq 0$.

上述结果为判定驻点是否为极值点提供了一种有力的方法.

定理 4.2.13. （**极值点的充分条件**） 设 f 在开区间 (a,b) 上可导, $c \in (a,b)$ 是 f 的驻点.

1) 若 f' 在 c 的左侧总是小于等于零, 在 c 的右侧总是大于等于零, 则 c 是 f 的极小值点;

2) 若 f' 在 c 的左侧总是大于等于零, 在 c 的右侧总是小于等于零, 则 c 是 f 的极大值点.

Lagrange 中值定理也可以用来证明许多重要的不等式.

例 4.2.14. 设 $0 < \alpha < \beta < \dfrac{\pi}{2}$, 则

$$\frac{\beta-\alpha}{\cos^2\alpha} < \tan\beta - \tan\alpha < \frac{\beta-\alpha}{\cos^2\beta}.$$

证明. 由Lagrange 中值定理, 存在 $\xi \in (\alpha,\beta)$ 使得

$$(\tan)'(\xi) = \frac{1}{\cos^2\xi} = \frac{\tan\beta-\tan\alpha}{\beta-\alpha}.$$

因 $\cos x$ 在 $\left(0,\dfrac{\pi}{2}\right)$ 上严格递减, 故 $\cos\alpha > \cos\xi > \cos\beta > 0$, 从而有

$$\cos^2\alpha > \cos^2\xi > \cos^2\beta,$$

于是得到

$$\frac{1}{\cos^2\alpha} < \frac{1}{\cos^2\xi} = \frac{\tan\beta-\tan\alpha}{\beta-\alpha} < \frac{1}{\cos^2\beta},$$

这就是所要的结果. □

定理 4.2.15. （**Cauchy 中值定理**） 设 f, g 在闭区间 $[a,b]$ 上连续, 在开区间 (a,b) 上可导, 且 g' 在 (a,b) 上恒不为零, 则必有点 $\xi \in (a,b)$, 使得

$$\frac{f'(\xi)}{g'(\xi)} = \frac{f(b)-f(a)}{g(b)-g(a)}. \tag{4.13}$$

证明. 不妨设 $g'(x)>0$, $x\in(a,b)$. 此时 g 在 $[a,b]$ 上严格递增, 故有反函数 $x=g^{-1}(y)$. 此时复合函数 $f\circ g^{-1}$ 在 $\big[g(a),g(b)\big]$ 上连续, 在 $\big(g(a),g(b)\big)$ 上可导. 由Lagrange 中值定理, 有 $\gamma\in\big(g(a),g(b)\big)$, 使得

$$\left(f\circ g^{-1}\right)'(\gamma)=\frac{f\circ g^{-1}\big(g(b)\big)-f\circ g^{-1}\big(g(a)\big)}{g(b)-g(a)}=\frac{f(b)-f(a)}{g(b)-g(a)}. \tag{4.14}$$

若记 $\xi=g^{-1}(\gamma)$, 则 $\gamma=g(\xi)$. 由链式法则和反函数的求导法则,

$$\left(f\circ g^{-1}\right)'(\gamma)=f'\big(g^{-1}(\gamma)\big)\left(g^{-1}\right)'(\gamma)=f'(\xi)\left(g^{-1}\right)'(\gamma)=\frac{f'(\xi)}{g'\big(g^{-1}(\gamma)\big)}=\frac{f'(\xi)}{g'(\xi)},$$

与(4.14) 式联立即得(4.13) 式. □

练习 4.2

1. 求多项式 $12x^5-15x^4-20x^3+30x^2+1$ 的所有驻点、极小值点和极大值点.

2. 证明不存在可导函数 f, 使得 $f'(x)=\operatorname{sgn}x$.

3. 证明定理4.2.12.

4. 设 $p(x)$ 是一个二次多项式. 证明 $e^x+p(x)$ 至多有三个零点.

5. 从练习4.1.12 我们已经知道

$$f(x)=\begin{cases}0, & \text{当 } x=0;\\ x^2\sin\frac{1}{x}, & \text{当 } x\neq 0\end{cases}$$

处处可导. 证明导函数 f' 在 $x=0$ 处间断.

6. 设 f 在区间 $(0,+\infty)$ 内可导且 $\lim\limits_{x\to+\infty}f'(x)=0$. 证明

$$\lim_{x\to+\infty}\frac{f(x)}{x}=0.$$

7. 设 $0<a<b$. 证明

$$\frac{b-a}{b}<\ln\frac{b}{a}<\frac{b-a}{a}.$$

8. 证明 $\arctan x$ 在整个实数轴 $(-\infty,+\infty)$ 上一致连续.

9. 设 f 在 $[a,b]$ 上连续, 在 (a,b) 上可导, 且 $f(a)=f(b)=0$. 证明存在 $\xi\in(a,b)$ 使得 $f(\xi)+f'(\xi)=0$.

10. 设 f 在区间 $[a,b]$ 上可导, $ab>0$. 证明存在 $\xi\in(a,b)$, 使得

$$\frac{1}{a-b}\begin{vmatrix}a & b\\ f(a) & f(b)\end{vmatrix}=f(\xi)-\xi f'(\xi).$$

4.3 不定式的极限

4.3.1 L'Hospital 法则

定义 4.3.1. 设 $P(x)$ 是一个极限过程. 如果

$$\lim_{P(x)} f(x) = \lim_{P(x)} g(x) = 0,$$

就称 $\dfrac{f(x)}{g(x)}$ 是关于 $P(x)$ 的 $\dfrac{0}{0}$ 型**不定式**.

类似地, 可以定义 $\dfrac{\infty}{\infty}$, 1^∞, $0\cdot\infty$, $\infty-\infty$, ∞^0 等类型的不定式.

定理 4.3.2. ($\dfrac{0}{0}$ 型L'Hospital 法则) 设 $\dfrac{f(x)}{g(x)}$ 是关于极限过程 $P(x)$ 的 $\dfrac{0}{0}$ 型不定式. 若在 $P(x)$ 涉及的范围内 f, g 均可导, g' 恒不为零, 且极限

$$\lim_{P(x)} \frac{f'(x)}{g'(x)} = A \in \mathbb{R}_\infty$$

存在, 则

$$\lim_{P(x)} \frac{f(x)}{g(x)} = A, \tag{4.15}$$

即不定式的极限也存在, 并且与 $\dfrac{f'(x)}{g'(x)}$ 的极限相等.

证明. 我们以 $x \to a^+$ 为例, 这里 $a \in \mathbb{R}$. 此时极限过程涉及的范围是点 a 右侧的开区间 $(a, a+\delta)$, 其中 δ 是某个正实数. 注意 $\lim\limits_{x\to a^+} g(x) = 0$, 结合 g' 恒不为零的假设, 可知 g 在 $(a, a+\delta)$内是严格单调的, 因此 g 恒不为零.

我们补充定义 $f(a) = g(a) = 0$, 则 f, g 在闭区间 $[a, a+\delta/2]$ 上均连续, 故满足Cauchy 中值定理的条件, 于是对每个 $x \in (a, a+\delta/2)$, 可取一个 $\xi = \xi(x) \in (a, x)$ 使得

$$\frac{f'(\xi)}{g'(\xi)} = \frac{f(x)-f(a)}{g(x)-g(a)} = \frac{f(x)}{g(x)}.$$

注意 ξ 的取法定义了一个函数 $\xi: (a, a+\delta/2) \to \mathbb{R}$, 它恒大于 a, 且 $\xi \to a^+ \quad (x \to a^+)$. 这样我们就有

$$\lim_{x\to a^+} \frac{f(x)}{g(x)} = \lim_{x\to a^+} \frac{f'(\xi)}{g'(\xi)} = \lim_{\xi\to a^+} \frac{f'(\xi)}{g'(\xi)}.$$ □

注记 4.3.3. 注意, 等式(4.15) 也包含右端的极限等于$+\infty$、 $-\infty$ 以及 ∞ 这三种情形.

定理 4.3.4. （$\frac{\infty}{\infty}$ **型L'Hospital法则**）设在极限过程 $P(x)$ 涉及的范围内，f, g 均可导，g' 恒不为零，$\lim\limits_{P(x)} g(x) = \infty$，且极限

$$\lim_{P(x)} \frac{f'(x)}{g'(x)} = A \in \mathbb{R}_\infty$$

存在，则

$$\lim_{P(x)} \frac{f(x)}{g(x)} = A, \tag{4.16}$$

即不定式的极限也存在，并且与 $f'(x)/g'(x)$ 的极限相等.

证明. 我们以 $x \to +\infty$ 为例. 注意 $\lim\limits_{x\to+\infty} g(x) = \infty$，可知有 a 使得 $x > a$ 时 g 恒不为零.

我们假设 $A \in \mathbb{R}$. $A = \pm\infty$ 时的证明方法类似，具体过程更为简单，在此从略. 现在对任意 $\epsilon > 0$，可取 $M \in \mathbb{R}$，使得 $x > M$ 时

$$\left| \frac{f'(x)}{g'(x)} - A \right| < \frac{\varepsilon}{2}. \tag{4.17}$$

对任意 $x > M$，函数 f, g 在闭区间 $[M, x]$ 上均连续，故满足Cauchy中值定理的条件. 于是对每个 $x > M$，可取一个 $\xi = \xi(x) \in (M, x)$ 使得

$$\frac{f'(\xi)}{g'(\xi)} = \frac{f(x) - f(M)}{g(x) - g(M)}.$$

注意(4.17) 式蕴涵着

$$\left| \frac{f'(x)}{g'(x)} \right| < |A| + \frac{\varepsilon}{2}.$$

由 $g(x) \to \infty \ (x \to +\infty)$，可取 $M' > M$，使得 $x > M'$ 时

$$\left| \frac{f(M)}{g(x)} \right| < \frac{\varepsilon}{4}, \qquad \left| \frac{g(M)}{g(x)} \right| \left(|A| + \frac{\varepsilon}{2} \right) < \frac{\varepsilon}{4},$$

故

$$\begin{aligned}
&\left| \frac{f(x)}{g(x)} - \frac{f(x) - f(M)}{g(x) - g(M)} \right| = \left| \frac{f(M)g(x) - f(x)g(M)}{g(x)\big(g(x) - g(M)\big)} \right| \\
=& \left| \frac{f(M)\big(g(x) - g(M)\big) - g(M)\big(f(x) - f(M)\big)}{g(x)\big(g(x) - g(M)\big)} \right| \\
\le& \left| \frac{f(M)}{g(x)} \right| + \left| \frac{g(M)}{g(x)} \right| \left| \frac{f(x) - f(M)}{g(x) - g(M)} \right| = \left| \frac{f(M)}{g(x)} \right| + \left| \frac{g(M)}{g(x)} \right| \left| \frac{f'(\xi)}{g'(\xi)} \right| \\
\le& \left| \frac{f(M)}{g(x)} \right| + \left| \frac{g(M)}{g(x)} \right| \left(|A| + \frac{\varepsilon}{2} \right) < \frac{\varepsilon}{4} + \frac{\varepsilon}{4} = \frac{\varepsilon}{2}.
\end{aligned}$$

再利用(4.17) 式就有

$$\begin{aligned}\left|\frac{f(x)}{g(x)}-A\right| &\le \left|\frac{f(x)}{g(x)}-\frac{f(x)-f(M)}{g(x)-g(M)}\right|+\left|\frac{f(x)-f(M)}{g(x)-g(M)}-A\right| \\ &< \frac{\varepsilon}{2}+\left|\frac{f'(\xi)}{g'(\xi)}-A\right| \quad (\text{注意此处 } M<\xi<x) \\ &< \frac{\varepsilon}{2}+\frac{\varepsilon}{2}=\varepsilon.\end{aligned}$$

即(4.16) 式. □

注记 4.3.5. 与$\frac{0}{0}$ 型不同, $\frac{\infty}{\infty}$ 型L'Hospital 法则的条件中, 对分子 f 的极限没有任何要求. 这一点为定理的应用带来了很多方便, 值得特别注意.

例 4.3.6. 利用定理4.3.2, 我们马上得到

$$\lim_{x\to0^+} x\ln x=\lim_{x\to0^+}\frac{\ln x}{x^{-1}}=\lim_{x\to0^+}\frac{x^{-1}}{-x^{-2}}=\lim_{x\to0^+}-x=0.$$

例 4.3.7. 求 $\lim\limits_{x\to0}\frac{x-\sin x}{x^3}$.

解. 我们有

$$\lim_{x\to0}\frac{x-\sin x}{x^3}=\lim_{x\to0}\frac{1-\cos x}{3x^2}=\lim_{x\to0}\frac{\sin x}{6x}=\frac{1}{6}\lim_{x\to0}\frac{\sin x}{x}=\frac{1}{6}.$$ □

注记 4.3.8. 注意, 我们不能用定理4.3.2 求基本极限

$$\lim_{x\to0}\frac{\sin x}{x},\qquad \lim_{x\to0}\frac{e^x-1}{x},\qquad \lim_{x\to0}\frac{\ln(1+x)}{x}.$$

因为求 $\sin x$, e^x, $\ln x$ 的导数依赖于这些极限值.

此外, 利用罗比塔法则时一定要验证是否满足所需的条件. 例如

$$\lim_{x\to0}\frac{x}{\cos x}\ne\lim_{x\to0}\frac{1}{\sin x}=\infty.$$

其原因在于 $\lim\limits_{x\to0}\cos x=1$, 所以 $\frac{x}{\cos x}$ 并非不定式.

例 4.3.9. 设 f 在 $(a,+\infty)$ 上可导, 且 $\lim\limits_{x\to+\infty}\big(f(x)+f'(x)\big)=A$, 证明

$$\lim_{x\to+\infty}f(x)=A.$$

证明. 我们有

$$\lim_{x\to+\infty}f(x)=\lim_{x\to+\infty}\frac{e^xf(x)}{e^x}=\lim_{x\to+\infty}\frac{e^xf(x)+e^xf'(x)}{e^x}=\lim_{x\to+\infty}\big(f(x)+f'(x)\big)=A.$$ □

4.3.2 其他类型的不定式

例 4.3.10. （0^0 型不定式） 求 $\lim\limits_{x\to0^+}(\sin x)^x$.

证明. 由

$$\ln(\sin x)^x=x\ln\sin x=x\left(\ln x+\ln\frac{\sin x}{x}\right)=x\ln x+x\ln\frac{\sin x}{x},$$

而 $\lim\limits_{x\to0^+}x\ln x=0$, 故

$$\begin{aligned}\lim_{x\to0^+}x\ln\sin x&=\lim_{x\to0^+}x\ln x+\lim_{x\to0^+}x\ln\frac{\sin x}{x}\\&=0+\lim_{x\to0^+}x\cdot\lim_{x\to0^+}\ln\frac{\sin x}{x}\\&=0+0=0.\end{aligned}$$

于是

$$\lim_{x\to0^+}(\sin x)^x=\lim_{x\to0^+}\exp(x\ln\sin x)=\exp\left(\lim_{x\to0^+}x\ln\sin x\right)=\mathrm{e}^0=1.$$

这里我们采用了指数函数 e^x 的另一个表达式 $\exp(x)$, 以便处理指数的表达式比较复杂的情形. □

例 4.3.11. （$\infty-\infty$ 型不定式） 求 $\lim\limits_{x\to\frac{\pi}{2}}(\sec x-\tan x)$.

解.

$$\lim_{x\to\frac{\pi}{2}}(\sec x-\tan x)=\lim_{x\to\frac{\pi}{2}}\frac{1-\sin x}{\cos x}=\lim_{x\to\frac{\pi}{2}}\frac{\cos x}{\sin x}=0.$$ □

例 4.3.12. （∞^0 型不定式） 求 $\lim\limits_{x\to\frac{\pi}{2}}(\tan x)^{\cos x}$.

解. 由

$$\begin{aligned}\ln(\tan x)^{\cos x}&=\cos x\ln\tan x=\cos x(\ln\sin x-\ln\cos x)\\&=\cos x\ln\sin x-\cos x\ln\cos x.\end{aligned}$$

令 $y=\cos x$, 则 $y\to0\ \left(x\to\dfrac{\pi}{2}\right)$, 故

$$\lim_{x\to\frac{\pi}{2}}\cos x\ln\cos x=\lim_{y\to0}y\ln y=0.$$

从而

$$\lim_{x\to\frac{\pi}{2}}\cos x\ln(\tan x)=\lim_{x\to\frac{\pi}{2}}\left(\cos x\ln\sin x-\cos x\ln\cos x\right)=0,$$

于是

$$\lim_{x\to\frac{\pi}{2}}(\tan x)^{\cos x}=\lim_{x\to\frac{\pi}{2}}\exp(\cos x\ln(\tan x))=\exp\left(\lim_{x\to\frac{\pi}{2}}\cos x\ln(\tan x)\right)=\mathrm{e}^0=1.$$ □

练习 4.3

1. 求下列极限:

1) $\lim\limits_{x\to 0^+} x^\mu \ln x$; 2) $\lim\limits_{x\to +\infty} x^\mu e^{-x}$; 3) $\lim\limits_{x\to 0} \dfrac{e^{3x}-e^{2x}}{\sin 3x - \sin 2x}$;

4) $\lim\limits_{x\to 0}\left(\dfrac{1}{x}-\dfrac{1}{e^x-1}\right)$; 5) $\lim\limits_{x\to 0^+} x^x$; 6) $\lim\limits_{x\to +\infty}\left(\cos\dfrac{2}{x}\right)^x$;

7) $\lim\limits_{x\to +\infty} x^{\ln(1+x^{-1})}$; 8) $\lim\limits_{x\to \infty} x\left(\left(1+\dfrac{1}{x}\right)^x - e\right)$.

2. 设 f 在 $(a,+\infty)$ 上可导, 且 $\lim\limits_{x\to+\infty}\big(3f(x)+xf'(x)\big)=1$, 试证

$$\lim_{x\to+\infty} f(x)=\frac{1}{3}.$$

4.4 Taylor 定理

4.4.1 高阶导数

定义 4.4.1. 设函数 f 的导函数 f' 在点 x 处可导, 则我们称 f 在点 x **二阶可导**, 也叫作**二阶可微**, 并称 $(f')'(x)$ 为 f 在点 x 的**二阶导数**, 记为 $f''(x)$.

如果 f' 在区间 I 上处处可导, 就说 f 在 I 上**二阶可导**或**二阶可微**. 此时, 由

$$f'': I\to\mathbb{R},\quad x\mapsto f''(x)$$

定义的函数称为 f 的**二阶导函数**.

类似地可定义**三阶可导**、**三阶导数** $f'''(x)$ 以及**三阶导函数** f'''.

一般地, 对 $n\in\mathbb{N}^*$, 我们可以定义 f 在点 x 处 n **阶可导**、n **阶导数** $f^{(n)}(x)$ 以及 n **阶导函数** $f^{(n)}$.

例 4.4.2. 我们有

$$\begin{aligned}
(\sin x)' &= \cos x = \sin\left(x+\frac{\pi}{2}\right),\\
(\sin x)'' &= \left(\sin\left(x+\frac{\pi}{2}\right)\right)' = \sin\left(\left(x+\frac{\pi}{2}\right)+\frac{\pi}{2}\right)\left(x+\frac{\pi}{2}\right)' = \sin(x+\pi),\\
(\sin x)''' &= (\sin(x+\pi))' = \sin\left((x+\pi)+\frac{\pi}{2}\right)(x+\pi)' = \sin\left(x+\frac{3\pi}{2}\right).
\end{aligned}$$

用归纳法即可证明: 对所有 $n\in\mathbb{N}^*$,

$$\sin^{(n)} x = \sin\left(x+\frac{n\pi}{2}\right).$$

例 4.4.3. 设

$$f(x)=\begin{cases} x^4\sin\frac{1}{x}, & \text{当 } x\neq 0;\\ 0, & \text{当 } x=0, \end{cases}$$

求 $f''(0)$.

证明. 先求出

$$f'(0)=\lim_{x\to 0}\frac{x^4\sin\frac{1}{x}}{x}=\lim_{x\to 0}x^3\sin\frac{1}{x}=0,$$

这样就有

$$f'(x)=\begin{cases} 4x^3\sin\frac{1}{x}-x^2\cos\frac{1}{x}, & \text{当 } x\neq 0;\\ 0, & \text{当 } x=0. \end{cases}$$

因此

$$f''(0)=\lim_{x\to 0}\frac{4x^3\sin\frac{1}{x}-x^2\cos\frac{1}{x}}{x}=\lim_{x\to 0}\left(4x^2\sin\frac{1}{x}-x\cos\frac{1}{x}\right)=0.$$

注意，对任意 $n\in\mathbb{N}^*$，f 当 $x\neq 0$ 时 n 阶可导，但 $f'''(0)$ 已经不存在了. □

对 $n\in\mathbb{N}^*$，$c\in\mathbb{R}$ 和函数 f,g，不难验证

$$(cf)^{(n)}=cf^{(n)},\qquad (f+g)^{(n)}=f^{(n)}+g^{(n)}.$$

对乘积 fg，我们有

$$\begin{aligned}(fg)'&=f'g+fg',\\ (fg)''&=(f'g+g'f)'=f''g+2f'g'+fg'',\\ (fg)'''&=(f''g+2f'g'+fg'')'=f'''g+3f''g'+3f'g''+fg''',\end{aligned}$$

看上去很像二项式定理的样子. 这不是偶然的，用归纳法不难证明下面结果:

定理 4.4.4. （**Leibniz 公式**） 设函数 f,g 在区间 I 上 n 阶可导，则

$$(fg)^{(n)}=\sum_{k=0}^{n}\frac{n!}{k!(n-k)!}f^{(n-k)}g^{(k)}. \tag{4.18}$$

例 4.4.5. 设

$$f(x)=\frac{1+x}{\sqrt{1-x}},$$

求 $f^{(1000)}$.

证明. 记 $u=1+x$，$v=(1-x)^{-\frac{1}{2}}$，则 $f=uv$. 我们有

$$u'=1,\ u^{(k)}=0,\ k>1,$$

$$v'=-\frac{1}{2}(1-x)^{-\frac{3}{2}}(1-x)'=\frac{1}{2}(1-x)^{-\frac{3}{2}},$$
$$v''=\left(\frac{1}{2}(1-x)^{-\frac{3}{2}}\right)'=\frac{1}{2}\left(-\frac{3}{2}\right)(1-x)^{-\frac{5}{2}}(1-x)'=\frac{1}{2}\cdot\frac{3}{2}(1-x)^{-\frac{5}{2}},$$

用归纳法不难证明

$$v^{(k)}=\frac{1}{2}\cdot\frac{3}{2}\cdots\frac{2k-1}{2}(1-x)^{-\frac{2k+1}{2}}=\frac{(2k-1)!!}{2^k}(1-x)^{-\frac{2k+1}{2}},\ k>1.$$

利用Leibniz 公式即得

$$\begin{aligned}
f^{(1000)}&=\sum_{k=0}^{1000}\frac{1000!}{k!(1000-k)!}u^{(1000-k)}v^{(k)}\\
&=1000u'v^{(999)}+uv^{(1000)}\\
&=1000\frac{(2\cdot 999-1)!!}{2^{999}}(1-x)^{-\frac{2\cdot 999+1}{2}}+(1+x)\frac{(2\cdot 1000-1)!!}{2^{1000}}(1-x)^{-\frac{2\cdot 1000+1}{2}}\\
&=1000\frac{1997!!}{2^{999}}(1-x)^{-\frac{1999}{2}}+\frac{1999!!}{2^{1000}}(1+x)(1-x)^{-\frac{2001}{2}}\\
&=\frac{1997!!}{2^{999}}(1-x)^{-\frac{2001}{2}}\left(1000(1-x)+\frac{1999}{2}(1+x)\right)\\
&=\frac{1997!!(3999-x)}{2^{1000}(1-x)^{1000}\sqrt{1-x}}.
\end{aligned}$$

□

4.4.2 带Peano 余项的Taylor 定理

如果函数 f 在点 a 可导, 那么它就可以写成

$$f(x)=f'(a)(x-a)+f(a)+o(x-a)\quad(x\to a). \tag{4.19}$$

于是

$$p(x)=f'(a)(x-a)+f(a)=f'(a)x+f(a)-af'(a)$$

是 x 的一次多项式, 它与 f 的共同性质是在点 a 处的函数值和导数值都相等:

$$p(a)=f(a),\qquad p'(a)=f'(a).$$

而且, 这样的一次多项式是唯一的.

我们自然要考虑下面的问题: 假设函数 f 在点 a 有更高的可导性, 比如说有 n 阶导数, 能不能找到一个 x 的 n 次多项式 p_n, 使得它与 f 在点 a 处的函数值以及直到 n 阶的导数值都相等, 即满足

$$p_n(a)=f(a),\quad p_n'(a)=f'(a),\quad \cdots,\quad p_n^{(n)}(a)=f^{(n)}(a)\,? \tag{4.20}$$

答案是肯定的, 这就是下面的定理. 我们把它的证明留给读者.

定理 4.4.6. 设函数 f 在点 a 有 n 阶导数, 则

$$f(a)+\frac{f'(a)}{1!}(x-a)+\frac{f''(a)}{2!}(x-a)^2+\cdots+\frac{f^{(n)}(a)}{n!}(x-a)^n \tag{4.21}$$

是唯一满足(4.20) 式条件的 n 次多项式.

为叙述方便起见, 我们约定函数自身为它的零阶导数, 即 $f^{(0)}=f$. 这样, (4.20) 式中的条件就可以简写成

$$p_n^{(k)}(a)=f^{(k)}(a),\quad k=0,1,\cdots,n. \tag{4.22}$$

定义 4.4.7. 我们称(4.21) 式中的多项式为函数 f 在点 a 的 n 次**Taylor 多项式**, 记为 $T_n\big(f,a;x\big)$, 即

$$T_n\big(f,a;x\big)=\sum_{k=0}^{n}\frac{f^{(k)}(a)}{k!}(x-a)^k. \tag{4.23}$$

我们将

$$R_n\big(f,a;x\big)=f(x)-T_n\big(f,a;x\big),$$

称为 f 关于*Taylor* 多项式 $T_n\big(f,a;x\big)$ 的**余项**,

$$f(x)=T_n\big(f,a;x\big)+R_n\big(f,a;x\big)$$

称为 f 在点 a 的**Taylor 展开式**.

现在(4.19) 式可以写成

$$R_1\big(f,a;x\big)=o(x-a)\ \ (x\to a), \tag{4.24}$$

表示在点 a 附近用Taylor 多项式 $T_1\big(f,a;x\big)$ 代替 f 时, 误差是比 $|x-a|$ 更高阶的无穷小.

当 f 在点 a 有更高阶导数时, 就可以用更高次的Taylor 多项式代替 f, 我们自然希望它的表现比一次多项式 $T_1\big(f,a;x\big)$ 更好, 也就是说, 误差的阶也要更高.

定理 4.4.8. （**带 Peano 余项的 Taylor 定理**）设函数 f 在点 a 有 n 阶导数，那么，

$$f(x)=T_n\big(f,a;x\big)+o\big((x-a)^n\big)\ \ (x\to a). \tag{4.25}$$

这里余项表示为 $R_n\big(f,a;x\big)=o((x-a)^n)$ 的形式，称为 **Peano 余项**.

证明. 首先我们注意到，对 $k=0,1,\cdots,n-1$，

$$T_{n-k-1}\left(f^{(k+1)},a;x\right)=\sum_{i=0}^{n-k-1}\frac{\left(f^{(k+1)}\right)^{(i)}(a)}{i!}(x-a)^i=\sum_{i=0}^{n-k-1}\frac{f^{(i+k+1)}(a)}{i!}(x-a)^i, \tag{4.26}$$

$$\begin{aligned}T'_{n-k}\left(f^{(k)},a;x\right)&=\sum_{j=0}^{n-k}\frac{\left(f^{(k)}\right)^{(j)}(a)}{j!}\left((x-a)^j\right)'=\sum_{j=1}^{n-k}\frac{f^{(j+k)}(a)}{j!}j(x-a)^{j-1}\\&=\sum_{j=1}^{n-k}\frac{f^{(j+k)}(a)}{(j-1)!}(x-a)^{j-1}=\sum_{i=0}^{n-k-1}\frac{f^{(i+k+1)}(a)}{i!}(x-a)^i\end{aligned}$$

比较(4.26) 式和上式的末端即知

$$T'_{n-k}\left(f^{(k)},a;x\right)=T_{n-k-1}\left(f^{(k+1)},a;x\right),$$

从而

$$\begin{aligned}R'_{n-k}\left(f^{(k)},a;x\right)&=\left(f^{(k)}(x)-T_{n-k}\left(f^{(k)},a;x\right)\right)'\\&=f^{(k+1)}(x)-T'_{n-k}\left(f^{(k)},a;x\right)\\&=f^{(k+1)}(x)-T_{n-k-1}\left(f^{(k+1)},a;x\right)\\&=R_{n-k-1}\left(f^{(k+1)},a;x\right).\end{aligned} \tag{4.27}$$

反复运用(4.27) 式和L'Hospital 法则即得

$$\begin{aligned}\lim_{x\to a}\frac{R_n\big(f,a;x\big)}{(x-a)^n}&=\lim_{x\to a}\frac{R'_n\big(f,a;x\big)}{n(x-a)^{n-1}}=\lim_{x\to a}\frac{\big(f(x)-T_n\big(f,a;x\big)\big)'}{n(x-a)^{n-1}}\\&=\lim_{x\to a}\frac{f'(x)-T'_n\big(f,a;x\big)}{n(x-a)^{n-1}}=\lim_{x\to a}\frac{f'(x)-T_{n-1}\big(f',a;x\big)}{n(x-a)^{n-1}}\\&=\frac{1}{n}\lim_{x\to a}\frac{R_{n-1}\big(f',a;x\big)}{(x-a)^{n-1}}\\&=\frac{1}{n(n-1)}\lim_{x\to a}\frac{R_{n-2}\big(f'',a;x\big)}{(x-a)^{n-2}}\\&=\cdots\\&=\frac{1}{n(n-1)\cdots2}\lim_{x\to a}\frac{R_1\big(f^{(n-1)},a;x\big)}{x-a}=0.\end{aligned}$$

这就是(4.25) 式. □

通过简单的自变量平移即可将一般的公式(4.25) 变成 $a=0$ 的情形. 我们将 $a=0$ 处的Taylor 多项式

$$T_n(f,0;x)=\sum_{k=0}^{n}\frac{f^{(k)}(0)}{k!}x^k \tag{4.28}$$

称为 f 的 n 次**Maclaurin 多项式**, 相应的Taylor 展开式就称为**Maclaurin 展开式**.

例 4.4.9. 经简单计算可得

$$\begin{aligned}
\mathrm{e}^x &= 1+\frac{x}{1!}+\frac{x^2}{2!}+\cdots+\frac{x^n}{n!}+o\left(x^n\right) \quad (x\to 0),\\
\ln(1+x) &= \frac{x}{1}-\frac{x^2}{2}+\frac{x^3}{3}-\frac{x^4}{4}+\cdots+(-1)^{n-1}\frac{x^n}{n}+o\left(x^n\right) \quad (x\to 0),\\
(1+x)^\alpha &= 1+\frac{\alpha}{1!}x+\frac{\alpha(\alpha-1)}{2!}x^2+\cdots+\frac{\alpha(\alpha-1)\cdots(\alpha-n+1)}{n!}x^n+o\left(x^n\right) \quad (x\to 0),\\
\sin x &= \frac{x}{1!}-\frac{x^3}{3!}+\frac{x^5}{5!}-\frac{x^7}{7!}+\cdots+(-1)^k\frac{x^{2k+1}}{(2k+1)!}+o\left(x^{2k+2}\right) \quad (x\to 0),\\
\cos x &= 1-\frac{x^2}{2!}+\frac{x^4}{4!}-\frac{x^6}{6!}+\cdots+(-1)^k\frac{x^{2k}}{(2k)!}+o\left(x^{2k+1}\right) \quad (x\to 0).
\end{aligned}$$

例 4.4.10. 现在我们来计算 $f(x)=\arctan x$ 的Maclaurin 展开式.

由

$$f'(x)=\frac{1}{1+x^2} \tag{4.29}$$

即得 $f'(0)=1$. 为求原点处的更高阶导数值, 我们将(4.29) 式改写成

$$\left(1+x^2\right)f'(x)=1,$$

再对上式两端用Leibniz 公式求n 阶导数, 得到

$$\left(1+x^2\right)f^{(n+1)}(x)+2nxf^{(n)}(x)+n(n-1)f^{(n-1)}(x)=0,$$

故有

$$f^{(n+1)}(0)+n(n-1)f^{(n-1)}(0)=0,$$

即

$$f^{(n+1)}(0)=-n(n-1)f^{(n-1)}(0).$$

反复利用上式及已知的 $f^{(0)}(0)=0$, $f'(0)=1$, 即可推出

$$f^{(n)}(0)=\begin{cases}0 & 当 n=2k;\\ (-1)^k(2k)! & 当 n=2k+1.\end{cases} \qquad (k\in\mathbb{N})$$

这样就得到了

$$\arctan x = x - \frac{x^3}{3} + \frac{x^5}{5} - \frac{x^7}{7} + \cdots + (-1)^k \frac{x^{2k+1}}{2k+1} + o\left(x^{2k+2}\right) \quad (x \to 0). \qquad \square$$

带Peano 余项的Taylor 展开式为求不定式的极限提供了一种强有力的工具.

例 4.4.11. 设 $\alpha \neq \beta$. 求极限

$$\lim_{x\to 0} \frac{\mathrm{e}^{\alpha x} - \mathrm{e}^{\beta x}}{\sin \alpha x - \sin \beta x}.$$

解. 我们有

$$\frac{\mathrm{e}^{\alpha x} - \mathrm{e}^{\beta x}}{\sin \alpha x - \sin \beta x} = \frac{(1 + \alpha x + o(x)) - \big(1 + \beta x + o(x)\big)}{(\alpha x + o(x)) - \big(\beta x + o(x)\big)} = \frac{\alpha - \beta + o(1)}{\alpha - \beta + o(1)} \quad (x \to 0).$$

因此所求极限等于 1. $\square$

例 4.4.12. 求极限

$$\lim_{x\to 0} \frac{a^x + a^{-x} - 2}{x^2}.$$

解. 首先我们有

$$a^x = \mathrm{e}^{x \ln a} = 1 + \frac{\ln a}{1!} x + \frac{\ln^2 a}{2!} x^2 + o\left(x^2\right) \quad (x \to 0).$$

因此

$$a^{-x} = 1 - \frac{\ln a}{1!} x + \frac{\ln^2 a}{2!} x^2 + o\left(x^2\right) \quad (x \to 0).$$

于是

$$\frac{a^x + a^{-x} - 2}{x^2} = \frac{\ln^2 a x^2 + o\left(x^2\right)}{x^2} = \ln^2 a + o(1) \quad (x \to 0).$$

故所求极限等于 $\ln^2 a$. $\square$

带Peano 余项的Taylor 展开式也可以处理数列极限问题.

例 4.4.13. 设 $\mu \geq 1/2$. 求极限

$$\lim_{n\to\infty} \cos \frac{a}{n^{1+\mu}} \cos \frac{2a}{n^{1+\mu}} \cdots \cos \frac{na}{n^{1+\mu}}.$$

解. 记

$$P_n = \cos \frac{a}{n^{1+\mu}} \cos \frac{2a}{n^{1+\mu}} \cdots \cos \frac{na}{n^{1+\mu}},$$

则

$$\ln P_n = \ln\cos \frac{a}{n^{1+\mu}} + \ln\cos \frac{2a}{n^{1+\mu}} + \cdots + \ln\cos \frac{na}{n^{1+\mu}}.$$

根据余弦函数和对数函数的Maclaurin展开式,

$$\cos x=1-\frac{x^2}{2}+o\left(x^3\right),\quad \ln(1+x)=x+o(x),$$

即有

$$\ln\cos x=\ln\left(1-\frac{x^2}{2}+o\left(x^3\right)\right)=-\frac{x^2}{2}+o\left(x^3\right)+o\left(-\frac{x^2}{2}+o\left(x^3\right)\right)=-\frac{x^2}{2}+o\left(x^2\right),$$

于是对 $k=1,2,\cdots,n$,

$$\begin{aligned}\ln\cos\frac{ka}{n^{1+\mu}}&=-\frac{1}{2}\left(\frac{ka}{n^{1+\mu}}\right)^2+o\left(\left(\frac{ka}{n^{1+\mu}}\right)^2\right)\\&=-\frac{k^2a^2}{2n^{2+2\mu}}+o\left(\frac{1}{n^{2\mu}}\right),\end{aligned}$$

从而有

$$\begin{aligned}\ln P_n=\sum_{k=1}^{n}\ln\cos\frac{ka}{n^{1+\mu}}&=\sum_{k=1}^{n}\left(-\frac{k^2a^2}{2n^{2+2\mu}}+o\left(\frac{1}{n^{2\mu}}\right)\right)\\&=-\frac{a^2}{2n^{2+2\mu}}\sum_{k=1}^{n}k^2+n\cdot o\left(\frac{1}{n^{2\mu}}\right)\\&=-\frac{a^2}{2n^{2+2\mu}}\sum_{k=1}^{n}k^2+o\left(\frac{1}{n^{2\mu-1}}\right)\\&=-\frac{a^2}{2n^{2+2\mu}}\frac{n(n+1)(2n+1)}{6}+o\left(\frac{1}{n^{2\mu-1}}\right).\end{aligned}$$

这样就有

$$\begin{aligned}\lim_{n\to\infty}\ln P_n&=\lim_{n\to\infty}\left(-\frac{a^2}{2n^{2+2\mu}}\frac{n(n+1)(2n+1)}{6}+o\left(\frac{1}{n^{2\mu-1}}\right)\right)\\&=\lim_{n\to\infty}-\frac{a^2}{2n^{2+2\mu}}\frac{n(n+1)(2n+1)}{6}+\lim_{n\to\infty}o\left(\frac{1}{n^{2\mu-1}}\right)\\&=\begin{cases}-\frac{a^2}{6} & 当\ \mu=\frac{1}{2};\\ 0, & 当\ \mu>\frac{1}{2}.\end{cases}\end{aligned}$$

□

带Peano余项的Taylor展开式对分析函数的局部性质提供了强有力的工具.

定理 4.4.14. **（极值的判定）** 设函数 f 在点 a 有 n 阶导数, 满足

$$f'(a)=f''(a)=\cdots=f^{(n-1)}(a)=0, \tag{4.30}$$

且 $f^{(n)}(a)\neq 0$, 则我们有以下结论:

1) 当 n 为奇数时, a 不是 f 的极值点.

2) 当 n 为偶数时, 若 $f^{(n)}(a)>0$, 则 a 是 f 的严格极小值点; 若 $f^{(n)}(a)<0$, 则 a 是 f 的严格极大值点.

证明. 根据(4.30) 式和带Peano 余项的Taylor 定理, 我们有

$$f(x)-f(a)=\frac{f^{(n)}(a)}{n!}(x-a)^n+R_n(x),\ \text{其中}\ R_n(x)=o\big((x-a)^n\big)\ (x\to a). \tag{4.31}$$

此时存在 $\delta>0$, 使得当 x 满足 $|x-a|<\delta$ 时, 余项

$$|R_n(x)|<\frac{\left|f^{(n)}(a)\right|}{2n!}|x-a|^n. \tag{4.32}$$

1) 不妨设 $f^{(n)}(a)>0$. 当 $a<x<a+\delta$ 时, $(x-a)^n>0$. 由(4.32) 式,

$$f(x)-f(a)\geq\frac{f^{(n)}(a)}{n!}(x-a)^n-|R_n(x)|\geq\frac{f^{(n)}(a)}{2n!}(x-a)^n>0,$$

即

$$f(x)>f(a),\quad a<x<a+\delta. \tag{4.33}$$

当 $a-\delta<x<a$ 时, 注意 n 为奇数, $(x-a)^n<0$. 由(4.32) 式,

$$f(x)-f(a)\leq\frac{f^{(n)}(a)}{n!}(x-a)^n+|R_n(x)|\leq\frac{f^{(n)}(a)}{2n!}(x-a)^n<0,$$

即

$$f(x)<f(a),\quad a-\delta<x<a. \tag{4.34}$$

综合(4.33) 和(4.34) 两式即知 a 不是 f 的极值点.

2) 现在只要 $x-a\neq 0$, 就有 $(x-a)^n>0$. 当 $f^{(n)}(a)>0$ 时, 由(4.32) 式,

$$f(x)-f(a)\geq\frac{f^{(n)}(a)}{n!}(x-a)^n-|R_n(x)|\geq\frac{f^{(n)}(a)}{2n!}(x-a)^n>0,\quad 0<|x-a|<\delta.$$

即

$$f(x)>f(a),\quad 0<|x-a|<\delta.$$

由此可知 a 是 f 的严格极小值点.

当 $f^{(n)}(a)<0$ 时, 类似地可证 a 是 f 的严格极大值点. □

下面的情形是定理4.4.14 最常用的特例.

命题 4.4.15. 设点 a 是函数 f 的驻点, 则当 $f''(a)>0$ 时, a 是 f 的严格极小值点; 当 $f''(a)<0$ 时, a 是 f 的严格极大值点.

例 4.4.16. 求 $f(x)=x\mathrm{e}^{-x}$ 的极值点和极值.

解. 此时

$$f'(x)=(1-x)\mathrm{e}^{-x},\quad f''(x)=(x-2)\,\mathrm{e}^{-x}.$$

因此 $x=1$ 是唯一的驻点, 而 $f''(1)=-\mathrm{e}^{-1}<0$. 由命题4.4.15, $x=1$ 是严格极大值点, 相应的极大值为 $f(1)=\mathrm{e}^{-1}$. □

4.4.3 带Lagrange余项的Taylor定理

带Peano余项的Taylor展开式是分析函数局部性质的有力工具, 但处理函数的整体性质时就无能为力了. 例如根据正弦函数的Maclaurin展开式,

$$\sin x=\frac{x}{1!}-\frac{x^3}{3!}+\frac{x^5}{5!}-\frac{x^7}{7!}+o\left(x^8\right)\quad(x\to 0),$$

我们用

$$\frac{1}{1!}-\frac{1}{3!}+\frac{1}{5!}-\frac{1}{7!}$$

作为 $\sin 1$ 的近似值, 误差有多大? Peano 余项 $o\left(x^8\right)$ 显然提供不了什么帮助. 这时, 我们有以下的结果:

定理 4.4.17. （**带Lagrange余项的Taylor定理**） 设函数 f 在开区间 (a,b) 中有 $n+1$ 阶导数, x_0, x 是 (a,b) 中任意两点, 则有

$$f(x)=T_n\left(f,x_0;x\right)+R_n(x),\tag{4.35}$$

这里余项

$$R_n(x)=\frac{f^{(n+1)}(\xi)}{(n+1)!}(x-x_0)^{n+1},$$

称为**Lagrange余项**, 其中的 ξ 是介于 x_0 与 x 之间的一个数, 也可以写成

$$\xi=x_0+\theta(x-x_0)\quad(0<\theta<1).$$

证明. 做辅助函数

$$F(t)=f(x)-\left(f(t)+f'(t)(x-t)+\cdots+\frac{f^{(n)}(t)}{n!}(x-t)^n\right),$$
$$G(t)=(x-t)^{n+1}.$$

不妨设 $x_0<x$. 则函数 F, G 均在闭区间 $[x_0,\ x]$ 上连续, 在开区间 $(x_0,\ x)$ 上可导, 且

$$F'(t)=-\frac{f^{(n+1)}(t)}{n!}(x-t)^n,$$
$$G'(t)=-(n+1)(x-t)^n\neq 0.$$

注意 $F(x)=G(x)=0$, 应用Cauchy 中值定理, 即有 $\xi\in(x_0,\ x)$, 使得

$$\frac{F(x_0)}{G(x_0)}=\frac{F(x_0)-F(x)}{G(x_0)-G(x)}=\frac{F'(\xi)}{G'(\xi)}=\frac{f^{(n+1)}(\xi)}{(n+1)!},$$

即

$$\frac{f(x)-\left(f(x_0)+f'(x_0)(x-x_0)+\cdots+\frac{f^{(n)}(x_0)}{n!}(x-x_0)^n\right)}{(x-x_0)^{n+1}}=\frac{f^{(n+1)}(\xi)}{(n+1)!},$$

或

$$f(x)=f(x_0)+f'(x_0)(x-x_0)+\cdots+\frac{f^{(n)}(x_0)}{n!}(x-x_0)^n+\frac{f^{(n+1)}(\xi)}{(n+1)!}(x-x_0)^{n+1},$$

这就是(4.35) 式. □

例 4.4.18. 我们可以得到以下带Lagrange 余项的Maclaurin 展开式.

$$\begin{aligned}
e^x &= 1+\frac{x}{1!}+\frac{x^2}{2!}+\cdots+\frac{x^n}{n!}+\frac{e^{\theta x}}{(n+1)!}x^{n+1},\quad 0<\theta<1,\ x\in(-\infty,+\infty),\\
\ln(1+x) &= \frac{x}{1!}-\frac{x^2}{2}+\frac{x^3}{3}-\frac{x^4}{4}+\cdots+(-1)^{n-1}\frac{x^n}{n}+\frac{(-1)^n x^{n+1}}{(n+1)(1+\theta x)^{n+1}},\\
&\qquad 0<\theta<1,\ x>-1,\\
(1+x)^\alpha &= 1+\frac{\alpha}{1!}x+\frac{\alpha(\alpha-1)}{2!}x^2+\cdots+\frac{\alpha(\alpha-1)\cdots(\alpha-n+1)}{n!}x^n\\
&\quad +\frac{\alpha(\alpha-1)\cdots(\alpha-n)}{(n+1)!}(1+\theta x)^{\alpha-n-1}x^{n+1},\quad 0<\theta<1,\ x>-1,\\
\sin x &= \frac{x}{1!}-\frac{x^3}{3!}+\frac{x^5}{5!}-\frac{x^7}{7!}+\cdots+(-1)^{k-1}\frac{x^{2k-1}}{(2k-1)!}+(-1)^k\frac{\cos\theta x}{(2k+1)!}x^{2k+1},\\
&\qquad 0<\theta<1,\ x\in(-\infty,+\infty),\\
\cos x &= 1-\frac{x^2}{2!}+\frac{x^4}{4!}-\frac{x^6}{6!}+\cdots+(-1)^k\frac{x^{2k}}{(2k)!}+(-1)^{k+1}\frac{\cos\theta x}{(2k+2)!}x^{2k+2},\\
&\qquad 0<\theta<1,\ x\in(-\infty,+\infty).
\end{aligned}$$

例 4.4.19. 回到前面的问题, 近似值

$$\frac{1}{1!}-\frac{1}{3!}+\frac{1}{5!}-\frac{1}{7!}$$

与 $\sin 1$ 的距离有多大? 现在我们知道

$$\left|\sin 1-\left(\frac{1}{1!}-\frac{1}{3!}+\frac{1}{5!}-\frac{1}{7!}\right)\right|=\left|\frac{\cos\theta}{9!}\right|\le\frac{1}{9!}<0.000003.$$ □

例 4.4.20. 设函数 f 在区间 $[0,2]$ 上二阶可导, 且对 $x\in[0,2]$ 满足

$$|f(x)|\le 1,\quad |f''(x)|\le 1.$$

求证对 $x\in[0,2]$ 有 $\left|f'(x)\right|\le 2$.

证明. 对对任意的 $x\in[0,2]$, 由带Lagrange余项的Taylor定理,

$$f(0)=f(x)+f'(x)(0-x)+\frac{f''(\xi_1)}{2!}(0-x)^2,$$

$$f(2)=f(x)+f'(x)(2-x)+\frac{f''(\xi_2)}{2!}(2-x)^2,$$

其中 $\xi_1\in(0,x)$, $\xi_2\in(x,2)$. 上面两式相加减得

$$2f'(x)=f(2)-f(0)+\frac{f''(\xi_1)}{2!}x^2-\frac{f''(\xi_2)}{2!}(2-x)^2.$$

于是当 $x\in[0,2]$ 时有

$$\begin{aligned}2\left|f'(x)\right| &\le \left|f(2)\right|+\left|f(0)\right|+\frac{\left|f''(\xi_1)\right|}{2}x^2+\frac{\left|f''(\xi_2)\right|}{2}(2-x)^2\\ &\le 2+\frac{1}{2}\left(x^2+(2-x)^2\right)\\ &= 3+(1-x)^2\le 3+1=4,\end{aligned}$$

即 $\left|f'(x)\right|\le 2$. □

例 4.4.21. 设函数 f 在点 a 的某邻域 $U(a,\delta)$ 内 $n+2$ 阶可导, $f^{(n+1)}(a)\neq 0$, 且当 $|h|<\delta$ 时, 有 $\theta\in(0,1)$ 满足

$$f(a+h)=f(a)+f'(a)h+\cdots+\frac{f^{(n)}(a)}{n!}h^n+\frac{f^{(n+1)}(a+\theta h)}{(n+1)!}h^{n+1}. \tag{4.36}$$

求证

$$\lim_{h\to 0}\theta=\frac{1}{n+2}. \tag{4.37}$$

证明. 根据带Peano余项的Taylor定理,

$$f(a+h)=f(a)+f'(a)h+\cdots+\frac{f^{(n)}(a)}{n!}h^n+\frac{f^{(n+1)}(a)}{(n+1)!}h^{n+1}+\frac{f^{(n+2)}(a)}{(n+2)!}h^{n+2}+o\left(h^{n+2}\right).$$

与(4.36)式比较即得

$$\frac{f^{(n+1)}(a+\theta h)}{(n+1)!}h^{n+1}=\frac{f^{(n+1)}(a)}{(n+1)!}h^{n+1}+\frac{f^{(n+2)}(a)}{(n+2)!}h^{n+2}+o\left(h^{n+2}\right).$$

即

$$f^{(n+1)}(a+\theta h)=f^{(n+1)}(a)+\frac{f^{(n+2)}(a)}{n+2}h+o(h). \tag{4.38}$$

然而 $f^{(n+1)}$ 在 a 点可导, 于是

$$f^{(n+1)}(a+\theta h)=f^{(n+1)}(a)+f^{(n+2)}(a)\theta h+o(h),$$

与 (4.38) 式比较即得

$$f^{(n+2)}(a)\theta h=\frac{f^{(n+2)}(a)}{n+2}h+o(h),$$

在上式两端消去非零的因子 $f^{(n+2)}(a)h$ 即得

$$\theta=\frac{1}{n+2}+o(1)\ \ (h\to 0),$$

这就是所要的 (4.37) 式. □

例 4.4.22. 设函数 f 在原点的某邻域 $U(0)$ 内二阶可导, 且满足

$$\lim_{x\to 0}\left(1+x+\frac{f(x)}{x}\right)^{\frac{1}{x}}=\mathrm{e}^3. \tag{4.39}$$

1) 求 $f(0)$, $f'(0)$, $f''(0)$;

2) 求 $\lim\limits_{x\to 0}\left(1+\frac{f(x)}{x}\right)^{\frac{1}{x}}$.

解. 1) 已知条件 (4.39) 式等价于

$$\lim_{x\to 0}\frac{1}{x}\ln\left(1+x+\frac{f(x)}{x}\right)=3,$$

即

$$\ln\left(1+x+\frac{f(x)}{x}\right)=3x+o(x)\ \ (x\to 0). \tag{4.40}$$

根据带 Peano 余项的 Taylor 定理,

$$f(x)=f(0)+f'(0)x+\frac{f''(0)}{2}x^2+o(x^2),$$

于是

$$\frac{f(x)}{x}=\frac{f(0)}{x}+f'(0)+\frac{f''(0)}{2}x+o(x).$$

由 (4.40) 式可知 $\frac{f(x)}{x}\to 0$, 因此 $f(0)=0$, $f'(0)=0$. 这样就有

$$\frac{f(x)}{x}=\frac{f''(0)}{2}x+o(x). \tag{4.41}$$

因此

$$\ln\left(1+x+\frac{f(x)}{x}\right)=\left(1+\frac{f''(0)}{2}\right)x+o(x).$$

与 (4.40) 式比较可得

$$1+\frac{f''(0)}{2}=3,$$

故 $f''(0)=4$.

2) 将 $f''(0)=4$ 代入 (4.41) 式即有

$$\frac{f(x)}{x}=2x+o(x).$$

这样就有

$$\lim_{x\to0}\frac{1}{x}\ln\left(1+\frac{f(x)}{x}\right)=\lim_{x\to0}\frac{\ln\big(1+2x+o(x)\big)}{x}=2,$$

由此即得

$$\lim_{x\to0}\left(1+\frac{f(x)}{x}\right)^{\frac{1}{x}}=\mathrm{e}^2.$$

□

练习 4.4

1. 求下面的高阶导数:

1) $y=\tan x$, 求 y'';　2) $y=x\ln x$, 求 y''';　3) $y=\sin^2 x$, 求 $y^{(4)}$;

4) $y=x^3\cos x$, 求 y'';　5) $y=\mathrm{e}^{-x^2}$, 求 y'';　6) $y=\dfrac{1+x}{\sqrt{1-x}}$, 求 $y^{(10)}$.

2. 设 $y=\arcsin x$. 证明它满足

$$\big(1-x^2\big)y^{(n+2)}-(2n+1)xy^{(n+1)}-n^2y^{(n)}=0,\quad n\in\mathbb{N},$$

并求 $y^{(n)}(0)$.

3. 证明函数

$$f(x)=\begin{cases}\mathrm{e}^{-\frac{1}{x^2}}, & 当\ x\neq0;\\ 0, & 当\ x=0.\end{cases}$$

在 $x=0$ 处 n 阶可导且 $f^{(n)}(0)=0$，$n\in\mathbb{N}^*$.

4. 设 $p(x)=c_0+c_1(x-a)+\cdots+c_n(x-a)^n$ 是一个 n 次多项式. 证明

$$p_n^{(k)}(a)=k!\,c_k,\quad k=0,1,\cdots,n.$$

5. 证明定理4.4.6.

6. 求下列函数带Peano余项的Maclaurin展开式:

1) $y=\tan x$ 到含 x^5 的项;　2) $y=\arctan x$ 到含 x^5 的项;　3) $y=\dfrac{1}{\sqrt{1+x}}$.

7. 用带Peano余项的Taylor展开式求下列极限:

1) $\displaystyle\lim_{x\to0}\frac{\mathrm{e}^x\sin x-x(1+x)}{x^3}$;　2) $\displaystyle\lim_{x\to0}\frac{1}{x}\left(\frac{1}{x}-\cot x\right)$;　3) $\displaystyle\lim_{x\to\infty}\left(x-x^2\ln\left(1+\frac{1}{x}\right)\right)$.

8. 求 $\cos 1$ 和 $\sqrt{\mathrm{e}}$ 的近似值, 精确到 10^{-9}.

9. 设函数 f 和 g 在 $(-1,1)$ 上有任意阶导数, 且对所有 $x\in(-1,1)$ 和 $n\in\mathbb{N}$,

$$\left|f^{(n)}(x)-g^{(n)}(x)\right|\le n!\,|x|.$$

求证 $f=g$.

10. 证明对所有 $x>0$ 和 $n\in\mathbb{N}^*$,

$$x-\frac{x^2}{2}+\frac{x^3}{3}-\cdots-\frac{x^{2n}}{2n}<\ln(1+x)<x-\frac{x^2}{2}+\frac{x^3}{3}-\cdots+\frac{x^{2n-1}}{2n-1}.$$

11. 设函数 f 在区间 $[a,b]$ 上二阶可导, 且有 $f'(a)=f'(b)=0$. 试证必有 $\xi\in(a,b)$, 使得

$$\left|f''(\xi)\right|\ge\frac{4}{(b-a)^2}\left|f(b)-f(a)\right|.$$

12. 设函数 f 在 $(0,+\infty)$ 上三阶可导, 并且 f 及其三阶导函数 f''' 在 $(0,+\infty)$ 上都有界. 试证导函数 f' 和二阶导函数 f'' 在 $(0,+\infty)$ 上也有界.

13. 设函数 f 在点 a 的某邻域 $U(a,\delta)$ 内 n 阶可导, 满足

$$f''(a)=\cdots=f^{(n-1)}(a)=0,\ \ f^{(n)}(a)\ne 0.$$

且当 $|h|<\delta$ 时, 有 $\theta\in(0,1)$ 使得

$$f(a+h)=f(a)+f'(a+\theta h)h.$$

试证

$$\lim_{h\to 0}\theta^{n-1}=\frac{1}{n}.$$

14. 设函数 f 在原点的某邻域 $U(0)$ 内二阶可导, 且满足

$$\lim_{x\to 0}\left(\frac{\sin 3x}{x^3}+\frac{f(x)}{x^2}\right)=0.$$

1) 求 $f(0)$, $f'(0)$, $f''(0)$;

2) 求 $\displaystyle\lim_{x\to 0}\frac{3+f(x)}{x^2}$.

4.5　导数与函数性质

4.5.1　导数与单调性

前面得到的定理4.2.12 是关于单调性的基本结果. 它有很多应用.

例 4.5.1. 证明当 $x>0$ 时,

$$x>\ln(1+x). \tag{4.42}$$

证明. 令

$$f(x)=x-\ln(1+x),\quad 0<x<+\infty.$$

我们有

$$f'(x)=1-\frac{1}{1+x}=\frac{x}{1+x}>0,$$

又 f 在原点连续, 因此在 $[0,+\infty)$ 上严格递增, 从而当 $x>0$ 时, 有

$$f(x)=x-\ln(1+x)>f(0)=0,$$

即得(4.42)式. □

例 4.5.2. 设 $k\in\mathbb{R}$. 试确定 k 的范围, 使得方程

$$\arctan x-kx=0 \tag{4.43}$$

有正根.

解. 令

$$f(x)=\arctan x-kx,\quad 0\le x<+\infty.$$

当 $k\le 0$, $x>0$ 时, 显然有 $f(x)\ge\arctan x>0$, 故当 $k\le 0$ 时, 方程(4.43) 没有正根. 当 $k>0$ 时, 则有

$$f(0)=0,\quad f'(x)=\frac{1}{1+x^2}-k,\quad f'(0)=1-k.$$

可见 f' 在 $[0,+\infty)$ 上严格递减, 且有

$$\lim_{x\to+\infty}f(x)=-\infty,\quad \lim_{x\to+\infty}f'(x)=-k.$$

当 $k\ge 1$, $x>0$ 时, $f'(x)<0$, 于是

$$f(x)<f(0)=0,$$

即当 $k\ge 1$ 时, 方程(4.43) 没有正根. 当 $0<k<1$ 时, 则有

$$f'(x)>0,\quad x\in\left[0,\sqrt{(1-k)/k}\right),$$

$$f'(x)<0,\quad x\in\left[\sqrt{(1-k)/k},+\infty\right).$$

于是 f 在 $\left[0,\sqrt{(1-k)/k}\right]$ 上严格递增, 在 $\left[\sqrt{(1-k)/k},+\infty\right)$ 上严格递减, 从而

$$f\left(\sqrt{(1-k)/k}\right)>f(0)=0,\quad \lim_{x\to+\infty}f(x)=-\infty.$$

由 f 的介值性和单调性, 方程(4.43) 在 $\left(\sqrt{(1-k)/k},+\infty\right)$ 内有唯一的正根. □

注记 4.5.3. 单独一个点的导数不能提供很多有关单调性的信息. 考虑

$$f(x)=\begin{cases} x^2\sin\frac{1}{x}+\frac{x}{2}, & \text{当 } x\neq 0; \\ 0, & \text{当 } x=0, \end{cases}$$

则

$$f'(x)=\begin{cases} 2x\sin\frac{1}{x}-\cos\frac{1}{x}+\frac{1}{2}, & \text{当 } x\neq 0; \\ \frac{1}{2}, & \text{当 } x=0. \end{cases}$$

取 $\alpha_n=\dfrac{1}{(2n+1)\pi},\quad \beta_n=\dfrac{1}{2n\pi},\quad n\in\mathbb{N}^*$, 则

$$f'(\alpha_n)=-\cos(2n+1)\pi+\frac{1}{2}=\frac{3}{2},\qquad f'(\beta_n)=-\cos 2n\pi+\frac{1}{2}=-\frac{1}{2},\quad n\in\mathbb{N}^*.$$

虽然 $f'(0)=1/2>0$, 但是, 无论把 δ 取得多么小, f 在 $U(0,\delta)$ 内都不是单调的.

4.5.2 导数与凸凹性

定义 4.5.4. 设函数 f 的定义域是一个区间 I. 如果对任意的 $x_1, x_2\in I$, $x_1\neq x_2$ 和 $\alpha,\beta>0$, $\alpha+\beta=1$, 总是有

$$f\left(\alpha x_1+\beta x_2\right)\le \alpha f(x_1)+\beta f(x_2), \tag{4.44}$$

就称 f 是一个**凸函数**. 如果(4.44) 式中的不等号反向, 就称 f 是一个**凹函数**. 如果(4.44) 式中的不等号严格成立, 就说 f 是一个**严格凸函数**. 类似地有**严格凹函数**.

根据上述定义, 显然有下面的关系:

命题 4.5.5. f 是（严格）凸函数, 当且仅当 $-f$ 是（严格）凹函数.

注记 4.5.6. 从上述命题中我们看到, 每个关于凸函数的结果, 都可以转换成一个平行的关于凹函数的结果. 因此, **我们以后只讨论凸函数, 而省略关于凹函数的平行叙述**.

注记 4.5.7. 区间 (x_1, x_2) 中任意一点 x_3 都可以写成 $x_3 = \alpha x_1 + \beta x_2$ 的形式. 用 ℓ 表示在端点 x_1 和 x_2 处取值与 f 相等的线性函数, 则 ℓ 在点 x_3 的函数值就是 $\alpha f(x_1) + \beta f(x_2)$. 不等式(4.44) 告诉我们: 在点 x_3 处, 凸函数 f 的函数值总是小于 ℓ 的函数值. 从几何上看, 说一个函数是凸函数的含义就是: 该函数的图像上任意两点之间的部分总是落在连接这两点的线段下方.

如图 4.1, 其中 f 的图像是一段向下弯曲的弧线; 线段 AB 是 ℓ 的图像, 其斜率是

$$\frac{f(x_2) - f(x_1)}{x_2 - x_1} = \frac{\ell(x_3) - \ell(x_1)}{x_3 - x_1} = \frac{\ell(x_2) - \ell(x_3)}{x_2 - x_3};$$

线段 AD 的斜率是

$$\frac{f(x_3) - f(x_1)}{x_3 - x_1} \le \frac{\ell(x_3) - \ell(x_1)}{x_3 - x_1},$$

线段 BD 的斜率是

$$\frac{f(x_2) - f(x_3)}{x_2 - x_3} \ge \frac{\ell(x_2) - \ell(x_3)}{x_2 - x_3}.$$

不难看出, 对于严格凸函数, 只需将上面讨论中的不等式均改为严格成立即可.

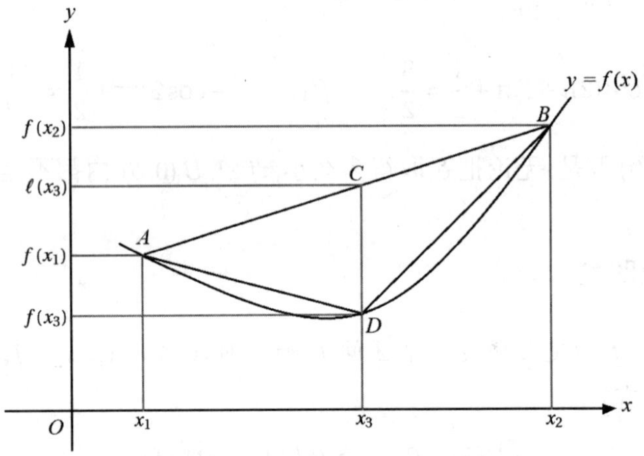

图4.1

这样, 我们就得到了下面的结果:

定理 4.5.8. 定义在区间 I 上的函数 f 是凸函数的充要条件是: 对区间 I 上任意三点 $x_1 < x_3 < x_2$, 总是有

$$\frac{f(x_3) - f(x_1)}{x_3 - x_1} \le \frac{f(x_2) - f(x_1)}{x_2 - x_1} \le \frac{f(x_2) - f(x_3)}{x_2 - x_3}. \tag{4.45}$$

此外, f 严格凸的充要条件是: 上面的不等式严格成立.

将上面定理应用于可微函数, 即得下面结果.

定理 4.5.9. **(导数与凸性)** 设定义在区间 I 上的函数 f 处处可导, 并且导函数 f' 在 I 上(严格)递增, 则 f 是(严格)凸函数.

证明. 对任意三点 $x_1 < x_3 < x_2$, 由Lagrange中值定理有 $\xi \in (x_1, x_3)$ 和 $\eta \in (x_3, x_2)$, 使得

$$f'(\xi) = \frac{f(x_3) - f(x_1)}{x_3 - x_1}, \qquad f'(\eta) = \frac{f(x_2) - f(x_3)}{x_2 - x_3}.$$

此处 $\xi < \eta$. 注意导函数的递增性, $f'(\xi) \le f'(\eta)$, 因此

$$\frac{f(x_3) - f(x_1)}{x_3 - x_1} \le \frac{f(x_2) - f(x_3)}{x_2 - x_3}.$$

现在

$$\begin{aligned} f(x_2) - f(x_1) &= \frac{f(x_3) - f(x_1)}{x_3 - x_1}(x_3 - x_1) + \frac{f(x_2) - f(x_3)}{x_2 - x_3}(x_2 - x_3) \\ &\ge \frac{f(x_3) - f(x_1)}{x_3 - x_1}(x_3 - x_1) + \frac{f(x_3) - f(x_1)}{x_3 - x_1}(x_2 - x_3) \\ &= \frac{f(x_3) - f(x_1)}{x_3 - x_1}(x_2 - x_1), \end{aligned}$$

即

$$\frac{f(x_2) - f(x_1)}{x_2 - x_1} \ge \frac{f(x_3) - f(x_1)}{x_3 - x_1}. \tag{4.46}$$

类似地可证

$$\frac{f(x_2) - f(x_1)}{x_2 - x_1} \le \frac{f(x_2) - f(x_3)}{x_2 - x_3}. \tag{4.47}$$

结合(4.46)和(4.47) 两式即为(4.45) 式, 这就保证了 f 是凸函数.

若 f' 在 I 上严格递增, 则所有不等式严格成立, 于是 f 严格凸. □

根据导数与函数单调性的关系, 下面结果是显然的.

定理 4.5.10. **(二阶导数与凸性)** 设定义在区间 I 上的函数 f 处处二阶可导. 如果二阶导函数 $f'' \ge 0$, 则 f 是凸函数; 此外, 如果 f'' 恒正, 则 f 是严格凸函数.

例 4.5.11. 考察 $f(x) = \ln x$. 由于 $f''(x) = -x^{-2}$ 总是负的, 所以 $\ln x$ 是一个严格凹函数.

定义 4.5.12. 如果函数 f 在区间 I 上的限制 $f\big|_I$ 是凸函数, 就说 f 在 I 上是凸的.

设 a 是 f 的定义域中一点. 如果存在 $\delta > 0$ 使得 f 在 $(a-\delta, a)$ 和 $(a, a+\delta)$ 上有不同的凸凹性, 就说 a 是 f 的一个**拐点**.

例 4.5.13. 考察 $f(x)=x^3$. 由于 $f''=6x$ 在原点的左侧取负值, 右侧取正值, 可见 f 在原点的左侧是凹的, 而在右侧是凸的. 因此原点是 x^3 的拐点.

例 4.5.14. 对正弦函数 $f(x)=\sin x$, $f''(x)=-\sin x$, 于是对每个整数 k, 正弦函数在区间 $[2k\pi,(2k+1)\pi]$ 上是凹的, 而在 $[(2k-1)\pi,2k\pi]$ 上是凸的; $x=k\pi$ 都是拐点.

通过不等式(4.44)定义的凸函数与各种常用不等式有着天然的联系.

定理 4.5.15. （Jensen 不等式）设 f 是定义在区间 I 上的凸函数, 则对任意 $x_1,\cdots,x_n\in I$ 和 $\lambda_1,\cdots,\lambda_n>0$, $\lambda_1+\cdots+\lambda_n=1$, 总是有

$$f\left(\sum_{i=1}^{n}\lambda_i x_i\right)\le\sum_{i=1}^{n}\lambda_i f(x_i)\,. \tag{4.48}$$

此外, 若 f 严格凸, 则当 $x_1,\cdots,x_n$ 不全相等时, 上式严格成立.

证明. 用归纳法. $n=2$ 时, 定理的结论正是凸函数和严格凸函数的定义. 现设 $n=k\ge2$ 时定理成立. 对 $n=k+1$, 设 $x_1,\cdots,x_k,x_{k+1}\in I$ 和 $\lambda_1,\cdots,\lambda_k,\lambda_{k+1}>0$, $\lambda_1+\cdots+\lambda_k+\lambda_{k+1}=1$. 令

$$\mu_i=\frac{\lambda_i}{1-\lambda_{k+1}},\quad i=1,2,\cdots,k,$$

则不难验证 $\mu_1,\cdots,\mu_k>0$, $\mu_1+\cdots+\mu_k=1$, 由归纳法假设,

$$\begin{aligned}
f\left(\sum_{i=1}^{k+1}\lambda_i x_i\right) &= f\left((1-\lambda_{k+1})\sum_{i=1}^{k}\mu_i x_i+\lambda_{k+1}x_{k+1}\right)\\
&\le (1-\lambda_{k+1})f\left(\sum_{i=1}^{k}\mu_i x_i\right)+\lambda_{k+1}f(x_{k+1}) \qquad (4.49)\\
&\le (1-\lambda_{k+1})\sum_{i=1}^{k}\mu_i f(x_i)+\lambda_{k+1}f(x_{k+1}) \qquad (4.50)\\
&= \sum_{i=1}^{k+1}\lambda_i f(x_i)\,.
\end{aligned}$$

对 f 严格凸的情形, $n=2$ 时, $x_1\ne x_2$ 的情形已经包含在严格凸函数的定义中. 若 $n=k\ge2$ 时(4.48) 式严格成立, 则当 $x_1,\cdots,x_k,x_{k+1}$ 不全相等时, (4.50)式中的不等号严格成立; 当 $x_1=\cdots=x_k$ 时, 只能有 $x_{k+1}\ne\sum_{i=1}^{k}\mu_i x_i$, 此时(4.49) 式中的不等号严格成立. 无论哪种情形, (4.48) 总是严格成立. □

注记 4.5.16. 任取 $\alpha_1,\cdots,\alpha_n>0$, 令

$$\lambda_i=\frac{\alpha_i}{\alpha_1+\cdots+\alpha_n},\quad i=1,\cdots,n,$$

则 $\lambda_1+\cdots+\lambda_n=1$. 此时(4.48) 式可以写成另一种形式

$$f\left(\sum_{i=1}^{n}\alpha_i x_i\Big/\sum_{i=1}^{n}\alpha_i\right)\le \sum_{i=1}^{n}\alpha_i f(x_i)\Big/\sum_{i=1}^{n}\alpha_i. \tag{4.51}$$

Jensen不等式应用于具体的凸函数, 可以得到许多常用的不等式.

例 4.5.17. 考察指数函数 e^x. 由于 $(e^x)''=e^x$ 总是正的, 所以 e^x 严格凸. 对任意 n 个正数 $a_1,\cdots,a_n$, 令

$$b_i=\ln a_i,\quad i=1,\cdots,n,$$

由Jensen不等式即得均值不等式:

$$\sqrt[n]{a_1\cdots a_n}=e^{\frac{b_1+\cdots+b_n}{n}}\le\frac{e^{b_1}+\cdots+e^{b_n}}{n}=\frac{a_1+\cdots+a_n}{n}.$$

不等式的等号仅在 $b_1=\cdots=b_n$ 即 $a_1=\cdots=a_n$ 时成立.

例 4.5.18. 当 $p>1$ 时, x^p 严格凸. 对任意 n 个正数 $x_1,\cdots,x_n$, 由Jensen不等式即得

$$\left(\frac{x_1+\cdots+x_n}{n}\right)^p\le\frac{x_1^p+\cdots+x_n^p}{n},$$

即

$$(x_1+\cdots+x_n)^p\le n^{p-1}\left(x_1^p+\cdots+x_n^p\right). \tag{4.52}$$

(4.52) 式中等号仅在 $x_1=\cdots=x_n$ 时成立.

4.5.3　导数与极值

对可微函数, 我们已经得到的有关极值点的一些基本结果是定理4.2.4, 定理4.2.13, 定理4.4.14 及其特例命题4.4.15.

例 4.5.19. 求函数 $f(x)=x^4(x-1)^3$ 的极值点.

解. 我们有

$$f'(x)=x^3(x-1)^2(7x-4),$$

故 f 的驻点是 $x=0,\ 1,\ 4/7$. 由于

$$\begin{aligned}
&f'(x)>0,\quad x\in(-\infty,0),\\
&f'(x)<0,\quad x\in\left(0,\frac{4}{7}\right),\\
&f'(x)>0,\quad x\in\left(\frac{4}{7},1\right)\cup(1,+\infty),
\end{aligned}$$

可见 $x=0$ 是 f 的极大值点, $x=4/7$ 是 f 的极小值点, $x=1$ 不是 f 的极值点. □

例 4.5.20. 从边长为 a 的正方形铁皮四角截取同样大小的正方形，然后把四边折起来做成一个无盖盒子，应该截取多大的正方形，才能使盒子的容积最大？

解. 记 x 为截取的正方形的边长，则盒子的容积为

$$V(x)=x(a-2x)^2,\quad x\in\left(0,\frac{a}{2}\right).$$

因此

$$V'(x)=a^2-8ax+12x^2=12\left(x-\frac{a}{6}\right)\left(x-\frac{a}{2}\right),$$

于是 $x=\frac{a}{6}$ 是 $\left(0,\frac{a}{2}\right)$ 内唯一的驻点，必定是极值点. 由

$$V\left(\frac{a}{6}\right)=\frac{2}{27}a^3,\quad \lim_{x\to0^+}V(x)=\lim_{x\to\left(0,\frac{a}{2}\right)^-}V(x)=0,$$

可知 $x=\frac{a}{6}$ 是 $V(x)$ 的最大值点. 于是，截取边长为 $\frac{a}{6}$ 的正方形，能使盒子的容积最大. □

凸函数在极值问题中具有特殊的重要性，主要是缘于下面的性质:

命题 4.5.21. 凸函数 f 的极小值点必定是最小值点. 此外，严格凸函数至多有一个极小值点，且没有极大值.

证明. 先证 f 的极小值点必定是最小值点. 用反证法. 设 a 是 f 的极小值点，但 a 不是最小值点，则必有点 b 使得 $f(b)<f(a)$. 不妨设 $b>a$. 根据极小值点的定义，可知必有 $h>0$，使得 $a+h<b$ 且 $f(a+h)\ge f(a)$. 此时

$$\frac{f(a+h)-f(a)}{h}\ge0,\quad \frac{f(b)-f(a)}{b-a}<0. \tag{4.53}$$

然而根据 f 的凸性，由定理 4.5.8 有

$$\frac{f(a+h)-f(a)}{h}\le\frac{f(b)-f(a)}{b-a},$$

这与(4.53) 式矛盾. 因此 a 必定是最小值点.

本证明剩下的部分留作练习. □

4.5.4 函数的渐近线

分析函数的长期变化趋势时，函数的渐近线是很有价值的几何工具.

定义 4.5.22. 如果有常数 $c\in\mathbb{R}$ 满足

$$\lim_{x\to+\infty}f(x)=c \quad 或 \quad \lim_{x\to-\infty}f(x)=c,$$

我们就称直线 $y=c$ 为函数 $y=f(x)$ 的**水平渐近线**.

如果有点 $a\in\mathbb{R}$ 满足

$$\lim_{x\to a^+} f(x)=\pm\infty \quad \text{或} \quad \lim_{x\to a^-} f(x)=\pm\infty,$$

我们就称直线 $x=a$ 为函数 $y=f(x)$ 的**垂直渐近线**.

如果有常数 $k,b\in\mathbb{R}$, $k\neq 0$ 满足

$$\lim_{x\to+\infty}\big(f(x)-(kx+b)\big)=0 \quad \text{或} \quad \lim_{x\to-\infty}\big(f(x)-(kx+b)\big)=0,$$

我们就称直线 $y=kx+b$ 为函数 $y=f(x)$ 的**斜渐近线**.

注记 4.5.23. 函数并非总是有渐近线. 例如 $y=\sin x$ 就没有任何渐近线. $y=\ln x$ 有一条垂直渐近线 $x=0$, 但没有水平渐近线, 也没有斜渐近线.

简单的观察往往就能发现函数的水平渐近线和垂直渐近线. 例如 $y=1/x$ 有一条水平渐近线 $y=0$ 和一条垂直渐近线 $x=0$; $y=\tan x$ 有两条垂直渐近线 $x=\pm\frac{\pi}{2}$.

斜渐近线可以通过下面方法求出: 从

$$0=\lim_{x\to+\infty}\frac{f(x)-(kx+b)}{x}=\lim_{x\to+\infty}\left(\frac{f(x)}{x}-k\right)=\lim_{x\to+\infty}\frac{f(x)}{x}-k$$

可得斜率

$$k=\lim_{x\to+\infty}\frac{f(x)}{x}, \tag{4.54}$$

再由

$$b=\lim_{x\to+\infty}\big(f(x)-kx\big) \tag{4.55}$$

即得截距 b.

例 4.5.24. 求函数 $y=(x-1)^2\big/(x+1)$ 的渐近线.

解. 显然 $x=-1$ 是 y 的一条垂直渐近线. 由(4.54) 和(4.55) 式, 可计算出

$$k=\lim_{x\to\pm\infty}\frac{y}{x}=\lim_{x\to\pm\infty}\frac{(x-1)^2}{x(x+1)}=1,$$

$$b=\lim_{x\to\pm\infty}(y-kx)=\lim_{x\to\pm\infty}\left(\frac{(x-1)^2}{x+1}-x\right)=\lim_{x\to\pm\infty}\frac{-3x+1}{x+1}=-3,$$

得到 $y=f(x)$ 的斜渐近线 $y=x-3$. □

4.5.5 函数作图

所谓函数作图, 并非只是绘制一张函数图像, 而是概括总结函数所具有的基本性质, 从而给出其关键信息, 在此基础上, 勾勒出函数图像的大概样子.

一般说来, 函数作图的基本步骤如下:

1) 确定函数的定义域;

2) 分析判断函数是否具有奇偶性、周期性;

3) 确定函数的增减区间及其极值点;

4) 确定函数的凸凹区间及其拐点;

5) 确定函数的渐近线;

6) 给出一些特殊的函数值, 帮助确定函数图像的大致形状.

例 4.5.25. 作函数 $y=(x-1)^2/(x+1)$ 的图形.

解. 记 $f(x)=(x-1)^2/(x+1)$. 显然, f 的定义域是 $(-\infty,-1)\cup(-1,+\infty)$. f 没有明显的对称性质. 计算导函数, 有

$$f'(x)=\frac{(x-1)(x+3)}{(x+1)^2},\qquad f''(x)=\frac{8}{(x+1)^3}.$$

得到两个驻点 $x=-3$ 和 $x=1$. 在例4.5.24 中已经求出共有两条渐近线. 总结如表4.2.

表 4.2

x	$(-\infty,-3)$	$(-3,-1)$	$(-1,1)$	$(1,+\infty)$
f'	+	−	−	+
f''	−	−	+	+
f	↗凹	↘凹	↘凸	↗凸
渐近线	垂直: $x=-1$; 斜: $y=x-3$.			

从表4.2 中不难看出, $x=-3$ 是 f 唯一的极大值点, $x=1$ 是唯一的极小值点. 此外, f 没有拐点.

这样, 我们就可以作出图 4.2. 其中为了适应函数值变化范围较大的特点, 我们在 x 轴和 y 轴方向上采用了不同的单位. □

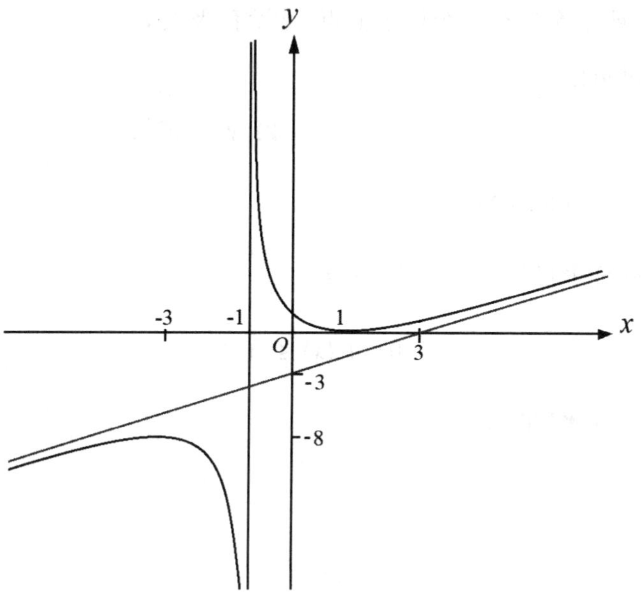

图4.2

练习 4.5

1. 证明下列不等式:

1) $\tan x > x + \dfrac{x^3}{3}$, $0 < x < \dfrac{\pi}{2}$; 2) $\dfrac{2x}{\pi} < \sin x < x$, $0 < x < \dfrac{\pi}{2}$;

3) $x - \dfrac{x^2}{2} < \ln(1+x) < x - \dfrac{x^2}{2(1+x)}$, $0 < x < +\infty$; 4) $\dfrac{\tan x}{x} > \dfrac{x}{\sin x}$, $0 < x < \dfrac{\pi}{2}$.

2. 证明下列不等式:

1) $\dfrac{1-x}{1+x} < \mathrm{e}^{-2x}$, $0 < x < 1$; 2) $\ln(1+x) \geq \dfrac{\arctan x}{1+x}$, $x \geq 0$.

3. 证明: 函数 $y = \left(1+\frac{1}{x}\right)^x$ 当 $x>0$ 时严格递增; 函数 $y = \left(1+\frac{1}{x}\right)^{1+x}$ 当 $x>0$ 时严格递减.

4. 求下列函数的极值:

1) $f(x) = \dfrac{x}{1+x^2}$; 2) $f(x) = \dfrac{(\ln x)^2}{x}$.

5. 求下列函数在给定区间上的最值:

1) $y = 2\tan x - \tan^2 x$, $x \in \left[0, \dfrac{\pi}{2}\right)$; 2) $y = \sqrt{x}\ln x$, $x \in (0, +\infty)$.

6. 证明函数 $f(x) = \arctan x - \ln(1+x)$ 有两个不同的零点.

7. 一个无盖的圆柱形容器, 给定容积 V, 试求容器的底的半径与高的比值, 使得容器的表面积最小.

8. 设 f 严格凸. 证明 f 至多有一个极小值点, 且没有极大值.

9. 求下列函数的渐近线:

1) $y=\dfrac{x^3}{(1+x)^2}$;　　2) $y=x\mathrm{e}^{-x}$.

10. 作函数 $y=x^3/\left(x^2+2x+1\right)$ 的图形.

11. 设函数在 $[0,+\infty)$ 上可导, $f(0)=0$, 且有

$$0\le f'(x)\le f(x).$$

证明 f 在 $[0,+\infty)$ 上恒等于零.

第 5 章　一元函数积分学

5.1　不定积分

5.1.1　原函数

定义 5.1.1. 定义在区间 I 上的两个函数 f 和 F, 如果 $F' = f$, 则称 F 是 f 的一个**原函数**.

例 5.1.2. 我们有导数公式 $(\sin x)' = \cos x$, 这表明 $\sin x$ 是 $\cos x$ 的一个原函数.

例 5.1.3. 一个函数可能没有任何原函数, 例如符号函数 $\mathrm{sgn}x$.

注记 5.1.4. 如果 F 是 f 的原函数, 那么对任意一个常数 $C \in \mathbb{R}$, $F + C$ 也是 f 的原函数. 反之, 如果 F 和 G 都是 f 的原函数, 那么在 I 上就有

$$(G - F)' = G' - F' = f - f = 0.$$

即 $G - F$ 的导数处处为零. 因此 $G - F$ 等于一个常数. 这样我们就得到了下面的结论:

1) 函数 f 要么没有原函数, 要么有无穷多个原函数;

2) 只要找到一个原函数 F, 那么 $\{F + C \mid C \in \mathbb{R}\}$ 就是所有原函数的集合;

3) 如果 f 有原函数, 那么给定点 a 和实数 A, 有唯一的原函数 F 满足 $F(a) = A$.

定义 5.1.5. 如果 F 是 f 的一个原函数, 就称集合 $\{F + C \mid C \in \mathbb{R}\}$ 为 f 的**不定积分**, 记为

$$\int f(x)\mathrm{d}x = F(x) + C, \tag{5.1}$$

这里 $\int$ 称为**积分号**, f 称为**被积函数**, $f(x)\mathrm{d}x$ 称为**被积表达式**.

注记 5.1.6. 我们把含有某个未知函数的一阶乃至更高阶导函数的等式称为**微分方程**. 求已知函数 f 的不定积分, 就是要解出一个形式上最简单的微分方程

$$F' = f.$$

显然, 每个求导函数的公式都可以转化为一个求不定积分的公式. 例如, 由 $(\sin x)' = \cos x$ 就有 $\int \cos x \mathrm{d}x = \sin x + C$, 由 $(\ln x)' = \frac{1}{x}$ 就有 $\int \frac{\mathrm{d}x}{x} = \ln x + C$. 对任意 $n \in \mathbb{N}^*$, 我们有 $(x^n)' = nx^{n-1}$, 因此 $\int nx^{n-1}\mathrm{d}x = x^n + C$, 整理得 $\int x^{n-1}\mathrm{d}x = \frac{x^n}{n} + C$, 更常用的形式是

$$\int x^n \mathrm{d}x = \frac{x^{n+1}}{n+1} + C, \quad n \in \mathbb{N}. \tag{5.2}$$

这里调整了指数 n 的范围.

我们将一部分常用的导函数公式转换成不定积分公式如下:

表 5.1

f	$\int f\mathrm{d}x$	f	$\int f\mathrm{d}x$	f	$\int f\mathrm{d}x$
0	C	x^μ	$x^{\mu+1}/(\mu+1)$	e^x	e^x
$\sin x$	$-\cos x$	x^{-1}	$\ln x$	a^x	$a^x \ln^{-1} a$
$\cos x$	$\sin x$	$(1-x^2)^{-1/2}$	$\arcsin x$	$1/(1+x^2)$	$\arctan x$

表 5.1 中所有不定积分省略了任意常数 C.

导函数的运算律也可以转化为不定积分的运算律.

定理 5.1.7. （**不定积分的线性**） *设函数 f 有原函数, c 是一个非零常数, 则我们有*

$$\int cf(x)\mathrm{d}x = c\int f(x)\mathrm{d}x, \tag{5.3}$$

$$\int \big(f(x)+g(x)\big)\mathrm{d}x = \int f(x)\mathrm{d}x + \int g(x)\mathrm{d}x. \tag{5.4}$$

例 5.1.8. 求 $x^3 + \sin x$ 的不定积分.

解. 我们有 $(\cos x)' = -\sin x$, 因此

$$\int \sin x \,\mathrm{d}x = -\cos x + C,$$

再利用(5.2) 式即得

$$\int \left(x^3 + \sin x\right)\mathrm{d}x = \int x^3\mathrm{d}x + \int \sin x \,\mathrm{d}x$$

$$= \left(\frac{x^4}{4} + C_1\right) - (\cos x + C_2) = \frac{x^4}{4} - \cos x + C. \qquad \square$$

注记 5.1.9. 上式中出现的三个任意常数是相互独立的, 因此用了 C_1, C_2 和 C 这样不同的记号来表示.

其实, 等式(5.1)右端的 $F(x)+C$, 与左端的不定积分 $\int f(x)\mathrm{d}x$ 一样, 表示的都是函数集合 $\{F+C \mid C\in\mathbb{R}\}$. 所以, 前面运算的实际含义是: 两个任意常数相减, 得到的结果仍然是任意常数. 这种看似含混的用法, 类似于我们对无穷大进行阶的比较时所采用的记号小 o 和大 O. 它同样带来了计算上的方便.

5.1.2　换元积分法

求导的链式法则不难转化为下面的不定积分变量替换公式.

定理 5.1.10. **(不定积分的换元公式)** *设函数 $y=f(x)$ 有原函数, 且 $x=\varphi(t)$ 可导, 则有*

$$\int f(x)\mathrm{d}x=\int f(\varphi(t))\varphi'(t)\mathrm{d}t. \tag{5.5}$$

证明. 设 $F(x)$ 是 $f(x)$ 的一个原函数, 则

$$\int f(x)\mathrm{d}x=F(x)+C. \tag{5.6}$$

由链式法则,

$$\frac{\mathrm{d}}{\mathrm{d}t}F(\varphi(t))=\frac{\mathrm{d}}{\mathrm{d}x}F(x)\frac{\mathrm{d}}{\mathrm{d}t}\varphi(t)=f(x)\varphi'(t)=f(\varphi(t))\varphi'(t),$$

可见 $F(\varphi(t))$ 是 $f(\varphi(t))\varphi'(t)$ 的一个原函数, 即有

$$\int f(x)\varphi'(t)\mathrm{d}t=F(\varphi(t))+C=F(x)+C.$$

将上式右端与(5.6)式的右端比较, 即得(5.5)式. □

注记 5.1.11. 在(5.5)式中取 $f=1$, 再将 $x=\varphi(t)$ 换成 $F=F(x)$ 即知：对任意可微函数 F, 我们有

$$\int F'(x)\mathrm{d}x=\int \mathrm{d}F.$$

由于 $\mathrm{d}F=F'(x)\mathrm{d}x$, 上式与微分的记号是一致的.

例 5.1.12. 设 $a\in\mathbb{R}^*$. 我们有

$$\int\cos ax\,\mathrm{d}x=\frac{1}{a}\int\cos ax\,\mathrm{d}(ax)\overset{u=ax}{=\!=\!=}\frac{1}{a}\int\cos u\,\mathrm{d}u=\frac{\sin u}{a}+C=\frac{\sin ax}{a}+C.$$

例 5.1.13. 前面我们给出的不定积分公式

$$\int \frac{\mathrm{d}x}{x} = \ln x + C$$

显然仅在 $x>0$ 时成立.

现在考虑 $x<0$ 的情形. 此时 $-x=|x|>0$, 于是

$$\int \frac{\mathrm{d}x}{x} = \int \frac{\mathrm{d}(-x)}{-x} \xlongequal{u=-x} \int \frac{\mathrm{d}u}{u} = \ln u + C = \ln|x| + C.$$

总之, 对所有 $x \neq 0$, 都有

$$\int \frac{\mathrm{d}x}{x} = \ln|x| + C.$$

□

例 5.1.14. 求

$$I = \int \frac{\mathrm{d}x}{1-x^2}.$$

解. 我们有

$$\begin{aligned}
I &= \int \frac{\mathrm{d}x}{(1+x)(1-x)} = \frac{1}{2}\int \left(\frac{1}{1+x} + \frac{1}{1-x}\right)\mathrm{d}x \\
&= \frac{1}{2}\left(\int \frac{\mathrm{d}x}{1+x} + \int \frac{\mathrm{d}x}{1-x}\right) = \frac{1}{2}\left(\int \frac{\mathrm{d}(1+x)}{1+x} - \int \frac{\mathrm{d}(1-x)}{1-x}\right) \\
&= \frac{1}{2}(\ln|1+x| - \ln|1-x|) + C \\
&= \ln\sqrt{\left|\frac{1+x}{1-x}\right|} + C.
\end{aligned}$$

□

例 5.1.15. 求不定积分

$$I_1 = \int \left(\cos^4 x + \sin^4 x\right)\mathrm{d}x, \quad I_2 = \int \left(\cos^4 x - \sin^4 x\right)\mathrm{d}x.$$

解. 利用三角函数的倍角公式和半角公式进行简化可得

$$\begin{aligned}
I_1 &= \int \left(\left(\cos^2 x + \sin^2 x\right)^2 - 2\cos^2 x \sin^2 x\right)\mathrm{d}x \\
&= \int \left(1 - \frac{1}{2}\sin^2 2x\right)\mathrm{d}x \\
&= \frac{1}{4}\int (3+\cos 4x)\,\mathrm{d}x = \frac{3}{4}\int 1\,\mathrm{d}x + \frac{1}{4}\int \cos 4x\mathrm{d}x \\
&= \frac{3}{4}x + \frac{\sin 4x}{16} + C_1; \\
I_2 &= \int \left(\cos^2 x + \sin^2 x\right)\left(\cos^2 x - \sin^2 x\right)\mathrm{d}x \\
&= \int \cos 2x\,\mathrm{d}x \\
&= \frac{1}{2}\sin 2x + C_2.
\end{aligned}$$

用这两个不定积分可求出

$$\int \cos^4 x\,\mathrm{d}x = \frac{1}{2}(I_1 + I_2) = \frac{12x + \sin 4x + 8\sin 2x}{32} + C_3,$$

$$\int \sin^4 x\,\mathrm{d}x = \frac{1}{2}(I_1 - I_2) = \frac{12x + \sin 4x - 8\sin 2x}{32} + C_4.$$

这里 C_1, C_2, C_3, C_4 都是任意常数. □

例 5.1.16. 求不定积分

$$I = \int \left(1+\sqrt{x}\right)^{2020} \mathrm{d}x.$$

解. 用二项式定理直接展开过于繁琐, 我们尝试用变量替换解决这个问题. 注意到

$$\left(1+\sqrt{x}\right)' = \frac{1}{2\sqrt{x}}, \qquad 即 \qquad 2\sqrt{x}\left(1+\sqrt{x}\right)' = 1,$$

我们就有

$$\begin{aligned}
I &= \int 2\sqrt{x}\left(1+\sqrt{x}\right)^{2020}\left(1+\sqrt{x}\right)'\mathrm{d}x \\
&= 2\int \left(\left(1+\sqrt{x}\right)-1\right)\left(1+\sqrt{x}\right)^{2020}\left(1+\sqrt{x}\right)'\mathrm{d}x \\
&= 2\int (u-1)\,u^{2020}\mathrm{d}u \qquad \left(u = 1+\sqrt{x}\right) \\
&= 2\left(\frac{u^{2022}}{2022} - \frac{u^{2021}}{2021}\right) + C \\
&= \frac{1}{1011\cdot 2021}u^{2021}\left(2021u - 2022\right) + C \\
&= \frac{1}{1011\cdot 2021}\left(1+\sqrt{x}\right)^{2021}\left(2021\sqrt{x}-1\right) + C.
\end{aligned}$$

□

5.1.3 分部积分法

函数乘积的求导公式不难转化为下面的分部积分公式.

定理 5.1.17. **(不定积分的分部积分公式)** 设函数 $u(x)$, $v(x)$ 均可导, 则有

$$\int u'v\,\mathrm{d}x = uv - \int uv'\,\mathrm{d}x. \tag{5.7}$$

证明. 由函数乘积的求导公式,

$$(uv)' = u'v + uv',$$

即

$$u'v = (uv)' - uv',$$

上式两端求不定积分,即得

$$\begin{aligned}\int u'v\mathrm{d}x &= \int (uv)'\mathrm{d}x - \int uv'\mathrm{d}x \\ &= (uv+C) - \int uv'\mathrm{d}x \qquad (5.8) \\ &= uv - \int uv'\mathrm{d}x, \qquad (5.9)\end{aligned}$$

这就是(5.7)式. 注意(5.9) 式中省略了(5.8) 式中的任意常数 C, 是因为后面的不定积分已经包含了一个任意常数. □

例 5.1.18. 求不定积分

$$I = \int x\mathrm{e}^x \mathrm{d}x.$$

解. 我们有

$$I = \int x\mathrm{d}\mathrm{e}^x = x\mathrm{e}^x - \int \mathrm{e}^x \mathrm{d}x = \mathrm{e}^x(x-1) + C.$$

□

例 5.1.19. 求不定积分

$$I = \int x\cos x\,\mathrm{d}x.$$

解. 我们有

$$I = \int x\,\mathrm{d}\sin x = x\sin x - \int \sin x\,\mathrm{d}x = x\sin x + \cos x + C.$$

□

5.1.4 有理函数的不定积分

设 $P(x)$, $Q(x)$ 是两个多项式, 且没有公共的零点, 则

$$R(x) = \frac{P(x)}{Q(x)}$$

称为**有理函数**. 当 P 的次数小于 Q 的次数时, 称为**真分式**. 通过长除法, 总可以将$R(x)$ 写成一个多项式与一个真分式的和. 因此要求$R(x)$ 的不定积分, 只需考虑$R(x)$ 是真分式的情形就可以了.

一般说来, 如果我们得到了因式分解

$$Q(x) = (x-a)^\alpha \cdots (x-b)^\beta \left(x^2+px+q\right)^\mu \cdots \left(x^2+rx+s\right)^\nu,$$

其中 $\alpha,\cdots,\beta$, $\mu,\cdots,\nu$ 都是正整数, $a,\cdots,b$ 是互不相同的实数, 二次因子 $x^2+px+q,\cdots$ x^2+rx+s 互不相同, 且它们都没有实根. 这时, 我们就可以用待定系数法将 $R(x)$ 写成如

下被称为**部分分式**的形式:

$$\begin{aligned}R(x) = &\frac{A_\alpha}{(x-a)^\alpha}+\frac{A_{\alpha-1}}{(x-a)^{\alpha-1}}+\cdots+\frac{A_1}{x-a}+\cdots\\&+\frac{B_\beta}{(x-b)^\beta}+\frac{B_{\beta-1}}{(x-b)^{\beta-1}}+\cdots+\frac{B_1}{x-b}\\&+\frac{K_\mu x+L_\mu}{(x^2+px+q)^\mu}+\frac{K_{\mu-1}x+L_{\mu-1}}{(x^2+px+q)^{\mu-1}}+\cdots+\frac{K_1x+L_1}{x^2+px+q}+\cdots\\&+\frac{M_\nu x+N_\nu}{(x^2+rx+s)^\nu}+\frac{M_{\nu-1}x+N_{\nu-1}}{(x^2+rx+s)^{\nu-1}}+\cdots+\frac{M_1x+N_1}{x^2+rx+s}\end{aligned}$$

其中

$$A_1,\ B_1,\ K_1,\ L_1,\ M_1,\ N_1,\ A_2,\ B_2,\ K_2,\ L_2,\ M_2,\ N_2,\cdots\cdots$$

都是实系数.

这样, 为求$R(x)$ 的不定积分, 我们只需计算以下三类不定积分:

$$I_1=\int\frac{\mathrm{d}x}{x-a}=\ln|x-a|+C;$$

$$I_2=\int\frac{\mathrm{d}x}{(x-a)^n}=\frac{(x-a)^{1-n}}{1-n}+C,\quad n=2,3,4,\cdots;$$

$$I_3=\int\frac{Ax+B}{(x^2+px+q)^k}\mathrm{d}x,\quad k=1,2,3,\cdots.$$

现在解决 I_3 的计算问题即可. 注意若 $A\neq0$, 则

$$\begin{aligned}I_3 &= \int\frac{Ax+B}{\left(\left(x+\frac{p}{2}\right)^2+q-\frac{p^2}{4}\right)^k}\mathrm{d}x=\int\frac{A\left(x+\frac{p}{2}\right)+B-\frac{Ap}{2}}{\left(\left(x+\frac{p}{2}\right)^2+q-\frac{p^2}{4}\right)^k}\mathrm{d}x\\&=\frac{A}{2}\int\frac{2\left(x+\frac{p}{2}\right)}{\left(\left(x+\frac{p}{2}\right)^2+q-\frac{p^2}{4}\right)^k}\mathrm{d}x+\left(B-\frac{Ap}{2}\right)\int\frac{\mathrm{d}x}{\left(\left(x+\frac{p}{2}\right)^2+q-\frac{p^2}{4}\right)^k}\\&=\frac{A}{2}\int\frac{\mathrm{d}u}{u^k}+\left(B-\frac{Ap}{2}\right)\int\frac{\mathrm{d}v}{\left(v^2+q-\frac{p^2}{4}\right)^k}.\end{aligned}$$

此处

$$u=\left(x+\frac{p}{2}\right)^2+q-\frac{p^2}{4}=x^2+px+q,\quad v=x+\frac{p}{2}.$$

由于积分 $\int\frac{\mathrm{d}u}{u^k}$ 是已经解决的类型, 因此我们又将 I_3 归结为形如

$$J_k=\int\frac{\mathrm{d}x}{(x^2+a^2)^k}$$

的积分, 这里 $a>0$. 用分部积分法得

$$\begin{aligned}J_k &= \frac{x}{(x^2+a^2)^k}+2k\int\frac{x^2}{(x^2+a^2)^{k+1}}\mathrm{d}x\\ &= \frac{x}{(x^2+a^2)^k}+2k\int\frac{x^2+a^2-a^2}{(x^2+a^2)^{k+1}}\mathrm{d}x\\ &= \frac{x}{(x^2+a^2)^k}+2kJ_k-2ka^2J_{k+1}.\end{aligned}$$

于是有

$$J_{k+1}=\frac{1}{2ka^2}\frac{x}{(x^2+a^2)^k}+\frac{2k-1}{2ka^2}J_k,\quad k\in\mathbb{N}^*.$$

反复利用这个递推公式, 就将 J_k 归结到已知的不定积分

$$J_1=\int\frac{\mathrm{d}x}{x^2+a^2}=\frac{1}{a}\arctan\frac{x}{a}+C.$$

理论上, 这样就解决了所有有理函数的积分问题.

例 5.1.20. 求不定积分

$$I=\int\frac{3x^2-9}{(x^2-x-2)(x^2-2x+5)^2}\mathrm{d}x.$$

解. 首先将被积函数分解为部分分式. 设

$$\begin{aligned}R(x) &= \frac{3x^2-9}{(x^2-x-2)(x^2-2x+5)^2}\\ &= \frac{3x^2-9}{(x+1)(x-2)(x^2-2x+5)^2}\\ &= \frac{A}{x+1}+\frac{B}{x-2}+\frac{Cx+D}{x^2-2x+5}+\frac{Ex+F}{(x^2-2x+5)^2}\end{aligned}$$

通分得

$$\begin{aligned}3x^2-9 &= A(x-2)(x^2-2x+5)^2+B(x+1)(x^2-2x+5)^2\\ &\quad +(Cx+D)(x+1)(x-2)(x^2-2x+5)+(Ex+F)(x+1)(x-2),\end{aligned}$$

比较两边的系数即得

$$A=\frac{1}{32},\ B=\frac{1}{25},\ C=-\frac{57}{800},\ D=\frac{3}{32},\ E=-\frac{9}{20},\ F=\frac{15}{4}.$$

于是

$$R(x)=\frac{1}{32(x+1)}+\frac{1}{25(x-2)}-\frac{57x-75}{800\left(x^2-2x+5\right)}-\frac{9x-75}{20(x^2-2x+5)^2}$$

分别求出各个部分分式的不定积分,

$$\begin{aligned}\int \frac{\mathrm{d}x}{x+1} &= \ln|x+1|+C;\\ \int \frac{\mathrm{d}x}{x-2} &= \ln|x-2|+C;\\ \int \frac{57x-75}{x^2-2x+5}\mathrm{d}x &= \frac{57}{2}\ln\left(x^2-2x+5\right)-9\arctan\frac{x-1}{2}+C;\\ \int \frac{9x-75}{\left(x^2-2x+5\right)^2}\mathrm{d}x &= \frac{15-33x}{4\left(x^2-2x+5\right)}-\frac{33}{8}\arctan\frac{x-1}{2}+C;\end{aligned}$$

这样就得到

$$\begin{aligned}I &= \frac{1}{32}\ln|x+1|+\frac{1}{25}\ln|x-2|-\frac{57}{1600}\ln\left(x^2-2x+5\right)\\ &\quad+\frac{33x-15}{80\left(x^2-2x+5\right)}+\frac{87}{400}\arctan\frac{x-1}{2}+C\end{aligned}$$

□

注记 5.1.21. 设 $P(x,y)$, $Q(x,y)$ 是两个二元多项式, 且没有公因子, 则

$$R(x,y)=\frac{P(x,y)}{Q(x,y)}$$

称为**二元有理函数**.

形如 $R(\sin x,\cos x)$ 的表达式称为**三角有理式**. 为求它的不定积分, 我们用变量替换

$$t=\tan\frac{x}{2}$$

得到

$$\sin x=\frac{2t}{1+t^2},\quad \cos x=\frac{1-t^2}{1+t^2},\quad \mathrm{d}x=\frac{2\mathrm{d}t}{1+t^2}.$$

这样就有

$$\int R(\sin x,\cos x)\,\mathrm{d}x=\int R\left(\frac{2t}{1+t^2},\frac{1-t^2}{1+t^2}\right)\frac{2\mathrm{d}t}{1+t^2},$$

右端是一个有理函数的不定积分.

形如

$$\int R\left(x,\sqrt[n]{\frac{ax+b}{cx+d}}\right)\mathrm{d}x,\quad \int R\left(x,\sqrt{ax^2+bx+c}\right)\mathrm{d}x$$

的表达式, 前者可以通过变量替换

$$t=\sqrt[n]{\frac{ax+b}{cx+d}}$$

转化为有理函数的不定积分; 后者可以先转化为三角有理函数的不定积分, 再转化为有理函数的不定积分.

例 5.1.22. 求不定积分

$$I=\int \frac{1}{x^2}\sqrt{\frac{1-x}{1+x}}\mathrm{d}x.$$

解. 令 $t=\sqrt{\frac{1-x}{1+x}}$, 则 $\mathrm{d}x=\frac{-4t}{\left(1+t^2\right)^2}\mathrm{d}t$, 于是

$$\begin{aligned}
I &= \int\left(\frac{1+t^2}{1-t^2}\right)^2\cdot t\cdot\frac{-4t}{\left(1+t^2\right)^2}\mathrm{d}t\\
&= -4\int\frac{t^2}{\left(1-t^2\right)^2}\mathrm{d}t=2\int\frac{t}{\left(1-t^2\right)^2}\mathrm{d}\left(1-t^2\right)\\
&= -2\int t\mathrm{d}\left(\frac{1}{1-t^2}\right)=-2\left(\frac{t}{1-t^2}-\int\frac{\mathrm{d}t}{1-t^2}\right)\\
&= \frac{2t}{t^2-1}+2\int\frac{\mathrm{d}t}{1-t^2}=\frac{2t}{t^2-1}-\ln\left|\frac{1-t}{1+t}\right|+C\\
&= -\frac{\sqrt{1-x^2}}{x}+\ln\left|\frac{1+\sqrt{1-x^2}}{x}\right|+C.
\end{aligned}$$

□

就实际问题而言, 上述一般方法并不是唯一途径, 可能有更简单的解决方法.

例 5.1.23. 求不定积分

$$I=\int\frac{\sin^4 x}{\cos^2 x}\mathrm{d}x.$$

解. 对被积函数进行简化, 得到

$$\begin{aligned}
\frac{\sin^2 x\left(1-\cos^2 x\right)}{\cos^2 x} &= \tan^2 x-\sin^2 x\\
&= \frac{1}{\cos^2 x}-1-\frac{1-\cos 2x}{2}\\
&= \frac{1}{\cos^2 x}+\frac{\cos 2x}{2}-\frac{3}{2}.
\end{aligned}$$

这样就有

$$I=\int\left(\frac{1}{\cos^2 x}+\frac{\cos 2x}{2}-\frac{3}{2}\right)\mathrm{d}x=\tan x+\frac{1}{4}\sin 2x-\frac{3}{2}x+C.$$

□

例 5.1.24. 求不定积分

$$I=\int\frac{\mathrm{d}x}{\sqrt{x}\left(1+\sqrt[3]{x}\right)}.$$

解. 令 $t=\sqrt[6]{x}$ 即可同时去掉两个根号, 得到

$$I=\int\frac{6t^5\mathrm{d}t}{t^3\left(1+t^2\right)}=6\int\frac{t^2\mathrm{d}t}{1+t^2}=6(t-\arctan t)+C=6\left(\sqrt[6]{x}-\arctan\sqrt[6]{x}\right)+C.$$

□

练习 5.1

1. 求下列不定积分:

1) $\int\left(1+x^3\right)^2\mathrm{d}x$;　2) $\int\sinh x\mathrm{d}x$;　3) $\int\frac{2^{x+1}-3^{x-1}}{6^x}\mathrm{d}x$;

4) $\int\frac{1}{(x+a)(x+b)}\mathrm{d}x$;　5) $\int\frac{x^3}{1+x}\mathrm{d}x$;　6) $\int\cos^2 x\mathrm{d}x$;

7) $\int\frac{\mathrm{d}x}{1+\cos x}$;　8) $\int\frac{\mathrm{d}x}{4+3x^2}$;　9) $\int\frac{\mathrm{d}x}{1+\mathrm{e}^x}$;

10) $\int\frac{x^4}{1+x^2}\mathrm{d}x$;　11) $\int\arctan x\mathrm{d}x$;　12) $\int\arcsin x\mathrm{d}x$;

13) $\int\ln\left(x+\sqrt{1+x^2}\right)\mathrm{d}x$;　14) $\int\sqrt{x}\ln^2 x\mathrm{d}x$;　15) $\int x^2\mathrm{e}^x\mathrm{d}x$;

16) $\int\frac{\mathrm{d}x}{x\ln x(\ln\ln x)}$;　17) $\int\frac{\mathrm{d}x}{1+2\cos x}$;　18) $\int\frac{\mathrm{d}x}{\sqrt{x^2+a^2}}$.

2. 求满足下列方程的函数 f, g:

1) $f'\left(x^2\right)=\frac{1}{x}$, $x>0$;　2) $g'\left(\sin^2 x\right)=\cos^2 x$.

3. 将有理函数

$$R(x)=\frac{1}{(x-1)\left(x^2+1\right)^2}$$

写成部分分式的形式, 并求其不定积分.

5.2 Riemann 积分

5.2.1 Riemann 积分的概念

积分的来源之一是面积计算问题. 如图 5.1 所示, 设 f 是定义在 $[a,b]$ 上的非负函数. 我们将由 x 轴, 直线 $x=a$ 和 $x=b$, 以及 f 的图像所围成的平面图形记作 D.

在区间 I 上取有限多个点 $a=x_0<x_1<\cdots<x_{n-1}<x_n=b$, 称为 $[a,b]$ 的一个**分割**, 记为 $\mathscr{P}$. 闭区间 $[x_{k-1},x_k]$ $(k=1,\cdots,n)$ 称为 $\mathscr{P}$ 的第 k 个子区间, 其长度记为 $\Delta x_k=x_k-x_{k-1}$. 在 $[x_{k-1},x_k]$ 上任取一点 ξ_k, 用 $f(\xi_k)\Delta x_k$ 作为由 x 轴, 直线 $x=x_{k-1}$ 和 $x=x_k$, 以及 f 的图像所围成的平面图形的面积的近似值, 那么和式

$$\sum_{k=1}^{n} f(\xi_k)\Delta x_k \tag{5.10}$$

称为 f 关于分割 $\mathscr{P}$ 和点组 $\xi_1,\xi_2,\cdots,\xi_n$ 的**积分和**, 它近似等于整个区域 D 的面积. 其误差如图5.2 所示, 其中 x 轴上方的图形代表正的误差, 下方的图形代表负的误差, 正负累加就得到总误差.

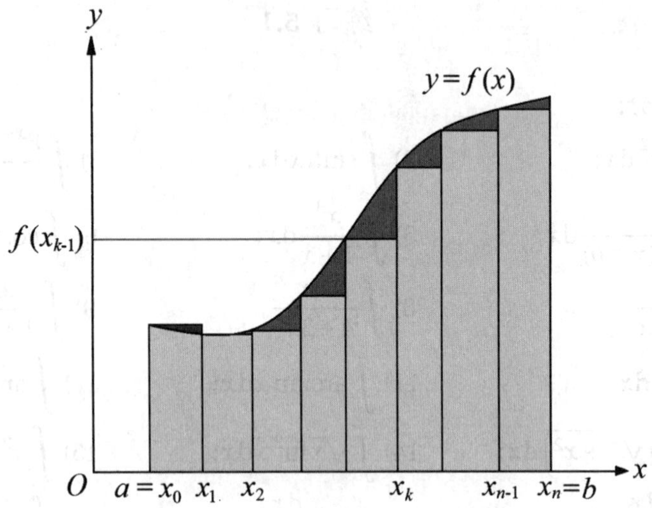

图 5.1

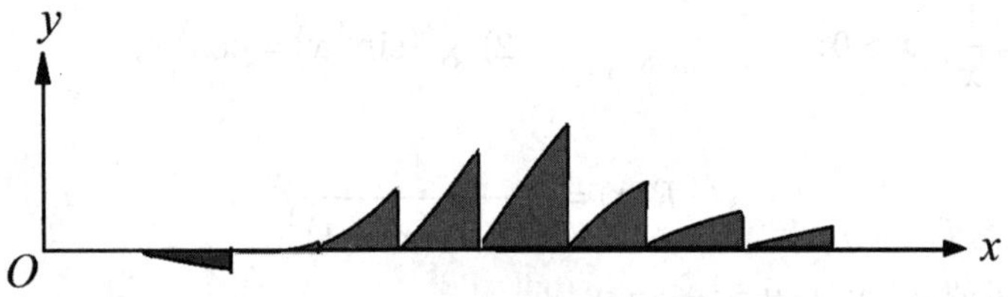

图 5.2

现在我们记

$$\|\mathscr{P}\| = \max_{1\le k\le n} \Delta x_k,$$

称之为分割 $\mathscr{P}$ 的**宽度**. 直观地看, 如果分割得很细, 即宽度 $\|\mathscr{P}\|$ 很小的话, 总误差也会变得很小. 这就导致下面定积分概念的诞生:

定义 5.2.1. 设 f 是定义在 $[a,b]$ 上的一个函数, I 是一个实数. 如果对任意 $\varepsilon>0$, 存在 $\delta>0$, 使得对于 $[a,b]$ 的任意一个分割

$$\mathscr{P}:\ a=x_0<x_1<\cdots<x_{n-1}<x_n=b,$$

只要宽度 $\|\mathscr{P}\|<\delta$, 那么, 在每个子区间 $[x_{k-1},x_k]$ 上任取一点 ξ_k, 都有

$$\left|\sum_{k=1}^{n} f(\xi_k)\Delta x_k - I\right| < \varepsilon, \tag{5.11}$$

我们就将实数 I 称为 f 在 $[a,b]$ 上的**Riemann 积分**, 简称**积分**, 记为

$$\lim_{\|\mathscr{P}\|\to 0}\sum_{k=1}^{n} f(\xi_k)\Delta x_k = I. \tag{5.12}$$

此时, 我们也说 f 在 $[a,b]$ 上**可积**, 并将 f 在 $[a,b]$ 上的积分 I 写成

$$\int_a^b f(x)\mathrm{d}x.$$

这里 $\int$ 仍然称为**积分号**, f 称为**被积函数**, $f(x)\mathrm{d}x$ 称为**被积表达式**, a, b 分别称为积分的**下限**和**上限**.

例 5.2.2. 常函数可积.

证明. 给定区间 $[a,b]$. 设 $f=C$ 是一个常函数. 对任意 $\varepsilon>0$, 我们任取一个正数 $\delta>b-a$, 则对于任意分割

$$\mathscr{P}: a=x_0<x_1<\cdots<x_{n-1}<x_n=b,$$

在每个子区间 $[x_{k-1},x_k]$ 上任取一点 ξ_k, 我们总是有

$$\begin{aligned}\left|\sum_{k=1}^n f(\xi_k)\Delta x_k-C(b-a)\right| &= \left|\sum_{k=1}^n C\Delta x_k-C(b-a)\right|=\left|C\sum_{k=1}^n \Delta x_k-C(b-a)\right| \\ &= \left|C\sum_{k=1}^n (x_k-x_{k-1})-C(b-a)\right| \\ &= |C(x_n-x_0)-C(b-a)| \\ &= 0<\varepsilon,\end{aligned}$$

这样就有

$$\int_a^b C\mathrm{d}x=C(b-a).$$ □

例 5.2.3. 函数 $f(x)=x$ 可积.

证明. 给定区间 $[a,b]$. 对任意 $\varepsilon>0$, 我们取 $\delta=\dfrac{\varepsilon}{b-a}$, 则对于任意分割

$$\mathscr{P}: a=x_0<x_1<\cdots<x_{n-1}<x_n=b,$$

我们注意到

$$\sum_{k=1}^n \frac{x_{k-1}+x_k}{2}\Delta x_k=\sum_{k=1}^n \frac{x_{k-1}+x_k}{2}(x_k-x_{k-1})=\sum_{k=1}^n \frac{x_k^2-x_{k-1}^2}{2}=\frac{x_n^2-x_0^2}{2}=\frac{b^2-a^2}{2}.$$

现在, 只要宽度 $\|\mathscr{P}\|<\delta$, 那么, 在每个子区间 $[x_{k-1},x_k]$ 上任取一点 ξ_k, 都有

$$\left|\xi_k-\frac{x_{k-1}+x_k}{2}\right|<\Delta x_k<\delta,$$

于是

$$\begin{aligned}\left|\sum_{k=1}^{n} f(\xi_k)\Delta x_k - \frac{b^2-a^2}{2}\right| &= \left|\sum_{k=1}^{n} \xi_k \Delta x_k - \sum_{k=1}^{n} \frac{x_{k-1}+x_k}{2}\Delta x_k\right| \\ &= \left|\sum_{k=1}^{n}\left(\xi_k - \frac{x_{k-1}+x_k}{2}\right)\Delta x_k\right| \\ &\le \sum_{k=1}^{n}\left|\xi_k - \frac{x_{k-1}+x_k}{2}\right|\Delta x_k \\ &< \sum_{k=1}^{n} \delta \Delta x_k = \delta(b-a) = \varepsilon,\end{aligned}$$

这样就有

$$\int_a^b x\mathrm{d}x = \frac{b^2-a^2}{2}. \qquad \square$$

尽管我们找到了可积函数的例子，但不可积的函数是广泛存在的.

命题 5.2.4. *无界函数不可积. 换言之, 可积函数必须是有界的.*

证明. 用反证法. 设函数 f 在 $[a,b]$ 上无界但可积. 设其积分等于 I, 则有 $\delta>0$, 使得对于 $[a,b]$ 的任意一个分割

$$\mathscr{P}: a = x_0 < x_1 < \cdots < x_{n-1} < x_n = b,$$

只要宽度 $\|\mathscr{P}\|<\delta$, 那么, 在每个子区间 $[x_{k-1},x_k]$ 上取一个 ξ_k, 我们就有

$$\left|\sum_{k=1}^{n} f(\xi_k)\Delta x_k - I\right| < 1. \tag{5.13}$$

取定一个这样的分割 $\mathscr{P}$, 因 f 在 $[a,b]$ 上无界, 故必有某个下标 $m\in\{1,2,\cdots,n\}$, 使得 f 在闭区间 $[x_{m-1},x_m]$ 上无界. 现在对所有的下标 $k\neq m$, 取 $\xi_k = x_k$. 记

$$C = \sum_{1\le k\le n,\ k\neq m} f(\xi_k)\Delta x_k.$$

由于 f 在 $[x_{m-1},x_m]$ 上无界, 可取 $\xi_m\in[x_{m-1},x_m]$, 使得 $|f(\xi_m)|\ge \dfrac{|C|+|I|+1}{\Delta x_m}$, 这样就有

$$\begin{aligned}\left|\sum_{k=1}^{n} f(\xi_k)\Delta x_k - I\right| &= \left|f(\xi_m)\Delta x_m + \sum_{1\le k\le n,\ k\neq m} f(\xi_k)\Delta x_k - I\right| \\ &\ge |f(\xi_m)\Delta x_m| - \left|\sum_{1\le k\le n,\ k\neq m} f(\xi_k)\Delta x_k\right| - |I| \\ &\ge |f(\xi_m)|\Delta x_m - |C| - |I| \\ &\ge (|C|+|I|+1) - |C| - |I| \\ &\ge 1.\end{aligned}$$

这显然与(5.13) 式矛盾. □

即使是有界函数,也未必可积.

例 5.2.5. Dirichlet 函数 $D(x)$ （见例3.1.20）在任意闭区间上不可积.

证明. 用反证法. 假设 $D(x)$ 在 $[a,b]$ 上可积. 设其积分等于 I. 取 $\varepsilon=\frac{b-a}{2}$, 则有 $\delta>0$, 使得对于 $[a,b]$ 的任意一个分割 $\mathscr{P}: a=x_0<x_1<\cdots<x_{n-1}<x_n=b$, 只要宽度 $\|\mathscr{P}\|<\delta$, 那么, 在每个子区间 $[x_{k-1},x_k]$ 上取一个 ξ_k, 我们就有

$$\left|\sum_{k=1}^{n} D(\xi_k)\Delta x_k - I\right| < \varepsilon.$$

若在每个子区间 $[x_{k-1},x_k]$ 上分别取一个有理数 r_k 和一个无理数 s_k, 则

$$\begin{aligned}
b-a &= \sum_{k=1}^{n} 1\cdot\Delta x_k - \sum_{k=1}^{n} 0\cdot\Delta x_k \\
&= \sum_{k=1}^{n} D(r_k)\Delta x_k - \sum_{k=1}^{n} D(s_k)\Delta x_k \\
&\le \left|\sum_{k=1}^{n} D(r_k)\Delta x_k - I\right| + \left|\sum_{k=1}^{n} D(s_k)\Delta x_k - I\right| \\
&< \varepsilon+\varepsilon \\
&= b-a,
\end{aligned}$$

这就得到了所要的矛盾. □

5.2.2 Riemann 积分的基本性质

根据定义5.2.1, 可以证明Riemann 积分有下面定理中所列举的基本性质. 在此我们略去详细的论证过程, 仅给出结论.

定理 5.2.6. 1) **积分的唯一性.** 设 f 在 $[a,b]$ 上可积, 则满足(5.12) 式的实数 I 是唯一的;

2) **积分的保号性.** 设 f 在 $[a,b]$ 上可积且非负, 则 $\int_a^b f(x)\mathrm{d}x$ 非负;

3) **积分的数乘性.** 设 f 在 $[a,b]$ 上可积, c 是一个常数, 则 cf 也可积, 且

$$\int_a^b cf(x)\mathrm{d}x = c\int_a^b f(x)\mathrm{d}x;$$

4) **积分的可加性.** 设 f, g 在 $[a,b]$ 上均可积, 则 $f+g$ 也可积, 且

$$\int_a^b (f+g)(x)\mathrm{d}x = \int_a^b f(x)\mathrm{d}x + \int_a^b g(x)\mathrm{d}x;$$

5) **积分的保序性.** 设 f, g 在 $[a,b]$ 上均可积, 且 $f \le g$, 则

$$\int_a^b f(x)\mathrm{d}x \le \int_a^b g(x)\mathrm{d}x;$$

6) **子区间可积性.** 设 $a \le c < d \le b$. 若 f 在 $[a,b]$ 上可积, 则 f 在 $[c,d]$ 上也可积;

7) **积分的区间可加性.** 设 $a < c < b$. 若 f 在 $[a,c]$ 和 $[c,b]$ 上都可积, 则 f 在 $[a,b]$ 上也可积, 且

$$\int_a^b f(x)\mathrm{d}x = \int_a^c f(x)\mathrm{d}x + \int_c^b f(x)\mathrm{d}x;$$

8) **乘积可积性.** 设 f, g 在 $[a,b]$ 上均可积, 则它们的乘积 fg 也可积;

9) **绝对可积性.** 设 f 在 $[a,b]$ 上可积, 则绝对值函数 $|f|$ 也可积, 且

$$\left|\int_a^b f(x)\mathrm{d}x\right| \le \int_a^b |f(x)|\,\mathrm{d}x.$$

定理 5.2.7. （**Schwarz 不等式**）设 f, g 在 $[a,b]$ 上均可积, 则有

$$\left(\int_a^b f(x)g(x)\mathrm{d}x\right)^2 \le \int_a^b f(x)^2\mathrm{d}x \cdot \int_a^b g(x)^2\mathrm{d}x. \tag{5.14}$$

证明. 对任意实数 t, 总是有

$$\big(tf(x) - g(x)\big)^2 \ge 0,$$

因此

$$\int_a^b \big(tf(x)-g(x)\big)^2\mathrm{d}x = \int_a^b \big(t^2 f(x)^2 - 2tf(x)g(x) + g(x)^2\big)\mathrm{d}x$$

$$= t^2\int_a^b f(x)^2\mathrm{d}x - 2t\int_a^b f(x)g(x)\mathrm{d}x + \int_a^b g(x)^2\mathrm{d}x \ge 0.$$

这是一个关于 t 的二次三项式, 它总是非负, 其判别式必定小于等于零, 即

$$\left(\int_a^b f(x)g(x)\mathrm{d}x\right)^2 - \int_a^b f(x)^2\mathrm{d}x \cdot \int_a^b g(x)^2\mathrm{d}x \le 0.$$

这就是(5.14)式. □

例 5.2.8. 对 $[a,b]$ 上的可积函数 f, 取常函数 $g = 1$. 由上述Schwarz 不等式即有

$$\left(\int_a^b f(x)\mathrm{d}x\right)^2 \le \int_a^b f(x)^2\mathrm{d}x \cdot \int_a^b 1\mathrm{d}x = (b-a)\int_a^b f(x)^2\mathrm{d}x.$$

为进一步研究积分的性质, 我们要考虑交换积分上下限的情形.

定义 5.2.9. 设 f 在 $[a,b]$ 上可积, 我们约定

$$\int_b^a f(x)\mathrm{d}x = -\int_a^b f(x)\mathrm{d}x;$$

我们还约定 $b=a$ 时,

$$\int_a^a f(x)\mathrm{d}x = 0.$$

根据以上约定, 不难验证以下推广的积分区间可加性:

命题 5.2.10. 设 f 在 $[a,b]$ 上可积, x_1, x_2, $x_3 \in [a,b]$. 则有

$$\int_{x_1}^{x_3} f(x)\mathrm{d}x = \int_{x_1}^{x_2} f(x)\mathrm{d}x + \int_{x_2}^{x_3} f(x)\mathrm{d}x.$$

显然, 逐一证明每个具体函数的可积性是不可取的. 本书中, 我们略去关于函数可积性的一般理论, 仅列出以下基本结果.

定理 5.2.11. **(分段连续必定可积)** 设 f 在 $[a,b]$ 上连续, 则 f 在 $[a,b]$ 上可积. 更一般地, 若 f 在 $[a,b]$ 上除有限多个间断点 $c_1, c_2, \cdots, c_n$ 之外处处连续, 则 f 在 $[a,b]$ 上可积.

根据定理5.2.11 可知, 所有初等函数限制在闭区间上都是可积的. 在原点处间断的符号函数 $\operatorname{sgn}x$ 在任意闭区间上也是可积的.

连续函数的积分有一些值得特别注意的性质.

定理 5.2.12. 设 f 在 $[a,b]$ 上连续, 非负, 且至少在一点大于零, 则 $\int_a^b f(x)\mathrm{d}x > 0$.

定理 5.2.13. **(积分中值定理)** 设 f, g 在 $[a,b]$ 上连续, g 在 $[a,b]$ 上不变号, 则存在 $\xi \in [a,b]$, 使得

$$\int_a^b f(x)g(x)\mathrm{d}x = f(\xi)\int_a^b g(x)\mathrm{d}x. \tag{5.15}$$

证明. 不妨设 $g \geq 0$ 且至少在一点大于零, 则 $\int_a^b g(x)\mathrm{d}x > 0$. 设 m 与 M 分别是 f 在 $[a,b]$ 上的最小值和最大值, 我们就有

$$m \leq f(x) \leq M, \quad x \in [a,b].$$

用 $g(x)$ 乘上式, 得到

$$m\,g(x) \leq f(x)g(x) \leq M\,g(x), \quad x \in [a,b].$$

积分得

$$m\int_a^b g(x)\mathrm{d}x \leq \int_a^b f(x)g(x)\mathrm{d}x \leq M\int_a^b g(x)\mathrm{d}x,$$

于是

$$m \le \frac{\int_a^b f(x)g(x)\mathrm{d}x}{\int_a^b g(x)\mathrm{d}x} \le M.$$

由连续函数的介值定理, 有一点 $\xi \in [a,b]$, 使得

$$f(\xi) = \frac{\int_a^b f(x)g(x)\mathrm{d}x}{\int_a^b g(x)\mathrm{d}x},$$

这就是(5.15) 式. □

练习 5.2

1. 利用积分的几何意义, 求下列积分:

   1) $\displaystyle\int_a^b \sqrt{(x-a)(b-x)}\mathrm{d}x$; 2) $\displaystyle\int_0^2 |x-1|\,\mathrm{d}x$; 3) $\displaystyle\int_{-1}^1 \ln\left(x+\sqrt{1+x^2}\right)\mathrm{d}x$.

2. 比较积分的大小:

   1) $\displaystyle\int_0^1 x^2\mathrm{d}x$ 与 $\displaystyle\int_0^1 x^3\mathrm{d}x$; 2) $\displaystyle\int_0^1 \mathrm{e}^x\mathrm{d}x$ 与 $\displaystyle\int_0^1 \left(1+x+\frac{x^2}{2!}+\cdots+\frac{x^n}{n!}\right)\mathrm{d}x$.

3. 证明下列不等式:

   1) $\displaystyle\frac{1}{2} < \int_{\pi/4}^{\pi/2} \frac{\sin x}{x}\mathrm{d}x < \frac{\sqrt{2}}{2}$; 2) $\displaystyle\ln n! > \int_1^n \ln x\,\mathrm{d}x$，其中正整数 $n \ge 2$.

4. 设函数 f 在 $[a,b]$ 上可积, 函数 g 与 f 除点 $c \in [a,b]$ 之外处处相等, 证明: g 在 $[a,b]$ 上也可积, 且积分与 f 的积分相等.

5. 设 f 在 $[a,b]$ 上连续, 且总是大于零, 试证

$$\int_a^b f(x)\mathrm{d}x \cdot \int_a^b \frac{1}{f(x)}\mathrm{d}x \ge (b-a)^2.$$

5. 证明命题5.2.10.

6. 证明定理5.2.12.

5.3 微积分基本定理

5.3.1 变限积分

设函数 f 在 $[a,b]$ 上可积, 则对 $x \in [a,b]$, 由

$$F(x) = \int_a^x f(x)\mathrm{d}x$$

定义了一个函数 $F\colon [a,b] \to \mathbb{R}$, 称为 f 在 $[a,b]$ 上的**变上限积分**.

现在我们给出全部数学中最重要的定理之一:

定理 5.3.1. **(微积分基本定理)** 设函数 f 在 $[a,b]$ 上连续, 则

$$\frac{\mathrm{d}}{\mathrm{d}x}\int_a^x f(t)\mathrm{d}t = f(x), \quad x\in[a,b]. \tag{5.16}$$

证明. 对任意 $x,\ x+h\in[a,b]$, 不妨设 $h>0$. 利用积分的区间可加性, 积分中值定理及例5.2.2 的结果, 我们有

$$\begin{aligned}\frac{1}{h}\Big(F(x+h)-F(x)\Big) &= \frac{1}{h}\left(\int_a^{x+h} f(t)\mathrm{d}t-\int_a^x f(t)\mathrm{d}t\right)=\frac{1}{h}\int_x^{x+h} f(t)\mathrm{d}t\\ &= \frac{f(\xi)}{h}\int_x^{x+h} 1\,\mathrm{d}t=\frac{f(\xi)}{h}h=f(\xi),\end{aligned}$$

其中 $\xi\in[x,x+h]$. 注意到 $h\to 0^+$ 时 $\xi\to x$, 于是

$$F'_+(x)=\lim_{h\to 0^+}\frac{F(x+h)-F(x)}{h}=\lim_{h\to 0^+} f(\xi)=f(x).$$

类似地有

$$F'_-(x)=\lim_{h\to 0^-}\frac{F(x+h)-F(x)}{h}=f(x).$$

即得(5.16) 式. □

定理5.3.1指出, 对于定义在 $[a,b]$ 上的连续函数 f, 变上限积分 $\int_a^x f(t)\mathrm{d}t$ 就是 f 的一个原函数. 现在, 设 F 是 f 的任何一个原函数, 则 F 可以写成

$$F(x)=\int_a^x f(t)\mathrm{d}t+c,$$

这里 c 是某个常数. 取 $x=a$, 由 $\int_a^a f(t)\mathrm{d}t=0$ 即知 $c=F(a)$, 这样就得到了下面的结果:

定理 5.3.2. **(Newton-Leibniz 公式)** 设函数 f 在 $[a,b]$ 上连续, F 是 f 的原函数, 则

$$\int_a^x f(t)\mathrm{d}t=F(x)-F(a). \tag{5.17}$$

注记 5.3.3. 在(5.17)式中取 $x=b$, 就得到

$$\int_a^b f(x)\mathrm{d}x=F(b)-F(a), \tag{5.18}$$

这是Newton-Leibniz 公式更常见的写法.

显然, Newton-Leibniz 公式是微积分基本定理的另一表现形式. 它们是完全等价的. 微积分基本定理揭示了求导与积分互为逆运算的关系, 将导数和积分这两大基本数学工具紧密地联系在一起. 一方面, 它将求一个连续函数的积分转化为求原函数的问题, 后者

可以用不定积分中提供的各种公式和丰富技巧来解决. 另一方面, 它引进了通过变限积分构造可微函数的方法, 为研究微分方程提供了基本的途径.

为书写更加简捷紧凑, 我们引进常用的记号

$$F(x)\Big|_a^b = F(b) - F(a). \tag{5.19}$$

这时Newton-Leibniz 公式(5.18)可以写成

$$\int_a^b f(x)\mathrm{d}x = F(x)\Big|_a^b.$$

例 5.3.4. 我们已经知道 e^x 也是它自身的原函数, 因此

$$\int_a^b \mathrm{e}^x \mathrm{d}x = \mathrm{e}^b - \mathrm{e}^a \quad (a,\ b \in \mathbb{R}).$$

由于原函数形式简单, (5.19)式引进的记号在这里并不会带来多大帮助, 所以没有采用.

例 5.3.5. 对正数 a, b, 我们有

$$\int_a^b \frac{\mathrm{d}x}{x} = \ln b - \ln a = \ln\frac{b}{a};$$

若 a, b 都是负数, 则有

$$\int_a^b \frac{\mathrm{d}x}{x} = \ln|b| - \ln|a| = \ln\left|\frac{b}{a}\right| = \ln\frac{b}{a}.$$

例 5.3.6. $-\cos x$ 是 $\sin x$ 的原函数, 因此

$$\int_a^b \sin x \mathrm{d}x = \cos a - \cos b.$$

特别地,

$$\int_0^\pi \sin x \mathrm{d}x = \cos 0 - \cos\pi = 2.$$

这个结果的几何意义可能有些令人惊讶: 在闭区间 $[0,\pi]$ 上, 正弦函数 $\sin x$ 的图像与 x 轴围成的图形, 其面积是一个整数.

例 5.3.7. 现在考虑数列

$$x_n = \frac{1}{n}\left(\sin\frac{\pi}{n} + \sin\frac{2\pi}{n} + \cdots + \sin\frac{n\pi}{n}\right). \tag{5.20}$$

做闭区间 $[0,\pi]$ 的分割

$$\mathscr{P}: 0 < \frac{\pi}{n} < \frac{2\pi}{n} < \cdots < \frac{(n-1)\pi}{n} < \frac{n\pi}{n} = \pi,$$

显然其宽度

$$\|\mathscr{P}\| = \frac{\pi}{n} \to 0 \quad (n \to \infty).$$

在每个子区间 $\left[\frac{(k-1)\pi}{n}, \frac{k\pi}{n}\right]$ 上取 $\xi_k = \frac{k\pi}{n}$. 在(5.20) 式两端同时乘以 π 即不难看出, πx_n 正是 $\sin x$ 关于分割 $\mathscr{P}$ 和点组 $\frac{\pi}{n}, \frac{2\pi}{n}, \cdots, \frac{n\pi}{n}$ 的积分和. 利用 $\sin x$ 在 $[0,\pi]$ 上的可积性和上例的结果, 我们就有

$$\lim_{n\to\infty} x_n = \frac{1}{\pi}\int_0^{\pi} \sin x \mathrm{d}x = \frac{2}{\pi}.$$ □

例 5.3.8. 求极限

$$\lim_{x\to 0} \frac{\int_0^{x^2} \ln(1+2t)\mathrm{d}t}{x^4}. \tag{5.21}$$

解. (5.21) 式中的分子

$$f(x) = \int_0^{x^2} \ln(1+2t)\mathrm{d}t$$

是一个用变限积分表示的函数, 由连续性即知

$$\lim_{x\to 0} f(x) = f(0) = \int_0^0 \ln(1+2t)\mathrm{d}t = 0.$$

因此(5.21) 是一个 $\frac{0}{0}$ 型不定式. 用L'Hospital 法则和复合函数求导即得

$$\lim_{x\to 0} \frac{\int_0^{x^2} \ln(1+2t)\mathrm{d}t}{x^4} = \lim_{x\to 0} \frac{2x\ln\left(1+2x^2\right)}{4x^3} = \lim_{x\to 0} \frac{2x\cdot 2x^2}{4x^3} = 1.$$ □

例 5.3.9. 设函数 f 在 $[a,b]$ 上连续且递增, 证明: 函数

$$F(x) = \begin{cases} \dfrac{1}{x-a}\displaystyle\int_a^x f(t)\mathrm{d}t, & a < x \le b, \\ f(a), & x = a, \end{cases}$$

在 $[a,b]$ 上递增.

证明. 由积分中值定理, 对任意 $x \in (a,b]$, 可取一个 $\xi \in (a,x)$ 满足

$$F(x) = \frac{1}{x-a}\int_a^x f(t)\mathrm{d}t = \frac{1}{x-a} f(\xi)(x-a) = f(\xi).$$

由 f 的连续性即知

$$\lim_{x\to a^+} F(x) = \lim_{x\to a^+} f(\xi) = f(a).$$

因此 F 在 $x=a$ 处连续, 从而在 $[a,b]$ 上连续. 由微积分基本定理知 F 在 (a,b) 上可导, 且

$$F'(x) = \frac{f(x)}{x-a} - \frac{1}{(x-a)^2}\int_a^x f(t)\mathrm{d}t = \frac{f(x)-f(\xi)}{x-a}.$$

由 f 递增, $f(x) \ge f(\xi)$, 从而 $F'(x) \ge 0$, 所以 F 在 $[a,b]$ 上递增. □

5.3.2 换元法和分部积分法

我们首先引进一些常用的术语.

定义 5.3.10. 如果函数 φ 在区间 I 的每一点可导, 且导函数 φ' 在 I 上连续, 我们就说 φ 在区间 I 上**连续可微**, 或者说 φ 在 I 上是 C^1 类函数, 记为 $\varphi\in C^1(I)$. 若 I 已经写成 (a,b) 或 $[a,b]$ 的形式, 也可省略一层括号, 记为 $\varphi\in C^1(a,b)$ 或 $\varphi\in C^1[a,b]$.

一般地, 如果函数 φ 在区间 I 上有连续的 k 阶导函数 $\varphi^{(k)}$, 我们就说 φ 在区间 I 上 **k 阶连续可微**, 或者说 φ 在 I 上是 C^k 类函数, 记为 $\varphi\in C^k(I)$. 这里 k 是自然数. 特别地, $\varphi\in C^0(I)$ 表示 φ 在区间 I 上连续. 这时可省略上标, 简记为 $\varphi\in C(I)$.

更进一步, 如果函数 φ 在区间 I 上有任意阶导函数, 我们就说 φ 在区间 I 上**无穷阶可微**, 或者说 φ 在 I 上是 C^∞ 类函数, 记为 $\varphi\in C^\infty(I)$.

例 5.3.11. 若初等函数 φ 在整个区间 I 上有定义, 则必有 $\varphi\in C^\infty(I)$. 原因是初等函数在定义域上处处可导, 而且导函数仍然是初等函数. 例如,

$$\mathrm{e}^x\in C^\infty(\mathbb{R}),\quad \ln x\in C^\infty(0,+\infty),\quad \tan x\in C^\infty\left(-\frac{\pi}{2},\frac{\pi}{2}\right).$$

如同求原函数一样, 换元法和分部积分法也是求积分的两大基本工具.

定理 5.3.12. **（定积分的换元公式）** 设 I 是一个区间, 函数 $f\in C(I)$, $a,b\in I$, $\varphi\in C^1\left[\alpha,\beta\right]$, 且满足

$$\varphi(\alpha)=a,\quad \varphi\left(\beta\right)=b,\quad \varphi\left(\left[\alpha,\beta\right]\right)\subset I,$$

则

$$\int_a^b f(x)\mathrm{d}x=\int_\alpha^\beta f\left(\varphi(t)\right)\varphi'(t)\,\mathrm{d}t, \tag{5.22}$$

或者写成更方便记忆的形式

$$\int_a^b f(x)\mathrm{d}x=\int_\alpha^\beta f\left(\varphi(t)\right)d\varphi(t). \tag{5.23}$$

定理 5.3.13. **（定积分的分部积分公式）** 设函数 u, $v\in C^1[a,b]$, 则

$$\int_a^b u(x)v'(x)\mathrm{d}x=u(x)v(x)\Big|_a^b-\int_a^b u'(x)v(x)\mathrm{d}x, \tag{5.24}$$

或者写成更方便记忆的形式

$$\int_a^b u(x)\mathrm{d}v(x)=u(x)v(x)\Big|_a^b-\int_a^b v(x)\mathrm{d}u(x). \tag{5.25}$$

例 5.3.14. 求积分

$$I=\int_0^1\sqrt{1-x^2}\mathrm{d}x.$$

解法一. 先求出被积函数 $\sqrt{1-x^2}$ 的原函数

$$\frac{1}{2}\arcsin x+\frac{x}{2}\sqrt{1-x^2},$$

就可以由Newton-Leibniz 公式得到

$$I=\left(\frac{1}{2}\arcsin x+\frac{x}{2}\sqrt{1-x^2}\right)\bigg|_0^1=\frac{\pi}{4}.$$

这里我们看到, (5.19)式引进的紧凑记号确实很有帮助.

解法二. 用变量替换 $x=\sin t$, 得到

$$I=\int_0^{\pi/2}\cos^2 t\mathrm{d}t=\int_0^{\pi/2}\frac{1+\cos 2t}{2}\mathrm{d}t=\frac{1}{2}\left(t+\frac{\sin 2t}{2}\right)\bigg|_0^{\pi/2}=\frac{\pi}{4}.$$

例 5.3.15. 设 f 在 $[0,\pi]$ 上可积, 试证

$$\int_0^{\pi}xf(\sin x)\mathrm{d}x=\frac{\pi}{2}\int_0^{\pi}f(\sin x)\mathrm{d}x.$$

证明. 将要证的等式写成

$$\int_0^{\pi}\left(x-\frac{\pi}{2}\right)f(\sin x)\mathrm{d}x=0.$$

考虑到函数 $y=\sin x$ 的图像关于直线 $x=\frac{\pi}{2}$ 的对称性, 作变量替换 $u=x-\frac{\pi}{2}$, 就得到

$$\begin{aligned}\int_0^{\pi}\left(x-\frac{\pi}{2}\right)f(\sin x)\mathrm{d}x &= \int_{-\frac{\pi}{2}}^{\frac{\pi}{2}}uf\left(\sin\left(u+\frac{\pi}{2}\right)\right)\mathrm{d}u\\ &= \int_{-\frac{\pi}{2}}^{\frac{\pi}{2}}uf(\cos u)\mathrm{d}u.\end{aligned}$$

$uf(\cos u)$ 是一个奇函数, 因此上式末端的积分等于零, 这就得到了所要的结论. □

例 5.3.16. 求 $I=\int_0^2\frac{x}{\mathrm{e}^x+\mathrm{e}^{2-x}}\mathrm{d}x.$

解. 设

$$I=\int_0^1\frac{x}{\mathrm{e}^x+\mathrm{e}^{2-x}}\mathrm{d}x+\int_1^2\frac{x}{\mathrm{e}^x+\mathrm{e}^{2-x}}\mathrm{d}x=I_1+I_2. \tag{5.26}$$

则有

$$\begin{aligned}
I_2 &= \int_1^2 \frac{x-2}{e^x+e^{2-x}}dx+\int_1^2 \frac{2}{e^x+e^{2-x}}dx\\
&\xlongequal{t=2-x} \int_1^0 \frac{t}{e^{2-t}+e^t}dt+\int_1^2 \frac{2}{e^x+e^{2-x}}dx\\
&= -I_1+\int_1^2 \frac{2}{e^x+e^{2-x}}dx.
\end{aligned}$$

代入(5.26)式即可消去 I_1，得到

$$\begin{aligned}
I &= 2\int_1^2 \frac{1}{e^x+e^{2-x}}dx=2\int_1^2 \frac{e^x}{e^{2x}+e^2}dx\\
&\xlongequal{t=e^x} 2\int_e^{e^2} \frac{dt}{t^2+e^2}=\frac{2}{e}\arctan\frac{t}{e}\Big|_e^{e^2}\\
&= \frac{2}{e}\left(\arctan e+\frac{\pi}{4}\right).
\end{aligned}$$

注意，直接求 $\frac{x}{e^x+e^{2-x}}$ 的原函数是非常困难的，我们利用被积函数对称性，通过分段积分绕过了这个障碍. □

例 5.3.17. 对所有 $m\in\mathbb{N}$，计算积分

$$I_m=\int_0^{\pi/2}\cos^m x dx,\quad J_m=\int_0^{\pi/2}\sin^m x dx.$$

解. 从面积角度看，由于函数 $y=\cos^m x$ 和 $y=\sin^m x$ 的图像关于直线 $x=\frac{\pi}{4}$ 左右对称，所以必然有 $I_m=J_m$. 这一点可以通过做变量替换 $t=\frac{\pi}{2}-x$ 得到证实:

$$\begin{aligned}
J_m &= \int_{\pi/2-0}^{\pi/2-\pi/2}\sin^m\left(\frac{\pi}{2}-t\right)d\left(\frac{\pi}{2}-t\right)\\
&= \int_{\pi/2}^0 \cos^m t(-dt)\\
&= \int_0^{\pi/2}\cos^m t dt=I_m.
\end{aligned}$$

我们已经有

$$I_0=\frac{\pi}{2},\quad I_1=1.$$

当 $m\geq 2$ 时，

$$\begin{aligned}
I_m &= \int_0^{\pi/2}\cos^m x dx=\int_0^{\pi/2}\cos^{m-1}x d\sin x\\
&= \cos^{m-1}x\sin x\Big|_0^{\pi/2}+(m-1)\int_0^{\pi/2}\cos^{m-2}x\sin^2 x dx\\
&= (m-1)\int_0^{\pi/2}\cos^{m-2}x\left(1-\cos^2 x\right)dx\\
&= (m-1)I_{m-2}-(m-1)I_m.
\end{aligned}$$

由此即得递推公式

$$I_m = \frac{m-1}{m} I_{m-2},\quad m \geq 2.$$

当 $m=2n-1$ 为奇数时, 就有

$$I_{2n-1} = \frac{2n-2}{2n-1} \cdot \frac{2n-4}{2n-3} \cdots \frac{2}{3} I_1 = \frac{(2n-2)!!}{(2n-1)!!},\quad n=1,2,3,\cdots.$$

当 $m=2n$ 为偶数时, 就有

$$I_{2n} = \frac{2n-1}{2n} \cdot \frac{2n-3}{2n-2} \cdots \frac{1}{2} I_0 = \frac{(2n-1)!!}{(2n)!!} \frac{\pi}{2},\quad n=1,2,3,\cdots.$$ □

练习 5.3

1. 求下列积分:

   1) $\int_0^{\pi} \sin^2 x \mathrm{d}x$;　　2) $\int_a^b x \cos x \mathrm{d}x$;　　3) $\int_0^{\sqrt{2}} \ln\left(x+\sqrt{2+x^2}\right) \mathrm{d}x$;

   4) $\int_0^1 x^n \ln x \mathrm{d}x,\ n \in \mathbb{N}^*$;　　5) $\int_0^{\ln 2} \sqrt{\mathrm{e}^x-1} \mathrm{d}x$;　　6) $\int_0^{2\pi} \frac{\cos x \sin x}{\sin^2 x+4\cos^2 x} \mathrm{d}x$.

2. 利用积分求下列极限:

   1) $\lim\limits_{n\to\infty} n\left(\frac{1}{n^2+1^2}+\frac{1}{n^2+2^2}+\cdots+\frac{1}{2n^2}\right)$;

   2) $\lim\limits_{n\to\infty} n\left(\frac{1}{(n+1)^2}+\frac{1}{(n+2)^2}+\cdots+\frac{1}{(n+n)^2}\right)$.

3. 设 $a>0,\ f \in C(\mathbb{R})$. 证明下列结果:

   1) 若 f 为偶函数, 则 $\int_{-a}^{a} f(x) \mathrm{d}x = 2\int_0^a f(x) \mathrm{d}x$;

   2) 若 f 为奇函数, 则 $\int_{-a}^{a} f(x) \mathrm{d}x = 0$.

4. 求下列函数的导数:

   1) $y=\int_0^{x^3} \mathrm{e}^t \mathrm{d}t$;　　2) $y=\int_{2x}^{1} \sin\left(1+t^2\right) \mathrm{d}t$;　　3) $y=\int_x^{x^2} \frac{\mathrm{d}t}{1+t}$.

5. 设函数 f 在 $(0,+\infty)$ 上递增, 定义函数

$$\varphi(x)=\int_0^x f(t) \mathrm{d}t,\quad x \geq 0.$$

证明: φ 是 $[0,+\infty)$ 上的凸函数.

6. 设函数

$$F(x)=\int_0^x \frac{\mathrm{d}t}{1+t^2}+\int_0^{\frac{1}{x}} \frac{\mathrm{d}t}{1+t^2},\quad x>0.$$

证明: F 恒等于 $\pi/2$.

7. 设 m 是一个正整数. 求 $I=\int_{-1}^{1} x\left(1+x^{2m+1}\right)\left(\mathrm{e}^x-\mathrm{e}^{-x}\right) \mathrm{d}x$.

8. 证明:

$$\lim_{n\to\infty} \int_0^{\frac{\pi}{2}} \sin^n x \mathrm{d}x = 0.$$

5.4 积分的应用

积分概念的形成，源于求函数图像下方图形的面积问题. 首先将图形分割成许多窄条，每个窄条用一个相近的细小矩形代替，将各个矩形的面积累加，得到图形面积的近似；再通过取极限的方法消除误差，得到原图形面积的精确值. 整个过程可以大致分成

分割 → 代替 → 求和 → 取极限

这四个基本步骤. 灵活运用这一方法，我们可以解决很多其他类型的实际问题.

5.4.1 在几何方面的应用

这里我们不做一般的讨论，仅用两个例子说明以上方法在具体问题中的处理手段.

例 5.4.1. 首先我们考察由极坐标表示的曲线

$$r = r(\theta), \quad \alpha \le \theta \le \beta$$

与射线 $\theta = \alpha$ 和 $\theta = \beta$ 围成的图形的面积 S. 如图 5.3所示，对区间 $[\alpha, \beta]$ 做分割

$$\mathscr{P}: \alpha = \theta_0 < \theta_1 < \cdots < \theta_n = \beta.$$

在每个小区间 $[\theta_{k-1}, \theta_k]$ 上任取一点 ξ_k，用圆弧 $r = r(\xi_k)$ 和射线 $\theta = \theta_{k-1}$，$\theta = \theta_k$ 围成的扇形代替由曲线 $r = r(\theta)$ 与射线 $\theta = \theta_{k-1}$，$\theta = \theta_k$ 围成的图形求面积，作和式

$$\sum_{k=1}^{n} \frac{1}{2} r(\xi_k)^2 \Delta\theta_k = \frac{1}{2} \sum_{k=1}^{n} r(\xi_k)^2 \Delta\theta_k,$$

其中 $\Delta\theta_k = \theta_k - \theta_{k-1}$. 取极限就得到

$$S = \lim_{\|\mathscr{P}\| \to 0} \frac{1}{2} \sum_{k=1}^{n} r(\xi_k)^2 \Delta\theta_k = \frac{1}{2} \int_{\alpha}^{\beta} r(\theta)^2 \mathrm{d}\theta.$$

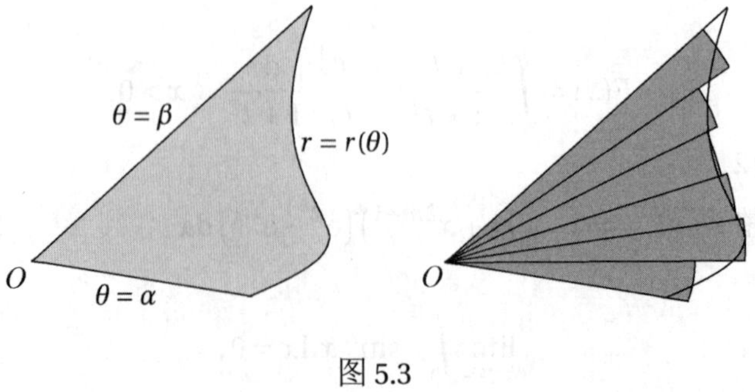

图 5.3

我们用上面公式求双纽线

$$r^2=\cos 2\theta \quad (-\pi\le\theta\le\pi)$$

所围成的图形的面积. 如图 5.4所示, 该曲线上下左右均对称, 且当 $\theta=\pm\frac{\pi}{4}$, $\pm\frac{3\pi}{4}$ 时过极点 O. 因此其面积应为 $0\le\theta\le\frac{\pi}{4}$ 时矢径扫过的区域面积的4 倍. 此时

$$r=\sqrt{\cos 2\theta} \quad (0\le\theta\le\pi/4),$$

故所求的面积

$$S=4\cdot\frac{1}{2}\int_0^{\pi/4} r(\theta)^2\mathrm{d}\theta=2\int_0^{\pi/4}\cos 2\theta\mathrm{d}\theta=\sin 2\theta\Big|_0^{\pi/4}=1.$$

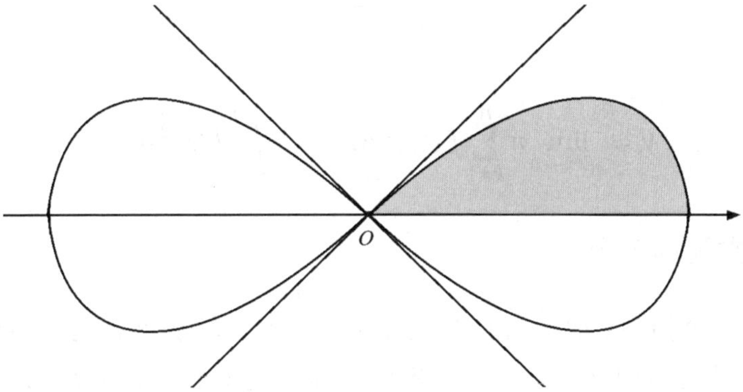

图 5.4

例 5.4.2. 现在我们把 xy 平面放置在三维空间中. 如图 5.5 所示, 设函数 $f\in C[a,b]$ 且非负. 将曲线 $y=f(x)$ 绕 x 轴旋转一周得到一个曲面

$$y^2+z^2=f(x)^2,\quad a\le x\le b.$$

考察该曲面与平面 $x=a$ 和 $x=b$ 围成的旋转体的体积 V.

对区间 $[a, b]$ 做分割

$$\mathscr{P}:\ a=x_0<x_1<\cdots<x_n=b.$$

在每个小区间 $[x_{k-1},x_k]$ 上任取一点 ξ_k, 用半径为 $f(\xi_k)$, 高度为 $\Delta x_k=x_k-x_{k-1}$ 的圆柱体的体积

$$\pi f(\xi_k)^2\Delta x_k$$

代替旋转体介于平面 $x=x_{k-1}$ 和 $x=x_k$ 之间的薄片体积, 作和式

$$\sum_{k=1}^n \pi f(\xi_k)^2\Delta x_k=\pi\sum_{k=1}^n f(\xi_k)^2\Delta x_k,$$

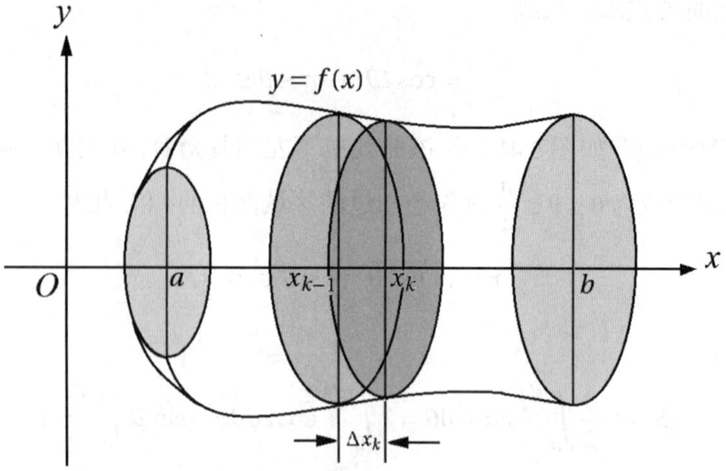

图 5.5

取极限就得到

$$V=\lim_{\|\mathscr{P}\|\to 0}\pi\sum_{k=1}^{n}f(\xi_k)^2\Delta x_k=\pi\int_a^b f(x)^2\,\mathrm{d}x.$$

5.4.2 在物理方面的应用

设物体受到一个指向x轴正向的力, 在其作用下沿x轴从点 a 运动到点 b. 当物体运动到点 $x\in[a,b]$ 时, 受力大小 $F(x)$ 连续变化. 为求该力对物体做的功 W, 我们对位置区间 $[a, b]$ 做分割

$$\mathscr{P}:\ a=x_0<x_1<\cdots<x_n=b.$$

在每个小区间 $[x_{k-1},x_k]$ 上任取一点 ξ_k. 在 $\Delta x_k=x_k-x_{k-1}$ 很小时, F 近似于常数, 可用 $F(\xi_k)$ 代替, 因此物体从点 x_{k-1} 运动到点 x_k 时, 力 F 对物体做的功近似于 $F(\xi_k)\Delta x_k$. 这样就得到

$$W=\lim_{\|\mathscr{P}\|\to 0}\sum_{k=1}^{n}F(\xi_k)\Delta x_k=\int_a^b F(x)\mathrm{d}x.$$

这个做法与用积分计算面积完全相同. 实际上, 它也是积分概念的来源之一.

例 5.4.3. 试求把弹簧拉伸 a 个单位长度所做的功.

解. 根据Hooke 定律, 拉伸弹簧所用的力 F 与弹簧的伸长量 x 成正比, 即

$$F=kx,$$

其中 k 为弹性系数. 因此, 所求的功就是

$$W=\int_0^a kx\,\mathrm{d}x=\frac{ka^2}{2}.$$

□

例 5.4.4. 设一个水渠闸门的形状是下沿宽 a, 上沿宽 b, 高为 h 的梯形, 如图 5.6 所示. 求此闸门所承受的最大水压力.

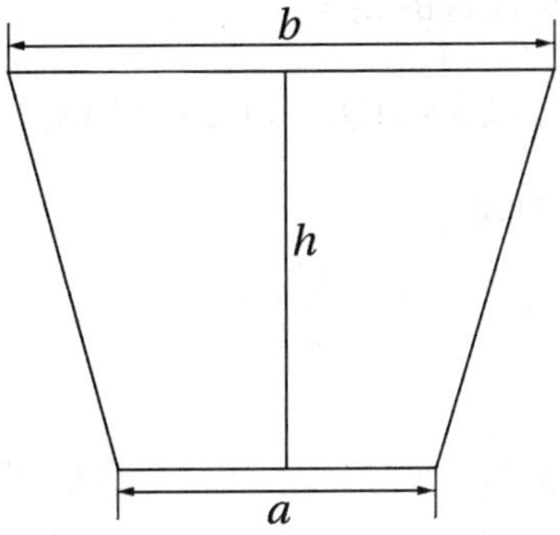

图 5.6

解. 当闸门上沿与水平面重合时, 闸门承受的水压力最大. 此时水深变化范围是 $[0,h]$. 在深度为 x 的地方, 闸门宽度为

$$w(x)=\frac{x}{h}a+\frac{h-x}{h}b=\frac{a-b}{h}x+b,$$

对 $[0,h]$ 做分割

$$\mathscr{P}:\ 0=x_0<x_1<\cdots<x_n=h.$$

在每个小区间 $[x_{k-1},x_k]$ 上任取一点 ξ_k. 水的比重是 1, 压强与深度成正比. 因此, 闸门上水深介于 x_{k-1} 和 x_k 之间的小梯形所承受的水压力近似于

$$x_k w(x_k)\Delta x_k,$$

所以最大水压力应为

$$\lim_{\|\mathscr{P}\|\to 0}\sum_{k=1}^{n}x_k w(x_k)\Delta x_k=\int_0^h xw(x)\mathrm{d}x=\int_0^h\left(\frac{a-b}{h}x^2+bx\right)\mathrm{d}x=\frac{(2a+b)h^2}{6}.\qquad\square$$

5.4.3　微元法

引进积分概念时, 我们将图形分割成小块后, 用小矩形作为小块的近似; 在例5.4.1中, 我们将图形分割后, 用小扇形作为近似; 在例5.4.2中用的是薄圆柱体. 从这里可以看出, “分割, 代替, 求和, 取极限” 的方法具有通用性. 概括而言, 为计算某个量 Q, 通过选择某个自变量 x, 我们将其分成许多微小部分 ΔQ_k,

$$Q=\sum_k \Delta Q_k,$$

各个小部分 ΔQ_k 可以用 x 的一串离散的取值 x_k 来定位, 可以用一个容易计算的量 $\mathrm{d}Q_k = f(x_k)\Delta x_k$ 代替, 这里 f 是自变量 x 的某个函数, Δx_k 是自变量的两个相邻取值 x_{k-1} 与 x_k 之间的距离. 这一代替的误差

$$rQ_k = \Delta Q_k - \mathrm{d}Q_k = o(\Delta x_k)$$

是 Δx_k 的高阶无穷小, 于是总的误差

$$\sum_k rQ_k$$

就可以通过取极限来消除.

如果省略严密的极限推导, 用比较形象的语言, 我们可以说量 Q 由无穷多个"微元" $\mathrm{d}Q$ 组成, 它们与自变量的微分之间有着简单的线性关系

$$\mathrm{d}Q = f(x)\mathrm{d}x.$$

对无穷多个微元求和, 就是积分

$$\int_D \mathrm{d}Q = \int_D f(x)\mathrm{d}x.$$

这里积分号的下标 D 表示积分对自变量的某个范围 D 实施. 以这种观点看来, D 甚至不需要限制为区间, 可以是形状相当任意的集合.

例 5.4.5. 现在我们给出例5.4.2 中的旋转面

$$y^2 + z^2 = f(x)^2, \quad a \le x \le b.$$

考察该曲面与平面 $x = a$ 和 $x = b$ 围成的旋转体的表面积 S. 将其分割成高度为 $\mathrm{d}x$ 的薄片. 我们可以认为这些薄片是一些微小的圆台, 其母线长是

$$\sqrt{\mathrm{d}x^2 + f'(x)^2\mathrm{d}x^2} = \sqrt{1 + f'(x)^2}\mathrm{d}x,$$

因此其表面积是

$$\begin{aligned}\pi\big(f(x) + f(x+\mathrm{d}x)\big)\sqrt{1+f'(x)^2}\mathrm{d}x &= \pi\big(f(x) + f(x) + o(1)\big)\sqrt{1+f'(x)^2}\mathrm{d}x \\ &= 2\pi f(x)\sqrt{1+f'(x)^2}\mathrm{d}x + o(\mathrm{d}x),\end{aligned}$$

注意这还不是表面积微元. 因为 $\mathrm{d}S$ 与 $\mathrm{d}x$ 之间是简单的线性关系, 所以要去掉上式中 $\mathrm{d}x$ 的高阶无穷小, 这样才得到微元

$$\mathrm{d}S = 2\pi f(x)\sqrt{1+f'(x)^2}\mathrm{d}x,$$

因此

$$S = 2\pi\int_a^b f(x)\sqrt{1+f'(x)^2}\mathrm{d}x.$$

练习 5.4

1. 求下列曲线围成的图形面积:

   1) $y^2 = 2x$ 和 $x = 3$; 2) $y = \sqrt{x}$ 和 $y = x$; 3) $r = a(1+\cos\theta)$ $(a > 0)$.

2. 求曲线 $y = \sqrt{x}$ 和 $y = x^2$ 围成的平面图形绕 x 轴旋转一周得到的旋转体体积.

3. 半径为 r 的球沉入水中, 顶部与水面相切. 球的密度是水的2倍. 要将球从水中取出, 需做功多少?

4. 一辆洒水车的水箱是一个平放着的椭圆柱体, 截面为椭圆, 长短半轴分别为 3 和 2. 水箱装满水时, 其端面承受的水压力是多少?

5. 设函数 $f \in C^1[a,b]$. 试用微元法导出该函数的图像的曲线长度.

5.5 反常积分

Riemann 积分处理的对象, 是定义闭区间上的可积函数. 闭区间是很特殊的集合, 可积函数还必须有界. 但是, 许多应用问题不满足这些条件. 为解决这些问题, 有必要对积分的概念进行拓展. 我们把闭区间上可积函数的Riemann 积分看成“通常意义下的积分”, 概念拓展后得到的积分, 就统称为**反常积分**.

5.5.1 无穷积分

例 5.5.1. 真空中点电荷 q 产生的静电场对点电荷 q_0 的作用力为

$$F = k\frac{qq_0}{r^2}.$$

这里 k 是Coulomb 常数, r 表示二者间的距离.

假设点电荷 q 是正的, 位于坐标原点; $q_0 = 1$ 是单位正电荷, 位于x 轴上点$a > 0$ 处. 当 q_0 移动到x 轴上更远的一点$b > a$ 时, 点电荷 q 的静电场对 q_0 所做的功就是

$$W = \int_a^b k\frac{qq_0}{x^2}\,\mathrm{d}x = kq\int_a^b \frac{\mathrm{d}x}{x^2} = -\frac{kq}{x}\bigg|_a^b = kq\left(\frac{1}{a} - \frac{1}{b}\right).$$

当 $b \to +\infty$ 时, $W \to kq/a$. 这就是原点处的点电荷 q 产生的静电场在点 a 处的电势 φ, 它与到点电荷 q 的距离成反比.

在计算电势 φ 的过程中, 我们已经用到了变限积分的极限

$$\varphi = \lim_{b\to+\infty}\int_a^b \frac{\mathrm{d}x}{x^2}.$$

一般地, 考虑到积分

$$\int_a^b f(x)\,\mathrm{d}x$$

表示函数 $y=f(x)$ 在 $[a,b]$ 上的图像的“下方区域面积”, 极限

$$\lim_{b\to+\infty}\int_a^b f(x)\,\mathrm{d}x \tag{5.27}$$

自然可以看成函数 $y=f(x)$ 在 $[a,+\infty)$ 上的图像的“下方区域面积”, 这就产生了下面的“无穷积分”概念.

定义 5.5.2. 设区间 $[a,+\infty)$ 上的函数 f 在任意闭区间 $[a,b]$ 上可积, 那么变上限积分

$$F(b)=\int_a^b f(x)\,\mathrm{d}x,\quad b\geq a,$$

就定义了一个 $[a,+\infty)$ 上的函数. 我们将极限(5.27) 记为

$$\int_a^{+\infty} f(x)\,\mathrm{d}x, \tag{5.28}$$

并称它为 f 在 $[a,+\infty)$ 上的**无穷积分**.

自然地, 如果极限(5.27) 存在且有限, 我们就说无穷积分(5.28)**收敛**, 也可以说 f 在 $[a,+\infty)$ 上**反常可积**; 如果极限(5.27) 不存在或为无穷大, 我们就说无穷积分(5.28)**发散**.

类似地, 可以定义无穷积分

$$\int_{-\infty}^a f(x)\,\mathrm{d}x. \tag{5.29}$$

例 5.5.3. 根据上述定义, 不难验证无穷积分

$$\int_a^{+\infty}\frac{\mathrm{d}x}{x^p}$$

当 $p>1$ 时收敛, 当 $p\leq 1$ 时发散.

由于无穷积分本质上是一种函数极限, 因此无穷积分自然具备函数极限的所有性质. 例如, 对于无穷积分的情形, Cauchy 收敛原理可以表述如下.

定理 5.5.4. **（无穷积分的Cauchy 收敛原理）** 设区间 $[a,+\infty)$ 上的函数 f 在任意闭区间 $[a,b]$ 上可积, 那么无穷积分

$$\int_a^{+\infty} f(x)\,\mathrm{d}x$$

收敛的充要条件是: 对任意给定的 $\varepsilon>0$, 存在 $M>a$, 使得对任意两个实数 b, $B\geq M$,

$$\left|\int_b^B f(x)\,\mathrm{d}x\right|<\varepsilon.$$

例 5.5.5. 现在考虑无穷积分

$$\int_1^{+\infty}\frac{\sin x\mathrm{d}x}{x^2}. \tag{5.30}$$

由于 $\displaystyle\int_1^{+\infty}\frac{\mathrm{d}x}{x^2}$ 收敛, 对任意 $\varepsilon>0$, 由定理5.5.4的必要性部分, 存在 $M>1$, 使得对任意两个实数 b, $B\geq M$,

$$\left|\int_b^B\frac{\mathrm{d}x}{x^2}\right|<\varepsilon.$$

此时

$$\left|\int_b^B\frac{\sin x\mathrm{d}x}{x^2}\right|\leq\int_b^B\frac{|\sin x|\,\mathrm{d}x}{x^2}\leq\int_b^B\frac{\mathrm{d}x}{x^2}<\varepsilon.$$

于是定理5.5.4的充分性部分就给出了无穷积分(5.30) 的收敛性.

注记 5.5.6. 观察上述例子不难想到一个一般性的结论: 如果无穷积分

$$\int_a^{+\infty}\left|f(x)\right|\mathrm{d}x$$

收敛, 那么

$$\int_a^{+\infty}f(x)\mathrm{d}x$$

也收敛. 此时, 我们称这个无穷积分**绝对收敛**.

定义 5.5.7. *设 $(-\infty,+\infty)$ 上的函数 f 在任意闭区间 $[a,b]$ 上可积, 我们记 f 在 $(-\infty,+\infty)$ 上的***无穷积分**

$$\int_{-\infty}^{+\infty}f(x)\,\mathrm{d}x=\int_{-\infty}^{a}f(x)\,\mathrm{d}x+\int_a^{+\infty}f(x)\,\mathrm{d}x. \tag{5.31}$$

*如果上式右端的两个无穷积分都收敛, 我们就说左端的无穷积分***收敛***, 也可以说 f 在 $(-\infty,+\infty)$ 上***反常可积***; 如果(5.31)式右端的两个无穷积分至少有一个发散, 我们就说左端的无穷积分***发散***.*

注记 5.5.8. 不难证明, 只要有一个 $a=a_0$ 使得(5.31)式右端的两个无穷积分都收敛, 那么它们对所有 $a\in\mathbb{R}$ 都收敛.

值得注意的是, (5.31)式右端涉及两个独立的极限过程

$$\int_{-\infty}^{a}f(x)\,\mathrm{d}x=\lim_{b\to-\infty}\int_b^a f(x)\,\mathrm{d}x \text{ 和 } \int_a^{+\infty}f(x)\,\mathrm{d}x=\lim_{\beta\to+\infty}\int_a^{\beta}f(x)\,\mathrm{d}x,$$

不能用

$$\lim_{b\to+\infty}\int_{-b}^{b}f(x)\,\mathrm{d}x$$

代替. 例如, 对所有 $b\geq0$,

$$\int_{-b}^{b}\mathrm{sgn}(x)\,\mathrm{d}x=0,$$

但

$$\int_{-\infty}^{a} \operatorname{sgn}(x)\,\mathrm{d}x = -\infty, \quad \int_{a}^{+\infty} \operatorname{sgn}(x)\,\mathrm{d}x = +\infty,$$

两个无穷积分都发散.

很容易将Riemann积分的各种运算性质和计算技巧推广到无穷积分的情形,其中包括Newton-Leibniz 公式.

定理 5.5.9. **（无穷积分的Newton-Leibniz 公式）** 若函数 f 在 $[a,+\infty)$ 上连续, F 是 f 的原函数,则

$$\int_{a}^{+\infty} f(t)\mathrm{d}t = F(+\infty) - F(a); \tag{5.32}$$

若函数 f 在 $(-\infty, a]$ 上连续, F 是 f 的原函数, 则

$$\int_{-\infty}^{a} f(t)\mathrm{d}t = F(a) - F(-\infty); \tag{5.33}$$

若函数 f 在 $(-\infty,+\infty)$ 上连续, F 是 f 的原函数, 则

$$\int_{-\infty}^{+\infty} f(t)\mathrm{d}t = F(+\infty) - F(-\infty). \tag{5.34}$$

例 5.5.10. 我们有

$$\int_{0}^{+\infty} \mathrm{e}^{-x}\mathrm{d}x = -\mathrm{e}^{-x}\Big|_{0}^{+\infty} = \mathrm{e}^{0} - \mathrm{e}^{-\infty} = 1.$$

例 5.5.11. 向空中发射火箭,问初速度 v_0 多大才能使火箭脱离地球引力?

解. 以地球中心为原点,垂直向上的方向为正向建立数轴. 设在时刻 t 火箭的位置是 $x(t)$. 这时 $v(t) = x'(t)$ 是速度函数,它随时间 t 递减,加速度 $v'(t) = x''(t) < 0$. 根据Newton 第二定律,可以写成微分方程

$$mx''(t) = -k\frac{mM}{x^2}, \text{ 或者 } x''(t) = -k\frac{M}{x^2}. \tag{5.35}$$

此处 m, M 分别为火箭和地球的质量. 由于

$$x''(t) = v'(t) = \frac{\mathrm{d}v}{\mathrm{d}x}\frac{\mathrm{d}x}{\mathrm{d}t} = v\frac{\mathrm{d}v}{\mathrm{d}x},$$

(5.35)式又可以写成

$$v\frac{\mathrm{d}v}{\mathrm{d}x} = -k\frac{M}{x^2}. \tag{5.36}$$

如果在有限的距离处 $v = 0$, 火箭必定坠回地面. 要使它脱离地球引力, 必须而且只须当 $x = +\infty$ 时 $v = 0$. 用 R 表示地球半径, 则 $x = R$ 时火箭具有初速度 v_0. 在(5.36)式两端积分,

$$\int_{v_0}^{0} v\mathrm{d}v = -kM\int_{R}^{+\infty}\frac{\mathrm{d}x}{x^2},$$

由此得到

$$\frac{1}{2}v_0^2 = \frac{kM}{R}.$$

这样就有

$$v_0 = \sqrt{\frac{2kM}{R}}.$$

注意重力加速度

$$g = \frac{kM}{R^2},$$

所以

$$v_0 = \sqrt{2gR} \approx \sqrt{2 \times 9.8 \times 6371 \times 10^3} = 11,174.6.$$

这里采用米 · 千克 · 秒单位制, 即初速度 v_0 达到每秒约11.175 千米时, 火箭就可以脱离地球引力. 这就是**第二宇宙速度**.

5.5.2 瑕积分

在开区间上, 即使是连续函数也不一定是有界的. 不过, 开区间上无界的连续函数, 只有在端点附近才可能出现无界的现象. 这就导致下面积分概念的推广.

定义 5.5.12. 设 $-\infty < a < b < +\infty$, 函数 $f:(a,b] \to \mathbb{R}$ 在区间 $(a,b]$ 的任意闭子区间上可积. 此时我们将极限

$$\lim_{\varepsilon \to 0^+} \int_{a+\varepsilon}^{b} f(x)\,\mathrm{d}x \tag{5.37}$$

记为

$$\int_a^b f(x)\,\mathrm{d}x, \tag{5.38}$$

并称它为 f 在 $(a,b]$ 上的**瑕积分**, 点 a 称为瑕积分(5.38) 的**瑕点**.

如果极限(5.37) 存在且有限, 我们就说瑕积分(5.38) **收敛**, 也可以说 f 在 $(a,b]$ 上**反常可积**; 如果极限(5.37) 不存在或为无穷大, 我们就说瑕积分(5.38) **发散**.

类似地, 可以定义左闭右开区间 $[a,b)$ 上的瑕积分

$$\int_a^b f(x)\,\mathrm{d}x = \lim_{\varepsilon \to 0^+} \int_a^{b-\varepsilon} f(x)\,\mathrm{d}x.$$

对开区间 (a,b), 我们任取一点 $c \in (a,b)$, 记 f 在 (a,b) 上的**瑕积分**

$$\int_a^b f(x)\,\mathrm{d}x = \int_a^c f(x)\,\mathrm{d}x + \int_c^b f(x)\,\mathrm{d}x. \tag{5.39}$$

如果上式右端的两个瑕积分都收敛, 我们就说左端的瑕积分**收敛**, 也可以说 f 在 (a,b) 上**反常可积**; 如果(5.39)式右端的两个瑕积分至少有一个发散, 我们就说左端的瑕积分**发散**.

注记 5.5.13. 如果 f 在闭区间 $[a,b]$ 上Riemann 可积, 显然, 将 f 限制在开区间 (a,b) 上, 就满足反常可积的所有条件, 并且其瑕积分与在闭区间 $[a,b]$ 上Riemann 积分相等. 因此, 我们也可以将闭区间上的普通Riemann 积分视为瑕积分. 这样, Riemann 可积可以看成反常可积的一个特例.

例 5.5.14. 计算

$$\int_0^1 \ln x \,\mathrm{d}x.$$

解. 因为 $\ln x \to -\infty$ $(x\to 0^+)$, 故 $x=0$ 是一个瑕点. 我们已知 $x\ln x \to 0$ $(x\to 0^+)$, 于是

$$\int_0^1 \ln x \,\mathrm{d}x = \lim_{\varepsilon\to 0^+}\int_\varepsilon^1 \ln x \,\mathrm{d}x = \lim_{\varepsilon\to 0^+}(x\ln x - x)\Big|_\varepsilon^1 = -1 - \lim_{\varepsilon\to 0^+}(x\ln x - x) = -1.$$

现在, Riemann 积分的换元公式可以推广成以下形式:

定理 5.5.15. **（推广的换元公式）** 设 $f\in C(a,\ b)$, $\varphi\in C^1\big(\alpha,\ \beta\big)$, 其中 $a,\ b,\ \alpha,\ \beta\in\mathbb{R}_\infty$, 且

$$\lim_{t\to\alpha^+}\varphi(t)=a,\quad \lim_{t\to\beta^-}\varphi(t)=b,\quad \varphi\big(\big(\alpha,\ \beta\big)\big)\subset(a,\ b),$$

那么, 只要 f 在 $(a,\ b)$ 上反常可积, 或者 $f\circ\varphi\cdot\varphi'$ 在 $\big(\alpha,\ \beta\big)$ 上反常可积, 就有

$$\int_a^b f(x)\mathrm{d}x = \int_\alpha^\beta f\big(\varphi(t)\big)\varphi'(t)\,\mathrm{d}t. \tag{5.40}$$

证明. 不妨设(5.40)式左端收敛, 包括无穷积分, 瑕积分和Riemann 积分的情形.

先设 $\alpha,\ \beta\in\mathbb{R}$. 当 $\delta>0$ 满足 $\alpha+\delta<\beta-\delta$ 时, 根据Riemann 积分的换元积分公式,

$$\int_{\alpha+\delta}^{\beta-\delta} f\big(\varphi(t)\big)\varphi'(t)\,\mathrm{d}t = \int_{\varphi(\alpha+\delta)}^{\varphi(\beta-\delta)} f(x)\,\mathrm{d}x,$$

注意闭区间上的普通Riemann 积分也可以看成瑕积分, 由(5.40) 式左端的可积性, 根据闭区间 $[\alpha+\delta,\ \beta-\delta]$ 上Riemann 积分的换元公式,

$$\lim_{\delta\to 0^+}\int_{\alpha+\delta}^{\beta-\delta} f\big(\varphi(t)\big)\varphi'(t)\,\mathrm{d}t = \lim_{\delta\to 0^+}\int_{\varphi(\alpha+\delta)}^{\varphi(\beta-\delta)} f(x)\,\mathrm{d}x$$
$$= \int_{\varphi(\alpha^+)}^{\varphi(\beta^-)} f(x)\,\mathrm{d}x = \int_a^b f(x)\,\mathrm{d}x,$$

因此(5.40)式右端的瑕积分收敛, 并与左端相等.

现设 $\alpha\in\mathbb{R}$, $\beta=+\infty$ 且右端是 $[\alpha,\ +\infty)$ 上的无穷积分. 此时 $\varphi(\alpha)=a$, 而 $t\to\beta^-$ 就是 $t\to+\infty$. 当 $\tau>\alpha$ 时就有

$$\int_\alpha^\tau f\big(\varphi(t)\big)\varphi'(t)\,\mathrm{d}t = \int_{\varphi(\alpha)}^{\varphi(\tau)} f(x)\,\mathrm{d}x.$$

由(5.40) 式左端的可积性,

$$\lim_{\tau\to+\infty}\int_{\alpha}^{\tau} f\big(\varphi(t)\big)\varphi'(t)\,\mathrm{d}t=\lim_{\tau\to+\infty}\int_{\varphi(\alpha)}^{\varphi(\tau)} f(x)\,\mathrm{d}x=\int_{\varphi(\alpha)}^{\varphi(+\infty)} f(x)\,\mathrm{d}x=\int_a^b f(x)\,\mathrm{d}x,$$

因此(5.40)式右端收敛, 并与左端相等.

其他情形可类似地证明, 在此从略. □

注记 5.5.16. 对 a 为瑕点的瑕积分

$$\int_a^b f(x)\,\mathrm{d}x,$$

用变量替换

$$y=\frac{1}{x-a},$$

则

$$x=\frac{1}{y}+a,\quad \mathrm{d}x=-\frac{\mathrm{d}y}{y^2},\quad y\to+\infty\ (x\to a^+),$$

此时即有

$$\int_a^b f(x)\,\mathrm{d}x=\int_{\frac{1}{b-a}}^{+\infty} f\left(\frac{1}{y}+a\right)\frac{\mathrm{d}y}{y^2}.\tag{5.41}$$

由此可见, 每个瑕积分都可以转换成一个无穷积分. 因此, 有关瑕积分的收敛性问题, 都可以归结为无穷积分的相应问题, 而不需要再重复讨论一次.

例 5.5.17. 考虑瑕积分

$$\int_0^1 \frac{\mathrm{d}x}{x^p},$$

用变换公式(5.41) 即得

$$\int_0^1 \frac{\mathrm{d}x}{x^p}=\int_1^{+\infty}\frac{\mathrm{d}y}{y^{2-p}}.$$

由例5.5.3 的结果即知当 $2-p>1$ 即 $p<1$ 时收敛, 当 $p\geq 1$ 时发散.

例 5.5.18. 考虑变量替换 $x=\tan\theta$, 则 $\theta=\arctan x$, 我们就得到

$$\int_0^{+\infty}\frac{\mathrm{d}x}{1+x^2}=\int_0^{\frac{\pi}{2}}\cos^2\theta\frac{\mathrm{d}\theta}{\cos^2\theta}=\int_0^{\frac{\pi}{2}}1\,\mathrm{d}\theta.$$

右端是个通常的Riemann 积分. 无穷积分、瑕积分和Riemann 积分三者通过变量替换, 从一种转换成另外一种, 是常见现象. 注意, 根据定理5.5.15, 反常积分只要能够转换成通常的Riemann 积分, 自然得到了收敛性.

例 5.5.19. 计算

$$\int_a^b \frac{\mathrm{d}x}{\sqrt{(x-a)(b-x)}}.$$

解. 这是有 a 和 b 两个瑕点的瑕积分. 注意到 $a<x<b$ 时

$$\frac{x-a}{b-a}+\frac{b-x}{b-a}=1,$$

并且左端的两个分式非负, 于是考虑变量替换

$$\frac{x-a}{b-a}=\sin^2\theta,\quad 0<\theta<\frac{\pi}{2},$$

此时

$$x=a+(b-a)\sin^2\theta=a\cos^2\theta+b\sin^2\theta,$$

$$\mathrm{d}x=2(b-a)\cos\theta\sin\theta\mathrm{d}\theta.$$

我们就得到

$$\int_a^b \frac{\mathrm{d}x}{\sqrt{(x-a)(b-x)}}=\int_0^{\frac{\pi}{2}}\frac{2(b-a)\cos\theta\sin\theta\mathrm{d}\theta}{(b-a)\sqrt{\sin^2\theta\cos^2\theta}}=2\int_0^{\frac{\pi}{2}}\mathrm{d}\theta=\pi.$$ □

练习 5.5

1. 求下列反常积分:

1) $\displaystyle\int_0^1 \frac{\mathrm{d}x}{\sqrt{x}}$; 2) $\displaystyle\int_1^{+\infty}\frac{\mathrm{d}x}{x(x+1)}$; 3) $\displaystyle\int_2^{+\infty}\frac{\mathrm{d}x}{x(\ln x)^2}$;

4) $\displaystyle\int_0^{+\infty} x\mathrm{e}^{-x}\mathrm{d}x$; 5) $\displaystyle\int_0^{+\infty}\frac{\mathrm{d}x}{\left(2+x^2\right)^{3/2}}$; 6) $\displaystyle\int_{-1}^{1}\frac{\mathrm{d}x}{\sqrt{1-x^2}}$.

2. 设函数 f 在 $[0,+\infty)$ 上连续且 $f\geq 0$. 如果 $\displaystyle\int_0^{+\infty} f(x)\mathrm{d}x=0$, 证明 $f=0$.

3. 设函数 $f,\ g\in C[a,+\infty)$ 且非负, g 在 $[a,+\infty)$ 上反常可积. 证明下面结论:

1) 若有常数 M 使得 $f(x)\leq Mg(x)$ 处处成立, 则 f 在 $[a,+\infty)$ 上反常可积;

2) 若极限 $\displaystyle\lim_{x\to+\infty}\frac{f(x)}{g(x)}$ 存在且有限, 则 f 在 $[a,+\infty)$ 上反常可积.

4. 设函数 $f,\ g\in C[a,+\infty)$, g 在 $[a,+\infty)$ 上非负且反常可积. 证明下面结论:

1) 若不等式 $|f(x)|\leq g(x)$ 处处成立, 则 f 在 $[a,+\infty)$ 上反常可积;

2) $\dfrac{\sin x}{1+x^2}$ 在 $[0,+\infty)$ 上反常可积.

5. 证明

$$\int_0^{\pi/2}\ln\sin x\,\mathrm{d}x=\int_0^{\pi/2}\ln\cos x\,\mathrm{d}x=\frac{1}{2}\int_0^{\pi/2}\left(\ln\sin x+\ln\cos x\right)\mathrm{d}x$$

并求出左端的积分值.

6. 设有一个无限长均匀细棒, 密度为 ρ, 在距离细棒 a 个单位长度处有一单位质量的质点, 计算细棒对质点的引力.

第6章 多元函数的连续性

6.1 欧氏空间中的点集

6.1.1 n 维欧氏空间 $\mathbb{R}^n$

对任意集合 A 和正整数 n，我们用 A^n 表示乘积集合

$$\underbrace{A \times A \times \cdots \times A}_{n个}.$$

于是 $\mathbb{R}^n$ 表示全体 n 元组的集合

$$\left\{(x_1, x_2, \cdots, x_n) \,\middle|\, x_i \in \mathbb{R},\ i = 1, 2, \cdots, n\right\}.$$

我们用黑体字母 $\boldsymbol{x}$ 表示 $(x_1, x_2, \cdots, x_n)$，称其为 $\mathbb{R}^n$ 中的一个**点**或者**向量**，x_i 称为 $\boldsymbol{x}$ 的第 i 个**分量**.

$$\mathbf{0} = (0, 0, \cdots, 0)$$

称为**零向量**，向量

$$-\boldsymbol{x} = (-x_1, -x_2, \cdots, -x_n)$$

称为 $\boldsymbol{x}$ 的**负向量**.

在 $\mathbb{R}^n$ 中，我们定义两种运算:

1) **数乘.** 对实数 λ 和向量 $\boldsymbol{x} = (x_1, x_2, \cdots, x_n)$，定义

$$\lambda\boldsymbol{x} = (\lambda x_1, \lambda x_2, \cdots, \lambda x_n)$$

称为向量 $\boldsymbol{x}$ 的 λ 倍.

2) **加法.** 对向量 $\boldsymbol{x} = (x_1, x_2, \cdots, x_n)$ 和 $\boldsymbol{y} = (y_1, y_2, \cdots, y_n)$，定义

$$\boldsymbol{x} + \boldsymbol{y} = (x_1 + y_1,\ x_2 + y_2,\ \cdots,\ x_n + y_n),$$

称为向量 $\boldsymbol{x}$ 与 $\boldsymbol{y}$ 之和.

数乘和加法统称为**线性运算**. 显然, 它们满足以下运算规律:

$$\begin{aligned}(\lambda+\mu)\boldsymbol{x} &= \lambda\boldsymbol{x}+\mu\boldsymbol{x},\\ \lambda(\mu\boldsymbol{x}) &= (\lambda\mu)\boldsymbol{x},\\ \mathbf{1}\cdot\boldsymbol{x} &= \boldsymbol{x},\\ \boldsymbol{x}+\boldsymbol{y} &= \boldsymbol{y}+\boldsymbol{x},\\ \boldsymbol{x}+(\boldsymbol{y}+\boldsymbol{z}) &= (\boldsymbol{x}+\boldsymbol{y})+\boldsymbol{z},\\ \mathbf{0}+\boldsymbol{x} &= \boldsymbol{x},\\ \lambda(\boldsymbol{x}+\boldsymbol{y}) &= \lambda\boldsymbol{x}+\lambda\boldsymbol{y}.\end{aligned}$$

集合 $\mathbb{R}^n$ 赋予线性运算之后, 就称为 n **维线性空间**.

对向量 $\boldsymbol{x}=(x_1,x_2,\cdots,x_n)$ 和 $\boldsymbol{y}=(y_1,y_2,\cdots,y_n)$, 我们定义

$$\langle\boldsymbol{x},\,\boldsymbol{y}\rangle=x_1y_1+x_2y_2+\cdots+x_ny_n,$$

称为向量 $\boldsymbol{x}$ 与 $\boldsymbol{y}$ 的**内积**. 不难验证, 内积有以下性质:

命题 6.1.1. 对任意实数 λ, μ 和向量 $\boldsymbol{x}$, $\boldsymbol{y}$, $\boldsymbol{z}$.

1) **正定性.** $\langle\boldsymbol{x},\,\boldsymbol{x}\rangle\geq 0$, 其中等号仅在 $\boldsymbol{x}=\mathbf{0}$ 时成立;

2) **对称性.** $\langle\boldsymbol{x},\,\boldsymbol{y}\rangle=\langle\boldsymbol{y},\,\boldsymbol{x}\rangle$;

3) **第一线性.** $\langle\lambda\boldsymbol{x}+\mu\boldsymbol{y},\,\boldsymbol{z}\rangle=\lambda\langle\boldsymbol{x},\,\boldsymbol{z}\rangle+\mu\langle\boldsymbol{y},\,\boldsymbol{z}\rangle$.

由第一线性和对称性, 立即得到**第二线性:** $\langle\boldsymbol{x},\lambda\boldsymbol{y}+\mu\boldsymbol{z}\rangle=\lambda\langle\boldsymbol{x},\boldsymbol{y}\rangle+\mu\langle\boldsymbol{x},\,\boldsymbol{z}\rangle$.

n 维线性空间 $\mathbb{R}^n$ 赋予内积之后, 就称为 n **维Euclid空间**, 简称**欧氏空间**.

我们也将 1 维Euclid 空间称为**实直线**, 2 维Euclid 空间称为**实平面**.

对任意向量 $\boldsymbol{x}\in\mathbb{R}^n$, 我们定义

$$\|\boldsymbol{x}\|=\sqrt{\langle\boldsymbol{x},\,\boldsymbol{x}\rangle}=\sqrt{x_1^2+x_2^2+\cdots+x_n^2},$$

称为 $\boldsymbol{x}$ 的**范数**, 它是长度概念的推广. 范数具有以下性质:

命题 6.1.2. 对任意实数 λ 和向量 $\boldsymbol{x}$, $\boldsymbol{y}$.

1) **正性.** $\|\boldsymbol{x}\|\geq 0$, 其中等号仅在 $\boldsymbol{x}=\mathbf{0}$ 时成立;

2) **正齐性.** $\|\lambda\boldsymbol{x}\|=|\lambda|\|\boldsymbol{x}\|$;

3) **三角不等式.** $\|\boldsymbol{x}+\boldsymbol{y}\|\leq\|\boldsymbol{x}\|+\|\boldsymbol{y}\|$.

由三角不等式很容易推出下面的结果:

定理 6.1.3. **(Cauchy-Schwartz 不等式)** 对任意两个向量 $\boldsymbol{x}$ 和 $\boldsymbol{y}$,

$$\langle \boldsymbol{x}, \boldsymbol{y}\rangle \le \|\boldsymbol{x}\|\|\boldsymbol{y}\|. \tag{6.1}$$

证明. 设 $\boldsymbol{x}=(x_1,x_2,\cdots,x_n)$, $\boldsymbol{y}=(y_1,y_2,\cdots,y_n)$. 对任意 $t\in\mathbb{R}$, 根据命题6.1.1, 我们有

$$\begin{aligned} 0 &\le \sum_{i=1}^n (x_i t-y_i)^2=\sum_{i=1}^n x_i^2 t^2-2\sum_{i=1}^n x_i y_i t+\sum_{i=1}^n y_i^2 \\ &= \|\boldsymbol{x}\|^2 t^2-2\langle \boldsymbol{x}, \boldsymbol{y}\rangle t+\|\boldsymbol{y}\|^2. \end{aligned}$$

因此末端这个关于 t 的二次多项式的判别式 $\langle \boldsymbol{x}, \boldsymbol{y}\rangle^2-\|\boldsymbol{x}\|^2\|\boldsymbol{y}\|^2\le 0$, 即 $\langle \boldsymbol{x}, \boldsymbol{y}\rangle \le \|\boldsymbol{x}\|\|\boldsymbol{y}\|$, 这就是(6.1) 式. □

现在对任意两个非零向量 $\boldsymbol{x}$ 和 $\boldsymbol{y}$, 我们有

$$\frac{\langle \boldsymbol{x}, \boldsymbol{y}\rangle}{\|\boldsymbol{x}\|\|\boldsymbol{y}\|}\le 1.$$

于是存在唯一的 $\theta\in[0,\pi]$, 称为向量 $\boldsymbol{x}$ 与 $\boldsymbol{y}$ 之间的**夹角**, 使得

$$\cos\theta=\frac{\langle \boldsymbol{x}, \boldsymbol{y}\rangle}{\|\boldsymbol{x}\|\|\boldsymbol{y}\|}. \tag{6.2}$$

当 $\theta=\pi/2$ 即 $\langle \boldsymbol{x}, \boldsymbol{y}\rangle=0$ 时, 称向量 $\boldsymbol{x}$ 与 $\boldsymbol{y}$ **正交**. 根据这一定义, 零向量与任意向量正交.

范数等于 1 的向量称为**单位向量**, 也叫作**方向**. 下面的 n 个单位向量

$$\boldsymbol{e}_1=(1,0,\cdots,0),\quad \boldsymbol{e}_2=(0,1,0,\cdots,0),\quad \cdots,\quad \boldsymbol{e}_n=(0,\cdots,0,1),$$

称为**单位坐标向量**. 显然, 它们中间的任意两个相互正交. 现在, 任意向量

$$\boldsymbol{x}=(x_1,x_2,\cdots,x_n)=x_1\boldsymbol{e}_1+x_2\boldsymbol{e}_2+\cdots+x_n\boldsymbol{e}_n.$$

任意两个向量 $\boldsymbol{x}$ 和 $\boldsymbol{y}$ 之差的范数 $\|\boldsymbol{x}-\boldsymbol{y}\|$ 称为 $\boldsymbol{x}$ 和 $\boldsymbol{y}$ 的**距离**. 容易验证距离有下列基本性质:

命题 6.1.4. 对任意三个向量 $\boldsymbol{x}$, $\boldsymbol{y}$ 和 $\boldsymbol{z}$.

1) **正性.** $\|\boldsymbol{x}-\boldsymbol{y}\|\ge 0$, 其中等号仅在 $\boldsymbol{x}=\boldsymbol{y}$ 时成立;

2) **对称性.** $\|\boldsymbol{x}-\boldsymbol{y}\|=\|\boldsymbol{y}-\boldsymbol{x}\|$;

3) **三角不等式.** $\|\boldsymbol{x}-\boldsymbol{y}\|\le\|\boldsymbol{x}-\boldsymbol{z}\|+\|\boldsymbol{y}-\boldsymbol{z}\|$.

6.1.2 $\mathbb{R}^n$ 中点列的极限

我们将映射

$$\varphi: \mathbb{N}^* \to \mathbb{R}^n,\ k \mapsto \boldsymbol{a}_k,$$

称为 $\mathbb{R}^n$ 中的一个**点列**, 记为 $\{\boldsymbol{a}_k\}_{k=1}^{\infty}$, 简写成 $\{\boldsymbol{a}_k\}$. 显然, 这是数列概念的推广. 数列极限也可以相应地推广为点列的极限.

定义 6.1.5. 设 $\boldsymbol{a} \in \mathbb{R}^n$, $\{\boldsymbol{a}_k\}$ 是 $\mathbb{R}^n$ 中的点列. 如果对任意 $\varepsilon > 0$, 存在正整数 K, 使得当正整数 $k \geq K$ 时 $\|\boldsymbol{a}_k - \boldsymbol{a}\| < \varepsilon$, 我们就称 $\{\boldsymbol{a}_k\}$ 收敛于 $\boldsymbol{a}$, 或者趋于 $\boldsymbol{a}$, 记作

$$\boldsymbol{a}_k \to \boldsymbol{a}\ (k \to \infty),$$

或者

$$\lim_{k\to\infty} \boldsymbol{a}_k = \boldsymbol{a}.$$

此时, 点 $\boldsymbol{a}$ 称为 $\{\boldsymbol{a}_k\}$ 的极限.

自然地, 点列极限必定具有一些类似数列极限的性质, 例如唯一性:

定理 6.1.6. 设 $\mathbb{R}^n$ 中的点列 $\{\boldsymbol{a}_k\}$ 既收敛于点 $\boldsymbol{a}$, 又收敛于点 $\boldsymbol{a}'$, 则必有 $\boldsymbol{a} = \boldsymbol{a}'$.

证明. 用反证法. 假设 $\boldsymbol{a} \neq \boldsymbol{a}'$, 则由距离的正性, 有 $\|\boldsymbol{a}' - \boldsymbol{a}\| > 0$. 取

$$\varepsilon = \frac{\|\boldsymbol{a}' - \boldsymbol{a}\|}{2},$$

则存在 $K \in \mathbb{N}^*$, 使得 $k \geq K$ 时

$$\|\boldsymbol{a}_k - \boldsymbol{a}\| < \varepsilon,\quad \|\boldsymbol{a}_k - \boldsymbol{a}'\| < \varepsilon.$$

于是

$$\|\boldsymbol{a}' - \boldsymbol{a}\| \leq \|\boldsymbol{a}' - \boldsymbol{a}_k\| + \|\boldsymbol{a}_k - \boldsymbol{a}\| < \varepsilon + \varepsilon = 2\varepsilon = \|\boldsymbol{a}' - \boldsymbol{a}\|.$$

矛盾. □

向量没有类似实数的乘法和除法, 但对于数乘和加法运算, 点列极限具有线性:

定理 6.1.7. 设 $\mathbb{R}^n$ 中的点列 $\{\boldsymbol{a}_k\}$ 和 $\{\boldsymbol{b}_k\}$ 分别收敛于点 $\boldsymbol{a}$ 和 $\boldsymbol{b}$, 则对任意实数 λ, μ, 点列 $\{\lambda\boldsymbol{a}_k + \mu\boldsymbol{b}_k\}$ 收敛于 $\lambda\boldsymbol{a} + \mu\boldsymbol{b}$, 即

$$\lim_{k\to\infty}(\lambda\boldsymbol{a}_k + \mu\boldsymbol{b}_k) = \lambda\lim_{k\to\infty}\boldsymbol{a}_k + \mu\lim_{k\to\infty}\boldsymbol{b}_k.$$

在一定意义下, 点列极限可以归结为数列极限.

定理 6.1.8. $\mathbb{R}^n$ 中的点列 $\{\boldsymbol{a}_k\}$ 收敛的充要条件是: 对每个 $i=1, 2, \cdots, n$, 点列的每一项 $\boldsymbol{a}_k$ 的第 i 个分量构成的数列 $\{a_{k,i}\}_{k=1}^{\infty}$ 收敛. 此处

$$\boldsymbol{a}_k=\left(a_{k,1}, a_{k,2}, \cdots, a_{k,n}\right), \quad k\in\mathbb{N}^*.$$

证明. 先证必要性. 假设点列 $\{\boldsymbol{a}_k\}$ 收敛于点 $\boldsymbol{a}=(a_1, a_2, \cdots, a_n)$. 对任意 $\varepsilon>0$, 可取正整数 K, 使得正整数 $k\geq K$ 时 $\|\boldsymbol{a}_k-\boldsymbol{a}\|<\varepsilon$. 此时, 对每个 $i=1, 2, \cdots, n$, 我们都有

$$\left|a_{k,i}-a_i\right|\leq\sqrt{\left(a_{k,1}-a_1\right)^2+\left(a_{k,2}-a_2\right)^2+\cdots+\left(a_{k,n}-a_n\right)^2}=\|\boldsymbol{a}_k-\boldsymbol{a}\|<\varepsilon.$$

即 $a_{k,i}\to a_i\ (k\to\infty)$.

现证充分性. 假设对 $i=1, 2, \cdots, n$, $\left\{a_{k,i}\right\}$ 收敛于实数 a_i. 记 $\boldsymbol{a}=(a_1, a_2, \cdots, a_n)$. 对任意 $\varepsilon>0$, 对每个 $i=1, 2, \cdots, n$, 有正整数 K_i, 使得正整数 $k\geq K_i$ 时

$$\left|a_{k,i}-a_i\right|<\frac{\varepsilon}{\sqrt{n}}.$$

取 $K=\max\{K_1, K_2, \cdots, K_n\}$, 则当正整数 $k\geq K$ 时就有

$$\|\boldsymbol{a}_k-\boldsymbol{a}\|=\sqrt{\left(a_{k,1}-a_1\right)^2+\left(a_{k,2}-a_2\right)^2+\cdots+\left(a_{k,n}-a_n\right)^2}<\sqrt{n\frac{\varepsilon^2}{n}}=\varepsilon.$$

即 $\boldsymbol{a}_k\to\boldsymbol{a}\ (k\to\infty)$. □

由上述定理易证下面的结果.

定理 6.1.9. (**Cauchy 收敛原理**) $\mathbb{R}^n$ 中的点列 $\{\boldsymbol{a}_k\}$ 收敛的充要条件是: 对任意 $\varepsilon>0$, 存在 $K\in\mathbb{N}^*$, 使得当正整数 $k,\ell\geq K$ 时,

$$\|\boldsymbol{a}_k-\boldsymbol{a}_\ell\|<\varepsilon.$$

6.1.3 $\mathbb{R}^n$ 中的开集和闭集

前面我们主要讨论定义在区间上的一元函数. 对于 n 维欧氏空间的情形, 区间可以自然地推广为若干个区间 $I_1, I_2, \cdots, I_n\subset\mathbb{R}$ 的乘积集合

$$I_1\times I_2\times\cdots\times I_n=\left\{(x_1,x_2,\cdots,x_n)\,\middle|\,x_i\in I_i,\ i=1,2,\cdots,n\right\}.$$

我们把这样的乘积集合称为 **n 维区间**, 简称**区间**. 显然, 2 维区间就是各边分别平行于坐标轴的矩形; 3 维区间就是各面分别平行于坐标平面的长方体.

对于一般的欧氏空间, 点 $\boldsymbol{a}\in\mathbb{R}^n$ 的 ε **邻域**定义为下面的 **n 维球**

$$B(\boldsymbol{a},\varepsilon)=\left\{\boldsymbol{x}\,\middle|\,\|\boldsymbol{x}-\boldsymbol{a}\|<\varepsilon\right\}.$$

这里 ε 是一个正数,称为 $B(\boldsymbol{a},\varepsilon)$ 的**半径**；点 $\boldsymbol{a}$ 称为 $B(\boldsymbol{a},\varepsilon)$ 的**中心**. 显然, 2 维球是一个圆盘; 3 维球是通常所称的球体.

这里,我们遇到了一个维数增加带来的差别: $\mathbb{R}$ 中的邻域都是区间,而 $n\geq 2$ 时, $\mathbb{R}^n$ 中的邻域与区间不再具有相同的形式. 这只是问题的冰山一角. 我们知道,变量替换是处理函数的主要工具之一. 对于一元函数,用来换元的连续函数总是将区间映射成另一个区间. 在多元情形,变量替换要用到向量值函数. 即使对形式相当简单的向量值函数 ϕ, n 维区间 I 的像 $\phi(I)$ 也可能呈现非常复杂的形状. 因此,在研究多元函数时,我们首先要对欧氏空间中的点集进行一番比较细致的考察.

定义 6.1.10. 设点集 $G\subset\mathbb{R}^n$, $\boldsymbol{a}\in G$.

若存在一个 $\boldsymbol{a}$ 的邻域 $B(\boldsymbol{a})$ 整个落在 G 中, 即 $B(\boldsymbol{a})\subset G$, 则 $\boldsymbol{a}$ 称为 G 的**内点**.

若每个 $\boldsymbol{x}\in G$ 都是 G 的内点, 则称 G 是一个**开集**.

若点集 $F\subset\mathbb{R}^n$ 的余集 $F^c=\mathbb{R}^n\setminus F$ 是开集, 则称 F 是一个**闭集**.

闭集可以用点列极限来刻画.

定义 6.1.11. 设 $S\subset\mathbb{R}^n$. 若点列 $\{\boldsymbol{a}_k\}$ 的每一项都是 S 中的点, 则称 $\{\boldsymbol{a}_k\}$ 是 S 中的点列. 若存在 S 中的点列 $\{\boldsymbol{a}_k\}$ 收敛于 $\boldsymbol{a}\in\mathbb{R}^n$, 且所有的 $\boldsymbol{a}_k\neq\boldsymbol{a}$, 则 $\boldsymbol{a}$ 称为 S 的一个**聚点.**

定理 6.1.12. 点集 $F\subset\mathbb{R}^n$ 是闭集的充要条件是: F 包含自身的所有聚点.

证明. 先证必要性. 用反证法. 设 F 是闭集, 它有一个聚点 $\boldsymbol{a}\notin F$. 此时有 F 中的点列 $\{\boldsymbol{a}_k\}$ 收敛于 $\boldsymbol{a}$. 然而 $\boldsymbol{a}\in F^c$, 并且 F^c 是开集, 因此 $\boldsymbol{a}$ 是 F^c 的内点, 必有某个 $\varepsilon>0$, 使得邻域 $B(\boldsymbol{a},\varepsilon)\subset F^c$. 于是 k 充分大时 $\boldsymbol{a}_k\in B(\boldsymbol{a},\varepsilon)$, 从而 $\boldsymbol{a}_k\in F^c$. 这与 $\boldsymbol{a}_k\in F$ 矛盾.

现证充分性. 设 F 包含自身的所有聚点. 任取 $\boldsymbol{a}\in F^c$. 如果 $\boldsymbol{a}$ 不是 F^c 的内点, 那么对每个 $k\in\mathbb{N}^*$, 在邻域 $B(\boldsymbol{a},1/k)$ 中必定包含某个不属于 F^c, 即属于 F 的点 $\boldsymbol{a}_k$. 这意味着 F 中的点列 $\{\boldsymbol{a}_k\}$ 收敛于 $\boldsymbol{a}$, 于是 $\boldsymbol{a}$ 是 F 的聚点, 但这与 F 包含所有自身聚点的假设矛盾. 因此 $\boldsymbol{a}$ 只能是 F^c 的内点, 也就是说 F^c 是一个开集. □

定义 6.1.13. 点集 S 的所有聚点组成的集合称为 S 的**导集**, 记为 S'. S 与它的导集 S' 的并集称为 S 的**闭包**, 记为 $\overline{S}$.

例 6.1.14. 区间 $I=(0,1)$ 的导集 $I'=[0,1]$. 点集 $A=\left\{\frac{1}{k}\,\middle|\,k\in\mathbb{N}^*\right\}$ 只有一个极限点 0. 故其导集 $A'=\{0\}$.

对任意实数 a, 都可以取一个有理数组成的数列收敛于 a, 即每个实数都是全体有理数集合 $\mathbb{Q}$ 的聚点. 因此全体有理数集合 $\mathbb{Q}$ 的导集 $\mathbb{Q}'=\mathbb{R}$.

闭包与闭集的关系如下:

定理 6.1.15. 任意点集 S 的闭包 $\overline{S}$ 一定是闭集;反之,闭集是自身的闭包.

证明. 我们只需证明 $\left(\overline{S}\right)^c$ 是开集. 用反证法,假设有 $\boldsymbol{p}\in\left(\overline{S}\right)^c$,但 $\boldsymbol{p}$ 不是 $\left(\overline{S}\right)^c$ 的内点. 此时,对每个正整数 k,在以 $\boldsymbol{p}$ 为中心的球 $B\left(\boldsymbol{p},1/k\right)$ 中,至少有一点 $\boldsymbol{p}_k\in\overline{S}$. 我们利用这个 $\overline{S}$ 中的点列 $\{\boldsymbol{p}_k\}$,构造一个 S 中的点列 $\{\boldsymbol{q}_k\}$,使它收敛于 $\boldsymbol{p}$.

对每个正整数 k,若 $\boldsymbol{p}_k\in S$,我们令 $\boldsymbol{q}_k=\boldsymbol{p}_k$,此时

$$\|\boldsymbol{q}_k-\boldsymbol{p}\|=\|\boldsymbol{p}_k-\boldsymbol{p}\|<\frac{1}{k}. \tag{6.3}$$

若 $\boldsymbol{p}_k\notin S$,则 $\boldsymbol{p}_k$ 是 S 的聚点,此时有 S 中的点列 $\{\boldsymbol{a}_\ell\}$ 使得 $\boldsymbol{a}_\ell\to\boldsymbol{p}_k\ (\ell\to\infty)$. 因此我们可以取一个正整数 L 使得 $\|\boldsymbol{a}_L-\boldsymbol{p}_k\|<1/k$. 我们令 $\boldsymbol{q}_k=\boldsymbol{a}_L$,则

$$\|\boldsymbol{q}_k-\boldsymbol{p}\|\le\|\boldsymbol{q}_k-\boldsymbol{p}_k\|+\|\boldsymbol{p}_k-\boldsymbol{p}\|=\|\boldsymbol{a}_L-\boldsymbol{p}_k\|+\|\boldsymbol{p}_k-\boldsymbol{p}\|<\frac{1}{k}+\frac{1}{k}=\frac{2}{k}. \tag{6.4}$$

这样,无论 $\boldsymbol{p}_k$ 是否属于 S,总有 $\boldsymbol{q}_k\in S$,并且由(6.3) 式和(6.4) 式总是有

$$\|\boldsymbol{q}_k-\boldsymbol{p}\|<\frac{2}{k}. \tag{6.5}$$

可见 $\boldsymbol{q}_k\to\boldsymbol{p}\ (k\to\infty)$. 这表明 $\boldsymbol{p}$ 是 S 的聚点,于是 $\boldsymbol{p}\in\overline{S}$,与 $\boldsymbol{p}\in\left(\overline{S}\right)^c$ 的假设矛盾.

现在假设 F 是闭集,由定理6.1.12, F 包含自身的所有聚点,即 $F'\subset F$,于是

$$\overline{F}=F'\cup F=F.$$

这就完成了定理的证明. □

定义 6.1.16. 设 $S\subset\mathbb{R}^n$. 若 $\boldsymbol{a}\in S$,但 $\boldsymbol{a}\notin S'$,则称 $\boldsymbol{a}$ 是 S 的**孤立点.**

若 $\boldsymbol{a}$ 既不是 S 的内点,也不是 S^c 的内点,则称 $\boldsymbol{a}$ 是 S 的**边界点.**

S 的全体边界点组成的集合称为 S 的**边界.** 记作 ∂S.

命题 6.1.17. 欧氏空间 $\mathbb{R}^n$ 中的点 $\boldsymbol{a}$ 与集合 S 有以下关系:

1) 如果 $\boldsymbol{a}$ 是 S 的内点,那么 $\boldsymbol{a}$ 必定也是 S 的聚点;

2) 如果 $\boldsymbol{a}\in S$,但不是 S 的内点,那么 $\boldsymbol{a}$ 必定是边界点; 特别地, S 的孤立点必定是边界点;

3) 如果 $\boldsymbol{a}\in\partial S$,但 $\boldsymbol{a}$ 不是 S 的孤立点,那么 $\boldsymbol{a}$ 必定是 S 的聚点;

4) S 与 S^c 有相同的边界,即 $\partial S=\partial(S^c)$;

5) S 是开集的充要条件是: 它不包含自身的任何边界点; S 是闭集的充要条件是: 它包含自身的所有边界点.

我们还可以将有界的概念推广到n维欧氏空间中. 对点集 $S\subset\mathbb{R}^n$, 如果存在一个正数 M, 使得对一切 $\boldsymbol{x}\in S$, 都有 $\|\boldsymbol{x}\|\le M$, 我们就说 S 是**有界**的.

显然, 每个 $\mathbb{R}^n$ 中的球都是有界的.

练习 6.1

1. 证明距离的三角不等式

$$\|\boldsymbol{x}-\boldsymbol{y}\|\le\|\boldsymbol{x}-\boldsymbol{z}\|+\|\boldsymbol{y}-\boldsymbol{z}\|.$$

2. 证明定理6.1.7.

3. 证明命题6.1.17.

4. 举例说明:

   1) 存在既没有内点, 也不是闭集的非空点集;

   2) 存在既没有内点, 也没有聚点的非空点集.

5. 证明 n 维球 $B(\boldsymbol{a},\varepsilon)$ 是区域.

6. 证明 n 维球 $B(\boldsymbol{a},\varepsilon)$ 的闭包

$$\overline{B(\boldsymbol{a},\varepsilon)}=\left\{\boldsymbol{x}\,\middle|\,\|\boldsymbol{x}-\boldsymbol{a}\|\le\varepsilon\right\}.$$

7. 设平面点集 $A=\left\{\left(x,\ \sin\dfrac{1}{x}\right)\,\middle|\,x\in\mathbb{R}^*\right\}$, 求其导集.

6.2 多元函数与向量值函数的极限

6.2.1 多元函数和向量值函数

定义在 $\mathbb{R}^n$ 的子集上的函数称为 n 元函数. 当 $n\ge2$ 时, 就称为**多元函数**. 设 $D\subset\mathbb{R}^n$. n 元函数 $f\colon D\to\mathbb{R}$ 也记为 $f(\boldsymbol{x})$, $\boldsymbol{x}\in D$, 或

$$f(x_1,x_2,\cdots,x_n),\quad(x_1,x_2,\cdots,x_n)\in D.$$

其中 $\boldsymbol{x}$ 的分量 x_i 称为 n 元函数 f 的第 i 个变量.

例 6.2.1. 欧姆定律指出: 通过导体的电流 I 与导体两端的电压 U 成正比, 与导体的电阻 R 成反比. 因此, I 是两个变量 U 和 R 的二元函数, 即 $I=I(U,R)$, 映射关系为

$$I=\frac{U}{R}.$$

定义域是某个欧氏空间的子集, 目标域是另一个欧氏空间的映射, 称为**多元向量值函数**, 简称为**向量值函数**.

对于多元向量值函数

$$\boldsymbol{\phi}\colon D \to \mathbb{R}^m,\quad \boldsymbol{x} \mapsto \big(\phi_1(\boldsymbol{x}),\, \phi_2(\boldsymbol{x}),\, \cdots,\, \phi_m(\boldsymbol{x})\big),$$

其中 $\boldsymbol{\phi}(\boldsymbol{x})$ 的 $\boldsymbol{m}$ 个分量

$$\phi_j(\boldsymbol{x}) = \phi_j(x_1, x_2, \cdots, x_n),\quad j = 1, 2, \cdots, m$$

都是定义在 D 上的多元函数.

例 6.2.2. 极坐标是一个二元向量值函数

$$\boldsymbol{p}\colon D \to \mathbb{R}^2,\quad (r, \theta) \mapsto (r\cos\theta,\, r\sin\theta),$$

其中

$$D = \Big\{(r, \theta)\ \Big|\ 0 \le r < +\infty,\ \theta \in \mathbb{R}\Big\}.$$

定义 6.2.3. 一个映射 $\boldsymbol{T}\colon \mathbb{R}^n \to \mathbb{R}^m$, 如果对任意实数 λ, μ 和三个向量 $\boldsymbol{x}$, $\boldsymbol{y}$, $\boldsymbol{z}$, 都满足

$$\boldsymbol{T}\big(\lambda\boldsymbol{x} + \mu\boldsymbol{y}\big) = \lambda\boldsymbol{T}(\boldsymbol{x}) + \mu\boldsymbol{T}\big(\boldsymbol{y}\big), \tag{6.6}$$

就称为从 $\mathbb{R}^n$ 到 $\mathbb{R}^m$ 的**线性映射**.

例 6.2.4. 为适应矩阵乘法的约定, 我们将欧氏空间中的向量写成列向量的形式, 即

$$\boldsymbol{x} = \begin{pmatrix} x_1 \\ x_2 \\ \vdots \\ x_n \end{pmatrix} \in \mathbb{R}^n.$$

从线性代数理论可知, 设

$$\boldsymbol{A} = \begin{pmatrix} a_{11} & a_{12} & \cdots & a_{1n} \\ a_{21} & a_{22} & \cdots & a_{2n} \\ \vdots & \vdots & & \vdots \\ a_{m1} & a_{m2} & \cdots & a_{mn} \end{pmatrix}$$

是一个 $m\times n$ 矩阵, 则由

$$\boldsymbol{T}\colon \mathbb{R}^n \to \mathbb{R}^m,\ \boldsymbol{x}\mapsto \boldsymbol{A}\boldsymbol{x}$$

定义了唯一的一个从 $\mathbb{R}^n$ 到 $\mathbb{R}^m$ 的线性映射.

反之, 如果 $\boldsymbol{T}\colon \mathbb{R}^n \to \mathbb{R}^m$ 是一个线性映射, 则必有一个 $m\times n$ 矩阵 $\boldsymbol{A}$, 使得

$$\boldsymbol{T}(\boldsymbol{x}) = \boldsymbol{A}\boldsymbol{x},\ \ \boldsymbol{x}\in\mathbb{R}^n.$$

定义 6.2.5. 设 $D\subset\mathbb{R}^n$. 如果映射

$$\gamma\colon [0,1]\to D,\ t\mapsto \big(\gamma_1(t), \gamma_2(t), \cdots, \gamma_n(t)\big)$$

的各个分量 $\gamma_i(t)$ $(i=1, 2, \cdots, n)$ 都是 $[0,1]$ 上的连续函数, 就称 γ 是 D 中的**道路**.

直观地说, 道路是两个点 $\gamma(0)$, $\gamma(1)$ 之间的一段弧线.

例 6.2.6. 映射

$$\gamma(t) = \left(t(2t-1),\ t\sqrt{t(1-t)}\right),\quad t\in[0,1]$$

是 $\mathbb{R}^2$ 中的一条道路,

$$\gamma(0) = (0,0),\ \ \gamma(1) = (1,0).$$

如图 6.1 中弧线所示, 它是心形线的一半.

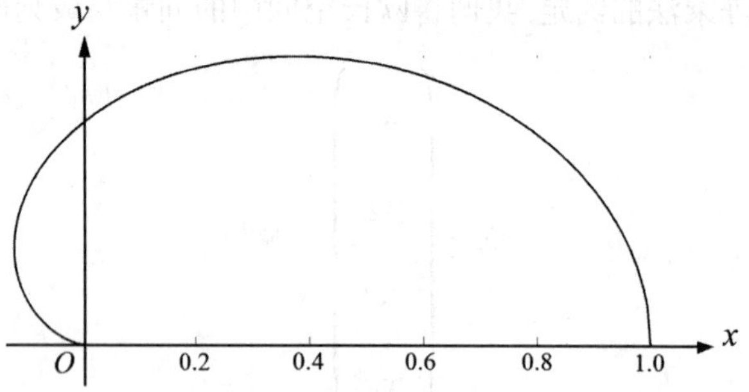

图 6.1

定义 6.2.7. 设 R 是 $\mathbb{R}^n$ 中的开集. 如果对任意两点 $\boldsymbol{a}, \boldsymbol{b}\in R$, 都存在一条 R 中的道路 $\gamma\colon [0,1]\to R$, 使得

$$\gamma(0) = \boldsymbol{a},\ \ \gamma(1) = \boldsymbol{b},$$

就称 R 是一个**区域**.

如果一个点集是某个区域的闭包, 就称其为**闭区域**.

直观地看, 区域中任意两点可以用一段曲线连在一起, 因此, 区域也可以叫作开连通集. 显然, 一维的区域就是开区间, 一维的闭区域就是闭区间.

在多元函数理论中, 区域和闭区域起着开区间和闭区间在一元函数中的作用.

例 6.2.8. n 个开区间 $I_i=(a_i,\, b_i)$， $i=1,2,\cdots,n$ 的乘积集合

$$I=I_1\times\cdots\times I_n=\left\{(x_1,x_2,\cdots,x_n)\;\middle|\;a_i<x_i<b_i,\ i=1,2,\cdots,n\right\}.$$

称为 n **维开区间**, 也是一个区域. I 的闭包

$$\overline{I}=\overline{I}_1\times\cdots\times\overline{I}_n=\left\{(x_1,x_2,\cdots,x_n)\;\middle|\;a_i\le x_i\le b_i,\ i=1,2,\cdots,n\right\}$$

称为 n **维闭区间**, 是一个闭区域.

例 6.2.9. n 维球 $B(\boldsymbol{a},\varepsilon)$ 是 $\mathbb{R}^n$ 中的区域. 它的闭包

$$\overline{B(\boldsymbol{a},\varepsilon)}=\left\{\boldsymbol{x}\;\middle|\;\|\boldsymbol{x}-\boldsymbol{a}\|\le\varepsilon\right\}$$

也称为 n 维闭球. 显然, $\overline{B(\boldsymbol{a},\varepsilon)}$ 是闭区域.

6.2.2 多元函数的极限

定义 6.2.10. 设 $D\subset\mathbb{R}^n$, $\boldsymbol{a}$ 是 D 的一个聚点. 又设多元函数 $f\colon D\to\mathbb{R}$, 数 $A\in\mathbb{R}$. 如果对任意给定的 $\varepsilon>0$, 存在 $\delta>0$, 使得只要 $\boldsymbol{x}\in D$ 且 $0<\|\boldsymbol{x}-\boldsymbol{a}\|<\delta$, 就有

$$\left|f(\boldsymbol{x})-A\right|<\varepsilon,$$

就称函数 f 在点 $\boldsymbol{a}$ 处有**极限** A, 或者说当 $\boldsymbol{x}$ 趋于 $\boldsymbol{a}$ 时, $f(\boldsymbol{x})$ 趋于 A, 记作

$$\lim_{\boldsymbol{x}\to\boldsymbol{a}}f(\boldsymbol{x})=A,$$

或者

$$f(\boldsymbol{x})\to A\quad(\boldsymbol{x}\to\boldsymbol{a}).$$

此时, 也可以说 $\lim\limits_{\boldsymbol{x}\to\boldsymbol{a}}f(\boldsymbol{x})$ 存在且有限.

例 6.2.11. 设二元函数

$$f(x,y)=\frac{x^2y^2}{x^2+y^2},\quad \boldsymbol{x}=(x,y)\neq(0,0).$$

它的定义域是 $\mathbb{R}^2\setminus\{\boldsymbol{0}\}$. 由于

$$\left|f(\boldsymbol{x})\right|=\frac{x^2y^2}{x^2+y^2}\le x^2+y^2=\|\boldsymbol{x}\|^2,$$

对对任意的 $\varepsilon>0$, 取 $\delta=\sqrt{\varepsilon}$, 则 $\boldsymbol{x}\in D$ 且 $0<\|\boldsymbol{x}\|<\delta$, 于是

$$\left|f(\boldsymbol{x})\right|\leq\|\boldsymbol{x}\|^2<\delta^2=\varepsilon,$$

这就是

$$\lim_{\boldsymbol{x}\to\boldsymbol{0}}f(\boldsymbol{x})=0.$$

根据上述定义, 采用与一元函数极限类似的方法, 易证多元函数的极限也有下列基本性质.

定理 6.2.12. 设 $D\subset\mathbb{R}^n$, $\boldsymbol{a}$ 是 D 的一个聚点. 多元函数 $f:D\to\mathbb{R}$.

1) **唯一性.** 若有 $A, A'\in\mathbb{R}$, 使得

$$\lim_{\boldsymbol{x}\to\boldsymbol{a}}f(\boldsymbol{x})=A,\quad \lim_{\boldsymbol{x}\to\boldsymbol{a}}f(\boldsymbol{x})=A',$$

则 $A=A'$;

2) **局部有界性.** 若

$$\lim_{\boldsymbol{x}\to\boldsymbol{a}}f(\boldsymbol{x})=b\in\mathbb{R},$$

则存在正数 d, M, 使得 $0<\|\boldsymbol{x}-\boldsymbol{a}\|<d$ 时

$$\left|f(\boldsymbol{x})\right|\leq M.$$

定理 6.2.13. **（极限的四则运算性）** 设 $D\subset\mathbb{R}^n$, $\boldsymbol{a}$ 是 D 的一个聚点, $A, B\in\mathbb{R}$, 多元函数 $f, g: D\to\mathbb{R}$ 满足

$$\lim_{\boldsymbol{x}\to\boldsymbol{a}}f(\boldsymbol{x})=A,\quad \lim_{\boldsymbol{x}\to\boldsymbol{a}}g(\boldsymbol{x})=B,$$

则有以下结果:

1) 对任意常数 $c\in\mathbb{R}$, 有 $$\lim_{\boldsymbol{x}\to\boldsymbol{a}}cf(\boldsymbol{x})=cA;$$

2) $$\lim_{\boldsymbol{x}\to\boldsymbol{a}}\big(f+g\big)(\boldsymbol{x})=A+B;$$

3) $$\lim_{\boldsymbol{x}\to\boldsymbol{a}}\big(fg\big)(\boldsymbol{x})=AB;$$

4) 当 $B\neq0$ 时, $$\lim_{\boldsymbol{x}\to\boldsymbol{a}}\frac{f}{g}(\boldsymbol{x})=\frac{A}{B}.$$

多元函数的极限也可以归结为点列的极限.

定理 6.2.14. （多元函数极限的归结原理） 设 $D\subset\mathbb{R}^n$，$\boldsymbol{a}$ 是 D 的一个聚点，多元函数 $f: D\to\mathbb{R}$，$A\in\mathbb{R}$，则

$$\lim_{\boldsymbol{x}\to\boldsymbol{a}} f(\boldsymbol{x})=A$$

的充要条件是：对任意一个 D 中点列 $\{\boldsymbol{x}_k\}$，当所有 $\boldsymbol{x}_k\neq\boldsymbol{a}$ 且 $\lim\limits_{k\to\infty}\boldsymbol{x}_k=\boldsymbol{a}$ 时，总是有

$$\lim_{k\to\infty} f(\boldsymbol{x}_k)=A.$$

例 6.2.15. 考虑二元函数

$$f(x,y)=\frac{xy}{x^2+y^2},\quad \boldsymbol{x}=(x,y)\neq(0,0).$$

由不等式 $2|xy|\leq x^2+y^2$，知

$$\left|f(\boldsymbol{x})\right|=\frac{|xy|}{x^2+y^2}\leq\frac{1}{2},$$

因此函数 f 在整个定义域上有界.

取点列

$$\boldsymbol{p}_k=\left(\frac{1}{k},0\right),\quad \boldsymbol{q}_k=\left(\frac{1}{k},\frac{1}{k}\right),\quad k\in\mathbb{N}^*.$$

显然 $\boldsymbol{p}_k\to\boldsymbol{0}$，$\boldsymbol{q}_k\to\boldsymbol{0}$ $(k\to\infty)$. 然而

$$f(\boldsymbol{p}_k)=0,\quad f(\boldsymbol{q}_k)=f\left(\frac{1}{k},\frac{1}{k}\right)=\frac{1}{2},\quad k\in\mathbb{N}^*.$$

根据上述归结原理，$\lim\limits_{\boldsymbol{x}\to\boldsymbol{0}} f(\boldsymbol{x})$ 不存在. □

例 6.2.16. 考虑二元函数

$$f(x,y)=\frac{x^2y}{x^4+y^2},\quad \boldsymbol{x}=(x,y)\neq(0,0).$$

当点 $\boldsymbol{x}$ 沿着 y 轴趋于原点时，显然有 $f(0,y)\equiv0\to0$ $(y\to0)$；当点 $\boldsymbol{x}$ 沿着任意直线 $y=kx$ 趋于原点时，

$$\lim_{x\to0} f(x,kx)=\lim_{x\to0}\frac{kx^3}{x^4+k^2x^2}=\lim_{x\to0}\frac{kx}{x^2+k^2}=0;$$

因此点 $\boldsymbol{x}$ 沿着任意直线趋于原点时，函数 f 总是趋于零. 然而，这仍然不足以保证函数 f 在原点处有极限 0.

当我们让点 $\boldsymbol{x}$ 沿着抛物线 $y=x^2$ 趋于原点，则有

$$\lim_{x\to0} f(x,x^2)=\lim_{x\to0}\frac{x^4}{x^4+x^4}=\frac{1}{2}\neq0.$$

可见函数 f 在原点处的极限不存在.

要判断多元函数在某点附近是否存在有限的极限,下面定理仍然是重要的工具.

定理 6.2.17. （多元函数极限的Cauchy收敛原理） 设 $D\subset\mathbb{R}^n$, $\boldsymbol{a}$ 是 D 的一个聚点, 多元函数 $f\colon D\to\mathbb{R}$, 则 $\lim\limits_{\boldsymbol{x}\to\boldsymbol{a}} f(\boldsymbol{x})$ 存在且有限的充要条件是: 对任意给定的 $\varepsilon>0$, 存在 $\delta>0$, 使得只要 $\boldsymbol{x},\boldsymbol{x}'\in D$ 满足 $0<\|\boldsymbol{x}-\boldsymbol{a}\|<\delta$ 和 $0<\|\boldsymbol{x}'-\boldsymbol{a}\|<\delta$, 就有

$$\left|f(\boldsymbol{x})-f(\boldsymbol{x}')\right|<\varepsilon.$$

6.2.3 向量值函数的极限

注意到向量的范数就是实数的绝对值在多维欧氏空间中的推广, 上面定义的多元函数的极限就推广成为多元向量值函数的极限.

定义 6.2.18. 设 $D\subset\mathbb{R}^n$, $\boldsymbol{a}$ 是 D 的一个聚点. 又设多元向量值函数 $\boldsymbol{f}\colon D\to\mathbb{R}^m$, 点 $\boldsymbol{A}\in\mathbb{R}^m$. 如果对任意给定的 $\varepsilon>0$, 存在 $\delta>0$, 使得只要 $\boldsymbol{x}\in D$ 且 $0<\|\boldsymbol{x}-\boldsymbol{a}\|<\delta$, 就有

$$\|\boldsymbol{f}(\boldsymbol{x})-\boldsymbol{A}\|<\varepsilon,$$

就称 $\boldsymbol{f}$ 在点 $\boldsymbol{a}$ 处有极限 $\boldsymbol{A}$, 也可以说当 $\boldsymbol{x}$ 趋于 $\boldsymbol{a}$ 时, $\boldsymbol{f}(\boldsymbol{x})$ 趋于 $\boldsymbol{A}$, 记作

$$\lim_{\boldsymbol{x}\to\boldsymbol{a}}\boldsymbol{f}(\boldsymbol{x})=\boldsymbol{A},$$

或者

$$\boldsymbol{f}(\boldsymbol{x})\to\boldsymbol{A}\quad(\boldsymbol{x}\to\boldsymbol{a}).$$

不难验证, 多元向量值函数的极限也具有下列性质.

定理 6.2.19. 设 $D\subset\mathbb{R}^n$, $\boldsymbol{a}$ 是 D 的一个聚点. 多元向量值函数 $\boldsymbol{f}\colon D\to\mathbb{R}^m$.

1) **唯一性.** 若有 $\boldsymbol{A}$, $\boldsymbol{A}'\in\mathbb{R}^m$, 使得

$$\lim_{\boldsymbol{x}\to\boldsymbol{a}}\boldsymbol{f}(\boldsymbol{x})=\boldsymbol{A},\quad \lim_{\boldsymbol{x}\to\boldsymbol{a}}\boldsymbol{f}(\boldsymbol{x})=\boldsymbol{A}',$$

则 $\boldsymbol{A}=\boldsymbol{A}'$;

2) **局部有界性.** 若

$$\lim_{\boldsymbol{x}\to\boldsymbol{a}}\boldsymbol{f}(\boldsymbol{x})\in\mathbb{R}^m,$$

则存在正数 d, M, 使得 $0<\|\boldsymbol{x}-\boldsymbol{a}\|<d$ 时, 有

$$\|\boldsymbol{f}(\boldsymbol{x})\|\le M.$$

定理 6.2.20. **（向量值函数极限的线性）** 设 $D\subset\mathbb{R}^n$，$\boldsymbol{a}$ 是 D 的一个聚点，$\boldsymbol{A}$，$\boldsymbol{B}\in\mathbb{R}^m$，多元向量值函数 $\boldsymbol{f}$，$\boldsymbol{g}$：$D\to\mathbb{R}^m$ 满足

$$\lim_{\boldsymbol{x}\to\boldsymbol{a}}\boldsymbol{f}(\boldsymbol{x})=\boldsymbol{A},\quad \lim_{\boldsymbol{x}\to\boldsymbol{a}}\boldsymbol{g}(\boldsymbol{x})=\boldsymbol{B},$$

则对任意实数 α，$\beta\in\mathbb{R}$，有

$$\lim_{\boldsymbol{x}\to\boldsymbol{a}}\big(\alpha\boldsymbol{f}+\beta\boldsymbol{g}\big)(\boldsymbol{x})=\alpha\boldsymbol{A}+\beta\boldsymbol{B}.$$

注记 6.2.21. 当 $m=1$ 时，$\mathbb{R}^m=\mathbb{R}$. 多元向量值函数 $\boldsymbol{f}$ 即成为多元函数. 因此，多元函数极限是多元向量值函数极限的特例. 虽然如此，多元向量值函数的极限也可以归结为多元函数的极限.

定理 6.2.22. 设多元向量值函数

$$\boldsymbol{f}: D\to\mathbb{R}^m,\quad \boldsymbol{x}\mapsto\boldsymbol{f}(\boldsymbol{x})=\big(f_1(\boldsymbol{x}),\ f_2(\boldsymbol{x}),\ \cdots,\ f_m(\boldsymbol{x})\big),$$

点 $\boldsymbol{A}=(A_1,\ A_2,\ \cdots,\ A_m)\in\mathbb{R}^m$. 则

$$\lim_{\boldsymbol{x}\to\boldsymbol{a}}\boldsymbol{f}(\boldsymbol{x})=\boldsymbol{A}\tag{6.7}$$

的充要条件是：对每个 $j=1,2,\cdots,m$，有

$$\lim_{\boldsymbol{x}\to\boldsymbol{a}}f_j(\boldsymbol{x})=A_j.\tag{6.8}$$

证明. 先证必要性. 设 $j\in\{1,2,\cdots,m\}$. 对任意 $\varepsilon>0$，取 $\delta>0$，使得只要 $\boldsymbol{x}\in D$ 且 $0<\|\boldsymbol{x}-\boldsymbol{a}\|<\delta$，就有

$$\|\boldsymbol{f}(\boldsymbol{x})-\boldsymbol{A}\|<\varepsilon.$$

此时

$$\begin{aligned}\big|f_j(\boldsymbol{x})-A_j\big| &\le \sqrt{\big(f_1(\boldsymbol{x})-A_1\big)^2+\big(f_2(\boldsymbol{x})-A_2\big)^2+\cdots+\big(f_m(\boldsymbol{x})-A_m\big)^2}\\ &= \|\boldsymbol{f}(\boldsymbol{x})-\boldsymbol{A}\|<\varepsilon,\end{aligned}$$

也就是(6.8) 式.

现证充分性. 此时对任意 $\varepsilon>0$，对每个 $j\in\{1,2,\cdots,m\}$，可取 $\delta_j>0$，使得只要 $\boldsymbol{x}\in D$ 且 $0<\|\boldsymbol{x}-\boldsymbol{a}\|<\delta_j$，就有

$$\big|f_j(\boldsymbol{x})-A_j\big|<\frac{\varepsilon}{\sqrt{m}}.\tag{6.9}$$

若取

$$\delta=\max_{1\le j\le m}\delta_j,$$

则 $\boldsymbol{x}\in D$ 且 $0<\|\boldsymbol{x}-\boldsymbol{a}\|<\delta$ 时, (6.9) 式对所有 j 都成立, 因此

$$\begin{aligned}\|\boldsymbol{f}(\boldsymbol{x})-\boldsymbol{A}\| &= \sqrt{\big(f_1(\boldsymbol{x})-A_1\big)^2+\big(f_2(\boldsymbol{x})-A_2\big)^2+\cdots+\big(f_m(\boldsymbol{x})-A_m\big)^2}\\ &< \sqrt{m\left(\frac{\varepsilon}{\sqrt{m}}\right)^2}=\sqrt{m\frac{\varepsilon^2}{m}}=\varepsilon,\end{aligned}$$

即(6.7) 式成立. □

应用定理6.2.22, 不难将多元函数极限的Cauchy 收敛原理推广到如下情形.

定理 6.2.23. （**向量值函数极限的Cauchy 收敛原理**） 设 $D\subset\mathbb{R}^n$, $\boldsymbol{a}$ 是 D 的一个聚点, 向量值函数 $\boldsymbol{f}: D\to\mathbb{R}^m$, 则

$$\lim_{\boldsymbol{x}\to\boldsymbol{a}}\boldsymbol{f}(\boldsymbol{x})\in\mathbb{R}^m$$

的充要条件是: 对任意给定的 $\varepsilon>0$, 存在 $\delta>0$, 使得只要 $\boldsymbol{x},\boldsymbol{x}'\in D$ 满足 $0<\|\boldsymbol{x}-\boldsymbol{a}\|<\delta$ 和 $0<\|\boldsymbol{x}'-\boldsymbol{a}\|<\delta$, 就有

$$\|\boldsymbol{f}(\boldsymbol{x})-\boldsymbol{f}(\boldsymbol{x}')\|<\varepsilon.$$

我们也不难将复合函数的极限推广到向量值函数的情形. 采用处理复合函数极限的类似方法(参见定理3.2.11 的证明), 可得到下面结果.

定理 6.2.24. （**复合向量值函数的极限**） 设 $D\subset\mathbb{R}^n$, $\boldsymbol{a}$ 是 D 的一个聚点, 向量值函数 $\boldsymbol{f}: D\to\mathbb{R}^m$ 满足

$$\lim_{\boldsymbol{x}\to\boldsymbol{a}}\boldsymbol{f}(\boldsymbol{x})=\boldsymbol{A};$$

又设 $\Delta\subset\mathbb{R}^p$, $\boldsymbol{\alpha}$ 是 Δ 的一个聚点, 向量值函数 $\boldsymbol{\phi}: \Delta\to\mathbb{R}^n$ 满足 $\boldsymbol{\phi}(\Delta)\subset D$,

$$\lim_{\boldsymbol{t}\to\boldsymbol{\alpha}}\boldsymbol{\phi}(\boldsymbol{t})=\boldsymbol{a},$$

且当 $\boldsymbol{t}\neq\boldsymbol{\alpha}$ 时 $\boldsymbol{\phi}(\boldsymbol{t})\neq\boldsymbol{a}$, 则有

$$\lim_{\boldsymbol{t}\to\boldsymbol{\alpha}}\boldsymbol{f}(\boldsymbol{\phi}(\boldsymbol{t}))=\boldsymbol{A}.\tag{6.10}$$

练习 6.2

1. 设 $ad\neq bc$, 线性映射 $\phi: \mathbb{R}^2\to\mathbb{R}^2$, $(x,y)\mapsto(u,v)$, 其中

$$\begin{cases}u=ax+by,\\ v=cx+\mathrm{d}y.\end{cases}$$

证明 ϕ 将直线映射为直线, 将椭圆映射为椭圆, 将有界集映射为有界集.

2. 计算下列极限:

1) $\lim\limits_{(x,y)\to(0,0)} \dfrac{\sin x^2+\sin y^2}{x^2+y^2}$; 2) $\lim\limits_{(x,y)\to(0,0)} \dfrac{\ln\cos(xy)}{x^2}$; 3) $\lim\limits_{(x,y)\to(1,0)} \left(x+y^3\right)^{xy^{-2}}$;

4) $\lim\limits_{x\to\infty,\ y\to\infty} \dfrac{x+y}{x^2+xy+y^2}$; 5) $\lim\limits_{x\to+\infty,\ y\to+\infty} \left(x^2+y^2\right)\mathrm{e}^{-(x+y)}$.

3. 证明定理6.2.19.

4. 证明定理6.2.20.

5. 证明定理6.2.23.

6.3 多元连续函数

6.3.1 定义和基本性质

定义 6.3.1. 设 $D\subset\mathbb{R}^n$, $\boldsymbol{a}\in D$. 又设多元函数 $f\colon D\to\mathbb{R}$. 如果对任意给定的 $\varepsilon>0$, 存在 $\delta>0$, 使得只要 $\boldsymbol{x}\in D$ 且 $\|\boldsymbol{x}-\boldsymbol{a}\|<\delta$, 就有

$$\left|f(\boldsymbol{x})-f(\boldsymbol{a})\right|<\varepsilon, \tag{6.11}$$

就称 f 在点 $\boldsymbol{a}$ 处**连续**, 也可以说 $\boldsymbol{a}$ 是函数 f 的**连续点**; 如果 f 在点 $\boldsymbol{a}$ 处不连续, 就说 $\boldsymbol{a}$ 是函数 f 的**间断点**.

如果 f 在 D 的每个点上都连续, 就说 f 在 D 上**连续**. 全体在 D 上连续的函数组成的集合记为 $C(D)$. 于是, f 在 D 上连续即可记为 $f\in C(D)$.

注记 6.3.2. 显然, 如果函数 f 在点 $\boldsymbol{a}$ 处的极限存在且有限, 则函数 f 在点 $\boldsymbol{a}$ 处连续的含义就是

$$\lim_{\boldsymbol{x}\to\boldsymbol{a}} f(\boldsymbol{x})=f(\boldsymbol{a}).$$

这时要求 $\boldsymbol{a}$ 是 f 的定义域的聚点.

如果 $\boldsymbol{a}$ 不是 f 的定义域的聚点, 那么必定存在一个以 $\boldsymbol{a}$ 为中心, 某个正数 r 为半径的球 $B(\boldsymbol{a},r)$, 使得 $\boldsymbol{a}$ 是该球中唯一属于 D 的点. 这样, 对对任意的 $\varepsilon>0$, 只要取 $\delta=r$, 那么(6.11) 式自动成立. 于是 f 在点 $\boldsymbol{a}$ 处连续.

例 6.3.3. 与一元常值函数相同, 多元常值函数也是连续的.

例 6.3.4. 设 $\boldsymbol{x}=(x_1,x_2,\cdots,x_n)\in\mathbb{R}^n$, 定义函数

$$f_i(\boldsymbol{x})=x_i,\quad i=1,2,\cdots,n,$$

称为恒等映射 id: $\boldsymbol{x}\to\boldsymbol{x}$ 在第 i 个坐标轴上的**投影**.

任取 $\boldsymbol{a}=(a_1,a_2,\cdots,a_n)\in\mathbb{R}^n$, 对任意 $\varepsilon>0$, 只要取 $\delta=\varepsilon$, 则当 $\|\boldsymbol{x}-\boldsymbol{a}\|<\delta$ 时,

$$\left|f_i(\boldsymbol{x})-f_i(\boldsymbol{a})\right|=|x_i-a_i|\le\|\boldsymbol{x}-\boldsymbol{a}\|<\varepsilon,$$

即 f_i 在点 $\boldsymbol{a}$ 处连续. 由 $\boldsymbol{a}$ 的任意性即知 f_i 在整个 $\mathbb{R}^n$ 上连续.

由多元函数极限的四则运算性即有下面的结果:

定理 6.3.5. 设 $D\subset\mathbb{R}^n$, $\lambda\in\mathbb{R}$.

1) 若函数 $f, g: D\to\mathbb{R}$ 在点 $\boldsymbol{a}\in D$ 处连续, 则 λf, $f+g$, fg 在点 $\boldsymbol{a}$ 处都连续; 并且当 $g(\boldsymbol{a})\neq 0$ 时, f/g 在点 $\boldsymbol{a}$ 处也连续;

2) 若 $f, g\in C(D)$, 则 λf, $f+g$, $fg\in C(D)$; 并且当 g 在 D 上恒不为零时, $f/g\in C(D)$.

例 6.3.6. 变量 $x_1, x_2, \cdots, x_n$ 与实数通过有限次加法和乘法运算得到的表达式称为 n 元**多项式**. 根据例6.3.4 和定理6.3.5 的结果, 每个 n 元多项式 $P(\boldsymbol{x})$ 都是连续函数, 并且当 n 元多项式 $Q(\boldsymbol{x})$ 满足 $Q(\boldsymbol{a})\neq 0$ 时, 多元有理函数 $P(\boldsymbol{x})/Q(\boldsymbol{x})$ 在点 $\boldsymbol{a}$ 处也连续.

6.3.2 向量值函数的连续性

通过向量值函数的极限, 多元函数的连续性可以自然地推广到向量值函数.

定义 6.3.7. 设 $D\subset\mathbb{R}^n$, $\boldsymbol{a}\in D$. 又设向量值函数 $\boldsymbol{f}: D\to\mathbb{R}^m$. 如果对任意给定的 $\varepsilon>0$, 存在 $\delta>0$, 使得只要 $\boldsymbol{x}\in D$ 且 $\|\boldsymbol{x}-\boldsymbol{a}\|<\delta$, 就有

$$\|\boldsymbol{f}(\boldsymbol{x})-\boldsymbol{f}(\boldsymbol{a})\|<\varepsilon, \tag{6.12}$$

就称 $\boldsymbol{f}$ 在点 $\boldsymbol{a}$ 处**连续**, 也可以说 $\boldsymbol{a}$ 是向量值函数 $\boldsymbol{f}$ 的**连续点**.

如果 $\boldsymbol{f}$ 在 D 的每个点上都连续, 就说 $\boldsymbol{f}$ 在 D 上**连续**.

显然, 复合函数的连续性可以推广到复合向量值函数.

定理 6.3.8. 设 $D\subset\mathbb{R}^n$, $\boldsymbol{a}\in D$, 向量值函数 $\boldsymbol{f}: D\to\mathbb{R}^m$ 在点 $\boldsymbol{a}$ 连续. 又设 $\Delta\subset\mathbb{R}^p$, $\boldsymbol{\alpha}\in\Delta$, 向量值函数 $\boldsymbol{\phi}: \Delta\to\mathbb{R}^n$ 在点 $\boldsymbol{\alpha}$ 连续, 且满足 $\boldsymbol{\phi}(\Delta)\subset D$, 则复合向量值函数 $\boldsymbol{f}\circ\boldsymbol{\phi}$ 在点 $\boldsymbol{\alpha}$ 连续.

注记 6.3.9. 对多元函数 $f: D\to\mathbb{R}$, 若 f 在点 $\boldsymbol{a}$ 连续, $\Delta\subset\mathbb{R}^p$, $\boldsymbol{\alpha}\in\Delta$, 向量值函数 $\boldsymbol{\phi}: \Delta\to\mathbb{R}^n$ 在点 $\boldsymbol{\alpha}$ 连续, 且满足 $\boldsymbol{\phi}(\Delta)\subset D$, 则复合多元函数 $f\circ\boldsymbol{\phi}$ 在点 $\boldsymbol{\alpha}$ 连续.

例 6.3.10. 设 $f(x,y,z)=\sin(xy+yz+zx)$, 则由例6.3.6 的结果, $xy+yz+zx$ 在整个 $\mathbb{R}^3$ 上连续, 再根据定理6.3.8, 即知 f 在整个 $\mathbb{R}^3$ 上连续.

例 6.3.11. 设 $\boldsymbol{A}=(a_{ij})$ 是一个 $m\times n$ 矩阵, 则线性映射

$$\boldsymbol{T}:\mathbb{R}^n\to\mathbb{R}^m,\ \boldsymbol{x}\mapsto\boldsymbol{A}\boldsymbol{x}$$

是连续的. 此处 $\boldsymbol{x}=(x_1,\ x_2,\ \cdots,\ x_n)^{\mathrm{T}}$ 是列向量.

证明. 记

$$M=\max_{i,j}|a_{ij}|.$$

对任意向量 $\boldsymbol{h}=(h_1,\ h_2,\ \cdots,\ h_n)^{\mathrm{T}}\in\mathbb{R}^n$, 我们有

$$\begin{aligned}
&\|\boldsymbol{T}(\boldsymbol{x}+\boldsymbol{h})-\boldsymbol{T}(\boldsymbol{x})\|=\|\boldsymbol{A}(\boldsymbol{x}+\boldsymbol{h})-\boldsymbol{A}\boldsymbol{x}\|=\|\boldsymbol{A}\boldsymbol{h}\|\\
=&\sqrt{(a_{11}h_1+\cdots+a_{1n}h_n)^2+\cdots+(a_{m1}h_1+\cdots+a_{mn}h_n)^2}\\
\leq&\sqrt{(|a_{11}h_1|+\cdots+|a_{1n}h_n|)^2+\cdots+(|a_{m1}h_1|+\cdots+|a_{mn}h_n|)^2}\\
\leq&\sqrt{n\left(|a_{11}h_1|^2+\cdots+|a_{1n}h_n|^2\right)+\cdots+n\left(|a_{m1}h_1|^2+\cdots+|a_{mn}h_n|^2\right)}\\
\leq&\sqrt{n\left(M^2h_1^2+\cdots+M^2h_n^2\right)+\cdots+n\left(M^2h_1^2+\cdots+M^2h_n^2\right)}\\
\leq&M\sqrt{nm\left(h_1^2+\cdots+h_n^2\right)}=\sqrt{mn}M\|\boldsymbol{h}\|,
\end{aligned}$$

可见对对任意的 $\varepsilon>0$, 只要取

$$\delta=\frac{\varepsilon}{\sqrt{mn}M},$$

则 $\|\boldsymbol{h}\|<\delta$ 时, 即有 $\|\boldsymbol{T}(\boldsymbol{x}+\boldsymbol{h})-\boldsymbol{T}(\boldsymbol{x})\|<\varepsilon$, 也就是 $\boldsymbol{T}$ 在整个 $\mathbb{R}^n$ 上一致连续. □

6.3.3 介值性 • 有界性 • 最值性

区间上的一元连续函数具有介值性. 我们将这一性质推广到多元连续函数.

定义 6.3.12. 设 $D\subset\mathbb{R}^n$. 如果对 D 中任意两点 $\boldsymbol{x}_0,\ \boldsymbol{x}_1$, 存在一条 D 中的道路 $\boldsymbol{\gamma}:[0,1]\to D$, 使得 $\boldsymbol{\gamma}(0)=\boldsymbol{x}_0$, $\boldsymbol{\gamma}(1)=\boldsymbol{x}_1$, 就称 D 是一个**道路连通集**.

定理 6.3.13. 设 f 是定义在道路连通集 D 上的连续函数, 则 f 的值域是一个区间.

证明. 对任意 $\boldsymbol{x}_0,\ \boldsymbol{x}_1\in D$, 我们只需证明：夹在 $f(\boldsymbol{x}_0)$ 和 $f(\boldsymbol{x}_1)$ 之间的任意一个值都属于 $f(D)$.

取 D 中的道路 $\boldsymbol{\gamma}:[0,1]\to D$, 使得 $\boldsymbol{\gamma}(0)=\boldsymbol{x}_0$, $\boldsymbol{\gamma}(1)=\boldsymbol{x}_1$. 根据复合向量值函数的连续性, $f\circ\boldsymbol{\gamma}\in C[0,1]$. 由一元连续函数的介值性, $f\circ\boldsymbol{\gamma}([0,1])$ 是一个区间, 因此

以 $f(\boldsymbol{x}_0)=f\circ\gamma(0)$ 和 $f(\boldsymbol{x}_1)=f\circ\gamma(1)$ 为端点的区间包含在 $f\circ\gamma([0,1])$ 中，当然包含在 $f(D)$ 中，这就完成了证明. □

闭区间上一元连续函数的有界性和最值性都可以推广到定义在有界闭集上的多元连续函数. 限于篇幅，我们略去证明，直接给出下面的结论.

定理 6.3.14. 设 D 是 $\mathbb{R}^n$ 中的有界闭集，$f\in C(D)$，则以下命题成立:

1) **有界性.** f 的值域有界，即存在 $M>0$，使得 $|f(\boldsymbol{x})|\le M$，$\boldsymbol{x}\in D$;

2) **最值性.** f 在 D 上有最大值和最小值.

练习 6.3

1. 求下列函数的连续点集和间断点集:

1) $f(x,y)=\begin{cases}\frac{x+y}{x^2+y^2}, & x^2+y^2>0,\\ 0, & x=y=0;\end{cases}$ 2) $f(x,y)=\begin{cases}x\sin\frac{1}{y}, & y\neq 0,\\ 0, & y=0.\end{cases}$

2. 给定向量 $\boldsymbol{a}\in\mathbb{R}^n$，证明: 内积

$$\langle\boldsymbol{x},\,\boldsymbol{a}\rangle,\quad \boldsymbol{x}\in\mathbb{R}^n$$

作为 $\boldsymbol{x}$ 的函数在 $\mathbb{R}^n$ 上连续.

3. 定义点 $\boldsymbol{x}\in\mathbb{R}^n$ 到点集 $A\subset\mathbb{R}^n$ 的距离为

$$d(\boldsymbol{x},\,A)=\inf\left\{\|\boldsymbol{x}-\boldsymbol{a}\|\;\middle|\;\boldsymbol{a}\in A\right\}.$$

证明 $d(\boldsymbol{x},\,A)$ 作为 $\boldsymbol{x}$ 的函数在 $\mathbb{R}^n$ 上连续.

4. 给定连续函数 $f:\mathbb{R}^n\to\mathbb{R}$ 和开区间 $I=(a,b)$. 证明: 集合

$$f^{-1}(I)=\left\{\boldsymbol{x}\;\middle|\;f(\boldsymbol{x})\in I\right\}$$

是 $\mathbb{R}^n$ 中的开集.

5. 给定连续向量值函数 $\boldsymbol{f}:\mathbb{R}^n\to\mathbb{R}^m$ 和开集 $G\subset\mathbb{R}$. 证明: 集合

$$\boldsymbol{f}^{-1}(G)=\left\{\boldsymbol{x}\;\middle|\;\boldsymbol{f}(\boldsymbol{x})\in G\right\}$$

是 $\mathbb{R}^n$ 中的开集.

6. 给定连续函数 $f:\mathbb{R}^n\to\mathbb{R}$. 假设 $\left\{\boldsymbol{x}\;\middle|\;f(\boldsymbol{x})<0\right\}$ 和 $\left\{\boldsymbol{x}\;\middle|\;f(\boldsymbol{x})>0\right\}$ 均非空. 证明: 集合

$$\left\{\boldsymbol{x}\;\middle|\;f(\boldsymbol{x})\neq 0\right\}$$

不可能是 $\mathbb{R}^2$ 中的道路连通集.

第 7 章　多元函数微分学

7.1　多元函数的导数

我们现在要将一元函数导数与微分的理论推广到多元函数的情形. 对一元函数而言, 可导和可微是等价的. 但一元函数的导数概念无法平行地移植到多元函数上, 原因在于一元函数的定义域所在的欧氏空间 $\mathbb{R}$ 只有唯一的正向, 也就是自变量增加的方向, 然而 2 维以上的欧氏空间有无穷多个方向. 这个差别使得多元函数的导数概念要比一元函数的情形复杂得多.

7.1.1　偏导数和方向导数

要考虑多元函数的求导, 最简单的方法显然是将 f 的定义域限制在一段直线上, 把 f 当成一元函数来处理. 这个做法产生了方向导数的概念.

仿照讨论一元函数时所用的术语, 对于点 $\boldsymbol{a} \in \mathbb{R}^n$, 它的邻域是指以 $\boldsymbol{a}$ 为中心, 某个正数 r 为半径的开球 $B(\boldsymbol{a}, r)$. 如果与点 $\boldsymbol{x}$ 的位置有关的一个命题 $P(\boldsymbol{x})$ 在点 $\boldsymbol{a}$ 的某个邻域上成立, 我们就说 $P(\boldsymbol{x})$ 在点 $\boldsymbol{a}$ 附近成立.

定义 7.1.1. *设多元函数 $f(\boldsymbol{x})$ 在点 $\boldsymbol{a} \in \mathbb{R}^n$ 附近有定义, $\boldsymbol{u} \in \mathbb{R}^n$ 是一个给定的方向, 也就是单位向量. 若极限*

$$\lim_{t \to 0} \frac{f(\boldsymbol{a} + t\boldsymbol{u}) - f(\boldsymbol{a})}{t}$$

*存在且有限, 就称为 f 在点 $\boldsymbol{a}$ 处沿方向 $\boldsymbol{u}$ 的***方向导数***, 记为*

$$\frac{\partial f}{\partial \boldsymbol{u}}(\boldsymbol{a}).$$

注记 7.1.2. 显然, 点集

$$\left\{\boldsymbol{a} + t\boldsymbol{u} \;\middle|\; t \in \mathbb{R}\right\}$$

就是 $\mathbb{R}^n$ 中经过点 $\boldsymbol{a}$ 和 $\boldsymbol{a} + \boldsymbol{u}$ 的直线. 若记

$$\boldsymbol{\ell}(t) = \boldsymbol{a} + t\boldsymbol{u},$$

则 f 在点 $\boldsymbol{a}$ 处沿方向 $\boldsymbol{u}$ 的方向导数, 恰好是一元函数 $f\circ\boldsymbol{\ell}$ 在原点处的导数:

$$\frac{\partial f}{\partial \boldsymbol{u}}(\boldsymbol{a}) = \big(f\circ\boldsymbol{\ell}\big)'(0).$$

此外, 由定义 7.1.1, 对任意方向 $\boldsymbol{u}$ 显然有

$$\frac{\partial f}{\partial(-\boldsymbol{u})}(\boldsymbol{a}) = -\frac{\partial f}{\partial \boldsymbol{u}}(\boldsymbol{a}).$$

例 7.1.3. 设

$$f(x,y)=\begin{cases}\frac{2xy}{x^2+y^2}, & (x,y)\neq(0,0);\\ 1, & (x,y)=(0,0).\end{cases}$$

此时, 任何方向 $\boldsymbol{u}$ 都可以写成

$$\boldsymbol{u}=(\cos\theta,\ \sin\theta),$$

其中 $\theta\in[0,2\pi)$. 现在我们有 $f(\mathbf{0})=f(0,0)=1$,

$$f(t\boldsymbol{u})=f(t\cos\theta,\ t\sin\theta)=2\cos\theta\ \sin\theta=\sin2\theta,$$

于是只有当 $\theta=\frac{\pi}{4}$ 或者 $\theta=\frac{5\pi}{4}$ 时, 也就是

$$\boldsymbol{u}=\left(\frac{\sqrt2}{2},\frac{\sqrt2}{2}\right)\quad\text{或}\quad\left(-\frac{\sqrt2}{2},-\frac{\sqrt2}{2}\right)$$

时, f 在原点处沿方向 $\boldsymbol{u}$ 的方向导数存在且等于零. 当 θ 取其他值时,

$$\frac{f(t\boldsymbol{u})-f(\mathbf{0})}{t}=\frac{\sin2\theta-1}{t}\to\infty\ (t\to0),$$

因此 f 在原点处沿方向 $\boldsymbol{u}$ 的方向导数不存在.

定义 7.1.4. 对于坐标向量

$$\boldsymbol{e}_1=(1,0,\cdots,0),\ \boldsymbol{e}_2=(0,1,0,\cdots,0),\ \cdots,\ \boldsymbol{e}_n=(0,\cdots,0,1),$$

我们将 f 在点 $\boldsymbol{a}$ 处沿方向 $\boldsymbol{e}_i$ 的方向导数

$$\frac{\partial f}{\partial \boldsymbol{e}_i}(\boldsymbol{a})$$

称为 f 在点 $\boldsymbol{a}$ 处的第 i 个**一阶偏导数**, 也叫作 f 在点 $\boldsymbol{a}$ 处对变量 x_i 的**偏导数**, 记作

$$\frac{\partial f}{\partial x_i}(\boldsymbol{a})\quad\text{或者}\quad f'_{x_i}(\boldsymbol{a}),\quad i=1,2,\cdots,n.$$

注记 7.1.5. 设 D 是 Oxy 平面上的开集, f 是定义在 D 上的二元函数, $\boldsymbol{a}\in D$. 在 $Oxyz$ 空间直角坐标系中, f 的图像是一个曲面

$$S: z=f(x,y),\quad (x,y)\in D.$$

在 Oxy 平面上作经过点 (a,b) 平行于方向 $\boldsymbol{u}=(\cos\theta,\ \sin\theta)$ 的有向直线 L, 再作过直线 L 且与 Oxy 平面相互垂直的平面 P, 它与 S 相交就得到一条曲线

$$C:\begin{cases} x=a+t\cos\theta, \\ y=b+t\sin\theta, \\ z=f(a+t\cos\theta, b+t\sin\theta). \end{cases}$$

设 T 是曲线 C 在点 $\big(a,b,f(a,b)\big)$ 处的切线, 则 f 在点 (a,b) 处沿方向 $\boldsymbol{u}$ 的方向导数

$$\frac{\partial f}{\partial \boldsymbol{u}}(a,b)$$

就是切线 T 对有向直线 L 的斜率, 即 T 与 $\boldsymbol{u}$ 夹角的正切.

特别地, f 在点 (a,b) 处对变量 x 的偏导数

$$\frac{\partial f}{\partial x}(a,b)$$

是曲面 S 与平面 $y=b$ 的交线的斜率;

$$\frac{\partial f}{\partial y}(a,b)$$

是曲面 S 与平面 $x=a$ 的交线的斜率.

对一元函数, 可导蕴涵着连续. 但对于多元函数, 即使在某点处所有的方向导数都存在, 也不能保证函数在该点连续.

例 7.1.6. 设二元函数

$$f(x,y)=\begin{cases} \frac{x^2y}{x^4+y^2}, & (x,y)\neq(0,0); \\ 0, & (x,y)=(0,0). \end{cases}$$

对任意方向 $\boldsymbol{u}=(\cos\theta,\ \sin\theta)$, 我们有

$$\begin{aligned} \frac{\partial f}{\partial \boldsymbol{u}}(0,0) &= \lim_{t\to 0}\frac{f(t\cos\theta,\ t\sin\theta)-f(0,0)}{t} \\ &= \lim_{t\to 0}\frac{t\cos^2\theta\ \sin\theta}{t^2\cos^4\theta+\sin^2\theta}=0. \end{aligned}$$

可见 f 在原点处沿任意方向 $\boldsymbol{u}$ 的方向导数都存在. 另一方面, 易见 f 在原点处的极限不存在, 当然不连续.

7.1.2 多元函数的微分

由前面的讨论可知，多元函数的方向导数不能起到一元函数导数的作用. 要将一元函数的导数推广到多元函数的情形，必须寻找其他的途径.

从微分的角度看，对一元函数$f(x)$求导，其实就是要确定常数 λ，使得f 在给定点 a 附近的增量 $\Delta f(h)=f(a+h)-f(a)$ 用线性函数 λh 做近似时，误差项

$$r(h)=\Delta f(h)-\lambda h=o(h)\ \ (h\to 0).$$

当然，此时必有 $\lambda=f'(a)$. 这也可以理解成：如果要找一个线性函数 ch 近似代替 $\Delta f(h)$，取 $c=f'(a)$ 是最好的选择.

将这个想法推广到多元函数$f(x_1,x_2,\cdots,x_n)$，求导就变成了确定一组系数 $\lambda_1,\lambda_2,\cdots,\lambda_n$，使得对于自变量的增量 $\boldsymbol{h}=(h_1,h_2,\cdots,h_n)$，线性函数 $\ell(h_1,h_2,\cdots,h_n)=\lambda_1h_1+\lambda_2h_2+\cdots+\lambda_nh_n$ 作为函数增量 $\Delta f(\boldsymbol{h})=f(\boldsymbol{a}+\boldsymbol{h})-f(\boldsymbol{a})$ 的近似，误差项

$$r(\boldsymbol{h})=\Delta f(\boldsymbol{h})-\ell(\boldsymbol{h})=o(\|\boldsymbol{h}\|)\ \ (\|\boldsymbol{h}\|\to 0).$$

定义 7.1.7. 设多元函数 $f(\boldsymbol{x})$ 在点 $\boldsymbol{a}\in\mathbb{R}^n$ 的某个邻域上有定义，$\boldsymbol{x}=(x_1,x_2,\cdots,x_n)$. 如果存在向量 $\boldsymbol{\lambda}=(\lambda_1,\lambda_2,\cdots,\lambda_n)\in\mathbb{R}^n$，使得

$$f(\boldsymbol{a}+\boldsymbol{h})-f(\boldsymbol{a})=\langle\boldsymbol{\lambda},\ \boldsymbol{h}\rangle+o(\|\boldsymbol{h}\|)\quad(\boldsymbol{h}\to 0),\tag{7.1}$$

我们就称函数 f 在点 $\boldsymbol{a}$ 处**可微**；向量 $\boldsymbol{h}=(h_1,h_2,\cdots,h_n)$ 的线性函数

$$\langle\boldsymbol{\lambda},\ \boldsymbol{h}\rangle=\sum_{i=1}^{n}\lambda_ih_i$$

称为 f 在点 $\boldsymbol{a}$ 处的**微分**，记为 $\mathrm{d}f(\boldsymbol{a})$；$\boldsymbol{\lambda}$ 称为 f 在点 $\boldsymbol{a}$ 处的**导数**，记为 $f'(\boldsymbol{a})$.

如果 f 在开集 D 上处处可微，我们就称 f 是 D 上的**可微函数**.

由可微的定义不难证明下面结论：

定理 7.1.8. 设多元函数 f 在点 $\boldsymbol{a}\in\mathbb{R}^n$ 处可微，则 f 在点 $\boldsymbol{a}$ 处连续.

多元函数 f 的导数是个向量，其分量恰好是 f 的各个偏导数，如下面定理所述.

定理 7.1.9. 设多元函数 f 在点 $\boldsymbol{a}\in\mathbb{R}^n$ 处可微，向量 $\boldsymbol{h}=(h_1,h_2,\cdots,h_n)$ 的线性函数 $\lambda_1h_1+\lambda_2h_2+\cdots+\lambda_nh_n$ 是 f 在点 $\boldsymbol{a}$ 处的微分，则有

$$\lambda_i=\frac{\partial f}{\partial x_i}(\boldsymbol{a}),\quad i=1,2,\cdots,n.\tag{7.2}$$

证明. 对于 $\boldsymbol{h}=(h_1,0,\cdots,0)$, 根据微分的定义有

$$f(a_1+h_1,a_2,\cdots,a_n)-f(a_1,a_2,\cdots,a_n)=\lambda_1 h_1+o(|h_1|),$$

于是

$$\frac{f(a_1+h_1,a_2,\cdots,a_n)-f(a_1,a_2,\cdots,a_n)}{h_1}=\lambda_1+o(1).$$

令 $h_1\to 0$, 即得

$$\lambda_1=\frac{\partial f}{\partial x_1}(\boldsymbol{a}).$$

类似地可证(7.2) 式对 $i=2,3,\cdots,n$ 成立. □

注记 7.1.10. 定理 7.1.9 表明, 如果多元函数 f 在点 $\boldsymbol{a}$ 处可微, 那么 f 在点 $\boldsymbol{a}$ 处的所有偏导数都存在, 并且 f 在点 $\boldsymbol{a}$ 处的微分

$$\mathrm{d}f(\boldsymbol{a})=\sum_{i=1}^{n}\frac{\partial f}{\partial x_i}(\boldsymbol{a})h_i, \tag{7.3}$$

而 f 在点 $\boldsymbol{a}$ 处的导数

$$f'(\boldsymbol{a})=\left(\frac{\partial f}{\partial x_1}(\boldsymbol{a}),\cdots,\frac{\partial f}{\partial x_n}(\boldsymbol{a})\right). \tag{7.4}$$

注意, 与一元函数不同, 多元函数的微分可以确定导数, 但导数存在却不一定可微, 甚至无法保证连续性（参见例7.1.6）.

定义 7.1.11. 多元函数 $f(\boldsymbol{x})$ 在点 $\boldsymbol{a}$ 处的导数也称为**Jacobi 矩阵**, 记为 $Jf(\boldsymbol{a})$, 或者叫作**梯度**, 记为 $\mathbf{grad}f(\boldsymbol{a})$ 或 $\boldsymbol{\nabla}f(\boldsymbol{a})$, 即

$$Jf(\boldsymbol{a})=\mathbf{grad}f(\boldsymbol{a})=\nabla f(\boldsymbol{a})=f'(\boldsymbol{a})=\left(\frac{\partial f}{\partial x_1}(\boldsymbol{a}),\frac{\partial f}{\partial x_2}(\boldsymbol{a}),\cdots,\frac{\partial f}{\partial x_n}(\boldsymbol{a})\right).$$

根据导数的运算性质, 不难证明多元函数 $f(\boldsymbol{x})$ 的梯度具有以下性质:

定理 7.1.12. 设在点 $\boldsymbol{a}$ 的某个邻域中多元函数 f, g 的梯度都存在, 则下列关系成立:

1) $\nabla(cf)=c\nabla f$, 此处 c 为常数;

2) $\nabla(f+g)=\nabla f+\nabla g$;

3) $\nabla(fg)=f\nabla g+g\nabla f$.

虽然多元函数在单个点处的导数存在不能保证可微, 但我们有下面结果:

定理 7.1.13. 设在点 $\boldsymbol{a}$ 的某个邻域中多元函数 f 的各个偏导数都存在, 并且这些偏导数在点 $\boldsymbol{a}$ 处都连续, 则 f 在点 $\boldsymbol{a}$ 处可微.

证明. 我们仅对二元函数做出证明, 一般情形类似. 此时函数 f 在点 (a,b) 处的增量

$$\begin{aligned} f(a+h,b+k)-f(a,b) &= f(a+h,b+k)-f(a,b+k)+f(a,b+k)-f(a,b) \\ &= f'_x(a+\theta h,b+k)h+f'_y(a,b+\zeta k)k, \end{aligned}$$

此处 $0<\theta,\zeta<1$. 注意到两个偏导函数 $f'_x(x,y)$, $f'_y(x,y)$ 在点 (a,b) 处都连续, 因此

$$\begin{aligned} f'_x(a+\theta h,b+k) &= f'_x(a,b)+\alpha(h,k), \\ f'_y(a,b+\zeta k) &= f'_y(a,b)+\beta(k), \end{aligned}$$

这里的函数 α, β 满足

$$\alpha(h,k)\to 0 \quad (h\to 0,\ k\to 0), \qquad \beta(k)\to 0 \quad (k\to 0).$$

于是

$$f(a+h,b+k)-f(a,b) = f'_x(a,b)h+f'_y(a,b)k+\alpha h+\beta k.$$

因为

$$\left|\frac{\alpha h+\beta k}{\sqrt{h^2+k^2}}\right| \le |\alpha|+|\beta|\to 0 \quad (h\to 0,\ k\to 0),$$

所以

$$\alpha h+\beta k = o(\|(h,k)\|) \quad (h\to 0,\ k\to 0),$$

由此得到

$$f(a+h,b+k)-f(a,b) = f'_x(a,b)h+f'_y(a,b)k+o(\|(h,k)\|).$$

这就说明 f 在点 (a,b) 处可微. □

定义 7.1.14. 设 $D\subset\mathbb{R}^n$ 是一个开集. 如果多元函数 f 的所有偏导数在 D 上处处连续, 我们就说 f 在 D 上**连续可微**. 全体在 D 上连续可微的函数组成的集合记为 $C^1(D)$. 全体在 D 上连续的函数组成的集合记为 $C^0(D)$.

7.1.3 向量值函数的导数与微分

设开集 $D\subset\mathbb{R}^n$, 向量值函数 $\boldsymbol{f}: D\to\mathbb{R}^m$. 将 $\boldsymbol{x}\in D$ 和 $\boldsymbol{f}$ 写成列向量的形式, 即

$$\boldsymbol{f} = \begin{pmatrix} f_1(\boldsymbol{x}) \\ f_2(\boldsymbol{x}) \\ \vdots \\ f_m(\boldsymbol{x}) \end{pmatrix}, \qquad \boldsymbol{x} = \begin{pmatrix} x_1 \\ x_2 \\ \vdots \\ x_n \end{pmatrix}.$$

定义 7.1.15. 设点 $\boldsymbol{a} \in D$. 如果存在 $m \times n$ 矩阵 $\boldsymbol{A}$ 使得

$$\boldsymbol{f}(\boldsymbol{a}+\boldsymbol{h}) - \boldsymbol{f}(\boldsymbol{a}) = \boldsymbol{A}\boldsymbol{h} + \boldsymbol{r}(\boldsymbol{h}) \tag{7.5}$$

满足

$$\|\boldsymbol{r}(\boldsymbol{h})\| = o(\|\boldsymbol{h}\|) \quad (\boldsymbol{h} \to \boldsymbol{0}), \tag{7.6}$$

我们就称向量值函数 $\boldsymbol{f}$ 在点 $\boldsymbol{a}$ 处**可微**; 线性映射 $\boldsymbol{A}\boldsymbol{h}$ 称为 $\boldsymbol{f}$ 在点 $\boldsymbol{a}$ 处的**微分**, 记为 $\mathrm{d}\boldsymbol{f}(\boldsymbol{a})$. 矩阵 $\boldsymbol{A}$ 称为 $\boldsymbol{f}$ 在点 $\boldsymbol{a}$ 处的**导数**, 记为 $\boldsymbol{f}'(\boldsymbol{a})$, 也称为 $\boldsymbol{f}$ 的**Jacobi 矩阵**, 记作 $J\boldsymbol{f}(\boldsymbol{a})$.

如果 $\boldsymbol{f}$ 在开集 D 上处处可微, 就称 $\boldsymbol{f}$ 是 D 上的**可微映射**.

利用定理6.2.22 不难证明下面结果:

定理 7.1.16. 向量值函数 $\boldsymbol{f}$ 在点 $\boldsymbol{a}$ 处可微的充要条件是: $\boldsymbol{f}$ 的各个分量 f_i 在点 $\boldsymbol{a}$ 处都可微. 此时, $\boldsymbol{f}$ 的Jacobi 矩阵为

$$J\boldsymbol{f}(\boldsymbol{a}) = \begin{pmatrix} Jf_1(\boldsymbol{x}) \\ Jf_2(\boldsymbol{x}) \\ \vdots \\ Jf_m(\boldsymbol{x}) \end{pmatrix} = \begin{pmatrix} \frac{\partial f_1}{\partial x_1}(\boldsymbol{x}) & \cdots & \frac{\partial f_1}{\partial x_n}(\boldsymbol{x}) \\ \frac{\partial f_2}{\partial x_1}(\boldsymbol{x}) & \cdots & \frac{\partial f_2}{\partial x_n}(\boldsymbol{x}) \\ \vdots & & \vdots \\ \frac{\partial f_m}{\partial x_1}(\boldsymbol{x}) & \cdots & \frac{\partial f_m}{\partial x_n}(\boldsymbol{x}) \end{pmatrix},$$

$\boldsymbol{f}$ 的微分为

$$\mathrm{d}\boldsymbol{f}(\boldsymbol{a}) = J\boldsymbol{f}(\boldsymbol{a})\boldsymbol{h}.$$

定理7.1.12可以做以下推广:

定理 7.1.17. 设在点 $\boldsymbol{a}$ 的某个邻域中向量值函数 $\boldsymbol{f}$, $\boldsymbol{g}$ 的Jacobi 矩阵都存在, 则下列关系成立:

1) $J(c\boldsymbol{f}) = cJ\boldsymbol{f}$, 此处 c 为常数;

2) $J(\boldsymbol{f}+\boldsymbol{g}) = J\boldsymbol{f} + J\boldsymbol{g}$;

3) $J\langle \boldsymbol{f}, \boldsymbol{g}\rangle = \boldsymbol{f}^{\mathrm{T}} J\boldsymbol{g} + \boldsymbol{g}^{\mathrm{T}} J\boldsymbol{f}$.

现在, 定理7.1.13可以推广到以下形式:

定理 7.1.18. 设在点 $\boldsymbol{a}$ 的某个邻域中向量值函数 $\boldsymbol{f}$ 的Jacobi 矩阵存在, 并且 $J\boldsymbol{f}(\boldsymbol{a})$ 的所有元素在点 $\boldsymbol{a}$ 处都连续, 则 $\boldsymbol{f}$ 在点 $\boldsymbol{a}$ 处可微.

7.1.4 复合映射的求导

一元函数的链式法则也可以推广到向量值函数的情形:

定理 7.1.19. （推广的链式法则） 设开集 $D\subset\mathbb{R}^n$, 向量值函数 $\boldsymbol{f}:D\to\mathbb{R}^m$ 在点 $\boldsymbol{a}\in D$ 处可微; 开集 $G\subset\mathbb{R}^m$, $\boldsymbol{f}(D)\subset G$, 向量值函数 $\boldsymbol{g}:G\to\mathbb{R}^\ell$ 在点 $\boldsymbol{f}(\boldsymbol{a})$ 处可微. 那么, 复合映射 $\boldsymbol{g}\circ\boldsymbol{f}:D\to\mathbb{R}^\ell$ 在点 $\boldsymbol{a}$ 处也可微, 且

$$J\big(\boldsymbol{g}\circ\boldsymbol{f}\big)(\boldsymbol{a})=J\boldsymbol{g}\big(\boldsymbol{f}(\boldsymbol{a})\big)J\boldsymbol{f}(\boldsymbol{a}). \tag{7.7}$$

用分量的形式, 记

$$\boldsymbol{x}=\begin{pmatrix}x_1\\x_2\\\vdots\\x_n\end{pmatrix},\qquad \boldsymbol{y}=\begin{pmatrix}y_1\\y_2\\\vdots\\y_m\end{pmatrix}=\boldsymbol{f}(\boldsymbol{x}),\qquad \boldsymbol{z}=\begin{pmatrix}z_1\\z_2\\\vdots\\z_\ell\end{pmatrix}=\boldsymbol{g}\big(\boldsymbol{y}\big),$$

这个复合关系可以表示为

$$\boldsymbol{x}\xrightarrow{\boldsymbol{f}}\boldsymbol{y}\xrightarrow{\boldsymbol{g}}\boldsymbol{z}.$$

此时公式(7.7) 可以写成

$$\begin{pmatrix}\frac{\partial z_1}{\partial x_1}&\cdots&\frac{\partial z_1}{\partial x_n}\\\vdots&&\vdots\\\frac{\partial z_\ell}{\partial x_1}&\cdots&\frac{\partial z_\ell}{\partial x_n}\end{pmatrix}=\begin{pmatrix}\frac{\partial z_1}{\partial y_1}&\cdots&\frac{\partial z_1}{\partial y_m}\\\vdots&&\vdots\\\frac{\partial z_\ell}{\partial y_1}&\cdots&\frac{\partial z_\ell}{\partial y_m}\end{pmatrix}\begin{pmatrix}\frac{\partial y_1}{\partial x_1}&\cdots&\frac{\partial y_1}{\partial x_n}\\\vdots&&\vdots\\\frac{\partial y_m}{\partial x_1}&\cdots&\frac{\partial y_m}{\partial x_n}\end{pmatrix}. \tag{7.8}$$

特别地, 当 $\ell=1$ 时, 公式(7.8) 变为

$$\frac{\partial z}{\partial x_i}=\frac{\partial z}{\partial y_1}\frac{\partial y_1}{\partial x_i}+\frac{\partial z}{\partial y_2}\frac{\partial y_2}{\partial x_i}+\cdots+\frac{\partial z}{\partial y_m}\frac{\partial y_m}{\partial x_i},\qquad i=1,2,\cdots,n. \tag{7.9}$$

限于篇幅, 我们略去定理7.1.19的证明.

定理 7.1.20. 设开集 $D\subset\mathbb{R}^n$, 多元函数 $f:D\to\mathbb{R}$ 在点 $\boldsymbol{a}\in D$ 处可微, $\boldsymbol{u}=(u_1,\cdots,u_n)^{\mathrm{T}}$ 是一个方向, 则 f 在点 $\boldsymbol{a}$ 的方向导数为

$$\frac{\partial f}{\partial\boldsymbol{u}}(\boldsymbol{a})=\frac{\partial f}{\partial x_1}(\boldsymbol{a})\,u_1+\frac{\partial f}{\partial x_2}(\boldsymbol{a})\,u_2+\cdots+\frac{\partial f}{\partial x_n}(\boldsymbol{a})\,u_n. \tag{7.10}$$

证明. 记 $\varphi(t)=f(\boldsymbol{a}+t\boldsymbol{u})$, $\boldsymbol{a}=(a_1,a_2,\cdots,a_n)^{\mathrm{T}}$, 则由定理7.1.20有

$$\varphi'(t)=Jf(\boldsymbol{a}+t\boldsymbol{u})\begin{pmatrix}\frac{\mathrm{d}}{\mathrm{d}t}(a_1+tu_1)\\ \frac{\mathrm{d}}{\mathrm{d}t}(a_2+tu_2)\\ \vdots\\ \frac{\mathrm{d}}{\mathrm{d}t}(a_n+tu_n)\end{pmatrix}=Jf(\boldsymbol{a}+t\boldsymbol{u})\begin{pmatrix}u_1\\ u_2\\ \vdots\\ u_n\end{pmatrix}=Jf(\boldsymbol{a}+t\boldsymbol{u})\boldsymbol{u}.$$

于是

$$\frac{\partial f}{\partial \boldsymbol{u}}(\boldsymbol{a})=\varphi'(0)=Jf(\boldsymbol{a})\boldsymbol{u}.$$

这就是(7.10)式. □

注记 7.1.21. 定理7.1.20 告诉我们, 只要多元函数 f 在点 $\boldsymbol{a}$ 处可微, 那么 f 在点 $\boldsymbol{a}$ 处的所有方向导数都存在, 并且, 只要知道了 f 在点 $\boldsymbol{a}$ 处的梯度 $\nabla f(\boldsymbol{a})$, 那么沿任意方向 $\boldsymbol{u}$ 的方向导数可以用该梯度 $\nabla f(\boldsymbol{a})$ 与方向 $\boldsymbol{u}$ 的内积表示.

特别地, 对二元函数 $f(x,y)$, 在点 (a,b) 处沿方向 $(\cos\theta,\sin\theta)^{\mathrm{T}}$ 的方向导数就是

$$\frac{\partial f}{\partial x}(a,b)\cdot\cos\theta+\frac{\partial f}{\partial y}(a,b)\cdot\sin\theta.$$

对三元函数 $f(x,y,z)$, 在点 (a,b,c) 处沿方向 $(\cos\alpha,\cos\beta,\cos\gamma)^{\mathrm{T}}$ 的方向导数就是

$$\frac{\partial f}{\partial x}(a,b,c)\cos\alpha+\frac{\partial f}{\partial y}(a,b,c)\cos\beta+\frac{\partial f}{\partial z}(a,b,c)\cos\gamma.$$

此处 α, β, γ 是这一方向的三个方向角, 它们分别是该方向与三个坐标轴正向的夹角.

例 7.1.22. 设二元函数

$$u=f\left(x+y+z,\ x^2+y^2+z^2\right)$$

有连续的偏导数, 求 u 关于 x, y, z 的偏导数.

解. 记

$$u=f(\xi,\eta),\qquad \begin{cases}\xi=x+y+z,\\ \eta=x^2+y^2+z^2.\end{cases}$$

由公式(7.9) 有

$$\begin{aligned}\frac{\partial u}{\partial x}&=\frac{\partial u}{\partial \xi}\frac{\partial \xi}{\partial x}+\frac{\partial u}{\partial \eta}\frac{\partial \eta}{\partial x}\\ &=\frac{\partial u}{\partial \xi}\left(x+y+z,\ x^2+y^2+z^2\right)+2x\frac{\partial u}{\partial \eta}\left(x+y+z,\ x^2+y^2+z^2\right).\end{aligned}$$

由对称性即可得到 $\frac{\partial u}{\partial y}$ 和 $\frac{\partial u}{\partial z}$ 的表达式. □

例 7.1.23. 设两个二元函数

$$\begin{cases} x = x(s,t), \\ y = y(s,t) \end{cases}$$

在 (s_0, t_0) 处可微, $x_0 = x(s_0, t_0)$, $y_0 = y(s_0, t_0)$. 又设二元函数 $u = f(x,y)$ 在 $\big(x_0, y_0\big)$ 处可微, 求复合函数 $u = f\big(x(s,t), y(s,t)\big)$ 在 (s_0, t_0) 处的两个偏导数.

解. 用分量形式的公式(7.9), 有

$$\begin{aligned} \frac{\partial u}{\partial s} &= \frac{\partial u}{\partial x}\frac{\partial x}{\partial s} + \frac{\partial u}{\partial y}\frac{\partial y}{\partial s}, \\ \frac{\partial u}{\partial t} &= \frac{\partial u}{\partial x}\frac{\partial x}{\partial t} + \frac{\partial u}{\partial y}\frac{\partial y}{\partial t}. \end{aligned}$$

若用矩阵形式的公式(7.8), 则有

$$\begin{pmatrix} \frac{\partial u}{\partial s} & \frac{\partial u}{\partial t} \end{pmatrix} = \begin{pmatrix} \frac{\partial u}{\partial x} & \frac{\partial u}{\partial y} \end{pmatrix} \begin{pmatrix} \frac{\partial x}{\partial s} & \frac{\partial x}{\partial t} \\ \frac{\partial y}{\partial s} & \frac{\partial y}{\partial t} \end{pmatrix}.$$

采用前者似乎更为简便. □

练习 7.1

1. 求下列函数的偏导数:

   1) $f(x,y) = x^2 + y^2$;　　2) $f(x,y,z) = \mathrm{e}^{xyz}(x + 2y + 3z)$.

2. 证明定理7.1.8.

3. 证明函数 $f(x,y) = \sqrt{|xy|}$ 在点 $(0,0)$ 处不可微.

4. 求下列函数在指定点处的微分:

   1) $f(x,y) = \ln(x^2 + y^2 - xy) + \mathrm{e}^{x+y}$ 在点 $(1,2)$ 处;

   2) $u(x_1, \cdots, x_n) = \sqrt{x_1^2 + \cdots + x_n^2}$ 在点 $(a_1, \cdots, a_n)$ 处.

5. 设

$$f(x,y) = \begin{cases} \big(x^2 + y^2\big)\sin\frac{1}{x^2+y^2}, & (x,y) \neq (0,0), \\ 0, & (x,y) = (0,0). \end{cases}$$

证明: f 在点 $(0,0)$ 处可微, 但两个偏导数 f_x', f_y' 在 $(0,0)$ 处不连续. 这说明偏导数连续仅仅是函数可微的一个充分条件, 并不必要.

6. 求下列函数的Jacobi 矩阵:

1) $f(x,y,z)=xy^2z^3$;　　2) $u(x_1,\cdots,x_n)=\sqrt{x_1^2+\cdots+x_n^2}$.

7. 求下列向量值函数的Jacobi 矩阵:

1) $\boldsymbol{f}(x,y,z)=\left(yz-x^2,\ xy-z^2\right)^{\mathrm{T}}$;　　2) $\boldsymbol{f}(r,\theta)=(r\cos\theta,\ r\sin\theta)^{\mathrm{T}}$.

8. 求复合函数$u=f(x+y,xy)$ 关于 x, y 的偏导数.

9. 设函数$f(x,y)$ 有连续的一阶偏导数, 又 $x=r\cos\theta$, $y=r\sin\theta$. 证明:

$$\left(\frac{\partial f}{\partial x}\right)^2+\left(\frac{\partial f}{\partial y}\right)^2=\left(\frac{\partial f}{\partial r}\right)^2+\frac{1}{r^2}\left(\frac{\partial f}{\partial \theta}\right)^2.$$

7.2 隐函数 • 隐映射 • 逆映射

7.2.1 隐函数定理

要确定一个函数, 最简单的方法当然是直接给出表达式. 但是很多时候, 我们需要研究通过间接方式给出的函数. 例如, 反正弦函数就是通过表达式 $x=\sin y$ 间接确定的函数关系 $y=\arcsin x$. 更一般的是通过一个二元函数给出的方程

$$F(x,y)=0. \tag{7.11}$$

确定一个隐含的函数关系 $y=\varphi(x)$, 使得它满足

$$F(x,\varphi(x))=0. \tag{7.12}$$

这种隐藏在方程中的函数关系, 我们称之为**隐函数**.

显然, 这种间接方法会带来很多问题. 首先, 方程(7.11) 可能根本没有解, 例如 $F(x,y)=x^2+y^2+1$ 的情形. 其次, 对同一个 x, 方程(7.11) 的解也可能对应多个 y, 怎样取 y 的值以保证隐函数的单值性? 另外, 即使对一些 x 给出了对应的 $\varphi(x)$, 这个对应关系是否在某个区间上都成立? 最后, 如果隐函数 $y=\varphi(x)$ 在某个区间上有定义, 这时 $F(x,y)$ 通常都有比较好的性质, 比如连续性, 可微性等. 我们能否由此推出隐函数 $\varphi(x)$ 也有类似的性质? 对上述问题, 下面的隐函数定理将给出系统的回答.

定理 7.2.1. 设开集 $D\subset\mathbb{R}^2$, $\left(x_0,\ y_0\right)\in D$. 若函数 $F:D\to\mathbb{R}$ 满足下列条件:

i) $F\in C^1(D)$;

ii) $F\left(x_0,\ y_0\right)=0$;

iii) $\dfrac{\partial F}{\partial y}\left(x_0,\ y_0\right)\neq 0$,

则存在一个包含点 (x_0, y_0) 的开矩形 $I\times J\subset D$, 使得

1) 对每个 $x\in I$, 有唯一的 $f(x)\in J$, 使得 $F(x,f(x))=0$;

2) $y_0=f(x_0)$;

3) $f\in C^1(I)$;

4) 当 $x\in I$ 时, 有

$$f'(x)=-\frac{\frac{\partial F}{\partial x}(x,\ y)}{\frac{\partial F}{\partial y}(x,\ y)},\tag{7.13}$$

此处 $y=f(x)$.

证明. 不妨设 $\frac{\partial F}{\partial y}(x_0,\ y_0)>0$. 由条件i), 函数 $\frac{\partial F}{\partial y}(x,\ y)$ 连续, 因此存在一个包含点 $(x_0,\ y_0)$ 的开矩形 $I_1\times J$, 其中 $I_1=(a_1,\ b_1)$, $J=(c,\ d)$, 使得 $I_1\times\overline{J}\subset D$, 且在 $I_1\times J$ 上

$$\frac{\partial F}{\partial y}>0.\tag{7.14}$$

这意味着 $F(x_0,\ y)$ 是变量 y 的严格递增函数. 由于 $c<y_0<d$, 于是由条件ii) 即知

$$F(x_0,\ c)<0,\qquad F(x_0,\ d)>0.$$

注意 F 在 D 上连续, 因此存在包含 x_0 的开区间 $I\subset I_1$, 使得对所有 $x\in I$,

$$F(x,\ c)<0,\qquad F(x,\ d)>0.$$

对每个这样的 x, $F(x,\ y)$ 是关于 y 的连续函数. 由介值性, 必有某个落在 $J=(c,\ d)$ 上的值, 记为 $f(x)$, 使得 $F(x,f(x))=0$. 注意 $F(x,\ y)$ 关于 $y\in J$ 是严格递增的, 因此这样的 $f(x)$ 是唯一的, 此时条件ii) 就蕴涵着 $y_0=f(x_0)$. 于是我们得到了结论1) 和2).

接下来我们证明函数 $y=f(x)$ 在 I 上连续. 实际上, 对任意 $x_1\in I$, $y_1=f(x_1)$ 满足 $F(x_1,\ y_1)=0$, 并且由 (7.13) 式有

$$\frac{\partial F}{\partial y}(x_1,\ y_1)>0,$$

可见与 $(x_0,\ y_0)$ 所满足的条件i), ii), iii) 对 $(x_1,\ y_1)$ 同样成立. 现在对 y_1 的任意一个邻域 $V\subset J$, 必有 x_1 的邻域 $U\subset I$, 使得 $x\in U$ 时 $f(x)\in V$, 这就证明了 f 在点 x_1 处连续.

现在我们证明函数 $y=f(x)$ 满足3) 和4). 对任意给定的 $x\in I$, 当 h 充分小时 $x+h\in I$. 记 $k=f(x+h)-f(x)$, 参考定理7.1.13的证明即知

$$\begin{aligned}0&=F(x+h,\ f(x+h))-F(x,\ f(x))=F(x+h,\ y+k)-F(x,\ y)\\&=\left(\frac{\partial F}{\partial x}(x,\ y)+\alpha\right)h+\left(\frac{\partial F}{\partial y}(x,\ y)+\beta\right)k,\end{aligned}$$

其中 $\alpha \to 0$, $\beta \to 0$ $(h \to 0,\ k \to 0)$. 由此即得

$$-\left(\frac{\partial F}{\partial y}(x,\ y)+\beta\right)k=\left(\frac{\partial F}{\partial x}(x,\ y)+\alpha\right)h,$$

由 f 的连续性, $k \to 0$ $(h \to 0)$. 于是

$$f'(x)=\lim_{h\to 0}\frac{f(x+h)-f(x)}{h}=\lim_{h\to 0}\frac{k}{h}=\lim_{h\to 0}-\frac{\frac{\partial F}{\partial x}(x,\ y)+\alpha}{\frac{\partial F}{\partial y}(x,\ y)+\beta}=-\frac{\frac{\partial F}{\partial x}(x,\ y)}{\frac{\partial F}{\partial y}(x,\ y)}$$

这就完成了证明. □

例 7.2.2. 设 $F(x,y)=x^2+y^2-1$. 显然 $F\in C^1(\mathbb{R}^2)$. 对于 $(0,1)\in\mathbb{R}^2$, $F(0,\ 1)=0$, 并且 $F'_y(0,\ 1)=2$. 取 $I=(-1,1)$, $J=(0,2)$, 则函数 $f(x)=\sqrt{1-x^2}$ 就是定义在 I 上, 满足 $f(0)=1$ 且 $F(x,f(x))=0$ 的函数.

此时, $g(x)=-\sqrt{1-x^2}$ 满足 $g(0)=-1$ 且 $F(x,g(x))=0$, f 与 g 的区别是: 前者的图像通过点 $(0,1)$, 后者的图像通过点 $(0,-1)$.

例 7.2.3. 考虑方程

$$\sin\frac{\pi x}{2}+\ln y-xy^3=0.$$

设函数 $y=f(x)$ 的图像通过点 $(0,1)$, 求 $f'(0)$.

解. 记 $F(x,y)=\sin\frac{\pi x}{2}+\ln y-xy^3$. 显然 $F(0,1)=0$, 且

$$F'_x(0,\ 1)=0,\qquad F'_y(0,\ 1)=1.$$

因此存在函数 $y=f(x)$ 满足 $f(0)=1$ 和 $F(x,f(x))=0$, 并且

$$f'(0)=-\frac{\frac{\partial F}{\partial x}(0,\ 1)}{\frac{\partial F}{\partial y}(0,\ 1)}=0.$$

这里我们无法从方程 $F(x,y)=0$ 中显式地解出函数 $f(x)$ 的表达式. 但是, 隐函数定理保证了这个函数在 $x=0$ 附近有定义, 并且可以计算出 $f(x)$ 在该点的导数. □

注记 7.2.4. 现在考虑例7.2.3 中的方程 $F(x,y)=0$ 在点 $(1,1)$ 附近的解. 由于 $F(1,1)=0$, $F'_x(1,\ 1)=-1$, $F'_y(1,\ 1)=-2$. 根据隐函数定理, 有函数 $y=g(x)$ 满足 $g(1)=1$ 和 $F(x,g(x))=0$, 且

$$g'(1)=-\frac{\frac{\partial F}{\partial x}(1,\ 1)}{\frac{\partial F}{\partial y}(1,\ 1)}=-\frac{1}{2}.$$

函数 $g(x)$ 在包含 $x=1$ 的某个开区间上有定义, 但我们不知道这个开区间的确切大小, 也不知道它是否包含 $x=0$.

注记 7.2.5. 对于在区间 I 上满足

$$F(x,f(x))\equiv 0$$

的函数 $f(x)$, 在上式两端求导, 根据推广的链式法则（定理7.1.19）就有

$$\frac{\partial F}{\partial x}(x,f(x))+\frac{\partial F}{\partial y}(x,f(x))f'(x)\equiv 0,$$

由此立即得到公式(7.13).

定理7.2.1 不难推广到更一般的情形:

定理 7.2.6. 设开集 $D\subset\mathbb{R}^{n+1}$, $(\boldsymbol{x}_0,y_0)\in D$, $\boldsymbol{x}_0\in\mathbb{R}^n$, $y_0\in\mathbb{R}$. 若函数 $F:D\to\mathbb{R}$ 满足下列条件:

i) $F\in C^1(D)$;

ii) $F(\boldsymbol{x}_0,\ y_0)=0$;

iii) $\dfrac{\partial F}{\partial y}(\boldsymbol{x}_0,\ y_0)\neq 0$,

则存在一个包含点 $(\boldsymbol{x}_0,\ y_0)$ 的开区间 $G\times J\subset D$, 其中 G 是包含 $\boldsymbol{x}_0$ 的 n 维区间, J 是包含 y_0 的 1 维区间, 使得

1) 对每个 $\boldsymbol{x}\in G$, 有唯一的 $f(\boldsymbol{x})\in J$, 使得 $F(\boldsymbol{x},f(\boldsymbol{x}))=0$;

2) $y_0=f(\boldsymbol{x}_0)$;

3) $f\in C^1(G)$;

4) 当 $\boldsymbol{x}\in G$ 时, 有

$$\frac{\partial f}{\partial x_i}(\boldsymbol{x})=-\frac{\frac{\partial F}{\partial x_i}(\boldsymbol{x},\ y)}{\frac{\partial F}{\partial y}(\boldsymbol{x},\ y)},\quad i=1,2,\cdots,n, \tag{7.15}$$

此处 $y=f(\boldsymbol{x})$.

例 7.2.7. 设 $z=f(x,y)$ 是由

$$\mathrm{e}^z-xyz=0 \tag{7.16}$$

确定的隐函数, 求其偏导数 f'_x, f'_y.

解. 记 $F(x,y,z)=\mathrm{e}^z-xyz$, 则有

$$\frac{\partial F}{\partial x}=-yz,\qquad \frac{\partial F}{\partial y}=-xz,\qquad \frac{\partial F}{\partial z}=\mathrm{e}^z-xy,$$

由公式(7.13)即得

$$f'_x=\frac{yz}{\mathrm{e}^z-xy},\qquad f'_y=\frac{xz}{\mathrm{e}^z-xy}.$$

□

注记 7.2.8. 上例也可将 $z=f(x,y)$ 代入(7.16) 式中, 然后在(7.16) 式两端对 x 求偏导数, 即得

$$f'_x e^f - yf - xyf'_x = 0,$$

于是

$$f'_x = \frac{yf}{e^f - xy} = \frac{yz}{e^z - xy}.$$

由(7.16) 式关于变量 x, y 的对称性可知

$$f'_y = \frac{xf}{e^f - xy} = \frac{xz}{e^z - xy}.$$

7.2.2　隐映射定理

现在, 我们尝试将定理7.2.6 推广到向量值函数的情形. 假设有方程组

$$\begin{cases} F_1(x_1,\cdots,x_n,y_1,\cdots,y_m)=0, \\ \qquad\vdots \\ F_m(x_1,\cdots,x_n,y_1,\cdots,y_m)=0. \end{cases} \tag{7.17}$$

在适当的条件下, 我们期待存在关于变量 $x_1,\cdots,x_n$ 的多元函数 $f_1,\cdots,f_m$, 使得

$$\begin{cases} y_1 = f_1(x_1,\cdots,x_n), \\ \qquad\vdots \\ y_m = f_m(x_1,\cdots,x_n), \end{cases} \tag{7.18}$$

满足方程组(7.17). 用向量来表示, 记

$$\boldsymbol{F} = \begin{pmatrix} F_1 \\ \vdots \\ F_m \end{pmatrix}, \qquad \boldsymbol{f} = \begin{pmatrix} f_1 \\ \vdots \\ f_m \end{pmatrix},$$

则方程组(7.17) 可以写成

$$\boldsymbol{F}(\boldsymbol{x},\boldsymbol{y}) = \boldsymbol{0}. \tag{7.19}$$

方程组(7.18) 可以写成

$$\boldsymbol{y} = \boldsymbol{f}(\boldsymbol{x}). \tag{7.20}$$

设开集 $D\subset\mathbb{R}^{m+n}$, $\boldsymbol{F}\in C^1(D)$, 我们将 $m\times(n+m)$ 矩阵

$$J\boldsymbol{F}=\begin{pmatrix}\frac{\partial F_1}{\partial x_1} & \cdots & \frac{\partial F_1}{\partial x_n} & \frac{\partial F_1}{\partial y_1} & \cdots & \frac{\partial F_1}{\partial y_m}\\ \vdots & & \vdots & \vdots & & \vdots\\ \frac{\partial F_m}{\partial x_1} & \cdots & \frac{\partial F_m}{\partial x_n} & \frac{\partial F_m}{\partial y_1} & \cdots & \frac{\partial F_m}{\partial y_m}\end{pmatrix}$$

写成分块形式

$$J\boldsymbol{F}=\left(J_{\boldsymbol{x}}\boldsymbol{F},\ J_{\boldsymbol{y}}\boldsymbol{F}\right),$$

其中

$$J_{\boldsymbol{x}}\boldsymbol{F}=\begin{pmatrix}\frac{\partial F_1}{\partial x_1} & \cdots & \frac{\partial F_1}{\partial x_n}\\ \vdots & & \vdots\\ \frac{\partial F_m}{\partial x_1} & \cdots & \frac{\partial F_m}{\partial x_n}\end{pmatrix},\quad J_{\boldsymbol{y}}\boldsymbol{F}=\begin{pmatrix}\frac{\partial F_1}{\partial y_1} & \cdots & \frac{\partial F_1}{\partial y_m}\\ \vdots & & \vdots\\ \frac{\partial F_m}{\partial y_1} & \cdots & \frac{\partial F_m}{\partial y_m}\end{pmatrix}.$$

定理 7.2.9. （**隐映射定理**） 设开集 $D\subset\mathbb{R}^{n+m}$, $(\boldsymbol{x}_0,\boldsymbol{y}_0)\in D$, $\boldsymbol{x}_0\in\mathbb{R}^n$, $\boldsymbol{y}_0\in\mathbb{R}^m$, 向量值函数 $\boldsymbol{F}:D\to\mathbb{R}^m$ 满足下列条件:

i) $\boldsymbol{F}\in C^1(D)$;

ii) $\boldsymbol{F}(\boldsymbol{x}_0,\ \boldsymbol{y}_0)=0$;

iii) $\det\left(J_{\boldsymbol{y}}\boldsymbol{F}\right)\neq 0$,

则存在一个包含点 $(\boldsymbol{x}_0,\ \boldsymbol{y}_0)$ 的开区间 $I\times J\subset D$, 其中 I 是包含 $\boldsymbol{x}_0$ 的 n 维区间, J 是包含 $\boldsymbol{y}_0$ 的 m 维区间, 使得

1) 对每个 $\boldsymbol{x}\in I$, 有唯一的 $\boldsymbol{f}(\boldsymbol{x})\in J$, 使得 $\boldsymbol{F}(\boldsymbol{x},\boldsymbol{f}(\boldsymbol{x}))=\boldsymbol{0}$;

2) $\boldsymbol{y}_0=\boldsymbol{f}(\boldsymbol{x}_0)$;

3) $\boldsymbol{f}\in C^1(I)$;

4) 当 $\boldsymbol{x}\in I$ 时, 有

$$J\boldsymbol{f}(\boldsymbol{x})=-\left(J_{\boldsymbol{y}}\boldsymbol{F}(\boldsymbol{x},\boldsymbol{y})\right)^{-1}J_{\boldsymbol{x}}\boldsymbol{F}(\boldsymbol{x},\boldsymbol{y}),\tag{7.21}$$

此处 $\boldsymbol{y}=\boldsymbol{f}(\boldsymbol{x})$.

证明从略.

例 7.2.10. 设

$$\begin{aligned}F_1 &= xu-4y+2\mathrm{e}^u+3=0,\\ F_2 &= 2x-z-6u+v\cos u=0.\end{aligned}$$

在 $(x,y,z)=(-1,1,-1)$，$(u,v)=(0,1)$ 处计算Jacobi 矩阵

$$\begin{pmatrix} \frac{\partial u}{\partial x} & \frac{\partial u}{\partial y} & \frac{\partial u}{\partial z} \\ \frac{\partial v}{\partial x} & \frac{\partial v}{\partial y} & \frac{\partial v}{\partial z} \end{pmatrix}.$$

解. 记 $\boldsymbol{x}=(x,y,z)^{\mathrm{T}}$，$\boldsymbol{u}=(u,v)^{\mathrm{T}}$，$\boldsymbol{F}=(F_1,\ F_2)^{\mathrm{T}}$. 此时

$$J_{\boldsymbol{x}}\boldsymbol{F}=\begin{pmatrix} \frac{\partial F_1}{\partial x} & \frac{\partial F_1}{\partial y} & \frac{\partial F_1}{\partial z} \\ \frac{\partial F_2}{\partial x} & \frac{\partial F_2}{\partial y} & \frac{\partial F_2}{\partial z} \end{pmatrix}=\begin{pmatrix} u & -4 & 0 \\ 2 & 0 & -1 \end{pmatrix},$$

$$J_{\boldsymbol{u}}\boldsymbol{F}=\begin{pmatrix} \frac{\partial F_1}{\partial u} & \frac{\partial F_1}{\partial v} \\ \frac{\partial F_2}{\partial u} & \frac{\partial F_2}{\partial v} \end{pmatrix}=\begin{pmatrix} x+2\mathrm{e}^{u} & 0 \\ -6-v\sin u & \cos u \end{pmatrix}.$$

令 $\boldsymbol{x}_0=(-1,1,-1)^{\mathrm{T}}$，$\boldsymbol{u}_0=(0,1)^{\mathrm{T}}$，得到

$$J_{\boldsymbol{x}}\boldsymbol{F}(\boldsymbol{x}_0,\ \boldsymbol{u}_0)=\begin{pmatrix} 0 & -4 & 0 \\ 2 & 0 & -1 \end{pmatrix},$$

$$J_{\boldsymbol{u}}\boldsymbol{F}(\boldsymbol{x}_0,\ \boldsymbol{u}_0)=\begin{pmatrix} 1 & 0 \\ -6 & 1 \end{pmatrix}.$$

因此

$$\begin{aligned}\begin{pmatrix} \frac{\partial u}{\partial x} & \frac{\partial u}{\partial y} & \frac{\partial u}{\partial z} \\ \frac{\partial v}{\partial x} & \frac{\partial v}{\partial y} & \frac{\partial v}{\partial z} \end{pmatrix} &= -\begin{pmatrix} 1 & 0 \\ -6 & 1 \end{pmatrix}^{-1}\begin{pmatrix} 0 & -4 & 0 \\ 2 & 0 & -1 \end{pmatrix} \\ &= -\begin{pmatrix} 1 & 0 \\ 6 & 1 \end{pmatrix}\begin{pmatrix} 0 & -4 & 0 \\ 2 & 0 & -1 \end{pmatrix} \\ &= \begin{pmatrix} 0 & 4 & 0 \\ -2 & 24 & 1 \end{pmatrix}. \end{aligned}$$

□

7.2.3 逆映射定理

应用隐映射定理, 可以得到反函数定理的推广.

定理 7.2.11. （局部逆映射定理） 设开集 $D\subset\mathbb{R}^n$. 若向量值函数 $\boldsymbol{f}:D\to\mathbb{R}^n$ 满足条件:

i) $\boldsymbol{f}\in C^1(D)$;

ii) 有 $\boldsymbol{x}_0\in D$, 使得 $\det\big(J\boldsymbol{f}(\boldsymbol{x}_0)\big)\neq 0$,

则存在包含 $\boldsymbol{x}_0$ 的一个开集 U 和包含 $\boldsymbol{y}_0=\boldsymbol{f}(\boldsymbol{x}_0)$ 的一个开集 V 使得

1) $\boldsymbol{f}(U)=V$, 且 $\boldsymbol{f}$ 在 U 上是单射, 故有逆映射 $\boldsymbol{f}^{-1}:V\to U$;

2) $\boldsymbol{f}^{-1}\in C^1(V)$;

3) 当 $\boldsymbol{y}\in V$ 时

$$J\boldsymbol{f}^{-1}\big(\boldsymbol{y}\big)=\big(J\boldsymbol{f}(\boldsymbol{x})\big)^{-1}, \tag{7.22}$$

此处 $\boldsymbol{x}=\boldsymbol{f}^{-1}(\boldsymbol{y})$.

注记 7.2.12. 该定理指出逆映射在 $\boldsymbol{f}(\boldsymbol{x}_0)$ 附近存在. 然而, 即使 $J\boldsymbol{f}$ 在D 上处处可逆, 也不能保证 $\boldsymbol{f}$ 在整个 $\boldsymbol{f}(D)$ 上有逆映射. 不过, 一旦整体逆映射存在, 那么一定连续可微, 并且(7.22) 式成立, 如下面定理所述.

定理 7.2.13. （全局逆映射定理） 设开集 $D\subset\mathbb{R}^n$, 向量值函数 $\boldsymbol{f}:D\to\mathbb{R}^n$ 满足下列条件:

i) $\boldsymbol{f}\in C^1(D)$;

ii) 对每个 $\boldsymbol{x}\in D$, $\det\big(J\boldsymbol{f}(\boldsymbol{x})\big)\neq 0$;

iii) $\boldsymbol{f}$ 是 D 上的单射,

则 $G=\boldsymbol{f}(D)$ 是一个开集, 且逆映射 $\boldsymbol{f}^{-1}\in C^1(G)$, 使得对一切 $\boldsymbol{y}\in G$,

$$J\boldsymbol{f}^{-1}\big(\boldsymbol{y}\big)=\big(J\boldsymbol{f}(\boldsymbol{x})\big)^{-1}, \tag{7.23}$$

此处 $\boldsymbol{x}=\boldsymbol{f}^{-1}(\boldsymbol{y})$.

例 7.2.14. 对极坐标变换

$$\begin{cases} x=r\cos\theta, \\ y=r\sin\theta, \end{cases}$$

求 r 和 θ 关于 x, y 的偏导数.

解. 由公式(7.22)有

$$\begin{pmatrix} \frac{\partial r}{\partial x} & \frac{\partial r}{\partial y} \\ \frac{\partial \theta}{\partial x} & \frac{\partial \theta}{\partial y} \end{pmatrix} = \begin{pmatrix} \frac{\partial x}{\partial r} & \frac{\partial x}{\partial \theta} \\ \frac{\partial y}{\partial r} & \frac{\partial y}{\partial \theta} \end{pmatrix}^{-1} = \frac{1}{r}\begin{pmatrix} r\cos\theta & r\sin\theta \\ -\sin\theta & \cos\theta \end{pmatrix}. \qquad \square$$

练习 7.2

1. 设 $z = f(x, y)$ 是由

$$\sin z - xy^2z^3 = 0$$

确定的隐函数, 求其偏导数 f'_x, f'_y.

2. 设

$$z = f(x, y), \quad g(x, y) = 0,$$

其中 f, g 都是可微函数, 求 $\frac{\mathrm{d}z}{\mathrm{d}x}$.

3. 设 $y = y(x)$, $z = z(x)$ 是由方程组

$$\begin{cases} x^2 + y^2 + z^2 = 1, \\ x + y + z = 0 \end{cases}$$

确定的隐函数. 计算 $\frac{\mathrm{d}y}{\mathrm{d}x}$ 和 $\frac{\mathrm{d}z}{\mathrm{d}x}$. 试解释其几何意义.

4. 设

$$\begin{cases} u^2 - v\cos(xy) + w^2 = 0, \\ u^2 + v^2 - \sin(xy) + 2w^2 = 2, \\ uv - \sin x\cos y + w = 0. \end{cases}$$

在 $(x, y) = (\pi/2, 0)$, $(u, v, w) = (1, 1, 0)$ 处计算Jacobi 矩阵

$$\begin{pmatrix} \frac{\partial u}{\partial x} & \frac{\partial u}{\partial y} \\ \frac{\partial v}{\partial x} & \frac{\partial v}{\partial y} \\ \frac{\partial w}{\partial x} & \frac{\partial w}{\partial y} \end{pmatrix}.$$

5. 设 $\boldsymbol{f}(x, y) = \left(x^2, \frac{y}{x}\right)^{\mathrm{T}}$. 计算其逆映射的Jacobi 矩阵 $J\boldsymbol{f}^{-1}$.

7.3 多元函数的极值

7.3.1 高阶偏导数

设在开集 $D\subset\mathbb{R}^n$ 上函数 f 的第 i 个一阶偏导数

$$\frac{\partial f}{\partial x_i}$$

可以继续对变量 x_j 求偏导数, 那么就得到了**二阶偏导数**

$$\frac{\partial}{\partial x_j}\left(\frac{\partial f}{\partial x_i}\right)$$

通常简记为

$$\frac{\partial^2 f}{\partial x_j\partial x_i}\ (i\neq j) \quad 和 \quad \frac{\partial^2 f}{\partial x_i^2}\ (i=j),$$

或者

$$f''_{x_jx_i}\ (i\neq j) \quad 和 \quad f''_{x_ix_i}\ (i=j).$$

我们可以类似地定义**三阶偏导数**以及更高阶的偏导数. 当 $i\neq j$ 时, $\dfrac{\partial^2 f}{\partial x_j\partial x_i}$ 称为**混合偏导数**.

一般而言, $\dfrac{\partial^2 f}{\partial x_j\partial x_i}$ 与 $\dfrac{\partial^2 f}{\partial x_i\partial x_j}$ 未必相等. 不过, 我们可以证明, 如果混合偏导数都是连续的, 那么求导的次序就无关紧要了.

定理 7.3.1. 设开集 $D\subset\mathbb{R}^n$, $\boldsymbol{a}\in D$, 函数 $f\in C^2(D)$. 若 f 的两个混合偏导数 $\dfrac{\partial^2 f}{\partial x_j\partial x_i}$ 与 $\dfrac{\partial^2 f}{\partial x_i\partial x_j}$ 在 D 上存在, 且在点 $\boldsymbol{a}$ 处均连续, 则二者必定相等.

现在我们将定义 7.1.14 推广到一般情形.

定义 7.3.2. 设 $D\subset\mathbb{R}^n$ 是一个开集. 对正整数 k, 由全体在 D 上所有 k 阶偏导数都连续的多元函数所组成的集合记为 $C^k(D)$.

n 元函数有 n^2 种二阶偏导数, 可以写成一个 n 阶方阵

$$\boldsymbol{H}f(\boldsymbol{x})=J\big(\nabla f(\boldsymbol{x})\big)=\begin{pmatrix} \dfrac{\partial^2 f}{\partial x_1^2}(\boldsymbol{x}) & \dfrac{\partial^2 f}{\partial x_1\partial x_2}(\boldsymbol{x}) & \cdots & \dfrac{\partial^2 f}{\partial x_1\partial x_n}(\boldsymbol{x}) \\ \dfrac{\partial^2 f}{\partial x_2\partial x_1}(\boldsymbol{x}) & \dfrac{\partial^2 f}{\partial x_2^2}(\boldsymbol{x}) & \cdots & \dfrac{\partial^2 f}{\partial x_2\partial x_n}(\boldsymbol{x}) \\ \vdots & \vdots & & \vdots \\ \dfrac{\partial^2 f}{\partial x_n\partial x_1}(\boldsymbol{x}) & \dfrac{\partial^2 f}{\partial x_n\partial x_2}(\boldsymbol{x}) & \cdots & \dfrac{\partial^2 f}{\partial x_n^2}(\boldsymbol{x}) \end{pmatrix}.$$

这个方阵称为 f 的**Hesse 矩阵**. 由定理7.3.1可知, 当所有混合偏导数连续时, $\boldsymbol{H}f$ 是一个对称矩阵.

例 7.3.3. 设

$$z = f\left(x(u,v),\ y(u,v)\right),$$

其中 f, x, y 都是有二阶连续偏导数的二元函数. 求 $\dfrac{\partial^2 z}{\partial u^2}$, $\dfrac{\partial^2 z}{\partial v^2}$ 和 $\dfrac{\partial^2 z}{\partial u \partial v}$.

解. 由链式法则有

$$\begin{aligned}
\frac{\partial z}{\partial u} &= \frac{\partial f}{\partial x}\frac{\partial x}{\partial u} + \frac{\partial f}{\partial y}\frac{\partial y}{\partial u}, \\
\frac{\partial z}{\partial v} &= \frac{\partial f}{\partial x}\frac{\partial x}{\partial v} + \frac{\partial f}{\partial y}\frac{\partial y}{\partial v}.
\end{aligned}$$

注意 $\dfrac{\partial z}{\partial u}$ 和 $\dfrac{\partial z}{\partial v}$ 仍是 x, y 和 u, v 的复合函数, 并且 $\dfrac{\partial^2 f}{\partial y \partial x} = \dfrac{\partial^2 f}{\partial x \partial y}$, 故

$$\begin{aligned}
\frac{\partial^2 z}{\partial u^2} &= \frac{\partial}{\partial u}\left(\frac{\partial f}{\partial x}\frac{\partial x}{\partial u}\right) + \frac{\partial}{\partial u}\left(\frac{\partial f}{\partial y}\frac{\partial y}{\partial u}\right) \\
&= \frac{\partial}{\partial u}\left(\frac{\partial f}{\partial x}\right)\frac{\partial x}{\partial u} + \frac{\partial f}{\partial x}\frac{\partial^2 x}{\partial u^2} + \frac{\partial}{\partial u}\left(\frac{\partial f}{\partial y}\right)\frac{\partial y}{\partial u} + \frac{\partial f}{\partial y}\frac{\partial^2 y}{\partial u^2} \\
&= \left(\frac{\partial^2 f}{\partial x^2}\frac{\partial x}{\partial u} + \frac{\partial^2 f}{\partial y \partial x}\frac{\partial y}{\partial u}\right)\frac{\partial x}{\partial u} + \frac{\partial f}{\partial x}\frac{\partial^2 x}{\partial u^2} + \left(\frac{\partial^2 f}{\partial x \partial y}\frac{\partial x}{\partial u} + \frac{\partial^2 f}{\partial y^2}\frac{\partial y}{\partial u}\right)\frac{\partial y}{\partial u} + \frac{\partial f}{\partial y}\frac{\partial^2 y}{\partial u^2} \\
&= \frac{\partial^2 f}{\partial x^2}\left(\frac{\partial x}{\partial u}\right)^2 + 2\frac{\partial^2 f}{\partial x \partial y}\frac{\partial x}{\partial u}\frac{\partial y}{\partial u} + \frac{\partial^2 f}{\partial y^2}\left(\frac{\partial y}{\partial u}\right)^2 + \frac{\partial f}{\partial x}\frac{\partial^2 x}{\partial u^2} + \frac{\partial f}{\partial y}\frac{\partial^2 y}{\partial u^2}.
\end{aligned}$$

类似地可得

$$\frac{\partial^2 z}{\partial v^2} = \frac{\partial^2 f}{\partial x^2}\left(\frac{\partial x}{\partial v}\right)^2 + 2\frac{\partial^2 f}{\partial x \partial y}\frac{\partial x}{\partial v}\frac{\partial y}{\partial v} + \frac{\partial^2 f}{\partial y^2}\left(\frac{\partial y}{\partial v}\right)^2 + \frac{\partial f}{\partial x}\frac{\partial^2 x}{\partial v^2} + \frac{\partial f}{\partial y}\frac{\partial^2 y}{\partial v^2}.$$

$$\begin{aligned}
\frac{\partial^2 z}{\partial u \partial v} &= \frac{\partial}{\partial u}\left(\frac{\partial f}{\partial x}\frac{\partial x}{\partial v}\right) + \frac{\partial}{\partial u}\left(\frac{\partial f}{\partial y}\frac{\partial y}{\partial v}\right) \\
&= \left(\frac{\partial^2 f}{\partial x^2}\frac{\partial x}{\partial u} + \frac{\partial^2 f}{\partial y \partial x}\frac{\partial y}{\partial u}\right)\frac{\partial x}{\partial v} + \frac{\partial f}{\partial x}\frac{\partial^2 x}{\partial u \partial v} + \left(\frac{\partial^2 f}{\partial x \partial y}\frac{\partial x}{\partial u} + \frac{\partial^2 f}{\partial^2 y}\frac{\partial y}{\partial u}\right)\frac{\partial y}{\partial v} + \frac{\partial f}{\partial y}\frac{\partial^2 y}{\partial u \partial v} \\
&= \frac{\partial^2 f}{\partial x^2}\frac{\partial x}{\partial u}\frac{\partial x}{\partial v} + \frac{\partial^2 f}{\partial x \partial y}\left(\frac{\partial x}{\partial u}\frac{\partial y}{\partial v} + \frac{\partial x}{\partial v}\frac{\partial y}{\partial u}\right) + \frac{\partial^2 f}{\partial y^2}\frac{\partial y}{\partial u}\frac{\partial y}{\partial v} + \frac{\partial f}{\partial x}\frac{\partial^2 x}{\partial u \partial v} + \frac{\partial f}{\partial y}\frac{\partial^2 y}{\partial u \partial v}.
\end{aligned}$$

这里每个步骤都要集中注意力, 否则很容易遗漏某些项. □

例 7.3.4. 求所有满足

$$\frac{\partial^2 f}{\partial x \partial y} = 0 \tag{7.24}$$

的二元函数 $f \in C^2(\mathbb{R}^2)$.

解. 由(7.24) 式知 $\partial f/\partial y$ 关于 x 的偏导数等于零，因此 $\partial f/\partial y$ 关于 x 是常数，也就是说，它是关于变量 y 的一元函数，于是可以写成

$$\partial f/\partial y = g(y).$$

由可微性假设，$g \in C^1(\mathbb{R})$. 因此得到

$$f(x, y) = \int g(y)\,\mathrm{d}y + \psi(x) = \varphi(y) + \psi(x).$$

此处 φ，ψ 是任意两个二阶连续可微的一元函数. □

7.3.2 多元Taylor 定理

对有高阶可微性的一元函数，Taylor 公式是强有力的工具. 我们要将它推广到多元函数的情形. 为此需要引进一些记号.

定义 7.3.5. 分量都是自然数的 n 维向量

$$\boldsymbol{\alpha} = (\alpha_1, \alpha_2, \cdots, \alpha_n) \in \underbrace{\mathbb{N} \times \mathbb{N} \times \cdots \times \mathbb{N}}_{n\text{个}}$$

称为一个 n **重指标**. 记

$$|\boldsymbol{\alpha}| = \alpha_1 + \alpha_2 + \cdots + \alpha_n, \qquad \boldsymbol{\alpha}! = \alpha_1!\alpha_2!\cdots\alpha_n!.$$

对任意 $\boldsymbol{x} = (x_1, x_2, \cdots, x_n)^{\mathrm{T}} \in \mathbb{R}^n$，记

$$\boldsymbol{x}^{\boldsymbol{\alpha}} = x_1^{\alpha_1} x_2^{\alpha_2} \cdots x_n^{\alpha_n}.$$

我们再引进偏微分算子

$$D^{\boldsymbol{\alpha}} = \frac{\partial^{|\boldsymbol{\alpha}|}}{\partial x_1^{\alpha_1} \partial x_2^{\alpha_2} \cdots \partial x_n^{\alpha_n}} = \frac{\partial^{\alpha_1+\alpha_2+\cdots+\alpha_n}}{\partial x_1^{\alpha_1} \partial x_2^{\alpha_2} \cdots \partial x_n^{\alpha_n}}.$$

例 7.3.6. 设 k, $n \in \mathbb{N}^*$, $\boldsymbol{x} = (x_1, x_2, \cdots, x_n)^{\mathrm{T}} \in \mathbb{R}^n$，则

$$(x_1 + x_2 + \cdots + x_n)^k = \sum_{|\boldsymbol{\alpha}|=k} \frac{k!}{\boldsymbol{\alpha}!} \boldsymbol{x}^{\boldsymbol{\alpha}}. \tag{7.25}$$

证明. 对维数 n 进行归纳. $n=2$ 时, 这就是二项式定理. 现在假设(7.25)式对 $n=m$ 成立, 则 $n=m+1$ 时, $\boldsymbol{\alpha}=(\alpha_1,\cdots,\alpha_m,\alpha_{m+1})$, $\boldsymbol{x}=(x_1,\cdots,x_m,x_{m+1})^{\mathrm{T}}$,

$$\begin{aligned}
&(x_1+\cdots+x_m+x_{m+1})^k\\
=&\big((x_1+\cdots+x_m)+x_{m+1}\big)^k\\
=&\sum_{\alpha_{m+1}=0}^{k}\frac{k!}{\alpha_{m+1}!(k-\alpha_{m+1})!}(x_1+\cdots+x_m)^{k-\alpha_m}x_{m+1}^{\alpha_{m+1}}\\
=&\sum_{\alpha_{m+1}=0}^{k}\frac{k!}{\alpha_{m+1}!(k-\alpha_{m+1})!}\sum_{\alpha_1+\cdots+\alpha_m=k-\alpha_{m+1}}\frac{(k-\alpha_{m+1})!}{\alpha_1!\cdots\alpha_m!}x_1^{\alpha_1}\cdots x_m^{\alpha_m}x_{m+1}^{\alpha_{m+1}}\\
=&\sum_{\alpha_1+\cdots+\alpha_m+\alpha_{m+1}=k}\frac{k!}{\alpha_1!\cdots\alpha_m!\alpha_{m+1}!}x_1^{\alpha_1}\cdots x_m^{\alpha_m}x_{m+1}^{\alpha_{m+1}}=\sum_{|\boldsymbol{\alpha}|=k}\frac{k!}{\boldsymbol{\alpha}!}\boldsymbol{x}^{\boldsymbol{\alpha}}.
\end{aligned}$$

这就完成了证明. □

定理 7.3.7. (**多元函数的Taylor 公式**) 设 U 是点 $\boldsymbol{a}=(a_1,\cdots,a_n)^{\mathrm{T}}\in\mathbb{R}^n$ 的某个邻域, $\boldsymbol{a}+\boldsymbol{h}\in U$, $f\in C^{m+1}(U)$, 则必有 $\theta\in(0,1)$, 使得

$$f(\boldsymbol{a}+\boldsymbol{h})=\sum_{k=0}^{m}\sum_{|\boldsymbol{\alpha}|=k}\frac{D^{\boldsymbol{\alpha}}f(\boldsymbol{a})}{\boldsymbol{\alpha}!}\boldsymbol{h}^{\boldsymbol{\alpha}}+R_m, \tag{7.26}$$

其中

$$R_m=\sum_{|\boldsymbol{\alpha}|=m+1}\frac{D^{\boldsymbol{\alpha}}f(\boldsymbol{a}+\theta\boldsymbol{h})}{\boldsymbol{\alpha}!}\boldsymbol{h}^{\boldsymbol{\alpha}} \tag{7.27}$$

称为**Lagrange** 余项, 也可以写成

$$R_m=o\left(\|\boldsymbol{h}\|^m\right), \tag{7.28}$$

此时 R_m 称为**Peano** 余项.

证明. 对 $t\in(0,1)$, 定义

$$\varphi(t)=f(\boldsymbol{a}+t\boldsymbol{h}),$$

则

$$\varphi(0)=f(\boldsymbol{a}),\quad \varphi(1)=f(\boldsymbol{a}+\boldsymbol{h}).$$

易见 φ 在 $[0,1]$ 上有 $m+1$ 阶连续导数. 由定理4.4.17, 有 $\theta\in(0,1)$ 使得

$$\varphi(1)=\varphi(0)+\varphi'(0)+\frac{\varphi''(0)}{2!}+\cdots+\frac{\varphi^m(0)}{m!}+\frac{\varphi^{m+1}(\theta)}{(m+1)!}. \tag{7.29}$$

设 $\boldsymbol{h}=(h_1,\cdots,h_n)^{\mathrm{T}}$, 根据复合函数的求导公式,

$$\begin{aligned}
\varphi'(t)&=\frac{\partial f}{\partial x_1}(\boldsymbol{a}+t\boldsymbol{h})h_1+\cdots+\frac{\partial f}{\partial x_n}(\boldsymbol{a}+t\boldsymbol{h})h_n\\
&=\left(h_1\frac{\partial}{\partial x_1}+\cdots+h_n\frac{\partial}{\partial x_n}\right)f(\boldsymbol{a}+t\boldsymbol{h}).
\end{aligned}$$

于是, 对 φ 求一次导, 就相当于偏微分算子

$$h_1\frac{\partial}{\partial x_1}+\cdots+h_n\frac{\partial}{\partial x_n}$$

对函数 $f(\boldsymbol{a}+t\boldsymbol{h})$ 作用一次. 对 $k=1,2,\cdots,m$ 就有

$$\begin{aligned}
\varphi^k(t) &= \left(h_1\frac{\partial}{\partial x_1}+\cdots+h_n\frac{\partial}{\partial x_n}\right)^k f(\boldsymbol{a}+t\boldsymbol{h})\\
&= \left(\sum_{|\boldsymbol{\alpha}|=k}\frac{k!}{\boldsymbol{\alpha}!}\frac{\partial^{|\boldsymbol{\alpha}|}}{\partial x_1^{\alpha_1}\cdots\partial x_n^{\alpha_n}}h_1^{\alpha_1}\cdots h_n^{\alpha_n}\right)f(\boldsymbol{a}+t\boldsymbol{h})\\
&= \sum_{|\boldsymbol{\alpha}|=k}\frac{k!}{\boldsymbol{\alpha}!}\frac{\partial^{|\boldsymbol{\alpha}|}}{\partial x_1^{\alpha_1}\cdots\partial x_n^{\alpha_n}}f(\boldsymbol{a}+t\boldsymbol{h})\,h_1^{\alpha_1}\cdots h_n^{\alpha_n}\\
&= \sum_{|\boldsymbol{\alpha}|=k}\frac{k!}{\boldsymbol{\alpha}!}D^{\boldsymbol{\alpha}}f(\boldsymbol{a}+t\boldsymbol{h})\,\boldsymbol{h}^{\boldsymbol{\alpha}}.
\end{aligned}$$

因此

$$\varphi^k(0)=\sum_{|\boldsymbol{\alpha}|=k}\frac{k!}{\boldsymbol{\alpha}!}D^{\boldsymbol{\alpha}}f(\boldsymbol{a})\,\boldsymbol{h}^{\boldsymbol{\alpha}}.$$

将此结果代入(7.29) 式即得(7.26) 式.

现在做一个以 $\boldsymbol{a}$ 为中心的闭球 $K\subset\Omega$. 注意 f 的所有 $m+1$ 阶偏导数在 K 上连续, 因此在 K 上都有界. 于是可取一个常数 $M>0$ 使得所有 $m+1$ 阶偏导数的绝对值都小于 M. 这样就有

$$\begin{aligned}
|R_m| &= \left|\sum_{|\boldsymbol{\alpha}|=m+1}\frac{D^{\boldsymbol{\alpha}}f(\boldsymbol{a}+\theta\boldsymbol{h})}{\boldsymbol{\alpha}!}\boldsymbol{h}^{\boldsymbol{\alpha}}\right|\\
&\le \sum_{|\boldsymbol{\alpha}|=m+1}\frac{\left|D^{\boldsymbol{\alpha}}f(\boldsymbol{a}+\theta\boldsymbol{h})\right|}{\boldsymbol{\alpha}!}\left|h_1^{\alpha_1}\cdots h_n^{\alpha_n}\right|\\
&\le M\sum_{|\boldsymbol{\alpha}|=m+1}\frac{1}{\boldsymbol{\alpha}!}\left|h_1^{\alpha_1}\cdots h_n^{\alpha_n}\right|\\
&= \frac{M}{(m+1)!}\sum_{|\boldsymbol{\alpha}|=m+1}\frac{(m+1)!}{\boldsymbol{\alpha}!}\left|h_1^{\alpha_1}\cdots h_n^{\alpha_n}\right|\\
&= \frac{M}{(m+1)!}(|h_1|+\cdots|h_n|)^{m+1}\\
&\le \frac{M}{(m+1)!}(n\|\boldsymbol{h}\|)^{m+1}\\
&= \frac{Mn^{m+1}}{(m+1)!}\|\boldsymbol{h}\|^{m+1},
\end{aligned}$$

这就证明了(7.26) 式. □

公式(7.26) 最常用的是 $m=2$ 的情形. 它可以写成

$$f(\boldsymbol{a}+\boldsymbol{h})=f(\boldsymbol{a})+Jf(\boldsymbol{a})\boldsymbol{h}+\frac{1}{2}\boldsymbol{h}^{\mathrm{T}}\boldsymbol{H}f(\boldsymbol{a})\boldsymbol{h}+R_2(\boldsymbol{h}).\tag{7.30}$$

此处 $R_2(\boldsymbol{h}) = O\left(\|\boldsymbol{h}\|^3\right) = o\left(\|\boldsymbol{h}\|^2\right) \quad (\boldsymbol{h} \to \mathbf{0})$.

例 7.3.8. 设 $z = f(x, y)$ 是由

$$z^3 - 3xy = 1 \tag{7.31}$$

确定的隐函数, 且 $f(1,0) = 1$. 求 $f(x, y)$ 在点 $(1,0)$ 处带Peano 余项的Taylor 公式.

解. 在(7.31) 式两端求全微分, 得

$$3z^2 \mathrm{d}z - 3(y\mathrm{d}x + x\mathrm{d}y) = 0$$

或

$$\mathrm{d}z = \frac{y}{z^2}\mathrm{d}x + \frac{x}{z^2}\mathrm{d}y,$$

于是

$$f'_x = \frac{y}{z^2}, \qquad f'_y = \frac{x}{z^2}.$$

因此

$$f'_x(1,0) = 0, \qquad f'_y(1,0) = 1,$$

$$f''_{xx} = -\frac{2yf'_x}{z^3}, \quad f''_{xy} = \frac{z - 2yf'_x}{z^3}, \quad f''_{yy} = -\frac{2xf'_y}{z^3},$$

从而

$$f''_{xx}(1,0) = 0, \quad f''_{xy}(1,0) = 1, \quad f''_{yy}(1,0) = -2,$$

由Taylor 公式, 得

$$\begin{aligned} f(x, y) &= f(1,0) + (0,1)\begin{pmatrix} x-1 \\ y \end{pmatrix} + (x-1, y)\begin{pmatrix} 0 & 1 \\ 1 & -2 \end{pmatrix}\begin{pmatrix} x-1 \\ y \end{pmatrix} + o\left((x-1)^2 + y^2\right) \\ &= 1 + y + 2(x-1)y - 2y^2 + o\left((x-1)^2 + y^2\right). \end{aligned}$$

□

7.3.3 无条件极值

现在我们考察多元函数的极值问题. 首先将定义4.2.1 平行地推广到多元情形.

定义 7.3.9. 设函数 f 在点 $\boldsymbol{a} \in \mathbb{R}^n$ 的某个邻域 $B(\boldsymbol{a})$ 有定义. 若对任意 $\boldsymbol{x} \in B(\boldsymbol{a}) \setminus \{\boldsymbol{a}\}$, 有

$$f(\boldsymbol{x}) \geq f(\boldsymbol{a}), \tag{7.32}$$

则称 $\boldsymbol{a}$ 为 f 的一个**极小值点**, 称 $f(\boldsymbol{a})$ 为 f 的一个**极小值**. 若(7.32) 式中的不等号严格成立, 则 $\boldsymbol{a}$ 和 $f(\boldsymbol{a})$ 分别称为 f 的**严格极小值点**和**严格极小值**.

类似地可定义 f 的**极大值点**、**极大值**、**严格极大值点**和**严格极大值**.

对任意一个方向 $\boldsymbol{u}$, 直线 $\boldsymbol{\ell}(t)=\boldsymbol{a}+t\boldsymbol{u}$ 落在邻域 $B(\boldsymbol{a})$ 中的一段, 就是 $t=0$ 附近的部分. 显然, 如果 $\boldsymbol{a}=\boldsymbol{\ell}(0)$ 是 f 的极值点, 那么 $t=0$ 必定是一元函数 $f\circ\boldsymbol{\ell}$ 的极值点. 因此, 若 f 在点 $\boldsymbol{a}$ 处沿方向 $\boldsymbol{u}$ 的方向导数存在, 则必有

$$\frac{\partial f}{\partial \boldsymbol{u}}(\boldsymbol{a})=\left(f\circ\boldsymbol{\ell}\right)'(0)=0.$$

这样就得到下面极值点的必要条件：

定理 7.3.10. 设 $\boldsymbol{a}=\boldsymbol{\ell}(0)$ 是 f 的极值点, 并且 $\nabla f(\boldsymbol{a})$ 存在, 则 $\nabla f(\boldsymbol{a})=0$.

这一结果使我们可以将一元函数的驻点概念推广到多元情形.

定义 7.3.11. 设函数 f 在点 $\boldsymbol{a}\in\mathbb{R}^n$ 的某个邻域 $B(\boldsymbol{a})$ 有定义, 且 $\nabla f(\boldsymbol{a})=\boldsymbol{0}$, 则称 $\boldsymbol{a}$ 为 f 的一个**驻点**.

如同一元函数的情形一样, 驻点未必是极值点.

例 7.3.12. 设二元函数 $f(x,y)=xy$, 则

$$\frac{\partial f}{\partial x}=y,\qquad \frac{\partial f}{\partial y}=x.$$

显然 $(0,0)$ 是 f 的唯一驻点. 但 $f(0,0)=0$, 而在原点的任意一个邻域内, 既有使 f 取正值的点, 也有使 f 取负值的点, 因此 $(0,0)$ 不是 f 的极值点. 这也导致 f 没有极值点.

例 7.3.13. 设三角形区域

$$\Delta=\left\{(x,y)\,\Big|\,0<x,y,x+y<\pi\right\}.$$

求二元函数 $f(x,y)=\sin x\sin y\sin(x+y)$ 在闭区域 $\overline{\Delta}$ 上的最大值和最小值.

解. 显然, 当 $(x,y)\in\Delta$ 时 $f(x,y)>0$, 而当 $(x,y)\in\partial\Delta$ 时, $f(x,y)=0$, 因此 f 在 $\partial\Delta$ 上达到最小值 0; 在 Δ 内达到最大值. 为求驻点, 在 Δ 内解方程

$$\begin{cases}\frac{\partial f}{\partial x}(x,y)=\sin y\sin(2x+y)=0,\\[2mm] \frac{\partial f}{\partial y}(x,y)=\sin x\sin(x+2y)=0.\end{cases}$$

由于 $0<x,y,x+y<\pi$, 因此 $\sin x,\ \sin y>0$, 于是

$$\sin(2x+y)=0,\qquad \sin(x+2y)=0.$$

注意 $0<2x+y,\ x+2y<2\pi$, 只有

$$2x+y=x+2y=\pi,\qquad \text{或}\qquad x=y=\frac{\pi}{3}.$$

由此解出唯一的驻点 $(\pi/3, \pi/3)$，它必定是最大值点，从而得到最大值

$$f\left(\frac{\pi}{3}, \frac{\pi}{3}\right) = \frac{3\sqrt{3}}{8}. \qquad \square$$

在第4 章中，我们曾经利用带Peano 余项的Taylor 公式，得到了一元函数的驻点成为极值点的充分条件（定理4.4.14）. 现在假设 $\boldsymbol{a}$ 是多元函数 f 的一个驻点，则 $\nabla f(\boldsymbol{a}) = \boldsymbol{0}$. 用带Peano 余项的Taylor 公式将 f 在点 $\boldsymbol{a}$ 附近展开到二次项，得到

$$f(\boldsymbol{a}+\boldsymbol{h}) = f(\boldsymbol{a}) + \frac{1}{2}\boldsymbol{h}^{\mathrm{T}}\boldsymbol{H}f(\boldsymbol{a})\boldsymbol{h} + o\left(\|\boldsymbol{h}\|^2\right). \tag{7.33}$$

显然，函数 f 在点 $\boldsymbol{a}$ 附近的变化，将由二次项 $\boldsymbol{h}^{\mathrm{T}}\boldsymbol{H}f(\boldsymbol{a})\boldsymbol{h}/2$ 决定.

就一元函数而言，二次项 $f''(a)h^2/2 \neq 0$ 无论如何不会改变符号，所以当 $f''(a) > 0$ 时，f 在点 a 处达到极小值；当 $f''(a) < 0$ 时，f 在点 a 处达到极大值. 但是，多元函数的情形要复杂得多.

以二元函数为例，

$$\boldsymbol{h}^{\mathrm{T}}\boldsymbol{H}f(\boldsymbol{a})\boldsymbol{h} = Ah^2 + 2Bhk + Ck^2,$$

此处 $\boldsymbol{h} = (h, k)^{\mathrm{T}}$.

$$A = \frac{\partial^2 f}{\partial x^2}(\boldsymbol{a}), \qquad B = \frac{\partial^2 f}{\partial x \partial y}(\boldsymbol{a}), \qquad C = \frac{\partial^2 f}{\partial y^2}(\boldsymbol{a}).$$

情形 1. 当判别式 $D = B^2 - AC < 0$，$A > 0$ 时，对所有 $\boldsymbol{h} \neq \boldsymbol{0}$，$Ah^2 + 2Bhk + Ck^2 > 0$，这时，$f$ 在点 $\boldsymbol{a}$ 处达到极小值.

情形 2. 当判别式 $D = B^2 - AC < 0$，$A < 0$ 时，对所有 $\boldsymbol{h} \neq \boldsymbol{0}$，$Ah^2 + 2Bhk + Ck^2 < 0$，这时，$f$ 在点 $\boldsymbol{a}$ 处达到极大值.

情形 3. 当判别式 $D = B^2 - AC > 0$ 时，在 $\boldsymbol{0}$ 的任意邻域内，总有某些 $\boldsymbol{h}$ 使得 $Ah^2 + 2Bhk + Ck^2 > 0$，同时又有某些 $\boldsymbol{h}$ 使得 $Ah^2 + 2Bhk + Ck^2 < 0$，这时，$f(\boldsymbol{a})$ 既不是极大值，也不是极小值.

情形 4. 当判别式 $D = B^2 - AC = 0$ 且 A, B, C 不全为零时，不妨设 $A > 0$，则 $C \geq 0$，

$$Ah^2 + 2Bhk + Ck^2 = \left(\sqrt{A}h + \sqrt{C}k\right)^2.$$

这个二次多项式在直线 $\sqrt{A}h + \sqrt{C}k = 0$ 上恒等于零，此时，类似于一元函数二阶导数等于零的情形，无法判断 $\boldsymbol{a}$ 是否为极值点.

以上情形 1, 2 和 4 在一元函数的讨论中都曾经出现过，但情形 3 是前所未有的. 为处理一般的多元函数，我们引进以下概念.

定义 7.3.14. 设 $\boldsymbol{A}=\left(a_{ij}\right)$ 是一个 n 阶对称方阵, 向量 $\boldsymbol{x}=(x_1,x_2,\cdots,x_n)^{\mathrm{T}}\in\mathbb{R}^n$. 我们称

$$Q(\boldsymbol{x})=\sum_{i,j=1}^{n}a_{ij}x_ix_j$$

为关于 $x_1,\cdots,x_n$ 的一个**二次型**, 方阵 $\boldsymbol{A}$ 称为二次型 Q 的**系数矩阵**.

如果对任意 $\boldsymbol{x}\neq\mathbf{0}$, 总有 $Q(\boldsymbol{x})>(<)0$, 就称二次型 Q 是**正（负）定的**, 其系数矩阵 $\boldsymbol{A}$ 相应地称为**正（负）定矩阵**.

如果存在 $\boldsymbol{p},\boldsymbol{q}\in\mathbb{R}^n$, 使得 $Q\left(\boldsymbol{p}\right)<0<Q\left(\boldsymbol{q}\right)$, 就称二次型 Q 是**不定的**, 其系数矩阵 $\boldsymbol{A}$ 相应地称为**不定矩阵**.

注意, 正定矩阵、负定矩阵、不定矩阵都是对称矩阵, 而对称矩阵总是方阵.

对称矩阵是否正定或者负定, 线性代数理论中有如下判别方法.

定理 7.3.15. n 阶对称矩阵 $\boldsymbol{A}=\left(a_{ij}\right)$ 正定的充要条件是: $\boldsymbol{A}$ 的各级顺序主子式均大于零, 即

$$\begin{vmatrix} a_{11} & \cdots & a_{1k} \\ \vdots & & \vdots \\ a_{k1} & \cdots & a_{kk} \end{vmatrix}>0,\quad k=1,2,\cdots,n.$$

注记 7.3.16. n 阶对称矩阵 $\boldsymbol{A}=\left(a_{ij}\right)$ 是负定的, 当且仅当 $-\boldsymbol{A}$ 是正定的. 于是, $\boldsymbol{A}$ 负定的充要条件是: $\boldsymbol{A}$ 的各级顺序主子式交替地取负值和正值, 即

$$(-1)^k\begin{vmatrix} a_{11} & \cdots & a_{1k} \\ \vdots & & \vdots \\ a_{k1} & \cdots & a_{kk} \end{vmatrix}>0,\quad k=1,2,\cdots,n.$$

例 7.3.17. 设 $\lambda_1,\cdots,\lambda_n>0$. 则对角阵 $\operatorname{diag}(\lambda_1,\cdots,\lambda_n)$ 是正定的; 对角阵 $\operatorname{diag}(-\lambda_1,\cdots,-\lambda_n)$ 是负定的.

现在我们可以给出多元函数极值点的充分条件, 证明从略.

定理 7.3.18. 设 f 在其驻点 $\boldsymbol{a}$ 的某个邻域内有连续的二阶偏导数. 则当Hesse 矩阵 $\boldsymbol{H}f(\boldsymbol{a})$ 为正（负）定矩阵时, $\boldsymbol{a}$ 是 f 的严格极小（大）值点; 当 $Hf(\boldsymbol{a})$ 为不定矩阵时, $\boldsymbol{a}$ 不是 f 的极值点.

怎样判断函数的Hesse矩阵是否是不定矩阵? 一般情形需要线性代数理论来解决. 在此我们仅给出2阶对称方阵的判别法.

定理 7.3.19. 二阶对称方阵

$$\boldsymbol{A}=\begin{pmatrix} a_{11} & a_{12} \\ a_{21} & a_{22} \end{pmatrix}$$

是不定矩阵的充要条件是

$$a_{11}a_{22}-a_{12}^2<0.$$

证明. 必要性. 设 $\boldsymbol{A}$ 是不定矩阵, 则 $\boldsymbol{A}$ 对应的二次型

$$Q(x,y)=a_{11}x^2+2a_{12}xy+a_{22}y^2$$

是不定的, 即它既能取到正值, 也能取到负值. 若 $a_{11}a_{22}-a_{12}^2\geq 0$, 则 $Q(x,y)$ 不变号, 因此只能有 $a_{11}a_{22}-a_{12}^2<0$.

充分性. 设 $a_{11}a_{22}-a_{12}^2<0$.

若 $a_{11}=0$, 则 $a_{12}\neq 0$. 此时

$$Q(x,y)=\left(2a_{12}x+a_{22}y\right)y.$$

取

$$x_1<\frac{-a_{22}}{2a_{12}},\qquad x_2>\frac{-a_{22}}{2a_{12}},$$

则有

$$Q(x_1,1)=2a_{12}x_1+a_{22}<0,\quad Q(x_2,1)=2a_{12}x_2+a_{22}>0.$$

于是 $Q(x,y)$ 是不定的.

若 $a_{11}\neq 0$, 则有

$$Q(x,y)=a_{11}\left(\left(x+\frac{a_{12}}{a_{11}}y\right)^2+\frac{a_{11}a_{22}-a_{12}^2}{a_{11}^2}y^2\right).$$

当 $a_{11}>0$ 时,

$$Q\left(-\frac{a_{12}}{a_{11}},1\right)=\frac{a_{11}a_{22}-a_{12}^2}{a_{11}^2}<0,\qquad Q(1,0)=a_{11}>0.$$

当 $a_{11}<0$ 时,

$$Q\left(-\frac{a_{12}}{a_{11}},1\right)=\frac{a_{11}a_{22}-a_{12}^2}{a_{11}^2}>0,\qquad Q(1,0)=a_{11}<0.$$

不论哪种情形, $Q(x,y)$ 总是不定的. □

这样, 对二元函数就有如下结果.

定理 7.3.20. 设二元函数 f 在其驻点 (a,b) 的某个邻域内有连续的二阶偏导数. 记

$$A=\frac{\partial^2 f}{\partial x^2}(a,b),\quad B=\frac{\partial^2 f}{\partial x\partial y}(a,b),\quad C=\frac{\partial^2 f}{\partial y^2}(a,b),\quad D=B^2-AC,$$

则当 $D<0$ 且 $A>0$ 时，f 在 (a,b) 处有严格极小值; 当 $D<0$ 且 $A<0$ 时，f 在 (a,b) 处有严格极大值; 当 $D>0$ 时，f 在 (a,b) 处没有极值.

例 7.3.21. 如同前面指出的，$B^2-AC=0$ 时无法判断驻点是否为极值点. 例如函数

$$x^2y^2,\quad -x^2y^2,\quad x^2y^3$$

在 $(0,0)$ 处都满足 $B^2-AC=0$, 但 x^2y^2 和 $-x^2y^2$ 在 $(0,0)$ 处分别取极小值和极大值; 而 x^2y^3 在 $(0,0)$ 处没有极值.

例 7.3.22. **（最小二乘法）** 已知平面上 n 个数据点 (x_i,y_i)，$i=1,2,\cdots,n$, 其中 $x_1,\cdots,x_n$ 互不相等. 求一条直线 $y=ax+b$, 使得偏差

$$\varphi(a,b)=\sum_{i=1}^{n}\left(ax_i+b-y_i\right)^2$$

达到最小.

解. 先求函数 $\varphi(a,b)$ 的驻点. 解方程

$$\frac{\partial\varphi}{\partial a}(a,b)=2\sum_{i=1}^{n}\left(ax_i+b-y_i\right)x_i=0,$$

$$\frac{\partial\varphi}{\partial b}(a,b)=2\sum_{i=1}^{n}\left(ax_i+b-y_i\right)=0,$$

即

$$\begin{cases}\left(\sum_{i=1}^{n}x_i^2\right)a+\left(\sum_{i=1}^{n}x_i\right)b=\sum_{i=1}^{n}x_iy_i,\\ \left(\sum_{i=1}^{n}x_i\right)a+nb=\sum_{i=1}^{n}y_i.\end{cases}\tag{7.34}$$

由于 $x_1,\cdots,x_n$ 互不相等,

$$n\left(\sum_{i=1}^{n}x_i^2\right)>\left(\sum_{i=1}^{n}x_i\right)^2,$$

因此方程组(7.34) 有唯一解, 即为唯一的驻点. 这个驻点是否为极值点? 求 $\varphi(a,b)$ 的二阶偏导数,

$$\frac{\partial^2\varphi}{\partial a^2}(a,b)=2\sum_{i=1}^{n}x_i^2,\qquad \frac{\partial^2\varphi}{\partial a\partial b}(a,b)=2\sum_{i=1}^{n}x_i,\qquad \frac{\partial^2\varphi}{\partial b^2}(a,b)=2n,$$

于是其Hesse 矩阵

$$\boldsymbol{H}\varphi(a,b)=2\begin{pmatrix}\sum\limits_{i=1}^{n}x_i^2 & \sum\limits_{i=1}^{n}x_i\\ \sum\limits_{i=1}^{n}x_i & n\end{pmatrix},$$

这是一个正定矩阵, 因此方程组(7.34) 的解是极小值点, 只能是最小值点. 这样, 所求的直线方程是

$$\begin{vmatrix} x & y & 1\\ \sum\limits_{i=1}^{n}x_i & \sum\limits_{i=1}^{n}y_i & n\\ \sum\limits_{i=1}^{n}x_i^2 & \sum\limits_{i=1}^{n}x_iy_i & \sum\limits_{i=1}^{n}x_i\end{vmatrix}=0.$$

7.3.4 条件极值和Lagrange 乘数法

条件极值是一类常见的求极值问题, 有重大的理论意义和应用价值.

例 7.3.23. 如果要在椭圆

$$\frac{x^2}{a^2}+\frac{y^2}{b^2}=1 \tag{7.35}$$

内做一个两边分别平行于坐标轴的内接矩形 R, 使得它的面积最大, 则 R 的面积

$$A(x,y)=4xy.$$

问题变成求二元函数 A 的极大值. 显然, 该问题不能直接采用求驻点的方法解决, 因为现在变量 x, y 不是任取的, 而是必须满足等式(7.35)的约束条件.

例 7.3.24. 我们要计算三维空间中的平面

$$Ax+By+Cz=1 \tag{7.36}$$

到原点的距离. 显然, 这个问题等价于求函数

$$f(x,y,z)=x^2+y^2+z^2$$

在约束条件(7.36) 下的最小值.

一般地, 设有一个定义在开集 $D\in\mathbb{R}^{n+m}$ 上的多元函数

$$f\left(x_1,\cdots,x_n,y_1,\cdots,y_m\right) \tag{7.37}$$

和一组 m 个约束条件

$$\begin{cases} \phi_1(x_1,\cdots,x_n,y_1,\cdots,y_m)=0, \\ \qquad\vdots \\ \phi_m(x_1,\cdots,x_n,y_1,\cdots,y_m)=0, \end{cases} \tag{7.38}$$

这里 $\phi_j\ \ (j=1,\cdots,m)$ 都是定义在 D 上的函数. 我们要求函数(7.37) 在约束条件(7.38) 之下的极值. 这就是**条件极值**问题.

回到例7.3.23 中的问题. 注意 (x,y) 在第一象限内, 此时等式(7.35) 等价于

$$y=b\sqrt{1-\frac{x^2}{a^2}},$$

于是椭圆内接矩形的面积

$$A(x,y)=4bx\sqrt{1-\frac{x^2}{a^2}}=\frac{4b}{a}x\sqrt{a^2-x^2}.$$

这样原来的二元函数条件极值问题转化成了一元函数的极值问题, 它的解是 $x=\dfrac{\sqrt{2}}{2}a$, 相应地 $y=\dfrac{\sqrt{2}}{2}b$, 这时面积达到最大值 $2ab$.

对一般的条件极值问题, 我们自然期待从约束条件(7.38)中解出 $y_1,\cdots,y_m$, 然后代入(7.37) 式中, 这样就可以转化为关于 $x_1,\cdots,x_n$ 的无条件极值问题来求解.

通常, 我们无法给出 $y_1,\cdots,y_m$ 的显式解, 但是应用隐函数定理可以绕过这一障碍.

定理 7.3.25. 设开集 $D\subset\mathbb{R}^{n+m}$, 函数 $f:D\to\mathbb{R}$ 与映射 $\boldsymbol{\Phi}:D\to\mathbb{R}$, 其中 $\boldsymbol{\Phi}=\left(\phi_1,\cdots,\phi_m\right)^{\mathrm{T}}$, 满足下列条件:

i) f, $\boldsymbol{\Phi}\in C^1(D)$;

ii) 存在点 $\boldsymbol{z}_0=\left(\boldsymbol{x}_0,\ \boldsymbol{y}_0\right)\in D$ 满足 $\boldsymbol{\Phi}(\boldsymbol{z}_0)=\boldsymbol{0}$;

iii) $\det J_{\boldsymbol{y}}\boldsymbol{\Phi}(\boldsymbol{z}_0)\neq 0$.

若 f 在约束条件(7.38) 下在 z_0 处取到极值, 则存在 $\boldsymbol{\lambda}=(\lambda_1,\cdots,\lambda_m)^{\mathrm{T}}\in\mathbb{R}^m$ 使得

$$Jf(\boldsymbol{z}_0)+\boldsymbol{\lambda}J\boldsymbol{\Phi}(\boldsymbol{z}_0)=\boldsymbol{0}. \tag{7.39}$$

证明. 由假设可见映射 $\boldsymbol{\Phi}$ 满足隐映射定理的条件, 因此存在点 $\boldsymbol{z}_0=\left(\boldsymbol{x}_0,\ \boldsymbol{y}_0\right)$ 的邻域 $U=G\times H$, 其中 G 和 H 分别是 $\boldsymbol{x}_0$ 和 $\boldsymbol{y}_0$ 的邻域, 使得对任意 $\boldsymbol{x}\in G$, 方程

$$\boldsymbol{\Phi}\left(\boldsymbol{x},\ \boldsymbol{y}\right)=\boldsymbol{0}$$

在 H 中有唯一解 $\boldsymbol{g}(\boldsymbol{x})$，它适合 $\boldsymbol{y}_0=\boldsymbol{g}(\boldsymbol{x}_0)$，且

$$J\boldsymbol{g}(\boldsymbol{x}_0)=-\big(J_{\boldsymbol{y}}\boldsymbol{\Phi}(\boldsymbol{z}_0)\big)^{-1}J_{\boldsymbol{x}}\boldsymbol{\Phi}(\boldsymbol{z}_0). \tag{7.40}$$

因为 $\boldsymbol{z}_0=(\boldsymbol{x}_0,\boldsymbol{y}_0)$ 是 f 在约束条件(7.38) 之下的极值点, 因此 $\boldsymbol{x}_0$ 便是函数 $f(\boldsymbol{x},\boldsymbol{g}(\boldsymbol{x}))$ 在 G 中的一个极值点, 所以 $\boldsymbol{x}_0$ 必定是 $f(\boldsymbol{x},\boldsymbol{g}(\boldsymbol{x}))$ 的一个驻点. 若记

$$\boldsymbol{G}(\boldsymbol{x})=\begin{pmatrix}\boldsymbol{x}\\ \boldsymbol{g}(\boldsymbol{x})\end{pmatrix},$$

则 $f(\boldsymbol{x},\boldsymbol{g}(\boldsymbol{x}))=f\circ\boldsymbol{G}(\boldsymbol{x})$. 由复合函数求导公式,

$$\begin{aligned}J(f\circ\boldsymbol{G})(\boldsymbol{x}_0)&=Jf(\boldsymbol{x}_0,\boldsymbol{y}_0)J\boldsymbol{G}(\boldsymbol{x}_0)=\big(J_{\boldsymbol{x}}f(\boldsymbol{z}_0),\ J_{\boldsymbol{y}}f(\boldsymbol{z}_0)\big)\begin{pmatrix}\boldsymbol{I}\\ J\boldsymbol{g}(\boldsymbol{x}_0)\end{pmatrix}\\&=J_{\boldsymbol{x}}f(\boldsymbol{z}_0)+J_{\boldsymbol{y}}f(\boldsymbol{z}_0)J\boldsymbol{g}(\boldsymbol{x}_0)=\boldsymbol{0}.\end{aligned}$$

将(7.40) 式代入上式, 即得

$$J_{\boldsymbol{x}}f(\boldsymbol{z}_0)-J_{\boldsymbol{y}}f(\boldsymbol{z}_0)\big(J_{\boldsymbol{y}}\boldsymbol{\Phi}(\boldsymbol{z}_0)\big)^{-1}J_{\boldsymbol{x}}\boldsymbol{\Phi}(\boldsymbol{z}_0)=\boldsymbol{0}. \tag{7.41}$$

若记

$$\boldsymbol{\lambda}=-J_{\boldsymbol{y}}f(\boldsymbol{z}_0)\big(J_{\boldsymbol{y}}\boldsymbol{\Phi}(\boldsymbol{z}_0)\big)^{-1}, \tag{7.42}$$

则(7.41) 式就变成

$$J_{\boldsymbol{x}}f(\boldsymbol{z}_0)+\boldsymbol{\lambda}J_{\boldsymbol{x}}\boldsymbol{\Phi}(\boldsymbol{z}_0)=\boldsymbol{0}. \tag{7.43}$$

然而(7.42) 式又可以写成

$$J_{\boldsymbol{y}}f(\boldsymbol{z}_0)+\boldsymbol{\lambda}J_{\boldsymbol{y}}\boldsymbol{\Phi}(\boldsymbol{z}_0)=\boldsymbol{0}. \tag{7.44}$$

合并(7.43) 式与(7.44) 式就得到

$$\big(J_{\boldsymbol{x}}f(\boldsymbol{z}_0),\ J_{\boldsymbol{y}}f(\boldsymbol{z}_0)\big)+\boldsymbol{\lambda}\big(J_{\boldsymbol{x}}\boldsymbol{\Phi}(\boldsymbol{z}_0),\ J_{\boldsymbol{y}}\boldsymbol{\Phi}(\boldsymbol{z}_0)\big)=\boldsymbol{0},$$

这就是(7.39) 式. □

如果我们构造一个辅助函数

$$L_{\boldsymbol{\lambda}}(\boldsymbol{z})=f(\boldsymbol{z})+\boldsymbol{\lambda}\boldsymbol{\Phi}(\boldsymbol{z})=f(\boldsymbol{z})+\lambda_1\phi_1(\boldsymbol{z})+\cdots+\lambda_m\phi_m(\boldsymbol{z}).$$

那么(7.39) 式就变成

$$JL_{\boldsymbol{\lambda}}(\boldsymbol{z}_0)=\boldsymbol{0}. \tag{7.45}$$

换言之，条件极值点 z_0 必定是 $L_{\boldsymbol{\lambda}}(z)$ 的驻点. 这就是著名的**Lagrange 乘数法.**

我们将(7.45) 式用分量表示，即有

$$\begin{cases} \dfrac{\partial f}{\partial x_1}(z)+\lambda_1\dfrac{\partial \phi_1}{\partial x_1}(z)+\cdots+\lambda_m\dfrac{\partial \phi_m}{\partial x_1}(z)=0, \\ \qquad\vdots \\ \dfrac{\partial f}{\partial x_n}(z)+\lambda_1\dfrac{\partial \phi_1}{\partial x_n}(z)+\cdots+\lambda_m\dfrac{\partial \phi_m}{\partial x_n}(z)=0, \\ \dfrac{\partial f}{\partial y_1}(z)+\lambda_1\dfrac{\partial \phi_1}{\partial y_1}(z)+\cdots+\lambda_m\dfrac{\partial \phi_m}{\partial y_1}(z)=0, \\ \qquad\vdots \\ \dfrac{\partial f}{\partial y_m}(z)+\lambda_1\dfrac{\partial \phi_1}{\partial y_m}(z)+\cdots+\lambda_m\dfrac{\partial \phi_m}{\partial y_m}(z)=0. \end{cases} \tag{7.46}$$

但 $z=\left(x_1,\cdots,x_n,y_1,\cdots,y_m\right)^{\mathrm{T}}$ 有 $n+m$ 个未知分量，加上待定参数 $\lambda_1,\cdots,\lambda_m$，共有 $n+2m$ 个未知数，这里只有 $n+m$ 个方程. 要解出全部未知量所缺少的 m 个方程，恰好由约束条件(7.38) 补足.

若定义

$$L(z,\,\boldsymbol{\lambda})=f(z)+\boldsymbol{\lambda\Phi}(z)=f(z)+\lambda_1\phi_1(z)+\cdots+\lambda_m\phi_m(z),$$

则方程组(7.46) 与约束条件(7.38) 合在一起可以写成下面统一的对称形式

$$\begin{cases} \dfrac{\partial L}{\partial x_1}(z)=0, \\ \qquad\vdots \\ \dfrac{\partial L}{\partial x_n}(z)=0, \\ \dfrac{\partial L}{\partial y_1}(z)=0, \\ \qquad\vdots \\ \dfrac{\partial L}{\partial y_m}(z)=0, \\ \dfrac{\partial L}{\partial \lambda_1}(z)=0, \\ \qquad\vdots \\ \dfrac{\partial L}{\partial \lambda_m}(z)=0. \end{cases} \tag{7.47}$$

例 7.3.26. 三维欧氏空间中的椭球面

$$\frac{x^2}{a^2}+\frac{y^2}{b^2}+\frac{z^2}{c^2}=1 \tag{7.48}$$

与平面

$$Ax+By+Cz=0 \tag{7.49}$$

的交线是一个椭圆 E, 求其两个半轴之长.

解. 显然椭圆 E 的中心在原点处. 因此, E 的长半轴和短半轴之长, 就是点 $(x,y,z)\in E$ 到原点的距离

$$\rho=\sqrt{x^2+y^2+z^2}$$

的最大值和最小值. 因此我们只需求出 $\rho^2=x^2+y^2+z^2$ 满足约束条件(7.48) 和(7.49) 的极大值和极小值. 记

$$\begin{aligned}\varphi &= \frac{x^2}{a^2}+\frac{y^2}{b^2}+\frac{z^2}{c^2}-1,\\ \psi &= Ax+By+Cz,\\ L &= \rho^2+\lambda\varphi+\mu\psi.\end{aligned}$$

按照(7.47) 式写出下面的方程组

$$\begin{cases}\frac{\partial L}{\partial x}=2x+2\lambda\frac{x}{a^2}+\mu A=0,\\ \frac{\partial L}{\partial y}=2y+2\lambda\frac{y}{b^2}+\mu B=0,\\ \frac{\partial L}{\partial z}=2z+2\lambda\frac{z}{c^2}+\mu C=0,\\ \frac{\partial L}{\partial \lambda}=\frac{x^2}{a^2}+\frac{y^2}{b^2}+\frac{z^2}{c^2}-1=0,\\ \frac{\partial L}{\partial \mu}=Ax+By+Cz=0.\end{cases} \tag{7.50}$$

用 x, y, z 分别与方程组(7.50) 的前三式相乘并相加, 即得到

$$\begin{aligned}0 &= 2x^2+2\lambda\frac{x^2}{a^2}+\mu Ax+2y^2+2\lambda\frac{y^2}{b^2}+\mu By+2z^2+2\lambda\frac{z^2}{c^2}+\mu Cz\\ &= 2\left(x^2+y^2+z^2\right)+2\lambda\left(\frac{x^2}{a^2}+\frac{y^2}{b^2}+\frac{z^2}{c^2}\right)+\mu\left(Ax+By+Cz\right)\\ &= 2\rho^2+2\lambda,\end{aligned}$$

由此得 $\lambda=-\rho^2$, 代入方程组(7.50) 的前三式即可解出

$$\begin{cases} 2x=\frac{Aa^2}{\rho^2-a^2}\mu, \\ 2y=\frac{Bb^2}{\rho^2-b^2}\mu, \\ 2z=\frac{Cc^2}{\rho^2-c^2}\mu. \end{cases}$$

用 A, B, C 分别与上面三式相乘并相加, 即得

$$\frac{A^2a^2}{\rho^2-a^2}+\frac{B^2b^2}{\rho^2-b^2}+\frac{C^2c^2}{\rho^2-c^2}=0,$$

上式两边乘以 $\left(\rho^2-a^2\right)\left(\rho^2-b^2\right)\left(\rho^2-c^2\right)$, 整理后得到

$$P\rho^4-Q\rho^2+R=0,$$

其中系数

$$\begin{cases} P=A^2a^2+B^2b^2+C^2c^2, \\ Q=A^2a^2\left(b^2+c^2\right)+B^2b^2\left(a^2+c^2\right)+C^2c^2\left(a^2+b^2\right), \\ R=\left(A^2+B^2+C^2\right)a^2b^2c^2. \end{cases}$$

解此方程即得 ρ^2 的最大值和最小值

$$\frac{Q+\sqrt{Q^2-4PR}}{2P}, \qquad \frac{Q-\sqrt{Q^2-4PR}}{2P}.$$

由此得到椭圆 E 的长半轴和短半轴之长

$$\sqrt{\frac{Q+\sqrt{Q^2-4PR}}{2P}}, \quad \sqrt{\frac{Q-\sqrt{Q^2-4PR}}{2P}}.$$ □

类似无条件极值, 我们有下面判定方程(7.39) 的解是否为条件极值的充分条件.

定理 7.3.27. 考虑函数 $f(z)$ 满足约束 $\boldsymbol{\Phi}(z)=\mathbf{0}$ 的条件极值问题. 设 z_0 是辅助函数

$$L_{\boldsymbol{\lambda}}(z)=f(z)+\boldsymbol{\lambda\Phi}(z)=f(z)+\lambda_1\phi_1(z)+\cdots+\lambda_m\phi_m(z)$$

的驻点, 其中 $\boldsymbol{z}=(z_1,\cdots,z_{n+m})=\left(x_1,\cdots,x_n,y_1,\cdots,y_m\right)$. 记

$$HL_{\boldsymbol{\lambda}}(z_0)=\left(\frac{\partial^2 F}{\partial z_j\partial z_k}\right)_{1\le j,k\le m+n}.$$

1) 如果 $HL_{\boldsymbol{\lambda}}(z_0)$ 严格正定, 那么 f 在 z_0 取严格的条件极小值;

2) 如果 $HL_{\boldsymbol{\lambda}}(z_0)$ 严格负定, 那么 f 在 z_0 取严格的条件极大值.

注记 7.3.28. 与无条件极值不同的是, 当 $HL_\lambda(z_0)$ 不定时, f 仍然有可能取到条件极值. 例如求 $f(x,y,z)=x^2+y^2-z^2$ 满足 $z=0$ 的极值. 此时

$$L_\lambda(z)=x^2+y^2-z^2+\lambda z.$$

$$\frac{\partial L_\lambda}{\partial x}=2x,\quad \frac{\partial L_\lambda}{\partial y}=2y,\quad \frac{\partial L_\lambda}{\partial z}=\lambda-2z.$$

结合约束条件 $z=0$, 得到唯一驻点 $(x,y,z)=(0,0,0)$, 它确实是函数 f 满足约束 $z=0$ 的极小值. 然而,

$$HL_\lambda(0,0,0)=\begin{pmatrix}2&0&0\\0&2&0\\0&0&-2\end{pmatrix}$$

是一个不定的对称方阵.

例 7.3.29. 设 $\alpha_i>0$, $x_i>0$, $i=1,\cdots,n$. 证明

$$x_1^{\alpha_1}\cdots x_n^{\alpha_n}\le\left(\frac{\alpha_1x_1+\cdots+\alpha_nx_n}{\alpha_1+\cdots+\alpha_n}\right)^{\alpha_1+\cdots+\alpha_n},\tag{7.51}$$

其中等号当且仅当 $x_1=\cdots=x_n$ 时成立.

证明. 考虑函数

$$f(x_1,\cdots,x_n)=\ln\left(x_1^{\alpha_1}\cdots x_n^{\alpha_n}\right)=\sum_{i=1}^n\alpha_i\ln x_i$$

满足约束条件

$$\sum_{i=1}^n\alpha_ix_i=c\tag{7.52}$$

的条件极值. 用Lagrange 乘数法, 做辅助函数

$$L_\lambda(x_1,\cdots,x_n)=\sum_{i=1}^n\alpha_i\ln x_i+\lambda\left(\sum_{i=1}^n\alpha_ix_i-c\right).$$

于是

$$\frac{\partial L_\lambda}{\partial x}=\frac{\alpha_i}{x_i}+\lambda\alpha_i,\quad i=1,\cdots,n,\tag{7.53}$$

令这些偏导数等于零, 即得

$$\frac{\alpha_i}{x_i}=-\lambda\alpha_i,\quad i=1,\cdots,n.$$

在上式两端乘以 x_i, 再对下标 i 求和得到

$$\sum_{i=1}^n\alpha_i=-\lambda\sum_{i=1}^n\alpha_ix_i=-\lambda c,$$

所以

$$-\frac{1}{\lambda}=\frac{c}{\sum\limits_{i=1}^{n}\alpha_i},$$

从而有

$$x_i=\frac{c}{\sum\limits_{i=1}^{n}\alpha_i},\quad i=1,\cdots,n. \tag{7.54}$$

这就是 L_λ 的驻点 z_0 的坐标. 为验证它是否取到了条件极值, 由(7.53)式得

$$\frac{\partial^2}{\partial x_i\partial x_j}=-\frac{\alpha_i}{x_i^2}\delta_{ij},$$

此处

$$\delta_{ij}=\begin{cases}0, & 当 i\neq j,\\ 1, & 当 i=j\end{cases}$$

是**Kronecker 符号**. 由此得到

$$HL_\lambda(z_0)=-\frac{\left(\sum\limits_{i=1}^{n}\alpha_i\right)^2}{c^2}\begin{pmatrix}\alpha_1 & & \\ & \ddots & \\ & & \alpha_n\end{pmatrix}.$$

由于 $\alpha_i>0$, $i=1,\cdots,n$, 所以 $HL_\lambda(z_0)$ 严格负定. 由定理7.3.27, f 在点 z_0 处取条件极大值. 又因为 z_0 是唯一的极大值点, 必定是严格的最大值点. 于是,

$$\sum_{i=1}^{n}\alpha_i\ln x_i\leq\sum_{i=1}^{n}\alpha_i\ln\frac{c}{\sum\limits_{i=1}^{n}\alpha_i}=\left(\sum_{i=1}^{n}\alpha_i\right)\ln\frac{\sum\limits_{i=1}^{n}\alpha_i x_i}{\sum\limits_{i=1}^{n}\alpha_i}, \tag{7.55}$$

这等价于(7.51), 并且当且仅当 $x_1,\cdots,x_n$ 满足(7.54)式, 即它们全都相等时等号成立. □

练习 7.3

1. 求函数 $z=\ln\left(x^2+y^2\right)$ 和 $u=\sin\left(xyz\right)$ 的二阶偏导数.

2. 设 $u(x,y,z)$ 有二阶连续偏导数. 我们定义

$$\Delta u=\frac{\partial^2 u}{\partial x^2}+\frac{\partial^2 u}{\partial y^2}+\frac{\partial^2 u}{\partial z^2}.$$

称

$$\Delta = \frac{\partial^2}{\partial x^2} + \frac{\partial^2}{\partial y^2} + \frac{\partial^2}{\partial z^2}$$

为**Laplace 算子**. 对 $\rho = \sqrt{x^2+y^2+z^2}$, 证明

$$\Delta p = \frac{2}{p}, \qquad \Delta \ln p = \frac{1}{p^2}, \qquad \Delta\left(\frac{1}{p}\right) = 0.$$

3. 证明偏微分方程

$$\frac{\partial^2 u}{\partial x^2} - y\frac{\partial^2 u}{\partial y^2} = \frac{1}{2}\frac{\partial u}{\partial y}, \quad y > 0$$

的所有二阶连续可微解 u 都可以写成

$$u = \varphi\left(x - 2\sqrt{y}\right) + \psi\left(x + 2\sqrt{y}\right),$$

其中 φ, ψ 是任意两个二阶连续可微的一元函数.

4. 求函数 $f(x,y) = 2x^4 + y^4 - 2x^2 - 2y^2$ 的极值.

5. 求函数 $f(x,y) = \sin x + \cos y + \cos(x-y)$ 在闭的正方形区域

$$\left\{(x,y) \,\middle|\, 0 \le x,\ y \le \frac{\pi}{2}\right\}$$

上的极值.

6. 求函数 $f(x,y,z) = \ln x + 2\ln y + 3\ln z$ 在球面 $x^2+y^2+z^2=6$ 上使得 $x,y,z>0$ 的最大值.

7. 求单位圆内接三角形的最大面积.

8. 设 $a_i > 0$, $b > 1$. 证明

$$\frac{a_1 + \cdots + a_n}{n} \le \left(\frac{a_1^b + \cdots + a_n^b}{n}\right)^{\frac{1}{b}},$$

并讨论等号成立的条件.

7.4 曲线和曲面

7.4.1 隐式曲线

曲线的源头是平面上一些特定类型的点集. 首先, 直线作为曲线的特例, 可以表示成集合

$$L = \{(x,y) \mid Ax + By + C = 0\},$$

此处 A, B, C 是实常数, 并且 A, B 不能同时等于零. 该直线时常简单地用方程

$$L:\ Ax + By + C = 0 \tag{7.56}$$

表示. 不过, 对任意非零常数 λ,

$$\lambda\left(Ax+By+C\right)=0 \tag{7.57}$$

与方程(7.56) 所对应的点集完全相同, 因此(7.56) 和(7.57) 式表示同一条直线.

接下来, 圆周可以表示成集合

$$\Gamma=\left\{(x,y)\ \middle|\ (x-a)^2+(y-b)^2=r^2\right\},$$

这里 (a,b) 是圆心, 正数 r 是半径. 当然也可以直接用方程

$$\Gamma:\ (x-a)^2+(y-b)^2=r^2 \tag{7.58}$$

表示. 而且, 方程(7.58) 乘以一个非零常数, 得到的方程仍然表示同一个圆周.

从以上直线和圆周的例子, 我们得出两个规律:

1) 曲线作为点集, 可以用方程表示;

2) 同一条曲线, 可以用不同的方程表示.

椭圆、抛物线、双曲线都可以用这种方法表示. 一般地, 我们有**二次代数曲线**

$$Q:\ Ax^2+Bxy+Cy^2+Dx+Ey+F=0, \tag{7.59}$$

其中系数 A, B, C 不同时为零. 这包含了一些特别的情形. 比如, 二次方程

$$x^2+y^2+1=0$$

没有解, 也就是说它表示的曲线是一个空集；二次方程

$$x^2-y^2=0$$

表示两条相互垂直的直线 $x+y=0$ 和 $x-y=0$. 这种十字交叉的形状, 可能与人们对“一条曲线”的直观想象有些出入. 我们用“退化情形”这个术语来处理这些麻烦.

继续下去, 对更一般的二元函数 $F(x,y)$, 我们期待集合

$$\left\{(x,y)\ \middle|\ F(x,y)=0\right\} \tag{7.60}$$

也是一条曲线. 一种熟悉的情形是 $F(x,y)=y-f(x)$, 这时集合(7.60) 就是函数 $y=f(x)$ 的图像. 但是有些函数, 如Dirichlet 函数, 它们的图像显然不能被划入曲线的范畴. 所以对 $F(x,y)$ 要增加一些限制条件. 一个合理的要求是 F 连续可微, 并且在每个使得 $F(x,y)=0$ 的点 (x,y) 处

$$\left(\frac{\partial F}{\partial x}\right)^2+\left(\frac{\partial F}{\partial y}\right)^2>0. \tag{7.61}$$

这时我们称集合(7.60) 为一条**隐式曲线**.

不等式(7.61) 的意思是 F 的两个偏导数至少有一个不为零. 这样, 根据隐函数定理, 在每个使得 $F(x,y)=0$ 的点 (x,y) 附近, 曲线(7.60) 可以写成某个函数 $y=f(x)$ 或者 $x=g(y)$ 的图像. 例如, 对 $F(x,y)=x^2+y^2-1$, 在点 $(1,0)$ 处 $F'_y=0$, 但是 $F'_x=2\neq 0$, 因此可将 $F(x,y)=0$ 的解表示成 $x=g(y)$ 的形式. 实际上, 此时 $x=\sqrt{1-y^2}$.

隐式曲线的主要缺点在于: 曲线上点的确切位置, 需要通过解方程 $F(x,y)=0$ 得到. 一般来说, 这是非常困难的任务.

7.4.2 参数曲线

曲线的另一个来源是物理学中质点的运动. 在三维空间中, 假设在时刻 t, 质点的位置坐标是

$$\boldsymbol{r}(t)=\big(x(t),y(t),z(t)\big), \qquad t_0\le t\le t_1, \tag{7.62}$$

此处 t_0 和 t_1 分别是运动的开始和结束的时刻. 显然, 集合

$$\Big\{\big(x(t),y(t),z(t)\big)\ \Big|\ t_0\le t\le t_1\Big\} \tag{7.63}$$

也可以看成一条曲线.

如果只考虑平面上的运动, 向量值函数(7.62) 变成只有两个分量的形式

$$\boldsymbol{r}(t)=\big(x(t),y(t)\big), \qquad t_0\le t\le t_1. \tag{7.64}$$

相应地, 集合

$$\Big\{\big(x(t),y(t)\big)\ \Big|\ t_0\le t\le t_1\Big\} \tag{7.65}$$

表示一条平面上的曲线. 例如, 集合

$$\Big\{(\cos t,\ \sin t)\ \Big|\ 0\le t\le 2\pi\Big\}$$

就是单位圆周 $x^2+y^2=1$.

然而, 向量值函数(7.62) 给出的信息远不止于一个集合(7.63). 如果 $\boldsymbol{r}(t)$ 有相应的可微性, 那么 $\boldsymbol{r}'(t)=\big(x'(t),y'(t),z'(t)\big)$ 表示质点在时刻 t 的速度, $\boldsymbol{r}''(t)=\big(x''(t),y''(t),z''(t)\big)$ 表示质点在时刻 t 的加速度. 因此, 我们直接将向量值函数

$$\boldsymbol{r}=\boldsymbol{r}(t), \quad t_0\le t\le t_1$$

称为**参数曲线**. 它也可以写成分量形式

$$\begin{cases} x = x(t), \\ y = y(t), \qquad t_0 \le t \le t_1. \\ z = z(t), \end{cases}$$

对于 $\boldsymbol{r} \in \mathbb{R}^2$ 的平面情形, 只要去掉最后一个分量 z 即可.

注记 7.4.1. 根据以上定义, 下面的三个向量值函数

$$\boldsymbol{r}_1 = (\cos t, \sin t), \qquad 0 \le t \le 2\pi,$$

$$\boldsymbol{r}_2 = (\cos 2t, \sin 2t), \qquad 0 \le t \le \pi,$$

$$\boldsymbol{r}_3 = (\sin t, \cos t), \qquad 0 \le t \le 2\pi,$$

是不同的参数曲线, 尽管它们表示的集合都是中心在原点的单位圆周. 从运动学的角度来看, 这并不令人意外: $\boldsymbol{r}_2(t)$ 的速度是 $\boldsymbol{r}_1(t)$ 的二倍, 而 $\boldsymbol{r}_3(t)$ 的起始点与前面二者不同. 它们当然不能被视为相同的运动过程.

定义 7.4.2. 如果参数曲线 $\boldsymbol{r}: [t_0, t_1] \to \mathbb{R}^n$ $(n = 2, 3)$ 连续可微, 且 $\boldsymbol{r}'(t) \neq \boldsymbol{0}$ 对所有 t 成立, 我们就称 $\boldsymbol{r} = \boldsymbol{r}(t)$ 为一条**正则曲线**, 称 $\boldsymbol{r}'(t)$ 为该曲线在参数 t 处的**切向量**. 过点 $\boldsymbol{r}(t)$ 沿 $\boldsymbol{r}'(t)$ 方向的直线称为该曲线在参数 t 处的**切线**. 积分

$$\int_{t_0}^{t_1} \|\boldsymbol{r}'(t)\| \mathrm{d}t \tag{7.66}$$

称为该曲线的**弧长**.

注记 7.4.3. 对于线段 PQ, 其中 $P = (x_0, y_0, z_0)$, $Q = (x_1, y_1, z_1)$, 写成正则曲线为

$$\begin{cases} x = x_0(1-t) + t x_1, \\ y = y_0(1-t) + t y_1, \qquad 0 \le t \le 1. \\ z = z_0(1-t) + t z_1, \end{cases}$$

切向量为 $(x'(t), y'(t), z'(t)) = (x_1 - x_0, y_1 - y_0, z_1 - z_0)$. 弧长

$$\int_0^1 \sqrt{(x_1 - x_0)^2 + (y_1 - y_0)^2 + (z_1 - z_0)^2} \mathrm{d}t = \sqrt{(x_1 - x_0)^2 + (y_1 - y_0)^2 + (z_1 - z_0)^2},$$

与线段长度的定义一致.

圆周 $x^2+y^2=r^2$ 可以写成正则曲线

$$\begin{cases} x = r\cos t, \\ y = r\sin t, \end{cases} \quad 0 \le t \le 2\pi.$$

切向量为 $\big(x'(t), y'(t)\big) = (-r\sin t,\ r\cos t)$. 弧长

$$\int_0^{2\pi}\sqrt{(-r\sin t)^2+(r\cos t)^2}\,\mathrm{d}t = \int_0^{2\pi} r\,\mathrm{d}t = 2\pi r,$$

与圆周长度的定义一致.

由此可见, 弧长是线段和圆周的长度定义的自然推广. 然而, 弧长是通过对参数表达式进行计算得到的一个量, 而线段和圆周的长度是它们作为点集的性质, 理应与参数的选取无关. 弧长能不能满足这一要求？更确切地说, 如果两条正则曲线所表示的点集, 也就是它们的值域完全相同, 它们的弧长是否相等？下面的定理肯定地回答了这一问题.

定理 7.4.4. 设

$$\boldsymbol{r} = \boldsymbol{r}(t),\quad t_0 \le t \le t_1 \tag{7.67}$$

是一条正则曲线. 若函数 $t=\varphi(\tau)$ 在 $[\tau_0,\tau_1]$ 上连续可微, 且满足

$$\varphi'(\tau) \ne 0,\quad t_0 = \varphi(\tau_0),\quad t_1 = \varphi(\tau_1), \tag{7.68}$$

则

$$\boldsymbol{r}\circ\varphi(\tau)\quad (\tau_0 \le \tau \le \tau_1) \tag{7.69}$$

也是正则曲线, 且(7.67) 与(7.69) 的弧长相等.

证明. 由条件(7.68) 不难看出函数 φ 严格递增, 故 $\varphi'(\tau) > 0$. 根据定积分的变量替换公式, 正则曲线(7.67) 的弧长

$$\begin{aligned}\int_{t_0}^{t_1}\|\boldsymbol{r}'(t)\|\mathrm{d}t &= \int_{\tau_0}^{\tau_1}\Big\|\boldsymbol{r}'\big(\varphi(\tau)\big)\Big\|\varphi'(\tau)\mathrm{d}\tau \\ &= \int_{\tau_0}^{\tau_1}\Big\|\boldsymbol{r}'\big(\varphi(\tau)\big)\varphi'(\tau)\Big\|\,\mathrm{d}\tau \\ &= \int_{\tau_0}^{\tau_1}\Big\|\big(\boldsymbol{r}\circ\varphi\big)'(\tau)\Big\|\,\mathrm{d}\tau,\end{aligned}$$

末端恰好是正则曲线(7.69) 的弧长. □

机械运动产生了大量参数曲线, 举两个例子如下.

例 7.4.5. **（旋轮线）** 设 $a>0$. 旋轮线（图 7.1）的参数方程为

$$\begin{cases} x=a(t-\sin t), \\ y=a(1-\cos t), \end{cases} \quad 0\le t\le 2\pi.$$

切向量为 $\big(x'(t),y'(t)\big)=(a(1-\cos t),\ a\sin t)$. 弧长为

$$\begin{aligned}
\int_0^{2\pi}\sqrt{x'(t)^2+y'(t)^2}\mathrm{d}t &= \int_0^{2\pi}\sqrt{a^2(1-2\cos t+\cos^2 t+\sin^2 t)}\mathrm{d}t \\
&= a\int_0^{2\pi}\sqrt{2(1-\cos t)}\mathrm{d}t \\
&= a\int_0^{2\pi}2\sin\frac{t}{2}\mathrm{d}t \\
&\xlongequal{(u=t/2)} 4a\int_0^{\pi}\sin u\mathrm{d}u \\
&= 8a.
\end{aligned}$$

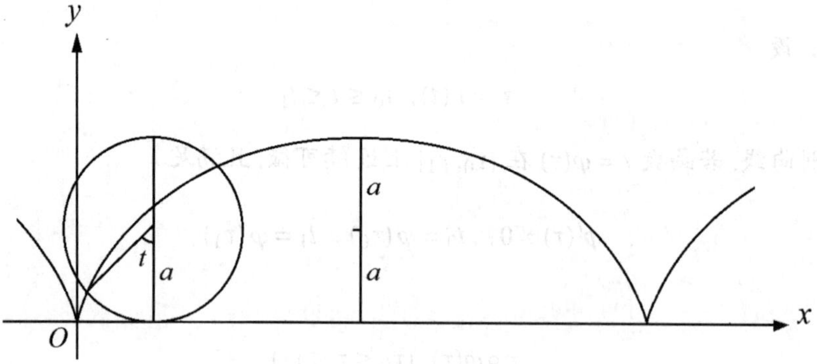

图7.1

例 7.4.6. **（圆柱螺线）** 设 $a,\ b>0$. 参数方程为

$$\begin{cases} x=a\cos t, \\ y=a\sin t, \\ z=b\,t, \end{cases} \quad 0\le t\le 2\pi.$$

切向量为 $\big(x'(t),y'(t),z'(t)\big)=(-a\sin t,\ a\cos t,\ b)$. 弧长为

$$\int_0^{2\pi}\sqrt{x'(t)^2+y'(t)^2+z'(t)^2}\mathrm{d}t=\int_0^{2\pi}\sqrt{a^2+b^2}\mathrm{d}t=2\pi\sqrt{a^2+b^2}.$$

例 7.4.7. 定义在闭区间 $[a,b]$ 上的显式平面曲线 $y=f(x)$ 可以看成参数曲线

$$\begin{cases} x=x \\ y=f(x) \end{cases} \quad (a\le x\le b).$$

切向量为 $\big(1,f'(x)\big)$. 弧长为

$$\int_a^b \sqrt{1+f'(x)^2}\,\mathrm{d}x.$$

7.4.3　隐式曲面

与曲线的情形类似, 曲面的概念来自三维空间中的一些特定点集. 首先是平面, 它可以表示成集合

$$P=\{(x,y,z)\mid Ax+By+Cz+D=0\},$$

此处 A, B, C, D 是实常数, 并且 A, B, C 不同时为零. 该平面也可以简单地写成

$$P:\ Ax+By+Cz+D=0.$$

然后是球面

$$S=\left\{(x,y,z)\ \middle|\ (x-a)^2+(y-b)^2+(z-c)^2=r^2\right\},$$

简写成

$$S:\ (x-a)^2+(y-b)^2+(z-c)^2=r^2,$$

这里 (a,b,c) 是球心, 正数 r 是半径. 还有椭球面

$$\left\{(x,y,z)\ \middle|\ \frac{x^2}{a^2}+\frac{y^2}{b^2}+\frac{z^2}{c^2}=1\right\},$$

圆柱面

$$\left\{(x,y,z)\ \middle|\ x^2+y^2=r^2\right\}$$

等等.

一般地, 对三元函数 $F(x,y,z)$, 如果 F 连续可微, 并且在每个使得 $F(x,y,z)=0$ 的点 (x,y,z) 处, F 的三个偏导数

$$\frac{\partial F}{\partial x},\quad \frac{\partial F}{\partial y},\quad \frac{\partial F}{\partial z}$$

至少有一个不为零, 我们就称集合

$$S=\left\{(x,y,z)\ \middle|\ F(x,y,z)=0\right\} \tag{7.70}$$

为一个**隐式曲面**, 简记为

$$S:\ F(x,y,z)=0.$$

隐式曲面也有类似于隐式曲线的缺点, 即难以得到曲面上每个点的确切位置, 这使得隐式曲面的定量研究遇到了阻碍.

7.4.4 参数曲面

曲面的另一个来源是二元函数 $z=f(x,y)$ 的图像

$$\Big\{(x,y,f(x,y))\ \Big|\ (x,y)\in D\Big\},$$

称为**显式曲面**, 这里 D 是 xy 平面上的一个区域, f 至少要求是连续的. 显式曲面的好处是显而易见的: 通过函数关系, 我们可以获得曲面上所有点的坐标. 但是, 只有很少的曲面有显式表达式, 这一点严重限制了显式曲面的应用.

参数曲线的成功, 启发我们寻找曲面的参数表示. 假设 $\Delta\subset\mathbb{R}^2$ 是一个平面区域, 向量值函数

$$\boldsymbol{r}:\ \Delta\to\mathbb{R}^3,\ (u,v)\mapsto(x,y,z)$$

用分量表示为

$$\begin{cases} x=x(u,v), \\ y=y(u,v), \qquad (u,v)\in\Delta. \\ z=z(u,v), \end{cases} \tag{7.71}$$

假设 x, y, z 关于 u, v 都有连续的偏导数. 对点 $(u_0,v_0)\in\Delta$, 记

$$x_0=x(u_0,v_0),\quad y_0=y(u_0,v_0),\quad z_0=z(u_0,v_0).$$

如果

$$\frac{\partial(x,y)}{\partial(u,v)}(u_0,v_0)=\begin{vmatrix} \frac{\partial x}{\partial u}(u_0,v_0) & \frac{\partial x}{\partial v}(u_0,v_0) \\ \frac{\partial y}{\partial u}(u_0,v_0) & \frac{\partial y}{\partial v}(u_0,v_0) \end{vmatrix}\neq 0,$$

那么, 根据隐映射定理, 在点 (u_0,v_0) 附近, u, v 都可以表示为 x, y 的函数, 即有

$$\begin{cases} u=u(x,y), \\ v=v(x,y), \end{cases} \tag{7.72}$$

满足(7.71) 式的前两个等式. 将(7.72) 式代入(7.71) 式的最后一个等式就有

$$z = z\big(u(x,y), v(x,y)\big). \tag{7.73}$$

这个表达式在点 (x_0, y_0) 附近成立, 也就是说, 向量值函数 $\boldsymbol{r}(u,v)$ 在点 (x_0, y_0) 附近确定了一个显式曲面(7.73).

类似地, 如果

$$\frac{\partial(y,z)}{\partial(u,v)}(u_0,v_0) = \begin{vmatrix} \frac{\partial y}{\partial u}(u_0,v_0) & \frac{\partial y}{\partial v}(u_0,v_0) \\ \frac{\partial z}{\partial u}(u_0,v_0) & \frac{\partial z}{\partial v}(u_0,v_0) \end{vmatrix} \neq 0,$$

那么在点 (y_0, z_0) 附近 x 可以写成 y, z 的函数; 如果

$$\frac{\partial(z,x)}{\partial(u,v)}(u_0,v_0) = \begin{vmatrix} \frac{\partial z}{\partial u}(u_0,v_0) & \frac{\partial z}{\partial v}(u_0,v_0) \\ \frac{\partial x}{\partial u}(u_0,v_0) & \frac{\partial x}{\partial v}(u_0,v_0) \end{vmatrix} \neq 0,$$

那么在点 (z_0, x_0) 附近 y 可以写成 z, x 的函数.

我们记

$$\boldsymbol{r}'_u = \left(\frac{\partial x}{\partial u}, \frac{\partial y}{\partial u}, \frac{\partial z}{\partial u}\right), \quad \boldsymbol{r}'_v = \left(\frac{\partial x}{\partial v}, \frac{\partial y}{\partial v}, \frac{\partial z}{\partial v}\right),$$

分别称之为向量值函数 $\boldsymbol{r}(u,v)$ 关于变量 u, v 的**偏导向量**. 不难验证, 二者的向量积

$$\boldsymbol{r}'_u \times \boldsymbol{r}'_v = \left(\frac{\partial(y,z)}{\partial(u,v)}, \frac{\partial(z,x)}{\partial(u,v)}, \frac{\partial(x,y)}{\partial(u,v)}\right).$$

基于上述讨论, 我们给出如下定义.

定义 7.4.8. 如果向量值函数 $\boldsymbol{r}(u,v) \in \mathbb{R}^3$ 在区域 $\Delta \subset \mathbb{R}^2$ 上连续可微, 且 $\boldsymbol{r}'_u \times \boldsymbol{r}'_v(u,v) \neq \boldsymbol{0}$ 在 Δ 上处处成立, 我们就称 Σ: $\boldsymbol{r} = \boldsymbol{r}(u,v)$ 为一个**正则曲面**, 单位向量

$$\boldsymbol{n}(u,v) = \frac{(\boldsymbol{r}'_u \times \boldsymbol{r}'_v)(u,v)}{\|\boldsymbol{r}'_u(u,v) \times \boldsymbol{r}'_v(u,v)\|}$$

称为曲面 Σ 在点 $\boldsymbol{r}(u,v)$处的**法方向.** 与法方向 $\boldsymbol{n}(u,v)$ 平行的非零向量称为曲面在点 $\boldsymbol{r}(u,v)$ 处的**法向量.** 过点 $\boldsymbol{r}(u,v)$ 并以 $\pm(\boldsymbol{r}'_u \times \boldsymbol{r}'_v)(u,v)$ 为法向量的平面称为曲面 Σ 在点 $\boldsymbol{r}(u,v)$ 处的**切平面**.

为什么这样定义切平面？下面的定理给出了部分理由.

定理 7.4.9. 设 Σ: $\boldsymbol{r}=\boldsymbol{r}(u,v)$ 是定义在区域 Δ 上的正则曲面,

$$\begin{cases} u=u(t), \\ v=v(t), \end{cases} \quad \alpha \le t \le \beta,$$

是 Δ 中的一段正则曲线, 则 Γ: $\boldsymbol{r}=\boldsymbol{r}(u(t),v(t))$ 是 $\mathbb{R}^3$ 中的一条正则曲线, 并且对任意 t_0, 曲线 Γ 在点 $\boldsymbol{r}_0=\boldsymbol{r}(u(t_0),v(t_0))$ 处的切向量恰好位于 Σ 在 $\boldsymbol{r}_0$ 处的切平面上.

证明. 我们只需证明曲线 Γ 在点 $\boldsymbol{r}_0$ 处的切向量 $\boldsymbol{T}$ 与曲面 Σ 在点 $\boldsymbol{r}_0$ 处的法向量正交. 记 $u_0=u(t_0)$, $v_0=v(t_0)$. 由链式法则,

$$\boldsymbol{T}=\left(\frac{\mathrm{d}}{\mathrm{d}t}x(u(t),v(t)),\ \frac{\mathrm{d}}{\mathrm{d}t}y(u(t),v(t)),\ \frac{\mathrm{d}}{\mathrm{d}t}z(u(t),v(t))\right)\Big|_{t=t_0}$$

其中

$$\frac{\mathrm{d}}{\mathrm{d}t}x(u(t),v(t))\Big|_{t=t_0}=x'_u(u_0,v_0)\,u'(t_0)+x'_v(u_0,v_0)\,v'(t_0),$$
$$\frac{\mathrm{d}}{\mathrm{d}t}y(u(t),v(t))\Big|_{t=t_0}=y'_u(u_0,v_0)\,u'(t_0)+y'_v(u_0,v_0)\,v'(t_0),$$
$$\frac{\mathrm{d}}{\mathrm{d}t}z(u(t),v(t))\Big|_{t=t_0}=z'_u(u_0,v_0)\,u'(t_0)+z'_v(u_0,v_0)\,v'(t_0),$$

因此

$$\begin{aligned}
&\langle \boldsymbol{T}, (\boldsymbol{r}'_u\times\boldsymbol{r}'_v)(u_0,v_0)\rangle \\
=&\begin{vmatrix} x'_u u'(t_0)+x'_v v'(t_0) & y'_u u'(t_0)+y'_v v'(t_0) & z'_u u'(t_0)+z'_v v'(t_0) \\ x'_u & y'_u & z'_u \\ x'_v & y'_v & z'_v \end{vmatrix} \\
=&\begin{vmatrix} x'_u u'(t_0) & y'_u u'(t_0) & z'_u u'(t_0) \\ x'_u & y'_u & z'_u \\ x'_v & y'_v & z'_v \end{vmatrix}+\begin{vmatrix} x'_v v'(t_0) & y'_v v'(t_0) & z'_v v'(t_0) \\ x'_u & y'_u & z'_u \\ x'_v & y'_v & z'_v \end{vmatrix} \\
=&\ u'(t_0)\begin{vmatrix} x'_u & y'_u & z'_u \\ x'_u & y'_u & z'_u \\ x'_v & y'_v & z'_v \end{vmatrix}+v'(t_0)\begin{vmatrix} x'_v & y'_v & z'_v \\ x'_u & y'_u & z'_u \\ x'_v & y'_v & z'_v \end{vmatrix}=0.
\end{aligned}$$

注意 $(\boldsymbol{r}'_u\times\boldsymbol{r}'_v)(u_0,v_0)$ 正是 Σ 在点 $\boldsymbol{r}_0$ 处的法向量, 这就完成了证明. □

例 7.4.10. 显式曲面 $S=\left\{(x,y,f(x,y))\ \middle|\ (x,y)\in D\right\}$ 可以看作以 x, y 为参数的参数曲面 S: $\boldsymbol{r}=\left(x,y,f(x,y)\right)$. 此时偏导向量

$$\boldsymbol{r}'_x=\left(1,\ 0,\ f'_x\right),\quad \boldsymbol{r}'_y=\left(0,\ 1,\ f'_y\right),$$

因此

$$\boldsymbol{r}'_x\times\boldsymbol{r}'_y=\left(-f'_x,\ -f'_y,\ 1\right).$$

于是, S 在 $\left(x_0,\ y_0,\ f\left(x_0,\ y_0\right)\right)$ 处的**切平面**方程是

$$\begin{aligned}&\left\langle\left(-f'_x\left(x_0,\ y_0\right),\ -f'_y\left(x_0,\ y_0\right),\ 1\right),\ \left(x-x_0,y-y_0,z-z_0\right)\right\rangle\\ =\ &z-z_0-f'_x\left(x_0,\ y_0\right)\left(x-x_0\right)-f'_y\left(x_0,\ y_0\right)\left(y-y_0\right)=0,\end{aligned}$$

即

$$z-z_0=f'_x\left(x_0,\ y_0\right)\left(x-x_0\right)+f'_y\left(x_0,\ y_0\right)\left(y-y_0\right).$$

我们看到, 上式右端恰好是二元函数 f 在 $\left(x_0,\ y_0\right)$ 处的微分. 换言之, 显式曲面的切平面恰好对应于其表达式 $z=f(x,y)$ 在点 $\left(x_0,\ y_0\right)$ 附近最好的线性近似.

例 7.4.11. 考虑隐式曲面 S: $F(x,y,z)=0$, 其中 F 有连续的偏导数, 且梯度 ∇F 处处不为零. 不妨假设在 $\left(x_0,\ y_0,\ z_0\right)$ 处

$$\frac{\partial F}{\partial z}\left(x_0,\ y_0,\ z_0\right)\neq 0.$$

根据隐函数定理, 在 $\left(x_0,\ y_0,\ z_0\right)$ 附近可以由 $F(x,y,z)=0$ 确定某个二元函数 $z=f(x,y)$, 满足

$$f'_x=-\frac{F'_x}{F'_z},\quad f'_y=-\frac{F'_y}{F'_z}.$$

根据例7.4.10, $z=f(x,y)$ 在点 $\left(x_0,\ y_0,\ z_0\right)$ 处的切平面是

$$\begin{aligned}z-z_0\ &=\ f'_x\left(x_0,\ y_0\right)\left(x-x_0\right)+f'_y\left(x_0,\ y_0\right)\left(y-y_0\right)\\ &=\ -\frac{F'_x\left(x_0,\ y_0,\ z_0\right)}{F'_z\left(x_0,\ y_0,\ z_0\right)}\left(x-x_0\right)-\frac{F'_y\left(x_0,\ y_0,\ z_0\right)}{F'_z\left(x_0,\ y_0,\ z_0\right)}\left(y-y_0\right),\end{aligned}$$

整理后即得

$$F'_x\left(x_0,\ y_0,\ z_0\right)\left(x-x_0\right)+F'_y\left(x_0,\ y_0,\ z_0\right)\left(y-y_0\right)+F'_z\left(x_0,\ y_0,\ z_0\right)\left(z-z_0\right)=0. \tag{7.74}$$

由此可见 $\nabla F\left(x_0,\ y_0,\ z_0\right)$ 就是切平面的法向量.

如果直接在隐式曲面的表达式 $F(x,y,z)=0$ 两端取全微分, 同样可以得到(7.74) 式. 可见由参数曲面定义的切平面, 与对隐式曲面的表达式做局部线性近似所得到的平面是完全相同的.

例 7.4.12. 球面

$$S:\ F(x,y,z)=x^2+y^2+z^2-a^2=0$$

在点 $(x,\ y,\ z)$ 处的法向量

$$\nabla F=(2x,\ 2y,\ 2z)=2(x,\ y,\ z).$$

它与球面上点的径向量方向相同, 都指向球的外部, 称为球面的**外法向量**. 单位向量

$$\left(\frac{x}{a},\ \frac{y}{a},\ \frac{z}{a}\right) \tag{7.75}$$

就称为球面的**外法方向**.

球面 S 也可以写成参数曲面 $\boldsymbol{r}=\boldsymbol{r}(\theta,\varphi)$, 用分量表示为

$$\begin{cases} x=a\sin\theta\cos\varphi, \\ y=a\sin\theta\sin\varphi, \\ z=a\cos\theta, \end{cases} \quad 0\le\theta\le\pi,\ 0\le\varphi\le 2\pi. \tag{7.76}$$

这时有

$$\boldsymbol{r}'_\theta=a(\cos\theta\cos\varphi,\ \cos\theta\sin\varphi,\ -\sin\theta),$$

$$\boldsymbol{r}'_\varphi=a(-\sin\theta\sin\varphi,\ \sin\theta\cos\varphi,\ 0),$$

此时法向量是

$$\boldsymbol{r}'_\theta\times\boldsymbol{r}'_\varphi=a^2\sin\theta(\sin\theta\cos\varphi,\ \sin\theta\sin\varphi,\ \cos\theta),$$

法方向是

$$(\sin\theta\cos\varphi,\ \sin\theta\sin\varphi,\ \cos\theta).$$

对照球面的参数方程(7.76), 可见这个结果与(7.75) 式完全相同.

练习 7.4

1. 设 $a>0$. 求阿基米德螺线（等速螺线）

$$\boldsymbol{r}(\theta)=(a\theta\cos\theta,\ a\theta\sin\theta),\quad 0\le\theta\le 2\pi$$

的弧长.

2. 设 $a>0$. 求星形线

$$\boldsymbol{r}(\theta)=(a\cos^3\theta,\ a\sin^3\theta),\quad 0\le\theta\le 2\pi$$

的弧长.

3. 证明正弦曲线

$$y = \sin x, \quad 0 \le x \le 2\pi$$

的弧长与椭圆

$$\boldsymbol{r}(t) = \left(\cos t,\ \sqrt{2}\sin t\right), \quad 0 \le t \le 2\pi$$

的周长相等.

4. 设 $a,\ b,\ c > 0$. 求椭球面

$$\boldsymbol{r}(\theta,\varphi) = (a\sin\theta\cos\varphi,\ b\sin\theta\sin\varphi,\ c\cos\theta)$$

在点 $\boldsymbol{r}(\pi/2,\pi/3)$ 处的法向量和切平面.

5. 设 $a,\ b > 0$. 求椭圆抛物面

$$\boldsymbol{r}(u,v) = \left(u,\ v,\ \frac{1}{2}\left(\frac{u^2}{a^2} + \frac{v^2}{b^2}\right)\right)$$

在点 $\boldsymbol{r}(1,2)$ 处的法向量和切平面.

6. 求双曲抛物面

$$2x^2 + y^2 - z^2 = 0$$

在点 $(2,1,3)$ 处的法向量和切平面.

第8章 多元函数积分学

8.1 二重积分

我们从二元函数开始，将Riemann 积分推广到多元的情形，建立多元函数的重积分. 我们将看到，重积分与Riemann 积分在很大程度上是相似的，并且将重积分转化为Riemann 积分也是计算重积分的主要途径. 同时，重积分也遇到了由多元函数定义域的复杂性带来的特殊困难，这是Riemann 积分不需要考虑的. 下面给出的二元函数重积分理论典型地体现了处理多元函数重积分的一般方法，以及重积分与Riemann 积分的联系和差异.

8.1.1 矩形区域上的二重积分

仿照引入一元函数Riemann 积分的方法，很容易建立矩形区域上二元函数的积分概念. 设 $D=I\times J$ 是一个平面上的矩形区域，这里 $I=[a,b]$，$J=[c,d]$ 是两个闭区间. $z=f(x,y)$ 是定义在 D 上的二元函数. 分别做 I, J 的分割

$$\mathscr{P}_x:\ a=x_0<x_1<\cdots<x_n=b,$$

$$\mathscr{P}_y:\ c=y_0<y_1<\cdots<y_m=d,$$

这里 n, m 是两个正整数. 记

$$I_i=[x_{i-1},x_i],\quad \Delta x_i=x_i-x_{i-1},\quad 1\le i\le n,$$

$$J_j=[y_{j-1},y_j],\quad \Delta y_j=y_j-y_{j-1},\quad 1\le j\le m,$$

我们称 $n\times m$ 个小矩形的集合

$$\left\{D_{ij}=I_i\times J_j\ \middle|\ 1\le i\le n,\ 1\le j\le m\right\}$$

为矩形 D 的分割，记为 $\mathscr{P}=\mathscr{P}_x\times\mathscr{P}_y$，并且定义分割 $\mathscr{P}$ 的宽度

$$\|\mathscr{P}\|=\max\left\{\|\mathscr{P}_x\|,\ \|\mathscr{P}_y\|\right\}.$$

定义 8.1.1. 如果存在常数 $A\in\mathbb{R}$, 使得对任意 $\varepsilon>0$, 存在 $\delta>0$, 当 D 的分割 $\mathscr{P}$ 满足 $\|\mathscr{P}\|<\delta$ 时, 对对任意的一组**值点**

$$\left(\xi_{ij},\eta_{ij}\right)\in D_{ij},\quad 1\le i\le n,\ 1\le j\le m,$$

都有

$$\left|\sum_{1\le i\le n,\ 1\le j\le m} f\left(\xi_{ij},\eta_{ij}\right)\Delta x_i\Delta y_j - A\right|<\varepsilon, \tag{8.1}$$

我们就说 f 在 D 上**可积**, A 称为 f 在 D 上的**二重积分**, 简称**积分**, 记作

$$\iint_D f(x,y)\mathrm{d}x\mathrm{d}y=A,$$

也可以用向量方式记为

$$\int_D f(\boldsymbol{p})\mathrm{d}\sigma=A.$$

这里 f 称为**被积函数**, D 称为**积分区域**, $\mathrm{d}\sigma=\mathrm{d}x\mathrm{d}y$ 称为**面积元**.

依据定义8.1.1, 我们不难证明二重积分也有下列基本性质.

定理 8.1.2. 设 f, g 是定义在矩形 D 上的二元函数.

1) **可积函数的有界性.** 若 f 在 D 上可积, 则 f 在 D 上有界;

2) **积分的唯一性.** 若 f 在 D 上可积, 则满足(8.1) 式的实数 A 是唯一的;

3) **积分的保号性.** 若 f 在 D 上可积且非负, 则 $\iint_D f(x,y)\mathrm{d}x\mathrm{d}y$ 非负;

4) **积分的数乘性.** 若 f 在 D 上可积, c 是一个常数, 则 cf 在 D 上也可积, 且

$$\iint_D cf(x,y)\mathrm{d}x\mathrm{d}y=c\iint_D f(x,y)\mathrm{d}x\mathrm{d}y;$$

5) **积分的可加性.** 若 f, g 在 D 上均可积, 则 $f+g$ 在 D 上也可积, 且

$$\iint_D (f+g)(x,y)\mathrm{d}x\mathrm{d}y=\iint_D f(x,y)\mathrm{d}x\mathrm{d}y+\iint_D g(x,y)\mathrm{d}x\mathrm{d}y;$$

6) **积分的保序性.** 若 f, g 在 D 上均可积, 且 $f\le g$, 则

$$\iint_D f(x,y)\mathrm{d}x\mathrm{d}y\le\iint_D g(x,y)\mathrm{d}x\mathrm{d}y;$$

7) **积分的集合可加性.** 设 $D=D_1\bigcup D_2$, 其中 D_1, D_2 都是闭矩形, 且 $D_1\bigcap D_2$ 没有内点. 若 f 在 D_1, D_2 上都可积, 则 f 在 D 上也可积, 且

$$\iint_D f(x,y)\mathrm{d}x\mathrm{d}y=\iint_{D_1} f(x,y)\mathrm{d}x\mathrm{d}y+\iint_{D_2} f(x,y)\mathrm{d}x\mathrm{d}y;$$

8) **子区域可积性.** 设矩形 $D_1 \subset D$. 若 f 在 D 上可积, 则 f 在 D_1 上也可积;

9) **乘积可积性.** 若 f, g 在 D 上均可积, 则它们的乘积 fg 在 D 上也可积;

10) **绝对可积性.** 设 f 在 D 上可积, 则绝对值函数 $|f|$ 在 D 上也可积, 且

$$\left|\iint_D f(x,y)\mathrm{d}x\mathrm{d}y\right| \le \iint_D |f(x,y)|\mathrm{d}x\mathrm{d}y.$$

8.1.2 可积与连续的关系

为了将矩形区域上的积分推广到更一般的情形, 必须对二元函数的可积性进行比较细致的分析. 我们略去证明的细节, 只给出必要的结论. 首先, 与一元函数的情形类似, 有界的连续函数总是可积的.

定理 8.1.3. **（连续有界必可积）** 若 f 在矩形 D 上连续且有界, 则 f 在 D 上可积.

不连续的函数何时可积? 为解决这个问题, 我们引进如下概念.

定义 8.1.4. 设 $A \subset \mathbb{R}^2$ 是一个平面点集. 若对任意 $\varepsilon > 0$, 都能够找到一组矩形 $R_1, R_2, \cdots, R_n$, 使得

$$A \subset \bigcup_{i=1}^{n} R_i,$$

且

$$\sum_{i=1}^{n} \sigma(R_i) < \varepsilon,$$

则 A 称为一个**零面积集**.

由此定义不难看出, 零面积集的并集仍然是零面积集.

命题 8.1.5. 设 $A_1, A_2, \cdots, A_n$ 是有限多个零面积集, 则 $\bigcup_{i=1}^{n} A_i$ 是零面积集.

零面积集的重要性体现在以下结果之中.

定理 8.1.6. 若 f 在矩形 D 上有界, 且 f 的全体不连续点组成一个零面积集, 则 f 在 D 上可积.

什么样的集合是零面积集呢? 以下是一个常用的充分条件.

命题 8.1.7. 设

$$\boldsymbol{r} = \boldsymbol{r}(t) \in \mathbb{R}^2, \quad t \in [\alpha, \beta] \tag{8.2}$$

是一条正则曲线, 则 $\Gamma = \left\{\boldsymbol{r}(t) \,\middle|\, t \in [\alpha, \beta]\right\}$ 是零面积集.

证明. 对任意 $\varepsilon>0$, 注意 $\boldsymbol{r}=\boldsymbol{r}(t)$ 的弧长 $s(\Gamma)<+\infty$, 我们取

$$\delta=\min\left\{\frac{\varepsilon}{4\big(s(\Gamma)+1\big)},\ 1\right\},\quad N=\left[\frac{s(\Gamma)}{\delta}\right]+1. \tag{8.3}$$

对任意两个参数值$\tau_0<\tau_1$, 我们将曲线(8.2) 上位于这两点之间的一段

$$\boldsymbol{r}=\boldsymbol{r}(t),\quad t\in[\tau_0,\tau_1]$$

的弧长记为 $s(\tau_0,\ \tau_1)$. 我们取参数值 $\alpha=t_0<t_1<t_2<\cdots<t_N=\beta$, 使得这些参数值对应的曲线上的点将曲线的弧长 N 等分, 即

$$s(\alpha,\ t_k)=\frac{k}{N}s(\Gamma),\quad k=1,2,\cdots,N.$$

对 $k=1,2,\cdots,N$, 取小矩形

$$R_k=[x(t_k)-\delta,\ x(t_k)+\delta]\times\big[y(t_k)-\delta,\ y(t_k)+\delta\big].$$

对任意 $t\in[\alpha,\beta]$, 必有 $1\le k\le N$ 使得 $t\in[t_{k-1},\ t_k]$, 此时 $\boldsymbol{r}(t)$ 到 $\boldsymbol{r}(t_k)$ 的距离不超过 $s(t,\ t_k)$, 由此可见

$$\|\boldsymbol{r}(t)-\boldsymbol{r}(t_k)\|\le s(t,\ t_k)\le s(t_{k-1},\ t_k)=\frac{s(\Gamma)}{N}\le\delta,$$

这样就有

$$|x(t)-x(t_k)|\le\|\boldsymbol{r}(t)-\boldsymbol{r}(t_k)\|\le\delta,\quad \big|y(t)-y(t_k)\big|\le\|\boldsymbol{r}(t)-\boldsymbol{r}(t_k)\|\le\delta.$$

于是 $\boldsymbol{r}(t)\in R_k$. 因此, 对曲线(8.2) 上每个点 $\boldsymbol{r}(t)$,

$$\boldsymbol{r}(t)\in\bigcup_{i=1}^{N}R_i,\quad 即\quad \Gamma\subset\bigcup_{i=1}^{N}R_i.$$

由(8.3) 式易见 $N\delta<s(\Gamma)+\delta\le s(\Gamma)+1$, 故

$$\sum_{i=1}^{N}\sigma(R_i)=N\sigma(R_i)=4N\delta^2<4\big(s(\Gamma)+1\big)\delta\le\varepsilon.$$

这就完成了证明. □

该命题与命题8.1.5相结合, 就得到下面常用的判断条件.

定理 8.1.8. 设 f 是定义在矩形 D 上的有界函数, $\Gamma_1,\Gamma_2,\cdots,\Gamma_n$ 都是正则曲线. 若 f 在差集 $D\Big\backslash\bigcup\limits_{i=1}^{n}\Gamma_i$ 上处处连续, 则 f 在 D 上可积.

8.1.3 累次积分与二重积分的计算

定义 8.1.9. 设 f 是定义在矩形 $D=[a,b]\times[c,d]$ 上的可积函数, 且对任意 $x\in[a,b]$, 关于 y 的一元函数

$$f_x(y)=f\big(x,y\big)$$

在闭区间 $[c,d]$ 上可积. 再设关于 x 的一元函数

$$\varphi(x)=\int_c^d f_x(y)\,\mathrm{d}y=\int_c^d f(x,y)\,\mathrm{d}y$$

在闭区间 $[a,b]$ 上也可积, 则积分

$$\int_a^b \varphi(x)\,\mathrm{d}x=\int_a^b\left(\int_c^d f(x,y)\,\mathrm{d}y\right)\mathrm{d}x \tag{8.4}$$

称为 f 在 D 上先 y 后 x 的**累次积分**, 简记为

$$\int_a^b \mathrm{d}x\int_c^d f(x,y)\,\mathrm{d}y.$$

类似地可定义 f 在 D 上的另一个累次积分

$$\int_c^d \mathrm{d}y\int_a^b f(x,y)\,\mathrm{d}x.$$

累次积分是计算二重积分的重要工具. 可以证明下列结果.

定理 8.1.10. 设 f 在矩形 D 上可积, 且某个累次积分存在, 则其与 f 在 D 上的二重积分相等. 特别地, 若 f 在矩形 D 上连续, 则

$$\iint_D f(x,y)\,\mathrm{d}x\mathrm{d}y=\int_a^b \mathrm{d}x\int_c^d f(x,y)\,\mathrm{d}y=\int_c^d \mathrm{d}y\int_a^b f(x,y)\,\mathrm{d}x.$$

例 8.1.11. 设 $D=[0,1]\times[0,1]$. 计算二重积分 $A=\iint_D y\sin\big(xy\big)\,\mathrm{d}x\mathrm{d}y$.

解. 根据定理8.1.10,

$$\begin{aligned}A&=\int_0^1\mathrm{d}y\int_0^1 y\sin\big(xy\big)\,\mathrm{d}x=\int_0^1\mathrm{d}y\int_0^y \sin u\,\mathrm{d}u \qquad \big(u=xy\big)\\&=\int_0^1\big(1-\cos y\big)\,\mathrm{d}y=1-\sin 1.\end{aligned}$$

□

例 8.1.12. 设 $D=[0,1]\times[0,1]$. 计算二重积分 $A=\iint_D xy\mathrm{e}^{x^2+y^2}\,\mathrm{d}x\mathrm{d}y$.

解. 根据定理8.1.10,

$$A=\int_0^1\mathrm{d}y\int_0^1 x\mathrm{e}^{x^2}y\mathrm{e}^{y^2}\,\mathrm{d}x=\int_0^1 x\mathrm{e}^{x^2}\,\mathrm{d}x\int_0^1 y\mathrm{e}^{y^2}\,\mathrm{d}y=\frac{1}{4}\,(\mathrm{e}-1)^2.$$

□

例 8.1.13. 设 $D=[0,1]\times[0,1]$.

$$f(x,y)=\begin{cases} x+y, & x+y\le 1, \\ 0, & x+y>1, \end{cases}\qquad 0\le x\le 1,\ 0\le y\le 1.$$

计算二重积分 $A=\iint_D f(x,y)\mathrm{d}x\mathrm{d}y$.

解. 注意

$$\begin{aligned}\int_0^1 f(x,y)\mathrm{d}y &= \int_0^{1-x} f(x,y)\mathrm{d}y+\int_{1-x}^1 f(x,y)\mathrm{d}y=\int_0^{1-x}(x+y)\mathrm{d}y+\int_{1-x}^1 0\mathrm{d}y \\ &= x\int_0^{1-x}\mathrm{d}y+\int_0^{1-x} y\mathrm{d}y=\frac{1-x^2}{2}.\end{aligned}$$

根据定理8.1.10,

$$A=\int_0^1\mathrm{d}x\int_0^1 f(x,y)\mathrm{d}y=\frac{1}{2}\int_0^1\left(1-x^2\right)\mathrm{d}x=\frac{1}{3}.$$

□

8.1.4 有界集合上的二重积分

定义 8.1.14. 设 Ω 是平面 $\mathbb{R}^2$ 上的有界集合, f 是定义在 Ω 上的二元函数. 任取矩形 $D\supset\Omega$, 将 f 延拓为定义在 D 上的函数

$$\widetilde{f}(x,y)=\begin{cases} f(x,y), & (x,y)\in\Omega, \\ 0, & (x,y)\in D\setminus\Omega. \end{cases}$$

如果 $\widetilde{f}$ 在 D 上可积, 我们就说 f 在 Ω 上可积, 并将 $\widetilde{f}$ 在 D 上的积分

$$\iint_D \widetilde{f}(x,y)\mathrm{d}x\mathrm{d}y.$$

称为 f 在 Ω 上的**二重积分**, 简称**积分**, 记作

$$\iint_\Omega f(x,y)\mathrm{d}x\mathrm{d}y,$$

也可以用向量方式记为

$$\int_\Omega f(\boldsymbol{p})\,\mathrm{d}\sigma=A.$$

这里 f 称为**被积函数**, Ω 称为**积分区域**, $\mathrm{d}\sigma=\mathrm{d}x\mathrm{d}y$ 称为**面积元**.

根据矩形区域上积分的性质, 不难证明有界集合上的积分也有下列基本性质.

定理 8.1.15. 设 f, g 是定义在有界集合 Ω 上的二元函数.

1) **可积函数的有界性.** 若 f 在 Ω 上可积, 则 f 在 Ω 上有界;

2) **积分的唯一性.** 若 f 在 Ω 上可积, 则按定义 8.1.14 得到的积分值 $\iint_\Omega f(x,y)\mathrm{d}x\mathrm{d}y$ 是唯一的;

3) **积分的保号性.** 若 f 在 Ω 上可积且非负, 则 $\iint_\Omega f(x,y)\mathrm{d}x\mathrm{d}y$ 非负;

4) **积分的数乘性.** 若 f 在 Ω 上可积, c 是一个常数, 则 cf 也可积, 且

$$\iint_\Omega cf(x,y)\mathrm{d}x\mathrm{d}y = c\iint_\Omega f(x,y)\mathrm{d}x\mathrm{d}y;$$

5) **积分的可加性.** 若 f, g 在 Ω 上均可积, 则 $f+g$ 也可积, 且

$$\iint_\Omega \left(f+g\right)(x,y)\mathrm{d}x\mathrm{d}y = \iint_\Omega f(x,y)\mathrm{d}x\mathrm{d}y + \iint_\Omega g(x,y)\mathrm{d}x\mathrm{d}y;$$

6) **积分的保序性.** 若 f, g 在 Ω 上均可积, 且 $f \le g$, 则

$$\iint_\Omega f(x,y)\mathrm{d}x\mathrm{d}y \le \iint_\Omega g(x,y)\mathrm{d}x\mathrm{d}y;$$

7) **积分的集合可加性.** 设 $\Omega = \Omega_1 \bigcup \Omega_2$, 其中 Ω_1, Ω_2 都是有界集合, 且 $\Omega_1 \bigcap \Omega_2$ 没有内点. 若 f 在 Ω_1, Ω_2 上都可积, 则 f 在 Ω 上也可积, 且

$$\iint_\Omega f(x,y)\mathrm{d}x\mathrm{d}y = \iint_{\Omega_1} f(x,y)\mathrm{d}x\mathrm{d}y + \iint_{\Omega_2} f(x,y)\mathrm{d}x\mathrm{d}y;$$

8) **乘积可积性.** 若 f, g 在 Ω 上均可积, 则它们的乘积 fg 也可积;

9) **绝对可积性.** 设 f 在 Ω 上可积, 则绝对值函数 $|f|$ 也可积, 且

$$\left|\iint_\Omega f(x,y)\mathrm{d}x\mathrm{d}y\right| \le \iint_\Omega \left|f(x,y)\right|\mathrm{d}x\mathrm{d}y.$$

有界集合上二元函数的连续性与可积性有密切关系, 我们略去详细的论证, 给出以下结果.

定理 8.1.16. 若 f 是定义在有界集 Ω 上的有界函数, f 的全体不连续点组成一个零面积集, 且 $\partial\Omega$ 也是一个零面积集, 则 f 在 Ω 上可积.

例 8.1.17. 如果有界集 Ω 的边界 $\partial\Omega$ 由有限多条正则曲线组成, 根据命题8.1.7和命题8.1.5, $\partial\Omega$ 必定是零面积集.

有界集合上的二元可积函数在子集上是否仍然可积, 这也是一个非常重要的问题. 我们同样略去论证, 仅给出以下结果.

定理 8.1.18. **(子集可积性)** 设有界集合 $\Omega_1 \subset \Omega$, 且 $\partial\Omega_1$ 是一个零面积集. 若 f 在 Ω 上可积, 则 f 在 Ω_1 上也可积.

定义 8.1.19. 若常函数 1 在有界集 Ω 上可积, 则称 Ω 为**有面积集**, 积分

$$\iint_{\Omega} 1\mathrm{d}x\mathrm{d}y$$

称为 Ω 的**面积**.

例 8.1.20. 显然, 若有界集 Ω 的边界 $\partial\Omega$ 是一个零面积集, 则 Ω 是有面积集. 特别地, 由有限多条正则曲线围成的有界区域必定是有面积集.

注记 8.1.21. 不难验证, 对平面上的三角形, 矩形等多边形集合, 根据定义8.1.19得到的面积与初等几何中定义的面积是完全相同的.

定理 8.1.22. **(二重积分的中值定理)** 设 Ω 是道路连通的有界闭集, $\partial\Omega$ 是零面积集, 函数 f 在 Ω 上连续, g 在 Ω 上可积且不变号, 则存在 $(\xi,\eta)\in\Omega$, 使得

$$\iint_{\Omega} f(x,y)g(x,y)\mathrm{d}x\mathrm{d}y = f(\xi,\eta)\int_{\Omega} g(x,y)\mathrm{d}x\mathrm{d}y.$$

例 8.1.23. 证明积分

$$0.99 \le \iint_{\Omega} \frac{\mathrm{d}x\mathrm{d}y}{200+\cos^2 x+\cos^2 y} \le 1,$$

其中 $\Omega = \left\{(x,y) \,\middle|\, |x|+|y| \le 10\right\}$.

证明. Ω 是个边长为 $\sqrt{200}$ 的正方形区域, 因此 $\iint_{\Omega} 1\mathrm{d}x\mathrm{d}y = 200$. 根据二重积分的中值定理8.1.22, 存在 $(\xi,\eta)\in\Omega$ 使得

$$\begin{aligned} I &= \iint_{\Omega} \frac{\mathrm{d}x\mathrm{d}y}{200+\cos^2 x+\cos^2 y} \\ &= \frac{1}{200+\cos^2\xi+\cos^2\eta}\iint_{\Omega} 1\mathrm{d}x\mathrm{d}y \\ &= \frac{200}{200+\cos^2\xi+\cos^2\eta}. \end{aligned}$$

于是

$$0.99 = \frac{200}{202} \le I \le \frac{200}{200} = 1.$$

□

闭区域上二重积分也可以化为累次积分来计算.

定理 8.1.24. 设 Ω 是由两条正则曲线 $y=\varphi(x)$，$y=\psi(x)$ 和直线 $x=a$，$x=b$ 围成的区域，其中 $\varphi(x)\le\psi(x)$，$a\le x\le b$，函数 f 在 Ω 上可积. 则

$$\iint_\Omega f(x,y)\mathrm{d}x\mathrm{d}y=\int_a^b\mathrm{d}x\int_{\varphi(x)}^{\psi(x)}f(x,y)\mathrm{d}y.$$

证明. 取闭区间 $[c,d]$ 使得

$$c\le\varphi(x)\le\psi(x)\le d,\quad a\le x\le b.$$

将 f 延拓为定义在矩形 $D=[a,b]\times[c,d]$ 上的函数

$$\widetilde{f}(x,y)=\begin{cases} f(x,y), & (x,y)\in\Omega,\\ 0, & (x,y)\in D\setminus\Omega.\end{cases}$$

此时

$$\begin{aligned}\int_c^d\widetilde{f}(x,y)\mathrm{d}y&=\int_c^{\varphi(x)}\widetilde{f}(x,y)\mathrm{d}y+\int_{\varphi(x)}^{\psi(x)}\widetilde{f}(x,y)\mathrm{d}y+\int_{\psi(x)}^d\widetilde{f}(x,y)\mathrm{d}y\\&=\int_c^{\varphi(x)}0\mathrm{d}y+\int_{\varphi(x)}^{\psi(x)}f(x,y)\mathrm{d}y+\int_{\psi(x)}^d 0\mathrm{d}y\\&=\int_{\varphi(x)}^{\psi(x)}f(x,y)\mathrm{d}y.\end{aligned}$$

于是我们有

$$\begin{aligned}\iint_\Omega f(x,y)\mathrm{d}x\mathrm{d}y&=\iint_D\widetilde{f}(x,y)\mathrm{d}x\mathrm{d}y=\int_a^b\mathrm{d}x\int_c^d\widetilde{f}(x,y)\mathrm{d}y\\&=\int_a^b\mathrm{d}x\int_{\varphi(x)}^{\psi(x)}f(x,y)\mathrm{d}y.\end{aligned}$$

□

例 8.1.25. 计算椭圆区域 $\Omega=\left\{(x,y)\,\middle|\,2x^2+y^2\le1\right\}$ 的面积.

解. 根据定义8.1.19, 所求面积为

$$\begin{aligned}\iint_\Omega 1\mathrm{d}x\mathrm{d}y&=\int_{-\frac{\sqrt2}{2}}^{\frac{\sqrt2}{2}}\mathrm{d}x\int_{-\sqrt{1-2x^2}}^{\sqrt{1-2x^2}}\mathrm{d}y=2\int_{-\frac{\sqrt2}{2}}^{\frac{\sqrt2}{2}}\sqrt{1-2x^2}\mathrm{d}x\\&=4\int_0^{\frac{\sqrt2}{2}}\sqrt{1-2x^2}\mathrm{d}x\qquad\left(t=\arcsin\sqrt2x\right)\\&=4\int_0^{\frac{\pi}{2}}\cos t\frac{\cos t\mathrm{d}t}{\sqrt2}=\frac{4}{\sqrt2}\int_0^{\frac{\pi}{2}}\cos^2t\mathrm{d}t\\&=\frac{2}{\sqrt2}\int_0^{\frac{\pi}{2}}(1+\cos2t)\,\mathrm{d}t=\frac{\pi}{\sqrt2}.\end{aligned}$$

□

例 8.1.26. 计算累次积分

$$A=\int_0^{\frac{\pi}{2}}\mathrm{d}x\int_x^{\frac{\pi}{2}}\frac{\sin y}{y}\mathrm{d}y.$$

解. 这个累次积分可以看成二重积分

$$\iint_\Omega \frac{\sin y}{y}\mathrm{d}x\mathrm{d}y,$$

其中 Ω 是由直线 $x=0$, $y=x$ 和 $y=\dfrac{\pi}{2}$ 围成的三角形区域.

由于定积分 $\displaystyle\int_x^{\frac{\pi}{2}}\frac{\sin y}{y}\mathrm{d}y$ 计算困难, 我们考虑取先 x 后 y 的累次积分, 即得

$$A=\int_0^{\frac{\pi}{2}}\frac{\sin y}{y}\mathrm{d}y\int_0^y\mathrm{d}x=\int_0^{\frac{\pi}{2}}\sin y\mathrm{d}y=1.$$

这样做就容易多了. □

练习 8.1

1. 设 f 在矩形 D 上连续, 非负, 且至少在一点大于零, 试证

$$\iint_D f(x,y)\mathrm{d}x\mathrm{d}y>0.$$

2. 证明定理8.1.22.

3. 计算下列重积分:

1) $\displaystyle\iint_D \frac{x^2}{1+y^2}\mathrm{d}x\mathrm{d}y$, 其中 $D=[0,1]\times[0,1]$;

2) $\displaystyle\iint_D \sin(x+y)\mathrm{d}x\mathrm{d}y$, 其中 $D=[0,\pi]^2$;

3) $\displaystyle\iint_D \sqrt{x}\mathrm{d}x\mathrm{d}y$, 其中 $D=\{(x,y)\mid x^2+y^2\leq x\}$;

4) $\displaystyle\iint_D xy^2\mathrm{d}x\mathrm{d}y$, 其中 D 由 $y^2=4x$ 和 $x=1$ 围成;

5) $\displaystyle\iint_D \mathrm{e}^{x+y}\mathrm{d}x\mathrm{d}y$, 其中 $D=\{(x,y)\mid |x|+|y|\leq 1\}$.

4. 设 f 在矩形 $D=[a,b]\times[c,d]$ 上有连续的二阶偏导数, 计算积分

$$\iint_D \frac{\partial^2 f}{\partial x\partial y}(x,y)\mathrm{d}x\mathrm{d}y.$$

5. 改变下列累次积分的顺序:

1) $\int_0^2 \mathrm{d}x \int_0^{2x} f(x,y)\mathrm{d}y$;　　2) $\int_{-1}^1 \mathrm{d}x \int_{-\sqrt{1-x^2}}^{1-x^2} f(x,y)\mathrm{d}y$.

6. 计算累次积分

$$A=\int_0^1 \mathrm{d}y \int_y^{\sqrt{y}} \frac{\sin x}{x}\mathrm{d}x.$$

7. 设 f 为一元连续函数, 证明

$$\int_0^a \mathrm{d}x \int_0^x f(x)f(y)\mathrm{d}y=\frac{1}{2}\left(\int_0^a f(t)\mathrm{d}t\right)^2.$$

8. 设 f 为二元连续函数, 证明

$$\lim_{r\to 0}\frac{1}{\pi r^2}\iint_{x^2+y^2\le r^2} f(x,y)\mathrm{d}x\mathrm{d}y=f(0,0).$$

9. 求抛物线 $y=x^2$ 与 $y=2(x-1)^2-2$ 围成的有界集合的面积.

8.2 n 重积分

对 $n\ge 3$ 的情形, 与二重积分一样, 可以建立一般的n 元函数的积分理论.

8.2.1 三重积分及其基本性质

设 $D=I_1\times I_2\times I_3$ 是三维空间 $\mathbb{R}^3$ 中的一个长方体, 这里 $I_i=[a_i,b_i]$, $i=1,2,3$. $u=f(x,y,z)$ 是定义在 D 上的三元函数. 类似建立矩形区域上二重积分的方法, 做 I_i 的分割 $\mathscr{P}_i$, $i=1,2,3$, 分别将 I_i 分割成 n_i 个子区间, 这样得到 $n=n_1\times n_2\times n_3$ 个小长方体 D_k, $k=1,2,\cdots,n$, 它们组成长方体 D 的一个分割, 记为 $\mathscr{P}=\mathscr{P}_1\times\mathscr{P}_2\times\mathscr{P}_3$. 定义分割 $\mathscr{P}$ 的宽度

$$\|\mathscr{P}\|=\max\{\|\mathscr{P}_1\|,\|\mathscr{P}_2\|,\|\mathscr{P}_3\|\}.$$

记 D_k 的体积为 $V(D_k)$, $k=1,2,\cdots,n$.

定义 8.2.1. 如果存在常数 $A\in\mathbb{R}$, 使得对任意 $\varepsilon>0$, 存在 $\delta>0$, 当 D 的分割 $\mathscr{P}$ 满足 $\|\mathscr{P}\|<\delta$ 时, 对对任意的一组**值点** $(\boldsymbol{p}_k)\in D_k$, $1\le k\le n$, 都有

$$\left|\sum_{1\le k\le n} f(\boldsymbol{p}_k)V(D_k)-A\right|<\varepsilon,$$

我们就说 f 在 D 上可积, A 称为 f 在 D 上的**三重积分**, 简称**积分**, 记作

$$\iiint_D f(x,y,z)\,\mathrm{d}x\mathrm{d}y\mathrm{d}z = A,$$

也可以用向量方式记为

$$\int_D f(\boldsymbol{p})\,\mathrm{d}V = A.$$

这里 f 称为**被积函数**, D 称为**积分区域**, $\mathrm{d}V = \mathrm{d}x\mathrm{d}y\mathrm{d}z$ 称为**体积元**.

通过函数延拓的方法, 矩形上的二重积分可以推广到平面有界集合, 长方体 D 上的三重积分同样可以推广成为空间有界集合 $\Omega \subset \mathbb{R}^3$ 上的三重积分

$$\int_\Omega f(\boldsymbol{p})\,\mathrm{d}V. \tag{8.5}$$

三重积分自然也有下列基本性质.

定理 8.2.2. 设 f, g 是定义在有界集合 $\Omega \subset \mathbb{R}^3$ 上的三元函数.

1) **可积函数的有界性.** 若 f 在 Ω 上可积, 则 f 在 Ω 上有界;

2) **积分的唯一性.** 若 f 在 Ω 上可积, 则积分值(8.5) 是唯一的;

3) **积分的保号性.** 若 f 在 Ω 上可积且非负, 则 $\int_\Omega f(\boldsymbol{p})\,\mathrm{d}V$ 非负;

4) **积分的数乘性.** 若 f 在 Ω 上可积, c 是一个常数, 则 cf 也可积, 且

$$\int_\Omega cf(\boldsymbol{p})\,\mathrm{d}V = c\int_\Omega f(\boldsymbol{p})\,\mathrm{d}V;$$

5) **积分的可加性.** 若 f, g 在 Ω 上均可积, 则 $f+g$ 也可积, 且

$$\int_\Omega (f+g)(\boldsymbol{p})\,\mathrm{d}V = \int_\Omega f(\boldsymbol{p})\,\mathrm{d}V + \int_\Omega g(\boldsymbol{p})\,\mathrm{d}V;$$

6) **积分的保序性.** 若 f, g 在 Ω 上均可积, 且 $f \le g$, 则

$$\int_\Omega f(\boldsymbol{p})\,\mathrm{d}V \le \int_\Omega g(\boldsymbol{p})\,\mathrm{d}V;$$

7) **积分的集合可加性.** 设 $\Omega = \Omega_1 \bigcup \Omega_2$, 其中 Ω_1, Ω_2 都是有界集合, 且 $\Omega_1 \bigcap \Omega_2$ 没有内点. 若 f 在 Ω_1, Ω_2 上都可积, 则 f 在 Ω 上也可积, 且

$$\int_\Omega f(\boldsymbol{p})\,\mathrm{d}V = \int_{\Omega_1} f(\boldsymbol{p})\,\mathrm{d}V + \int_{\Omega_2} f(\boldsymbol{p})\,\mathrm{d}V;$$

8) **乘积可积性.** 若 f, g 在 Ω 上均可积, 则它们的乘积 fg 也可积;

9) **绝对可积性.** 设 f 在 Ω 上可积, 则绝对值函数 $|f|$ 也可积, 且

$$\left|\int_\Omega f(\boldsymbol{p})\,\mathrm{d}V\right| \le \int_\Omega |f(\boldsymbol{p})|\,\mathrm{d}V.$$

我们同样用类似二重积分的方法讨论可积性.

定义 8.2.3. 设 $A\subset\mathbb{R}^3$ 是一个空间点集. 若对任意 $\varepsilon>0$, 都能够找到一组闭长方体 $R_1,\cdots,R_n$, 使得

$$A\subset\bigcup_{i=1}^{n}R_i,$$

且

$$\sum_{i=1}^{n}V(R_i)<\varepsilon,$$

此处 $V(R_i)$ 表示 R_i 的体积, 则 A 称为一个**零体积集**.

命题 8.2.4. 设 $A_1,\cdots,A_n$ 是有限多个零体积集, 则 $\bigcup\limits_{i=1}^{n}R_i$ 是零体积集.

零体积集的充分条件如下.

命题 8.2.5. 设

$$\Sigma:\ \boldsymbol{r}=\boldsymbol{r}(u,v)\in\mathbb{R}^2,\ \ (u,v)\in\Delta,$$

是一个正则曲面, 此处 $\Delta\subset\mathbb{R}^2$ 是平面上的区域, 则 Σ 是零体积集.

现在我们可以给出三元函数可积性的基本结果如下.

定理 8.2.6. 若 f 是定义在有界集合 $\Omega\subset\mathbb{R}^3$ 上的有界函数, f 的全体不连续点组成一个零体积集, 且 $\partial\Omega$ 也是一个零体积集, 则 f 在 Ω 上可积.

定理 8.2.7. **（子集可积性）** 设有界集合 $\Omega_1\subset\Omega$, 且 $\partial\Omega_1$ 是一个零体积集. 若 f 在 Ω 上可积, 则 f 在 Ω_1 上也可积.

累次积分也是计算三重积分的基本工具. 与二重积分不同的是, 这时有两种不同的处理方式. 其中一种是先计算二重积分, 然后计算定积分.

定理 8.2.8. 设 $\Omega\subset\mathbb{R}^3$ 是有界集合, $[z_1,z_2]$ 是 Ω 在 z 坐标轴上的垂直投影, 即

$$z_1=\min\left\{z\ \middle|\ (x,y,z)\in\Omega\right\},\qquad z_2=\max\left\{z\ \middle|\ (x,y,z)\in\Omega\right\}.$$

对任意 $z\in[z_1,z_2]$, 记平面集合

$$\Omega_z=\left\{(x,y)\ \middle|\ (x,y,z)\in\Omega\right\}.$$

若 f 是定义在三维区域 Ω 上的可积函数, 且对任意 $z\in[z_1,z_2]$, 将 $f(x,y,z)$ 视为关于 x, y 的二元函数在 Ω_z 上可积, 则

$$\iiint_{\Omega}f(x,y,z)\mathrm{d}x\mathrm{d}y\mathrm{d}z=\int_{z_1}^{z_2}\mathrm{d}z\iint_{\Omega_z}f(x,y,z)\mathrm{d}x\mathrm{d}y.$$

此处

$$\int_{z_1}^{z_2} \mathrm{d}z \iint_{\Omega_z} f(x,y,z)\mathrm{d}x\mathrm{d}y = \int_{z_1}^{z_2} \left(\iint_{\Omega_z} f(x,y,z)\mathrm{d}x\mathrm{d}y \right) \mathrm{d}z.$$

另一种途径是先计算定积分,然后计算二重积分.

定理 8.2.9. 设 $\Omega \subset \mathbb{R}^3$ 是有界集合, Ω 在 xy 坐标平面上的垂直投影记为

$$R = \left\{ (x,y) \,\middle|\, (x,y,z) \in \Omega \right\}.$$

又设对任意 $(x,y) \in R$, 集合

$$\left\{ z \,\middle|\, (x,y,z) \in \Omega \right\}$$

是 z 坐标轴上的闭区间, 记为 $[z_1(x,y), z_2(x,y)]$. 若 f 是定义在三维区域 Ω 上的可积函数, 且对任意 $(x,y) \in R$, 将 $f(x,y,z)$ 视为关于 z 的一元函数在 $[z_1(x,y), z_2(x,y)]$ 上可积, 则二元函数

$$\varphi(x,y) = \int_{z_1(x,y)}^{z_2(x,y)} f(x,y,z)\mathrm{d}z$$

在 R 上可积, 并且

$$\iiint_{\Omega} f(x,y,z)\mathrm{d}x\mathrm{d}y\mathrm{d}z = \iint_R \mathrm{d}x\mathrm{d}y \int_{z_1(x,y)}^{z_2(x,y)} f(x,y,z)\mathrm{d}z.$$

此处

$$\iint_R \mathrm{d}x\mathrm{d}y \int_{z_1(x,y)}^{z_2(x,y)} f(x,y,z)\mathrm{d}z = \iint_R \left(\int_{z_1(x,y)}^{z_2(x,y)} f(x,y,z)\mathrm{d}z \right) \mathrm{d}x\mathrm{d}y.$$

例 8.2.10. 计算积分

$$A = \iiint_T \frac{\mathrm{d}x\mathrm{d}y\mathrm{d}z}{(1+x+y+z)^3},$$

其中 $T = \left\{ (x,y,z) \,\middle|\, x,y,z \geq 0,\ x+y+z \leq 1 \right\}$.

解法一. 不难看出, T 是第一卦限中由三个坐标平面和平面 $x+y+z \leq 1$ 所围成的四面体. 考虑“先二后一”的方法, T 在 z 坐标轴上的垂直投影是区间 $[0,1]$. 当 $z \in [0,1]$ 时,

$$T_z = \left\{ (x,y) \,\middle|\, (x,y,z) \in \Omega \right\} = \left\{ (x,y) \,\middle|\, x,y \geq 0,\ x+y \leq 1-z \right\}$$

是平面上的三角形. 按照定理 8.2.8,

$$
\begin{aligned}
A &= \int_0^1 \mathrm{d}z \iint_{T_z} \frac{\mathrm{d}x\mathrm{d}y}{(1+x+y+z)^3} \\
&= \int_0^1 \mathrm{d}z \int_0^{1-z} \mathrm{d}y \int_0^{1-z-y} \frac{\mathrm{d}x}{(1+x+y+z)^3} \\
&= \int_0^1 \mathrm{d}z \int_0^{1-z} \frac{1}{2}\left(\frac{1}{(1+y+z)^2} - \frac{1}{4}\right)\mathrm{d}y \\
&= \frac{1}{2}\int_0^1 \left(\frac{1}{1+z} - \frac{1}{2} - \frac{1-z}{4}\right)\mathrm{d}z \\
&= \frac{1}{2}\left(\ln 2 - \frac{1}{2} - \frac{1}{8}\right)\mathrm{d}z \\
&= \frac{1}{2}\left(\ln 2 - \frac{5}{8}\right).
\end{aligned}
$$

□

解法二. 我们也可以按照"先一后二"的途径来计算. T 在 xy 坐标平面上的垂直投影是一个三角形

$$
\Delta = \left\{(x,y) \,\middle|\, x,y \geq 0,\ x+y \leq 1\right\}.
$$

当 $(x,y) \in T$ 时, $z_1(x,y)=0$, $z_2(x,y)=1-x-y$, 按照定理 8.2.9,

$$
\begin{aligned}
A &= \iint_{\Delta} \mathrm{d}x\mathrm{d}y \int_{z_1(x,y)}^{z_2(x,y)} \frac{\mathrm{d}z}{(1+x+y+z)^3} \\
&= \frac{1}{2}\iint_{\Delta}\left(\frac{1}{(1+x+y)^2} - \frac{1}{4}\right)\mathrm{d}x\mathrm{d}y \\
&= \frac{1}{2}\iint_{\Delta}\frac{\mathrm{d}x\mathrm{d}y}{(1+x+y)^2} - \frac{\sigma(\Delta)}{8} \\
&= \frac{1}{2}\int_0^1 \mathrm{d}x \int_0^{1-x} \frac{\mathrm{d}y}{(1+x+y)^2} - \frac{1}{16} \\
&= \frac{1}{2}\int_0^1 \left(\frac{1}{1+x} - \frac{1}{2}\right)\mathrm{d}x - \frac{1}{16} \\
&= \frac{1}{2}\left(\ln 2 - \frac{5}{8}\right).
\end{aligned}
$$

此处 $\sigma(\Delta)$ 表示三角形 Δ 的面积. □

解法三. 我们还可以用微元法解这个问题. 四面体 T 与平面 $x+y+z=t$, $t \in [0,1]$ 相交, 交集是一个等边三角形, 边长是 $\sqrt{2}t$, 所以面积为 $\sqrt{3}t^2/2$. 注意从平面 $x+y+z=t$ 的法方向看来, 四面体 T 的高度正好是 $\sqrt{3}/3$, 因此取体积元

$$
\mathrm{d}V = \frac{\sqrt{3}t^2}{2}\mathrm{d}\left(\frac{t}{\sqrt{3}}\right) = \frac{t^2}{2}\mathrm{d}t.
$$

在 $\mathrm{d}V$ 上,

$$f(\boldsymbol{p})=\frac{1}{(1+x+y+z)^3}=\frac{1}{(1+t)^3},$$

因此三重积分

$$\int_T f(\boldsymbol{p})\,\mathrm{d}V=\frac{1}{2}\int_0^1\frac{t^2}{(1+t)^3}\mathrm{d}t=\frac{1}{2}\left(\ln 2-\frac{5}{8}\right).$$ □

8.2.2 高维积分

对于 $n\geq 4$ 的高维情形, 我们同样可以定义 n 元函数 $f=f(\boldsymbol{x})$ 在有界集合 $\Omega\subset\mathbb{R}^n$ 上的 n 重积分

$$\int_\Omega f(\boldsymbol{x})\,\mathrm{d}\boldsymbol{x}=\int\cdots\int_\Omega f(x_1,\cdots,x_n)\,\mathrm{d}x_1\cdots\mathrm{d}x_n.$$

它同样具有二重积分和三重积分共有的那些基本性质、可积性条件以及化成累次积分进行计算的方法, 在此不再赘述.

例 8.2.11. （**n 维单形的体积**） 在 n 维欧氏空间 $\mathbb{R}^n$ 中, 集合

$$S_n(a)=\left\{(x_1,\cdots,x_n)\;\middle|\;x_1,\cdots,x_n\geq 0,\ x_1+\cdots+x_n\leq a\right\}\quad(a>0)$$

称为一个 n **维单形**. 它是实数轴上的闭区间 $[0,a]$, 平面上的等腰直角三角形

$$\left\{(x,y)\;\middle|\;x,y\geq 0,\ x+y\leq a\right\},$$

以及三维空间中的四面体

$$S_3(a)=\left\{(x,y,z)\;\middle|\;x,y,z\geq 0,\ x+y+z\leq a\right\}$$

等几何对象的推广. 以下 $n+1$ 个点

$$\boldsymbol{p}_0=\boldsymbol{0},\quad \boldsymbol{p}_i=a(\delta_{i1},\delta_{i2},\cdots,\delta_{in}),\quad i=1,\cdots,n$$

称为 $S_n(a)$ 的顶点. 此处 $\delta_{ij}\quad(i,j=1,\cdots,n)$ 是Kronecker 符号.

按照平面上区域面积和三维空间中区域体积的定义方法, 我们定义 $S_n(a)$ 的体积

$$\mu\big(S_n(a)\big)=\int_{S_n(a)}1\mathrm{d}\boldsymbol{x}.$$

不难看出，$S_n(a)$ 在 x_n 坐标轴上的投影是闭区间 $[0,a]$. 给定 $x_n\in[0,a]$，集合

$$\begin{aligned}&\left\{(x_1,\cdots,x_{n-1})\;\middle|\;(x_1,\cdots,x_{n-1},x_n)\in S_n(a)\right\}\\=&\left\{(x_1,\cdots,x_{n-1})\;\middle|\;x_1,\cdots,x_{n-1}\geq 0,\ x_1+\cdots+x_{n-1}\leq a-x_n\right\}\\=&S_{n-1}(a-x_n),\end{aligned}$$

类似定理8.2.8将三重积分化为累次积分的方法，应有

$$\begin{aligned}\mu\Big(S_n(a)\Big)&=\int\cdots\int_{S_n(a)}1\mathrm{d}x_1\cdots\mathrm{d}x_n\\&=\int_0^a\mathrm{d}x_n\int_{S_{n-1}(a-x_n)}1\mathrm{d}x_1\cdots\mathrm{d}x_{n-1}\\&=\int_0^a\mu\Big(S_{n-1}(a-x_n)\Big)\mathrm{d}x_n\\&=\int_0^a\mathrm{d}x_n\int_0^{a-x_n}\mu\Big(S_{n-2}(a-x_n-x_{n-1})\Big)\mathrm{d}x_{n-1}\\&=\cdots\cdots\\&=\int_0^a\mathrm{d}x_n\int_0^{a-x_n}\mathrm{d}x_{n-1}\cdots\int_0^{a-x_n-\cdots-x_3}\mu\Big(S_1(a-x_n-\cdots-x_2)\Big)\mathrm{d}x_2\\&=\int_0^a\mathrm{d}x_n\int_0^{a-x_n}\mathrm{d}x_{n-1}\cdots\int_0^{a-x_n-\cdots-x_3}(a-x_n-\cdots-x_2)\,\mathrm{d}x_2\\&=\int_0^a\mathrm{d}x_n\int_0^{a-x_n}\mathrm{d}x_{n-1}\cdots\int_0^{a-x_n-\cdots-x_4}\frac{1}{2}(a-x_n-\cdots-x_3)^2\,\mathrm{d}x_3\\&=\frac{1}{2}\int_0^a\mathrm{d}x_n\int_0^{a-x_n}\mathrm{d}x_{n-1}\cdots\int_0^{a-x_n-\cdots-x_4}(a-x_n-\cdots-x_3)^2\,\mathrm{d}x_3\\&=\frac{1}{3\cdot 2}\int_0^a\mathrm{d}x_n\int_0^{a-x_n}\mathrm{d}x_{n-1}\cdots\int_0^{a-x_n-\cdots-x_5}(a-x_n-\cdots-x_4)^3\,\mathrm{d}x_4\\&=\cdots\cdots\\&=\frac{1}{(n-2)!}\int_0^a\mathrm{d}x_n\int_0^{a-x_n}(a-x_n-x_{n-1})^{n-2}\,\mathrm{d}x_{n-1}\\&=\frac{1}{(n-1)!}\int_0^a(a-x_n)^{n-1}\,\mathrm{d}x_n=\frac{a^n}{n!}.\end{aligned}$$

这就是 n 维单形的体积. □

练习 8.2

1. 计算重积分

$$\iiint_D(x+y+z)\mathrm{d}x\mathrm{d}y\mathrm{d}z，\ 其中\ D:\ x,\ y,\ z\geq 0,\ x+y+z\leq 1.$$

2. 设 f 连续. 证明

$$\int_a^b\mathrm{d}x\int_a^x\mathrm{d}y\int_a^y f(x,y,z)\mathrm{d}z=\int_a^b\mathrm{d}z\int_z^b\mathrm{d}y\int_y^b f(x,y,z)\mathrm{d}x.$$

3. 设 f 连续. 证明

$$\int_0^a \mathrm{d}x \int_0^x \mathrm{d}y \int_0^y f(x)f(y)f(z)\mathrm{d}z = \frac{1}{3!}\left(\int_0^a f(t)\mathrm{d}t\right)^3.$$

4. 计算 n 重积分

$$\int\cdots\int_{[0,1]^n} \left(x_1^2+\cdots+x_n^2\right)\mathrm{d}x_1\cdots\mathrm{d}x_n.$$

5. 计算累次积分

$$\int_0^1 \mathrm{d}x_1 \int_0^{x_1} \mathrm{d}x_2 \cdots \int_0^{x_{n-1}} x_1\cdots x_{n-1}x_n \mathrm{d}x_n.$$

8.3 换元法

在一元函数情形, 换元法是计算积分的主要工具之一. 通过变量替换, 常常可以将被积函数变成比较简单的形式, 从而求出原函数或积分值.

对重积分来说, 如果积分区域的形状比较简单, 往往可以化成累次积分, 也就是通过定积分来计算. 处理重积分的困难, 多半来自积分区域的复杂性. 这时, 换元法依然是极其重要的工具, 但是换元的目的, 主要是为了简化积分区域的形状. 具体地说, 对 $\mathbb{R}^n$ 中的闭区域 D 上的 n 重积分

$$\int_D f(\boldsymbol{x})\,\mathrm{d}\boldsymbol{x}, \tag{8.6}$$

我们寻找一个映射 $\varphi\colon \Delta \to \mathbb{R}^n$, 这里 Δ 也是 $\mathbb{R}^n$ 中的闭区域, 使得 $\varphi(\Delta) = D$. 这样, 我们就可以将 D 上积分(8.6) 转化为 Δ 上的积分, 而 Δ 的形状比较简单, 可以使用累次积分的方法来处理.

8.3.1 二重积分的换元法

定义 8.3.1. 设 Δ 和 D 都是 $\mathbb{R}^n$ 中的区域或者闭区域,

$$\varphi\colon \Delta \to D,\ \boldsymbol{u} \mapsto \boldsymbol{x}$$

是一个可微映射, $\boldsymbol{u} = (u_1,\cdots,u_n)$, $\boldsymbol{x} = (x_1,\cdots,x_n)$. 我们称 $J\varphi$ 的行列式

$$\det J\varphi = \begin{vmatrix} \dfrac{\partial x_1}{\partial u_1} & \cdots & \dfrac{\partial x_1}{\partial u_n} \\ \vdots & \ddots & \vdots \\ \dfrac{\partial x_n}{\partial u_1} & \cdots & \dfrac{\partial x_n}{\partial u_n} \end{vmatrix}$$

为映射 φ 的**Jacobi 行列式**, 简记为

$$\frac{\partial(x_1, \cdots, x_n)}{\partial(u_1, \cdots, u_n)}.$$

定义 8.3.2. 假设 D 是 xy 平面上的有界集合, Δ 是 uv 平面上的有界集合, 如果

$$\varphi: \Delta \to D$$

是一个连续可微的可逆映射, 并且对任意 $(u, v) \in \Delta$,

$$\frac{\partial(x, y)}{\partial(u, v)} \neq 0, \tag{8.7}$$

就称 φ 是一个**正则映射**.

如图 8.1, 对固定参数 v_0, $\varphi = \varphi(u, v_0)$ 是 xy 平面上的正则曲线, 称为 **u 曲线**, $\varphi'_u(u, v_0)$ 是它的切向量. 类似地, 对固定参数 u_0, $\varphi = \varphi(u_0, v)$ 称为 **v 曲线**, $\varphi'_v(u_0, v)$ 是它的切向量.

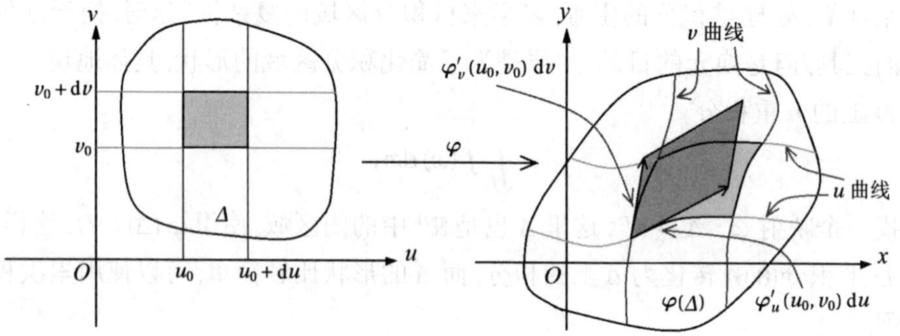

图 8.1

映射 φ 将 uv 平面上以

$$(u_0, v_0), \quad (u_0 + \mathrm{d}u, v_0), \quad (u_0 + \mathrm{d}u, v_0 + \mathrm{d}v), \quad (u_0, v_0 + \mathrm{d}v)$$

为顶点的矩形区域映到 xy 平面上的两条 u 曲线

$$\varphi = \varphi(u, v_0), \quad u \in [u_0, u_0 + \mathrm{d}u],$$

$$\varphi = \varphi(u, v_0 + \mathrm{d}v), \quad u \in [u_0, u_0 + \mathrm{d}u],$$

和两条 v 曲线

$$\varphi = \varphi(u_0, v), \quad v \in [v_0, v_0 + \mathrm{d}v],$$

$$\varphi = \varphi(u_0 + \mathrm{d}u, v), \quad v \in [v_0, v_0 + \mathrm{d}v]$$

围成的“曲边四边形”. 直观地看, 当 $(\mathrm{d}u, \mathrm{d}v) \to (0,0)$ 时, 这个曲边四边形趋近于向量 $\varphi'_u(u, v_0)$ 和 $\varphi'_v(u_0, v)$ 张成的平行四边形. 这个平行四边形的面积是

$$\left|\frac{\partial(x,y)}{\partial(u,v)}\right| \mathrm{d}u\mathrm{d}v = \left|\det J\varphi\right| \mathrm{d}u\mathrm{d}v.$$

换言之, 面积元 $\mathrm{d}u\mathrm{d}v$ 被 φ 映到 $\left|\det J\varphi\right| \mathrm{d}u\mathrm{d}v$. 于是, 我们可以期待有下面的结果.

定理 8.3.3. 设 D, Δ, φ 如前面所述, f 是定义在 D 的可积函数, 则有

$$\iint_D f(x,y)\,\mathrm{d}x\mathrm{d}y = \iint_\Delta f \circ \varphi(u,v) \left|\frac{\partial(x,y)}{\partial(u,v)}\right| \mathrm{d}u\mathrm{d}v. \tag{8.8}$$

实际上, 我们经常遇到映射 $\varphi\colon \Delta \to D$ 在某些参数值 (u, v) 处, $J\varphi(u,v) = 0$. 这时 φ 不满足正则的条件. 为处理这种情形, 需要将定理8.3.3 做如下推广.

定理 8.3.4. 设 D, Δ 如前面所述, 映射 $\varphi\colon \Delta \to D$ 满足下列条件:

i) 存在 uv 平面上的零面积集 K, 使得 $Z = \varphi(K)$ 是 xy 平面上的零面积集;

ii) $J\varphi$ 在差集 $\Delta \setminus K$ 上处处不为零;

iii) 限制映射 $\varphi\big|_{\Delta\setminus K}\colon \Delta \setminus K \to D \setminus Z$ 是可逆映射.

若 f 是定义在 D 的可积函数, 则(8.8)式成立.

例 8.3.5. 计算积分

$$\iint_D \frac{\mathrm{d}x\mathrm{d}y}{xy},$$

其中 D 是由四条抛物线

$$y^2 = px, \quad y^2 = qx, \quad x^2 = ay, \quad x^2 = by$$

围成的闭区域. 这里 $0 < p < q$, $0 < a < b$.

解. 引进参数映射

$$\varphi\colon \begin{cases} u = \frac{y^2}{x}, & p \le u \le q, \\ v = \frac{x^2}{y}, & a \le v \le b, \end{cases}$$

则 φ 是从 uv 平面上的有界集合 $\Delta = [p,q] \times [a,b]$ 到 D 的映射. 此时

$$x = u^{\frac{1}{3}} v^{\frac{2}{3}}, \qquad y = u^{\frac{2}{3}} v^{\frac{1}{3}},$$

$$\frac{\partial(x,y)}{\partial(u,v)}=\frac{\partial x}{\partial u}\frac{\partial y}{\partial v}-\frac{\partial x}{\partial v}\frac{\partial y}{\partial u}=\frac{1}{3}u^{-\frac{2}{3}}v^{\frac{2}{3}}\cdot\frac{1}{3}u^{\frac{2}{3}}v^{-\frac{2}{3}}-\frac{2}{3}u^{\frac{1}{3}}v^{-\frac{1}{3}}\cdot\frac{2}{3}u^{-\frac{1}{3}}v^{\frac{1}{3}}=-\frac{1}{3}.$$

因此

$$\begin{aligned}\iint_D\frac{\mathrm{d}x\mathrm{d}y}{xy}&=\iint_\Delta\frac{1}{x(u,v)y(u,v)}\left|\frac{\partial(x,y)}{\partial(u,v)}\right|\mathrm{d}u\mathrm{d}v\\&=\iint_\Delta\frac{1}{uv}\cdot\frac{1}{3}\mathrm{d}u\mathrm{d}v=\frac{1}{3}\int_p^q\frac{\mathrm{d}u}{u}\int_a^b\frac{\mathrm{d}v}{v}\\&=\frac{1}{3}\left(\ln\frac{q}{p}\right)\left(\ln\frac{b}{a}\right).\end{aligned}$$

□

例 8.3.6. 计算积分

$$A=\iint_T\exp\left(\frac{x-y}{x+y}\right)\mathrm{d}x\mathrm{d}y.$$

这里 T 是由 $x=0$, $y=0$ 和 $x+y=1$ 围成的三角形闭区域, 记号 $\exp(t)=\mathrm{e}^t$.

解. 现在积分区域很简单, 但被积函数

$$f(x,y)=\exp\left(\frac{x-y}{x+y}\right)$$

不易处理. 为简化被积函数, 引进参数映射

$$\varphi:\begin{cases}u=x-y,\\ v=x+y,\end{cases}$$

则 φ 将 uv 平面上的闭三角形 $\Delta=\left\{(u,v)\,\middle|\,|u|\le v,\ 0\le v\le 1\right\}$ 映到闭三角形 T. 注意被积函数 f 在原点处没有定义. 但积分区域 T 除去原点后, f 连续且有界, 根据定理8.1.16, f 在 T 上可积. 现在

$$x=\frac{u+v}{2},\qquad y=\frac{v-u}{2},\qquad \frac{\partial(x,y)}{\partial(u,v)}=\frac{1}{2}.$$

因此

$$A=\frac{1}{2}\iint_\Delta\mathrm{e}^{u/v}\mathrm{d}u\mathrm{d}v=\frac{1}{2}\int_0^1\mathrm{d}v\int_{-v}^{v}\mathrm{e}^{u/v}\mathrm{d}u=\frac{1}{2}\int_0^1v\left(\mathrm{e}-\mathrm{e}^{-1}\right)\mathrm{d}v=\frac{1}{4}\left(\mathrm{e}-\mathrm{e}^{-1}\right).$$

□

极坐标变换

$$\varphi:\begin{cases}x=r\cos\theta,\\ y=r\sin\theta,\end{cases}\quad (r,\theta)\in\Delta \tag{8.9}$$

是最常用的二重积分换元方法之一. 此时

$$\det J\varphi = \frac{\partial(x,y)}{\partial(r,\theta)} = \begin{vmatrix} \cos\theta & -r\sin\theta \\ \sin\theta & r\cos\theta \end{vmatrix} = r.$$

例 8.3.7. 计算球体 $x^2+y^2+z^2 \le a^2$ 被柱面 $x^2+y^2=ax$ 截取的体积.

解. 所求体积是上半球体被截下的闭区域 Ω 的体积 $V(\Omega)$ 的二倍.

显然, Ω 在 xy 坐标平面上的垂直投影是闭圆盘

$$D=\left\{(x,y)\,\middle|\, x^2+y^2\le ax\right\}.$$

在任意点 $(x,y)\in D$ 处, Ω 的高 $z=\sqrt{a^2-x^2-y^2}$, 因此

$$V(\Omega)=\iint_D \sqrt{a^2-x^2-y^2}\,\mathrm{d}x\mathrm{d}y.$$

极坐标变换(8.9) 将闭区域

$$\Delta=\left\{(r,\theta)\,\middle|\, -\frac{\pi}{2}\le\theta\le\frac{\pi}{2},\ r\le a\cos\theta\right\}$$

映成 D, 因此

$$\begin{aligned} V(\Omega) &= \iint_\Delta r\sqrt{a^2-r^2}\,\mathrm{d}r\mathrm{d}\theta \\ &= \int_{-\pi/2}^{\pi/2}\mathrm{d}\theta\int_0^{a\cos\theta} r\sqrt{a^2-r^2}\,\mathrm{d}r \\ &= \frac{2}{3}\int_0^{\pi/2}\left(a^2-r^2\right)^{3/2}\Big|_0^{a\cos\theta}\mathrm{d}\theta = \frac{2}{3}a^3\int_0^{\pi/2}\left(1-\sin^3\theta\right)\mathrm{d}\theta \\ &= \frac{2}{3}a^3\left(\frac{\pi}{2}-\frac{2}{3}\right). \end{aligned}$$

因此, 所求体积是 $\frac{4}{3}\left(\frac{\pi}{2}-\frac{2}{3}\right)a^3$. □

8.3.2 三重积分的换元法

三重积分与二重积分的换元公式是完全类似的.

定理 8.3.8. 设 Δ 是 uvw 空间中的有界集合, D 是 xyz 空间中的有界集合, 映射 φ: $\Delta\to D$ 满足下列条件:

i) 存在 uvw 空间中的零体积集 K, 使得 $Z=\varphi(K)$ 是 xyz 空间中的零体积集;

ii) $J\varphi$ 在差集 $\Delta\setminus K$ 上处处不为零;

iii) 限制映射 $\varphi\big|_{\Delta\setminus K}: \Delta\setminus K\to D\setminus Z$ 是可逆映射.

若 f 是定义在 D 的可积函数, 则有

$$\iiint_D f\left(x,y,z\right)\mathrm{d}x\mathrm{d}y\mathrm{d}z=\iiint_\Delta f\circ\varphi(u,v,w)\left|\frac{\partial(x,y,z)}{\partial(u,v,w)}\right|\mathrm{d}u\mathrm{d}v\mathrm{d}w. \tag{8.10}$$

例 8.3.9. 计算区域

$$D=\Big\{(x,y,z)\ \Big|\ |x-y+z|+|y-z+x|+|z-x+y|\le 1\Big\}$$

的体积.

解. 作变换

$$\begin{cases} u=x-y+z,\\ v=y-z+x,\\ w=z-x+y, \end{cases} \tag{8.11}$$

记

$$\Delta=\Big\{(u,v,w)\ \Big|\ |u|+|v|+|w|\le 1\Big\},\quad \Delta_0=\Big\{(u,v,w)\ \Big|\ u+v+w\le 1,\ u,v,w\ge 0\Big\}.$$

则

$$\left|\frac{\partial(x,y,z)}{\partial(u,v,w)}\right|=\left|\frac{\partial(u,v,w)}{\partial(x,y,z)}\right|^{-1}=\begin{vmatrix}1&-1&1\\1&1&-1\\-1&1&1\end{vmatrix}^{-1}=\frac{1}{4}.$$

由对称性, 区域 Δ 的体积是四面体 Δ_0 的体积的 8 倍, 故所求体积

$$\begin{aligned} V &= \iiint_D \mathrm{d}x\mathrm{d}y\mathrm{d}z=\iiint_\Delta\left|\frac{\partial(x,y,z)}{\partial(u,v,w)}\right|\mathrm{d}u\mathrm{d}v\mathrm{d}w\\ &= 8\iiint_{\Delta_0}\frac{1}{4}\mathrm{d}u\mathrm{d}v\mathrm{d}w=\frac{1}{3}. \end{aligned}$$

最后一步用到了 Δ_0 的体积等于 $\frac{1}{6}$, 这是一个熟知的初等几何结果. □

常用的三重积分换元方法之一是柱坐标变换

$$\varphi:\begin{cases} x = r\sin\theta, \\ y = r\cos\theta, \\ z = z, \end{cases} \qquad (r,\theta,z) \in \Delta. \tag{8.12}$$

其Jabobi 行列式

$$\det J\varphi = \frac{\partial(x,y,z)}{\partial(r,\theta,z)} = r.$$

对定义在 D 上的可积函数 f, 即有

$$\int_D f\mathrm{d}V = \iiint_\Delta f\circ\varphi\big(r,\theta,\varphi\big)\ r\mathrm{d}r\mathrm{d}\theta\mathrm{d}\varphi. \tag{8.13}$$

另一种常用的三重积分换元方法是球坐标变换

$$\varphi:\begin{cases} x = r\sin\theta\cos\varphi, \\ y = r\sin\theta\sin\varphi, \\ z = r\cos\theta, \end{cases} \qquad (r,\theta,\varphi) \in \Delta. \tag{8.14}$$

此时

$$\det J\varphi = \frac{\partial(x,y,z)}{\partial(r,\theta,\varphi)} = r^2\sin\theta.$$

对定义在 D 上的可积函数 f, 即有

$$\int_D f\mathrm{d}V = \iiint_\Delta f\circ\varphi\big(r,\theta,\varphi\big)\ r^2\sin\theta\mathrm{d}r\mathrm{d}\theta\mathrm{d}\varphi. \tag{8.15}$$

例 8.3.10. 计算积分

$$A = \iiint_D \left(x^2+y^2+z^2\right)\mathrm{d}x\mathrm{d}y\mathrm{d}z,$$

其中 D 是由球面 $x^2+y^2+z^2=a^2$ 和锥面 $z=\sqrt{x^2+y^2}$ 围成的闭区域.

解. 球坐标变换(8.14)将长方体

$$\Delta = \left\{(r,\theta,\varphi)\ \middle|\ 0\le r\le a,\ 0\le\theta\le\frac{\pi}{4},\ 0\le\varphi\le 2\pi\right\}$$

映到 D. 因此

$$\begin{aligned} A &= \iiint_\Delta r^2\cdot r^2\sin\theta\mathrm{d}r\mathrm{d}\theta\mathrm{d}\varphi = \int_0^a r^4\mathrm{d}r\int_0^{\pi/4}\sin\theta\mathrm{d}\theta\int_0^{2\pi}\mathrm{d}\varphi \\ &= \frac{\pi}{5}\left(2-\sqrt{2}\right)a^5. \end{aligned}$$

□

例 8.3.11. 计算积分

$$A=\iiint_D z\mathrm{d}x\mathrm{d}y\mathrm{d}z,$$

其中 D 是由两个球面 $x^2+y^2+z^2=a^2$ 和 $x^2+y^2+z^2=az$ 围成的区域.

解法一. 记 $D=D_1\cup D_2$，其中 D_1 和 D_2 分别是 D 中位于上半空间和下半空间的部分，则球坐标变换(8.14)将区域

$$\Delta_1=\left\{(r,\theta,\varphi)\,\middle|\,a\cos\theta\le r\le a,\ 0\le\theta\le\frac{\pi}{2},\ 0\le\varphi\le 2\pi\right\}$$

映到 D_1，将区域

$$\Delta_2=\left\{(r,\theta,\varphi)\,\middle|\,0\le r\le a,\ \frac{\pi}{2}\le\theta\le\pi,\ 0\le\varphi\le 2\pi\right\}$$

映到 D_2. 因此

$$\begin{aligned}
A &= \iiint_{\Delta_1\cup\Delta_2} r\cos\theta\cdot r^2\sin\theta\mathrm{d}r\mathrm{d}\theta\mathrm{d}\varphi\\
&= \iiint_{\Delta_1} r^3\cos\theta\sin\theta\mathrm{d}r\mathrm{d}\theta\mathrm{d}\varphi+\iiint_{\Delta_2} r^3\cos\theta\sin\theta\mathrm{d}r\mathrm{d}\theta\mathrm{d}\varphi\\
&= \int_0^{2\pi}\mathrm{d}\varphi\int_0^{\pi/2}\cos\theta\sin\theta\mathrm{d}\theta\int_{a\cos\theta}^{a} r^3\mathrm{d}r+\int_0^{2\pi}\mathrm{d}\varphi\int_{\pi/2}^{\pi}\cos\theta\sin\theta\mathrm{d}\theta\int_0^a r^3\mathrm{d}r\\
&= \frac{\pi}{2}\int_0^{\pi/2} r^4\Big|_{a\cos\theta}^{a}\cos\theta\sin\theta\mathrm{d}\theta+\frac{a^4\pi}{8}\int_{\pi/2}^{\pi}\sin 2\theta\mathrm{d}2\theta\\
&= \frac{a^4\pi}{2}\int_0^{\pi/2}\left(1-\cos^4\theta\right)\cos\theta\sin\theta\mathrm{d}\theta+\frac{a^4\pi}{8}\int_{\pi}^{2\pi}\sin u\mathrm{d}u\\
&= \frac{a^4\pi}{2}\int_{\pi/2}^{0}\left(1-\cos^4\theta\right)\cos\theta\mathrm{d}\cos\theta-\frac{a^4\pi}{8}\int_{\pi}^{2\pi}\mathrm{d}\cos u\\
&= \frac{a^4\pi}{2}\int_0^1\left(1-u^4\right)u\mathrm{d}u-\frac{a^4\pi}{4}=-\frac{a^4\pi}{12}.
\end{aligned}$$

解法二. 若记

$$B_1=\left\{(x,y,z)\,\middle|\,x^2+y^2+z^2\le a^2\right\},\quad B_2=\left\{(x,y,z)\,\middle|\,x^2+y^2+z^2<az\right\},$$

显然 $D=B_1\setminus B_2$. 因此

$$A=\iiint_{B_1} z\mathrm{d}x\mathrm{d}y\mathrm{d}z-\iiint_{B_2} z\mathrm{d}x\mathrm{d}y\mathrm{d}z.$$

注意 z 在 B_1 上下半球的积分相互抵消，因此上式右端的第一个积分等于零，从而有

$$\begin{aligned}
A &= -\iiint_{B_2} z\mathrm{d}x\mathrm{d}y\mathrm{d}z=-\int_0^{2\pi}\mathrm{d}\varphi\int_0^{\pi/2}\cos\theta\sin\theta\mathrm{d}\theta\int_0^{a\cos\theta} r^3\mathrm{d}r\\
&= -\frac{\pi}{2}\int_0^{\pi/2} r^4\Big|_0^{a\cos\theta}\cos\theta\sin\theta\mathrm{d}\theta=-\frac{a^4\pi}{2}\int_0^{\pi/2}\cos^5\theta\sin\theta\mathrm{d}\theta\\
&= \frac{a^4\pi}{2}\int_0^{\pi/2}\cos^5\theta\mathrm{d}\cos\theta=\frac{a^4\pi}{2}\int_1^0 u^5\mathrm{d}u=-\frac{a^4\pi}{12}.
\end{aligned}$$

这里我们利用积分区域和被积函数的对称性，显著简化了计算过程. □

8.3.3 高维积分的换元法

一般地, 若 D 是 n 维空间中的有界集合, 映射 $\varphi:\Delta\to D$, 其中 Δ, D 都是 $\mathbb{R}^n$ 中的有界集合, 满足类似定理8.3.8的条件, 则对任意定义在 D 上的可积函数 f, 有

$$\int_D f(\boldsymbol{x})\,\mathrm{d}\boldsymbol{x}=\int_\Delta f\circ\varphi(\boldsymbol{u})\left|\det J\varphi\right|\mathrm{d}\boldsymbol{u}. \tag{8.16}$$

对一般的 n 维欧氏空间, 有广义球坐标变换

$$\varphi:\begin{cases} x_1=r\cos\theta_1,\\ x_2=r\sin\theta_1\cos\theta_2,\\ x_3=r\sin\theta_1\sin\theta_2\cos\theta_3,\\ \quad\vdots\\ x_{n-1}=r\sin\theta_1\sin\theta_2\cdots\sin\theta_{n-2}\cos\theta_{n-1},\\ x_n=r\sin\theta_1\sin\theta_2\cdots\sin\theta_{n-2}\sin\theta_{n-1},\end{cases}\quad (r,\theta_1,\cdots,\theta_{n-1})\in\Delta. \tag{8.17}$$

此时

$$\det J\varphi=\frac{\partial(x_1,x_2,\cdots,x_n)}{\partial(r,\theta_1,\cdots,\theta_{n-1})}=r^{n-1}\sin^{n-2}\theta_1\cdots\sin\theta_{n-2}.$$

例 8.3.12. （n 维球的体积） 计算

$$\mu(B_n(a))=\int_{B_n(a)}1d\mu,$$

此处

$$B_n(a)=\left\{(x_1,\cdots,x_n)\;\middle|\;x_1^2+\cdots+x_n^2<a^2\right\}.$$

解. 广义球坐标变换将

$$\Delta=\left\{(r,\theta_1,\cdots\theta_{n-1})\;\middle|\;0\le r<a,\ 0\le\theta_1,\ \cdots,\ \theta_{n-2}\le\pi,\ 0\le\theta_{n-1}\le2\pi\right\}$$

映到 D. 利用例5.3.17 的结果,

$$\int_0^\pi\sin^m t\mathrm{d}t=2\int_0^{\pi/2}\sin^m t\mathrm{d}t=\begin{cases}\pi\frac{(m-1)!!}{m!!}, & m\text{为偶数},\\ 2\frac{(m-1)!!}{m!!}, & m\text{为奇数}.\end{cases}$$

由此可得

$$
\begin{aligned}
\mu(B_n(a)) &= \int_{B_n(a)} 1\mathrm{d}\boldsymbol{x} \\
&= \int_0^a r^{n-1}\mathrm{d}r \int_0^{\pi} \sin^{n-2}\theta_1 \mathrm{d}\theta_1 \cdots \int_0^{\pi} \sin\theta_{n-2}\mathrm{d}\theta_{n-2} \int_0^{2\pi} 1\mathrm{d}\theta_{n-1} \\
&= 2\pi \frac{a^n}{n} \int_0^{\pi} \sin^{n-2}\theta_1 \mathrm{d}\theta_1 \cdots \int_0^{\pi} \sin\theta_{n-2}\mathrm{d}\theta_{n-2} \\
&= 2\pi \frac{a^n}{n} \int_0^{\pi} \sin^{n-2} t\mathrm{d}t \cdots \int_0^{\pi} \sin t\mathrm{d}t \\
&= \begin{cases} \frac{\pi^k}{k!} a^{2k}, & n = 2k, \\ \frac{2^k \pi^{k-1}}{(2k-1)!!} a^{2k-1}, & n = 2k-1, \end{cases} \quad k = 1, 2, \cdots
\end{aligned}
$$

□

练习 8.3

1. 计算下列重积分:

   1) $\iiint_\Omega \sqrt{x^2+y^2+z^2}\mathrm{d}x\mathrm{d}y\mathrm{d}z$, 其中 $\Omega = \left\{(x,y,z) \,\middle|\, x^2+y^2+z^2 \le 1\right\}$;

   2) $\iiint_\Omega \dfrac{\cos\sqrt{x^2+y^2+z^2}}{\sqrt{x^2+y^2+z^2}}\mathrm{d}x\mathrm{d}y\mathrm{d}z$, 其中 $\Omega = \left\{(x,y,z) \,\middle|\, \pi^2 \le x^2+y^2+z^2 \le 4\pi^2\right\}$;

   3) $\iiint_\Omega z^2\mathrm{d}x\mathrm{d}y\mathrm{d}z$, 其中 $\Omega = \left\{(x,y,z) \,\middle|\, x^2+y^2+z^2 \le a^2,\ x^2+y^2+(z-a)^2 \le a^2\right\}$.

2. 计算累次积分 $\displaystyle\int_{-1}^1 \mathrm{d}x \int_0^{\sqrt{1-x^2}} \mathrm{d}y \int_1^{1+\sqrt{1-x^2-y^2}} \frac{\mathrm{d}z}{\sqrt{x^2+y^2+z^2}}$.

3. 计算椭球 $D = \left\{(x,y,z) \,\middle|\, \dfrac{x^2}{a^2}+\dfrac{y^2}{b^2}+\dfrac{z^2}{c^2} \le 1\right\}$ 的体积, 此处常数 $a,b,c>0$.

4. 计算曲面 $\left(x^2+y^2+z^2\right)^3 = a^3xyz$ 围成的立体的体积, 此处常数 $a>0$.

5. 设 f 是一个单变量函数. 证明

$$\int_{B_6(1)} f(\|\boldsymbol{x}\|)\,\mathrm{d}\boldsymbol{x} = \pi^3 \int_0^1 r^5 f(r)dr,$$

此处 $B_6(1)$ 是 $\mathbb{R}^6$ 中的单位球体, $\boldsymbol{x} = (x_1, \cdots, x_6)$.

8.4 反常重积分

一元函数的反常积分也可以推广到多元函数. 我们从一个特例开始.

例 8.4.1. 设 $D\subset\mathbb{R}^2$ 是中心在原点的闭单位圆盘. 考虑积分

$$\iint_{\overline{D}}\frac{\mathrm{d}x\mathrm{d}y}{\sqrt{x^2+y^2}}. \tag{8.18}$$

此时被积函数

$$f(x,y)=\frac{1}{\sqrt{x^2+y^2}}$$

在原点没有定义, 但我们可以任意补充定义一个函数值 $f(0,0)$, 对积分 (8.18) 并没有影响. 问题是 f 在积分区域 $\overline{D}$ 上无界, 因此不能视为普通的二重积分. 模仿处理一元函数瑕积分的方法, 若记 D_ε 为中心在原点, 半径为 $\varepsilon<1$ 的开圆盘, 差集 $\overline{D}\setminus D_\varepsilon$ 是个有界集合, f 在 $\overline{D}\setminus D_\varepsilon$ 上连续, 当然可积,

$$\iint_{\overline{D}\setminus D_\varepsilon}\frac{\mathrm{d}x\mathrm{d}y}{\sqrt{x^2+y^2}}=\int_\varepsilon^1\frac{1}{r}r\,\mathrm{d}r\int_0^{2\pi}\mathrm{d}\theta=2\pi(1-\varepsilon).$$

这样我们就可以定义

$$\iint_{\overline{D}}\frac{\mathrm{d}x\mathrm{d}y}{\sqrt{x^2+y^2}}=\lim_{\varepsilon\to0^+}\iint_{\overline{D}\setminus D_\varepsilon}\frac{\mathrm{d}x\mathrm{d}y}{\sqrt{x^2+y^2}}=2\pi\lim_{\varepsilon\to0^+}(1-\varepsilon)=2\pi.$$

8.4.1 有界集合上的反常重积分

对被积函数非负的情形, 前例中的处理方法可以推广如下:

定义 8.4.2. 设 Ω 是 $\mathbb{R}^n$ 中的有界集合, $\boldsymbol{a}$ 是 Ω 的一个内点, f 是定义在 Ω 上的非负函数, 并且对任意 $\varepsilon>0$, f 在差集 $\Omega\setminus B(\boldsymbol{a},\varepsilon)$ 上可积, 这里 $B(\boldsymbol{a},\varepsilon)$ 是中心在点 $\boldsymbol{a}$ 处, 半径为 ε 的开 n 维球. 如果存在有限的极限

$$\lim_{\varepsilon\to0^+}\int_{\Omega\setminus B(\boldsymbol{a},\varepsilon)}f(\boldsymbol{x})\,\mathrm{d}\boldsymbol{x}, \tag{8.19}$$

就称 f 在 Ω 上**反常可积**, 并将极限值 (8.19) 称为 f 在 Ω 上的**积分**, 记为

$$\int_\Omega f(\boldsymbol{x})\,\mathrm{d}\boldsymbol{x}. \tag{8.20}$$

此时, 我们也称积分 (8.20) **收敛**.

为将被积函数非负的假设去掉, 我们需要下面的结果.

定理 8.4.3. 设 Ω 和 $\boldsymbol{a}$ 如定义 8.4.2, f 是定义在 Ω 上的函数, 并且对任意 $\varepsilon>0$, f 在差集 $\Omega\setminus B(\boldsymbol{a},\varepsilon)$ 上可积. 若 $|f|$ 在 Ω 上可积, 则必定存在有限的极限

$$\lim_{\varepsilon\to0^+}\int_{\Omega\setminus B(\boldsymbol{a},\varepsilon)}f(\boldsymbol{x})\,\mathrm{d}\boldsymbol{x}. \tag{8.21}$$

现在我们可以将定义8.4.2 推广到被积函数可正可负的一般情形.

定义 8.4.4. 设 Ω, $\boldsymbol{a}$ 和 f 如定理 8.4.3. 如果 $|f|$ 在 Ω 上可积, 就称 f 在 Ω 上**反常可积**, 并将极限值(8.21) 称为 f 在 Ω 上的**积分**, 记为

$$\int_{\Omega} f(\boldsymbol{x})\,\mathrm{d}\boldsymbol{x}. \tag{8.22}$$

此时, 我们也称积分 (8.22) **收敛**.

8.4.2 无界区域上的反常重积分

我们仍然从被积函数非负的情形开始.

定义 8.4.5. 设 Ω 是 $\mathbb{R}^n$ 中的任意集合, f 是定义在 Ω 上的非负函数, 并且对任意 $R>0$, f 在交集 $\Omega\bigcap B(\boldsymbol{a},R)$ 上可积, 这里 $B(\boldsymbol{a},R)$ 是中心在点 $\boldsymbol{a}$ 处, 半径为 R 的 n 维球. 如果存在有限的极限

$$\lim_{R\to+\infty}\int_{\Omega\bigcap B(\boldsymbol{a},R)} f(\boldsymbol{x})\,\mathrm{d}\boldsymbol{x}, \tag{8.23}$$

就称 f 在 Ω 上**反常可积**, 并将极限值(8.23) 称为 f 在 Ω 上的**积分**, 记为

$$\int_{\Omega} f(\boldsymbol{x})\,\mathrm{d}\boldsymbol{x}. \tag{8.24}$$

此时, 我们也称积分 (8.24) **收敛**.

现在, 对应于定理8.4.3 的是下面结果.

定理 8.4.6. 设 Ω 和 f 如定义 8.4.5, 并且对任意 $R>0$, f 在交集 $\Omega\bigcap\overline{B(\boldsymbol{a},R)}$ 上可积. 若 $|f|$ 在 Ω 上可积, 则必定存在有限的极限

$$\lim_{R\to+\infty}\int_{\Omega\bigcap\overline{B(\boldsymbol{a},R)}} f(\boldsymbol{x})\,\mathrm{d}\boldsymbol{x}. \tag{8.25}$$

现在我们可以将定义8.4.5 推广到被积函数可正可负的一般情形.

定义 8.4.7. 设 Ω, $\boldsymbol{a}$ 和函数 f 如定理8.4.6. 如果 $|f|$ 在 Ω 上可积, 就称 f 在 Ω 上**反常可积**, 并将极限值(8.25) 称为 f 在 Ω 上的**积分**, 记为

$$\int_{\Omega} f(\boldsymbol{x})\,\mathrm{d}\boldsymbol{x}. \tag{8.26}$$

此时, 我们也称积分 (8.26) **收敛**.

例 8.4.8. 计算反常重积分

$$A=\iint_{\mathbb{R}^2}\mathrm{e}^{-(x^2+y^2)}\mathrm{d}x\mathrm{d}y$$

并求无穷积分

$$I=\int_{-\infty}^{+\infty}\mathrm{e}^{-t^2}\mathrm{d}t.$$

解. 我们用 $B(R)$ 表示中心在原点处, 半径为 R 的开圆盘, 利用极坐标变换即有

$$\begin{aligned}A &= \lim_{R\to+\infty}\iint_{\overline{B(R)}}\mathrm{e}^{-(x^2+y^2)}\mathrm{d}x\mathrm{d}y\\ &= \lim_{R\to+\infty}\int_0^R \mathrm{e}^{-r^2}r\mathrm{d}r\int_0^{2\pi}\mathrm{d}\theta\\ &= \lim_{R\to+\infty}\pi\left(\mathrm{e}^0-\mathrm{e}^{-R}\right)=\pi.\end{aligned}$$

另一方面, 用 $K(R)$ 表示中心在原点处, 边长为 $2R$ 的矩形区域, 则有

$$\begin{aligned}\left(\int_{-R}^R \mathrm{e}^{-t^2}\mathrm{d}t\right)^2 &= \int_{-R}^R \mathrm{e}^{-x^2}\mathrm{d}x\int_{-R}^R \mathrm{e}^{-y^2}\mathrm{d}y\\ &= \iint_{\overline{K(R)}}\mathrm{e}^{-(x^2+y^2)}\mathrm{d}x\mathrm{d}y\le\iint_{\mathbb{R}^2}\mathrm{e}^{-(x^2+y^2)}\mathrm{d}x\mathrm{d}y.\end{aligned}$$

然而

$$\left(\int_{-R}^R \mathrm{e}^{-t^2}\mathrm{d}t\right)^2=\iint_{\overline{K(R)}}\mathrm{e}^{-(x^2+y^2)}\mathrm{d}x\mathrm{d}y\ge\iint_{\overline{B(R)}}\mathrm{e}^{-(x^2+y^2)}\mathrm{d}x\mathrm{d}y,$$

因此

$$\iint_{\overline{B(R)}}\mathrm{e}^{-(x^2+y^2)}\mathrm{d}x\mathrm{d}y\le\left(\int_{-R}^R \mathrm{e}^{-t^2}\mathrm{d}t\right)^2\le\iint_{\mathbb{R}^2}\mathrm{e}^{-(x^2+y^2)}\mathrm{d}x\mathrm{d}y=\pi.$$

两边取极限得

$$\pi=\lim_{R\to+\infty}\iint_{\overline{B(R)}}\mathrm{e}^{-(x^2+y^2)}\mathrm{d}x\mathrm{d}y\le\lim_{R\to+\infty}\left(\int_{-R}^R \mathrm{e}^{-t^2}\mathrm{d}t\right)^2=I^2\le\pi,$$

于是 $I=\sqrt{\pi}$. □

练习 8.4

1. 证明积分

$$\iint_{x^2+y^2\le 1}\left(x^2+y^2\right)^{-\lambda}\mathrm{d}x\mathrm{d}y$$

当且仅当 $\lambda<1$ 时收敛.

2. 证明

$$\iint_{x^2+y^2\le 1}\ln\sqrt{x^2+y^2}\,\mathrm{d}x\mathrm{d}y=-\frac{\pi}{2}.$$

3. 证明积分

$$\iiint_{\mathbb{R}^3} \left(x^2+y^2+z^2+1\right)^{-\lambda} \mathrm{d}x\mathrm{d}y\mathrm{d}z$$

当且仅当 $\lambda > 3/2$ 时收敛.

4. 计算积分

$$\iiint_{\mathbb{R}^3} \frac{\mathrm{d}x\mathrm{d}y\mathrm{d}z}{\left(x^2+y^2+z^2+1\right)^2}.$$

8.5 重积分的应用

8.5.1 矩和质心

质量为 m 的质点 $P=(x,y,z)$ 关于 xy 平面的**矩**定义为 m 与 z 坐标的乘积 mz. 类似地, 关于 yz 平面和 zx 平面的矩分别为 mx 和 my.

质量分别为 $m_1, m_2, \cdots, m_n$ 的质点组 $P_1=\left(x_1,y_1,z_1\right)$, $P_2=\left(x_2,y_2,z_2\right)$, $\cdots$, $P_n=\left(x_n,y_n,z_n\right)$ 的三个矩分别是

$$T_x=\sum_{k=1}^{n} m_k x_k, \quad T_y=\sum_{k=1}^{n} m_k y_k, \quad T_z=\sum_{k=1}^{n} m_k z_k. \tag{8.27}$$

设质量为 M 的物质连续分布在一个空间区域 Ω 上, 其密度 $\mu=\mu(x,y,z)$, 则可以设想 M 是由无数个质量微元 $\mathrm{d}M=\mu(x,y,z)\mathrm{d}x\mathrm{d}y\mathrm{d}z$ 叠加而成, 每个质量元的三个矩分别是 $x\mathrm{d}M$, $y\mathrm{d}M$, $z\mathrm{d}M$, 于是

$$M=\iiint_{\Omega} \mu \mathrm{d}x\mathrm{d}y\mathrm{d}z.$$

总质量 M 的三个矩就是

$$T_x = \int_{\Omega} x\mathrm{d}M=\iiint_{\Omega} \mu x\mathrm{d}x\mathrm{d}y\mathrm{d}z, \tag{8.28}$$

$$T_y = \int_{\Omega} y\mathrm{d}M=\iiint_{\Omega} \mu y\mathrm{d}x\mathrm{d}y\mathrm{d}z, \tag{8.29}$$

$$T_z = \int_{\Omega} z\mathrm{d}M=\iiint_{\Omega} \mu z\mathrm{d}x\mathrm{d}y\mathrm{d}z \tag{8.30}$$

称为该质量空间分布的矩. 三个坐标分别为

$$\xi=\frac{T_x}{M}, \quad \eta=\frac{T_y}{M}, \quad \zeta=\frac{T_z}{M}$$

的点 (ξ,η,ζ) 称为该质量空间分布的**质心**.

如果质量均匀分布, 即密度 $\mu(x,y,z)$ 为一个常数, 此时质心坐标

$$\begin{aligned}
\xi &= \frac{1}{M}\iiint_\Omega \mu x\mathrm{d}x\mathrm{d}y\mathrm{d}z = \frac{1}{V(\Omega)}\iiint_\Omega x\mathrm{d}x\mathrm{d}y\mathrm{d}z,\\
\eta &= \frac{1}{M}\iiint_\Omega \mu y\mathrm{d}x\mathrm{d}y\mathrm{d}z = \frac{1}{V(\Omega)}\iiint_\Omega y\mathrm{d}x\mathrm{d}y\mathrm{d}z,\\
\zeta &= \frac{1}{M}\iiint_\Omega \mu z\mathrm{d}x\mathrm{d}y\mathrm{d}z = \frac{1}{V(\Omega)}\iiint_\Omega z\mathrm{d}x\mathrm{d}y\mathrm{d}z
\end{aligned}$$

与 $\mu(x,y,z)$ 的取值无关, 质心 (ξ,η,ζ) 仅由区域 Ω 的形状决定, 因此又称为该质量空间分布的**形心**. 这里

$$V(\Omega) = \iiint_\Omega 1\mathrm{d}x\mathrm{d}y\mathrm{d}z$$

是 Ω 的体积.

例 8.5.1. 假设质量密度为1 的物质分布在半球域

$$H:\ x^2+y^2+z^2 \le 1, \qquad z \ge 0.$$

显然

$$T_x = \iiint_H x\mathrm{d}x\mathrm{d}y\mathrm{d}z = 0, \qquad T_y = \iiint_H y\mathrm{d}x\mathrm{d}y\mathrm{d}z = 0.$$

用柱坐标变换

$$x = r\cos\theta, \quad y = r\sin\theta, \quad z = z,$$

则

$$\frac{\partial(x,y,z)}{\partial(r,\theta,z)} = r,$$

由此可得

$$\begin{aligned}
T_z &= \iiint_H z\mathrm{d}x\mathrm{d}y\mathrm{d}z = \int_0^1 z\mathrm{d}z\int_0^{\sqrt{1-z^2}} r\mathrm{d}r\int_0^{2\pi}\mathrm{d}\theta = \int_H z\mathrm{d}x\mathrm{d}y\mathrm{d}z\\
&= 2\pi\int_0^1 \frac{1-z^2}{2} z\mathrm{d}z = \pi\left(\frac{z^2}{2}-\frac{z^4}{4}\right)\Big|_0^1 = \frac{\pi}{4}.
\end{aligned}$$

由于此时物质的总质量是 $2\pi/3$, 因此质心坐标是 $(0,0,3/8)$. □

8.5.2 引力

根据牛顿万有引力定律, 质量为 m 位于 (x,y,z) 处的质点 Q 作用于另一个单位质量位于 (ξ,η,ζ) 处的质点 P 的引力为

$$Gm\nabla\left(\frac{1}{\rho}\right),$$

其中 $\rho=\rho\left(x,y,z\right)=\sqrt{(x-\xi)^2+\left(y-\eta\right)^2+(z-\zeta)^2}$，引力常数 G 由单位制决定，不妨设 $G=1$. 容易算出

$$\nabla\left(\frac{1}{\rho}\right)=\left(\frac{x-\xi}{r^3},\ \frac{y-\eta}{\rho^3},\ \frac{z-\zeta}{r^3}\right).$$

如果质量为 M 的物质连续分布在一个空间区域 Ω 上，其密度 $\mu=\mu(x,y,z)$. 则该物质的引力可以视为由无数个质量微元 $\mathrm{d}M=\mu(x,y,z)\mathrm{d}x\mathrm{d}y\mathrm{d}z$ 的引力叠加而成，因此应该定义为

$$\iiint_{\Omega}\mu\left(x,y,z\right)\nabla\left(\frac{1}{\rho}\right)\mathrm{d}x\mathrm{d}y\mathrm{d}z.$$

例 8.5.2. 假设质量密度为1 的物质分布在半径为 R 的球 $B(R)$ 中，求其作用在空间中任意点 P 的引力 $\boldsymbol{F}=\left(F_x,F_y,F_z\right)$.

解. 我们取球心为原点，令 z 轴通过球外的点 P. 于是点 P 的坐标为 $(0,0,\ell)$. 根据球的对称性和质量分布的均匀性，可知引力 $\boldsymbol{F}$ 在 x 轴方向和在 y 轴方向的分量 $F_x=F_y=0$.

$$F_z=\iiint_{B(R)}\frac{z-\ell}{\left(x^2+y^2+(z-\ell)^2\right)^{3/2}}\mathrm{d}x\mathrm{d}y\mathrm{d}z.$$

利用球坐标变换

$$\varphi:\begin{cases}x=r\sin\theta\cos\varphi, & 0\le r\le R,\\ y=r\sin\theta\sin\varphi, & 0\le\theta\le\pi,\\ z=r\cos\theta, & 0\le\varphi\le 2\pi.\end{cases}$$

其 Jacobi 行列式

$$\frac{\partial\left(x,y,z\right)}{\partial\left(r,\theta,\varphi\right)}=r^2\sin\theta.$$

于是

$$F_z=2\pi\int_0^R r^2\mathrm{d}r\int_0^{\pi}\frac{(r\cos\theta-\ell)\sin\theta}{\left(r^2+\ell^2-2\ell r\cos\theta\right)^{3/2}}\mathrm{d}\theta.$$

记

$$G(r)=\int_0^{\pi}\frac{(r\cos\theta-\ell)\sin\theta}{\left(r^2+\ell^2-2\ell r\cos\theta\right)^{3/2}}\mathrm{d}\theta.$$

做换元 $t=\left(r^2+\ell^2-2\ell r\cos\theta\right)^{1/2}$，得到

$$G(r)=\frac{1}{2\ell^2 r}\int_{|r-\ell|}^{r+\ell}\left(\frac{r^2-\ell^2}{t^2}-1\right)\mathrm{d}t=\frac{1}{\ell^2}\left(\frac{r-\ell}{|r-\ell|}-1\right).$$

于是

$$G(r)=\begin{cases}0, & r>\ell,\\ -\frac{2}{\ell^2}, & r<\ell.\end{cases}$$

当 $\ell>R$ 时, 必定有 $r<\ell$, 故

$$F_z=2\pi\int_0^R r^2G(r)\mathrm{d}r=-\frac{4\pi}{\ell^2}\int_0^R r^2\mathrm{d}r=-\frac{4\pi R^3}{3\ell^2}.$$

而当 $\ell\le R$ 时,

$$F_z=2\pi\int_0^\ell r^2G(r)\mathrm{d}r=-\frac{4\pi}{\ell^2}\int_0^\ell r^2\mathrm{d}r=-\frac{4\pi\ell}{3}.$$

以上等式中的负号代表引力指向原点, 即球心的方向.

综上所述, 我们得到以下结论:

1) 球体对任意一点 P 产生的引力指向球心;

2) 球体对球外一点 P 产生的引力, 等同于一个位于球心, 质量为 $4\pi R^3\big/3$ 的质点对该点的引力;

3) 球体对球内一点 P 产生的引力, 等同于半径为点 P 到球心的距离的球体对 P 产生的引力; 也就是说, 球体内所有到球心的距离大于点 P 到球心距离的部分, 对点 P 产生的引力总和为零. □

练习 8.5

1. 求下列均匀密度的平面薄板质心:

   1) 半椭圆 $\dfrac{x^2}{a^2}+\dfrac{y^2}{b^2}\le 1,\ \ y\ge 0$;

   2) 高为 h, 底分别为 a 和 b 的等腰梯形.

2. 设物质分布在一个球 $B\subset\mathbb{R}^3$ 内, 质量密度 μ 连续. 证明质心也在 B 内.

3. 求密度为 μ 的均匀柱体 $x^2+y^2\le 1,\ 0\le z\le 2$ 对 z 轴上一点 $(0,0,3)$ 处的单位质量的引力(取引力常数等于 1) .

第 9 章　曲线积分和曲面积分

9.1　第一型曲线积分

9.1.1　第一型曲线积分的定义

考虑一段某种物质组成的细线 Γ. 由于 Γ 的粗细与长度相差悬殊, 因此我们认为它的质量 $\mu(\Gamma)$ 由它的弧长 $s(\Gamma)$ 决定. 比值

$$\rho(\Gamma)=\frac{\mu(\Gamma)}{s(\Gamma)}$$

称为 Γ 的**线密度**.

如果组成 Γ 的物质的密度随位置变化, 那么 $\rho(\Gamma)$ 只是这段曲线的平均线密度. 类似瞬时速度的概念, 在 Γ 上任意一点 $\boldsymbol{r}$ 处的线密度, 应该定义为极限

$$\rho(\boldsymbol{r})=\lim_{s(\Delta\Gamma)\to 0}\rho(\Delta\Gamma)=\lim_{s(\Delta\Gamma)\to 0}\frac{\mu(\Delta\Gamma)}{s(\Delta\Gamma)}.$$

这里 $\Delta\Gamma$ 是在 Γ 上任取的包含点 $\boldsymbol{r}$ 的一小段曲线.

将 Γ 分成 n 个小段 Γ_i, $i=1,2,\cdots,n$. 如果各个小段 Γ_i 的弧长 $\Delta s_i=s(\Gamma_i)$ 很小, 则 Γ_i 上各点的线密度近似相等, 于是 Γ_i 的质量近似等于

$$\rho(\boldsymbol{r}_i)\Delta s_i,$$

此处 $\boldsymbol{r}_i$ 是从 Γ_i 上任取的一个点. 这样, Γ 的质量近似等于

$$\sum_{i=1}^{n}\rho(\boldsymbol{r}_i)\Delta s_i.$$

于是, Γ 的质量应该等于极限值

$$\lim_{\max\limits_i \Delta s_i\to 0}\sum_{i=1}^{n}\rho(\boldsymbol{r}_i)\Delta s_i.$$

我们用定义在曲线 Γ 上的任意函数 f 代替线密度 ρ, 就得到了下面的概念.

定义 9.1.1. 在上述假设之下,如果极限

$$\lim_{\max_i \Delta s_i \to 0} \sum_{i=1}^{n} f(\boldsymbol{r}_i)\Delta s_i \tag{9.1}$$

存在且有限,就称该极限值为函数 f 在曲线 Γ 上的**第一型曲线积分**,记为

$$\int_\Gamma f(\boldsymbol{r})\,\mathrm{d}s. \tag{9.2}$$

注记 9.1.2. 如果取 $f=1$,那么不管怎样分割 Γ,总是有

$$\sum_{i=1}^{n} \Delta s_i = s(\Gamma).$$

因此积分

$$\int_\Gamma \mathrm{d}s$$

就是曲线 Γ的弧长.

9.1.2 第一型曲线积分的计算

现在假设 Γ 可以表示为正则曲线

$$\Gamma:\ \boldsymbol{r}=\boldsymbol{r}(t)=\big(x(t),y(t),z(t)\big)\in\mathbb{R}^3,\quad \alpha\le t\le\beta, \tag{9.3}$$

f 是定义在 Γ 上的函数. 用分割

$$\mathscr{D}:\ \alpha=t_0<t_1<\cdots<t_n=\beta$$

将 Γ 分成n 个分别对应于参数区间$t\in[t_{i-1},t_i]$ 的小段 Γ_i, $i=1,2,\cdots,n$. 根据积分中值定理,每个小段 Γ_i 的弧长

$$\Delta s_i=\int_{t_{i-1}}^{t_i}\|\boldsymbol{r}'(t)\|\mathrm{d}t=\|\boldsymbol{r}'(\tau_i)\|\Delta t_i,$$

此处 $\Delta t_i=t_i-t_{i-1}$, $\tau_i\in[t_{i-1},t_i]$. 于是

$$\sum_{i=1}^{n} f\circ\boldsymbol{r}(\tau_i)\Delta s_i=\sum_{i=1}^{n} f\circ\boldsymbol{r}(\tau_i)\|\boldsymbol{r}'(\tau_i)\|\Delta t_i. \tag{9.4}$$

这时 $\max_i s(\Gamma_i)\to 0$ 等价于 $\max_i \Delta t_i\to 0$. 在等式(9.4) 两端取极限,即得下面结果.

定理 9.1.3. 对于正则曲线(9.3),假设 $f\circ\boldsymbol{r}(t)$ 是定义在区间 $[\alpha,\beta]$ 上的可积函数,则 f 在曲线 Γ 上的第一型曲线积分

$$\int_\Gamma f(\boldsymbol{r})\,\mathrm{d}s=\int_\alpha^\beta f\circ\boldsymbol{r}(t)\|\boldsymbol{r}'(t)\|\mathrm{d}t=\int_\alpha^\beta f\circ\boldsymbol{r}(t)\sqrt{x'(t)^2+y'(t)^2+z'(t)^2}\,\mathrm{d}t. \tag{9.5}$$

注记 9.1.4. 如果 Γ 是一条平面曲线,

$$\Gamma: \boldsymbol{r} = \boldsymbol{r}(t) = \big(x(t), y(t)\big) \in \mathbb{R}^2, \quad \alpha \le t \le \beta, \tag{9.6}$$

那么等式(9.5) 相应地变为

$$\int_\Gamma f(\boldsymbol{r})\,\mathrm{d}s = \int_\alpha^\beta f\circ \boldsymbol{r}(t)\,\|\boldsymbol{r}'(t)\|\,\mathrm{d}t = \int_\alpha^\beta f\circ \boldsymbol{r}(t)\sqrt{x'(t)^2 + y'(t)^2}\,\mathrm{d}t. \tag{9.7}$$

例 9.1.5. 计算第一型曲线积分

$$\int_\Gamma \frac{z^2}{x^2+y^2}\mathrm{d}s,$$

其中 Γ 是圆柱螺线

$$x = a\cos t,\quad y = a\sin t,\quad z = bt,\quad t\in[0,2\pi].$$

解. 由公式(9.5)即有

$$\int_\Gamma \frac{z^2}{x^2+y^2}\mathrm{d}s = \int_0^{2\pi} \frac{b^2t^2}{a^2}\sqrt{a^2+b^2}\,\mathrm{d}t = \frac{8}{3}\left(\frac{b}{a}\right)^2\sqrt{a^2+b^2}\,\pi^3.$$

□

例 9.1.6. 计算第一型曲线积分

$$\int_\Gamma xy\,\mathrm{d}s,$$

其中 Γ 是球面 $x^2+y^2+z^2=a^2$ 与平面 $x+y+z=0$ 相交得到的圆周.

解. 为应用定理(9.1.3), 我们先为 Γ 找出一个参数表示. 在平面 $x+y+z=0$ 上找一对相互垂直的单位向量

$$\boldsymbol{u} = \frac{1}{\sqrt{6}}(1,-2,1),\quad \boldsymbol{v} = \frac{1}{\sqrt{2}}(1,0,-1),$$

用 θ 表示从 $\boldsymbol{u}$ 到 Γ 上点 (x,y,z) 的矢径方向转过的角度, 使得 $\boldsymbol{v}$ 对应于 $\theta=\pi/2$, 则 Γ 可以表示成

$$\boldsymbol{r} = \boldsymbol{r}(\theta) = a(\boldsymbol{u}\cos\theta + \boldsymbol{v}\sin\theta).$$

因此

$$\begin{cases} x = a\left(\frac{1}{\sqrt{6}}\cos\theta + \frac{1}{\sqrt{2}}\sin\theta\right), \\ y = a\left(-\frac{2}{\sqrt{6}}\cos\theta\right), & \theta\in[0,2\pi]. \\ z = a\left(\frac{1}{\sqrt{6}}\cos\theta - \frac{1}{\sqrt{2}}\sin\theta\right), \end{cases}$$

而弧元

$$\mathrm{d}s = \sqrt{x'(\theta)^2 + y'(\theta)^2 + z'(\theta)^2}\,\mathrm{d}\theta = a\,\mathrm{d}\theta.$$

由公式(9.5)即有

$$\begin{aligned}\int_{\Gamma} xy\mathrm{d}s &= a^3\int_0^{2\pi}\left(-\frac{2}{6}\cos^2\theta-\sqrt{\frac{2}{6}}\sin\theta\cos\theta\right)\mathrm{d}\theta\\ &= -\frac{a^3}{3}\int_0^{2\pi}\cos^2\theta\mathrm{d}\theta=-\frac{\pi a^3}{3}.\end{aligned}$$

□

练习 9.1

1. 求下列第一型曲线积分：

1) $\int_{\Gamma}(x+y)\mathrm{d}s$，其中 Γ 是 xy 平面上以 $O(0,0)$, $A(1,0)$, $B(0,1)$ 为顶点的三角形；

2) $\int_{\Gamma}|y|\mathrm{d}s$，其中 Γ 是 xy 平面上的单位圆周 $x^2+y^2=1$；

3) $\int_{\Gamma}|x|^{1/3}\mathrm{d}s$，其中 Γ 是 xy 平面上的星形线 $x^{2/3}+y^{2/3}=a^{2/3}$；

4) $\int_{\Gamma}xyz\mathrm{d}s$，其中 Γ 为曲线 $x=t,\ y=\dfrac{2\sqrt{2t^3}}{3},\ z=\dfrac{t^2}{2},\ t\in[0,1]$；

5) $\int_{\Gamma}(x^2+y^2+z^2)\mathrm{d}s$，其中 Γ 为螺线 $x=a\cos t,\ y=a\sin t,\ z=bt,\ t\in[0,2\pi]$；

6) $\int_{\Gamma}(xy+yz+zx)\mathrm{d}s$，其中 Γ 为球面 $x^2+y^2+z^2=1$ 和平面 $x+y+z=0$ 的交线.

2. 设

$$\Gamma:\ y=\varphi(x),\quad x\in[a,b]$$

是 xy 平面上的正则曲线，$f=f(x,y)$ 是定义在 Γ 上的函数. 如果 $f(x,\varphi(x))$ 当 $x\in[a,b]$ 时连续, 证明

$$\int_{\Gamma}f\mathrm{d}s=\int_a^b f(x,\varphi(x))\sqrt{1+\varphi'(x)^2}\mathrm{d}x.$$

3. 求椭圆周

$$\Gamma:\ x=a\cos t,\ y=b\sin t,\ t\in[0,2\pi]$$

的质量, 这里 Γ 在点 (x,y) 处的线密度 $\rho(x,y)=|y|$.

9.2 第二型曲线积分

9.2.1 第二型曲线积分的定义

定义在区域 $D\subset\mathbb{R}^3$ 上的向量值函数

$$\boldsymbol{F}:\ D\to\mathbb{R}^3,$$

通常称为 D 上的一个**向量场**. 物理学中常用的的力场、电场、磁场、速度场等等都是向量场的实际例子.

我们现在假设 $\boldsymbol{F}$ 是区域 D 上的一个**力场**, 一个质点在 $\boldsymbol{F}$ 的作用下, 从 D 中的某个 A 开始, 沿着 D 内的一条曲线 Γ 运动到 D 中另一点 B. 我们来计算 $\boldsymbol{F}$ 所做的功 $\boldsymbol{W}$. 为此在 Γ 上依次取出 $n+1$ 个分点 $\boldsymbol{r}_i$, $i=0,1,\cdots,n$, 使得 $\boldsymbol{r}_0=A$, $\boldsymbol{r}_n=B$. 如果每个从 $\boldsymbol{r}_{i-1}$ 到 $\boldsymbol{r}_i$ 的小曲线段都很短, 我们就可以把它近似地看成从 $\boldsymbol{r}_{i-1}$ 到 $\boldsymbol{r}_i$ 的有向线段, 它等于向量 $\Delta\boldsymbol{r}_i=\boldsymbol{r}_i-\boldsymbol{r}_{i-1}$; 并且, 在该小段上 $\boldsymbol{F}$ 近似等于常力 $\boldsymbol{F}(\boldsymbol{\xi}_i)$, 这里 $\boldsymbol{\xi}_i$ 是该小段上任取的某个点. 这样, 质点经过该小段时, $\boldsymbol{F}$ 所做的功近似地等于

$$\Delta\boldsymbol{W}_i=\boldsymbol{F}(\boldsymbol{\xi}_i)\cdot\Delta\boldsymbol{r}_i.$$

而质点经过整个 Γ 时 $\boldsymbol{F}$ 所做的功 $\boldsymbol{W}$ 的近似值就等于所有这些 $\Delta\boldsymbol{W}_i$ 的和

$$\sum_{i=1}^{n}\boldsymbol{F}(\boldsymbol{\xi}_i)\cdot\Delta\boldsymbol{r}_i.$$

为消除取近似值带来的误差, 我们让每个小曲线段的长度都趋于零, 这时

$$\max_i\|\Delta\boldsymbol{r}_i\|\to 0.$$

于是, $\boldsymbol{F}$ 所做的功 $\boldsymbol{W}$ 应该等于极限值

$$\lim_{\max\limits_i\|\Delta\boldsymbol{r}_i\|\to 0}\sum_{i=1}^{n}\boldsymbol{F}(\boldsymbol{\xi}_i)\cdot\Delta\boldsymbol{r}_i. \tag{9.8}$$

直观地说, 不论 Γ 是隐式曲线还是参数曲线, 只要有一个沿 Γ 进行的质点运动, 我们就把质点运动的方向称为 Γ 的方向. 这时 Γ 称为一条**有向曲线**.

将 $\boldsymbol{F}$ 视为一般的向量场, 我们就得到了下面的概念.

定义 9.2.1. 如果极限(9.8) 存在且有限, 就称其为向量场 $\boldsymbol{F}$ 沿有向曲线 Γ 的**第二型曲线积分**, 记为

$$\int_\Gamma\boldsymbol{F}(\boldsymbol{r})\cdot\mathrm{d}\boldsymbol{r}. \tag{9.9}$$

设 $\boldsymbol{F}=(P,\ Q,\ R)$, 这里 $P,\ Q,\ R$ 都是 $\boldsymbol{r}=(x,\ y,\ z)$ 的函数. 由于 $\mathrm{d}\boldsymbol{r}=(\mathrm{d}x,\mathrm{d}y,\mathrm{d}z)$,

$$\boldsymbol{F}(\boldsymbol{r})\cdot\mathrm{d}\boldsymbol{r}=P(x,y,z)\,\mathrm{d}x+Q(x,y,z)\,\mathrm{d}y+R(x,y,z)\,\mathrm{d}z,$$

于是, 我们有

$$\int_\Gamma\boldsymbol{F}(\boldsymbol{r})\cdot\mathrm{d}\boldsymbol{r}=\int_\Gamma P\mathrm{d}x+Q\mathrm{d}y+R\mathrm{d}z, \tag{9.10}$$

上式右端称为第二型曲线积分(9.9) 的**分量表示**.

9.2.2 第二型曲线积分的计算

现在假设 $\boldsymbol{F}=(P,Q,R)$ 在 D 上连续, Γ 可以表示为正则曲线(9.3). 对正则曲线, 总是规定参数区间 $[\alpha,\beta]$ 的左端点 α 对应的点 $\boldsymbol{r}(\alpha)$ 为始点, 右端点 β 对应的点 $\boldsymbol{r}(\beta)$ 为终点, 对应于参数 t 增加的方向为曲线的方向. 这样, 每个正则曲线自然地成为一条有向曲线. 参数区间的分割

$$\mathscr{D}:\ \alpha=t_0<t_1<\cdots<t_n=\beta$$

对应的分点 $\boldsymbol{r}(t_i)$ 将 Γ 分割成 n 个小段, 而

$$\Delta\boldsymbol{r}_i=\boldsymbol{r}_i-\boldsymbol{r}_{i-1}=\big(x(t_i)-x(t_{i-1}),y(t_i)-y(t_{i-1}),z(t_i)-z(t_{i-1})\big),$$

此处 $\Delta t_i=t_i-t_{i-1}$. 则

$$\begin{aligned}\boldsymbol{F}(\boldsymbol{\xi}_i)\cdot\Delta\boldsymbol{r}_i &= P(\boldsymbol{\xi}_i)(x(t_i)-x(t_{i-1}))+Q(\boldsymbol{\xi}_i)\big(y(t_i)-y(t_{i-1})\big)+R(\boldsymbol{\xi}_i)(z(t_i)-z(t_{i-1}))\\ &= P(\boldsymbol{\xi}_i)x'(\lambda_i)\Delta t_i+Q(\boldsymbol{\xi}_i)y'(\mu_i)\Delta t_i+R(\boldsymbol{\xi}_i)z'(\nu_i)\Delta t_i\\ &= \big(P\circ\boldsymbol{r}(\tau_i)x'(\lambda_i)+Q\circ\boldsymbol{r}(\tau_i)y'(\mu_i)+R\circ\boldsymbol{r}(\tau_i)z'(\nu_i)\big)\Delta t_i.\end{aligned}$$

此处 $\boldsymbol{\xi}_i=\boldsymbol{r}(\tau_i)$, $\lambda_i,\ \mu_i,\ \nu_i,\ \tau_i\in[t_{i-1},t_i]$. 于是

$$\sum_{i=1}^{n}\boldsymbol{F}(\boldsymbol{\xi}_i)\cdot\Delta\boldsymbol{r}_i=\sum_{i=1}^{n}\big(P\circ\boldsymbol{r}(\tau_i)x'(\lambda_i)+Q\circ\boldsymbol{r}(\tau_i)y'(\mu_i)+R\circ\boldsymbol{r}(\tau_i)z'(\nu_i)\big)\Delta t_i.\tag{9.11}$$

这时 $\max\limits_i\|\Delta\boldsymbol{r}_i\|\to0$ 等价于 $\max\limits_i\Delta t_i\to0$. 在等式(9.11) 两端取极限, 即得下面结果.

定理 9.2.2. 连续向量场 $\boldsymbol{F}$ 沿正则曲线(9.3) 的第二型曲线积分

$$\int_\Gamma\boldsymbol{F}(\boldsymbol{r})\cdot\mathrm{d}\boldsymbol{r}=\int_\alpha^\beta\big(P\circ\boldsymbol{r}(t)x'(t)+Q\circ\boldsymbol{r}(t)y'(t)+R\circ\boldsymbol{r}(t)z'(t)\big)\mathrm{d}t.\tag{9.12}$$

注记 9.2.3. 考虑向量场 $\boldsymbol{F}=(P,0,0)$, 从第二型曲线积分(9.9) 的分量表示(9.10) 和定理9.2.2, 就得到

$$\int_\Gamma P\mathrm{d}x=\int_\alpha^\beta P\circ\boldsymbol{r}(t)x'(t)\mathrm{d}t.$$

类似地有

$$\int_\Gamma Q\mathrm{d}y=\int_\alpha^\beta Q\circ\boldsymbol{r}(t)y'(t)\mathrm{d}t,$$

$$\int_\Gamma R\mathrm{d}z=\int_\alpha^\beta R\circ\boldsymbol{r}(t)z'(t)\mathrm{d}t.$$

这样就得到

$$\int_\Gamma P\mathrm{d}x+Q\mathrm{d}y+R\mathrm{d}z=\int_\Gamma P\mathrm{d}x+\int_\Gamma Q\mathrm{d}y+\int_\Gamma R\mathrm{d}z.\tag{9.13}$$

例 9.2.4. 设有向曲线 Γ 是球面 $x^2+y^2+z^2=a^2$ 与平面 $x+y+z=0$ 相交得到的圆周，从第一卦限看上去，其方向是反时针转动的方向. 计算第二型曲线积分

$$I_1=\int_\Gamma x\mathrm{d}x+y\mathrm{d}y+z\mathrm{d}z \quad 和 \quad I_2=\int_\Gamma z\mathrm{d}x+x\mathrm{d}y+y\mathrm{d}z.$$

解法一. 由例9.1.6 我们已经得到 Γ 的参数表示

$$\begin{cases} x=a\left(\frac{1}{\sqrt6}\cos\theta+\frac{1}{\sqrt2}\sin\theta\right), \\ y=-a\frac{2}{\sqrt6}\cos\theta, \\ z=a\left(\frac{1}{\sqrt6}\cos\theta-\frac{1}{\sqrt2}\sin\theta\right), \end{cases} \qquad \theta\in[0,2\pi].$$

不难看出 θ 增加的方向恰好满足本题的要求. 由于

$$\begin{cases} x'(\theta)=a\left(-\frac{1}{\sqrt6}\sin\theta+\frac{1}{\sqrt2}\cos\theta\right), \\ y'(\theta)=a\frac{2}{\sqrt6}\sin\theta, \\ z'(\theta)=-a\left(\frac{1}{\sqrt6}\sin\theta+\frac{1}{\sqrt2}\cos\theta\right), \end{cases}$$

经过简单计算即可得出 $xx'+yy'+zz'=0$，因此

$$I_1=\int_\Gamma x\mathrm{d}x+y\mathrm{d}y+z\mathrm{d}z=\int_0^{2\pi}\left(xx'+yy'+zz'\right)\mathrm{d}\theta=0.$$

对后一个积分，我们可以算出

$$zx'+xy'+yz'=a^2\left(\frac{\sqrt3}{2}+C_1\sin2\theta+C_2\cos2\theta\right),$$

这里 C_1, C_2 都是常数. 这样就得到

$$I_2=\int_0^{2\pi}\left(zx'+xy'+yz'\right)\mathrm{d}\theta=a^2\int_0^{2\pi}\left(\frac{\sqrt3}{2}+C_1\sin2\theta+C_2\cos2\theta\right)\mathrm{d}\theta=\sqrt3\pi a^2.$$

解法二. 由对称性可以断言

$$\int_\Gamma x\mathrm{d}x=\int_\Gamma y\mathrm{d}y=\int_\Gamma z\mathrm{d}z.$$

如解法一一样得到 Γ 的参数表示后，易见

$$\int_\Gamma y\mathrm{d}y=\int_0^{2\pi}yy'\mathrm{d}\theta=-\frac{2a^2}{3}\int_0^{2\pi}\cos\theta\sin\theta\mathrm{d}\theta=0.$$

于是

$$I_1=\int_\Gamma x\mathrm{d}x+\int_\Gamma y\mathrm{d}y+\int_\Gamma z\mathrm{d}z=0.$$

同样地, 对称性告诉我们

$$\int_\Gamma z\mathrm{d}x=\int_\Gamma x\mathrm{d}y=\int_\Gamma y\mathrm{d}z,$$

而

$$\int_\Gamma y\mathrm{d}z=\frac{2a^2}{\sqrt{6}}\int_0^{2\pi}\left(\frac{1}{\sqrt{6}}\sin\theta+\frac{1}{\sqrt{2}}\cos\theta\right)\cos\theta\mathrm{d}\theta=\frac{\sqrt{3}}{3}\pi a^2,$$

这样就有

$$I_2=3\int_\Gamma y\mathrm{d}z=\sqrt{3}\pi a^2.$$

解法三. 注意到

$$I_1=\int_\Gamma \boldsymbol{r}\cdot\mathrm{d}\boldsymbol{r},$$

而在 Γ 上, $\boldsymbol{r}\cdot\boldsymbol{r}=a^2$ 是常数, 于是

$$\boldsymbol{r}\cdot\mathrm{d}\boldsymbol{r}=\frac{1}{2}\mathrm{d}(\boldsymbol{r}\cdot\boldsymbol{r})=0,$$

这样立即得到 $I_1=0$. I_2 仍然用前面的参数化方法求解. □

注记 9.2.5. 在前面的讨论中去掉第三个分量, 就可以得到定义在平面区域 $D\subset\mathbb{R}^2$ 上的二维向量场 $\boldsymbol{F}=(P,Q)$ 沿有向平面曲线 Γ 的第二型曲线积分的相应结果. 例如, 我们有

$$\int_\Gamma \boldsymbol{F}\cdot\mathrm{d}\boldsymbol{r}=\int_\Gamma P\mathrm{d}x+Q\mathrm{d}y.$$

例 9.2.6. 计算第二型曲线积分

$$\int_K xy\mathrm{d}x,\quad \int_L xy\mathrm{d}x,\quad \int_M xy\mathrm{d}x,$$

其中 K 是从 $(0,0)$ 到 $(1,1)$ 的直线段; L 是抛物线 $y=x^2$ 上从 $(0,0)$ 到 $(1,1)$ 的一段; M 是从 $(0,0)$ 到 $(1,0)$ 的直线段 M_1 与从 $(1,0)$ 到 $(1,1)$ 的直线段 M_2 连成的有向折线.

解. 引入参数表示

$$K:\ y=x,\quad x\in[0,1];$$

$$L:\ y=x^2,\quad x\in[0,1].$$

于是

$$\int_K xy\mathrm{d}x=\int_0^1 x^2\mathrm{d}x=\frac{1}{3};$$

$$\int_L xy\mathrm{d}x = \int_0^1 x^3\mathrm{d}x = \frac{1}{4}.$$

对于最后一个积分, 由于 M_1 和 M_2 有参数表示

$$M_1:\ y = y(x) = 0,\quad x \in [0,1];$$

$$M_2:\ x = x(y) = 1,\quad y \in [0,1],$$

因此

$$\int_{M_1} xy\mathrm{d}x = \int_0^1 x\cdot 0\mathrm{d}x = 0;$$

$$\int_{M_2} xy\mathrm{d}x = \int_0^1 \big(1\cdot y\big)\cdot x'(y)\mathrm{d}y = 0,$$

于是

$$\int_M xy\mathrm{d}x = \int_{M_1} xy\mathrm{d}x + \int_{M_2} xy\mathrm{d}x = 0.$$ □

注记 9.2.7. 对于正则曲线(9.3), 其方向对应于参数增加的方向, 则

$$\mathrm{d}s = \|\boldsymbol{r}'(t)\|\mathrm{d}t.$$

对连续向量场 $\boldsymbol{F}$, 就有

$$\int_\Gamma \boldsymbol{F}\cdot\mathrm{d}\boldsymbol{r} = \int_\alpha^\beta (\boldsymbol{F}\circ\boldsymbol{r})\cdot\boldsymbol{r}'(t)\,\mathrm{d}t = \int_\alpha^\beta (\boldsymbol{F}\circ\boldsymbol{r})\cdot\frac{\boldsymbol{r}'(t)}{\|\boldsymbol{r}'(t)\|}\|\boldsymbol{r}'(t)\|\mathrm{d}t = \int_\Gamma \boldsymbol{F}\cdot\boldsymbol{T}\mathrm{d}s. \tag{9.14}$$

这里 $\boldsymbol{T} = \boldsymbol{r}'/\|\boldsymbol{r}'\|$ 是 Γ 的**单位切向量**. 通过(9.14) 式, 每个第二型曲线积分都可以转化为第一型曲线积分.

例 9.2.8. 计算第二型曲线积分

$$\int_\Gamma x\mathrm{d}y - y\mathrm{d}x,$$

其中 Γ 是 xy 平面上中心在原点, 半径为 a, 逆时针方向的圆周.

解法一. 将 Γ 参数化

$$\boldsymbol{r} = \big(x(\theta), y(\theta)\big) = a(\cos\theta, \sin\theta),\quad \theta \in [0, 2\pi].$$

则

$$x'(\theta) = -a\sin\theta,\quad y'(\theta) = a\cos\theta.$$

于是

$$xy' - yx' = a^2(\cos\theta\cos\theta - \sin\theta(-\sin\theta)) = a^2,$$

$$\int_{\Gamma} x\mathrm{d}y - y\mathrm{d}x = \int_0^{2\pi} (xy' - yx')\,\mathrm{d}\theta = \int_0^{2\pi} a^2\mathrm{d}\theta = 2\pi a^2.$$

解法二. 取 $\boldsymbol{F} = (-y, x)$. 此时 Γ 的单位切向量 $\boldsymbol{T} = a^{-1}(-y, x)$, 因此沿圆周 Γ 有

$$\boldsymbol{F} \cdot \boldsymbol{T} = a^{-1}(y^2 + x^2) = a,$$

$$\int_{\Gamma} x\mathrm{d}y - y\mathrm{d}x = \int_{\Gamma} \boldsymbol{F} \cdot \mathrm{d}\boldsymbol{r} = \int_{\Gamma} \boldsymbol{F} \cdot \boldsymbol{T}\mathrm{d}s = a\int_{\Gamma} \mathrm{d}s = 2\pi a^2.$$ □

练习 9.2

1. 求下列第二型曲线积分:

1) $\int_{\Gamma} (x^2 + y^2)\,\mathrm{d}x + (x^2 - y^2)\,\mathrm{d}y$, 其中 Γ 是 xy 平面上以 $A(1,0)$, $B(2,0)$, $C(2,1)$, $D(1,1)$ 为顶点的正方形, 取逆时针方向;

2) $\int_{\Gamma} (x^2 - 2xy)\,\mathrm{d}x + (y^2 - 2xy)\,\mathrm{d}y$, 其中 Γ 是 xy平面上的抛物线 $y = x^2$, $x \in [-1, 1]$, 取 x 增加的方向;

3) $\int_{\Gamma} \frac{(x + y)\,\mathrm{d}x - (x - y)\,\mathrm{d}y}{x^2 + y^2}$, 其中 Γ 是 xy平面上的圆周 $x^2 + y^2 = a^2$, 取逆时针方向;

4) $\int_{\Gamma} x\mathrm{d}x + y\mathrm{d}y + (x + y - 1)\mathrm{d}z$, 其中 Γ 是从点 $(1,1,1)$ 到点 $(2,3,4)$ 的线段;

5) $\int_{\Gamma} y\mathrm{d}x + z\mathrm{d}y + x\mathrm{d}z$, 其中 Γ 是球面 $x^2 + y^2 + z^2 = 2az$ 与平面 $x + z = a$ $(a > 0)$ 的交线, 从 z 轴正向看去, Γ 的方向为逆时针方向.

2. 证明不等式

$$\left|\int_{\Gamma} P(x, y)\mathrm{d}x + Q(x, y)\mathrm{d}y\right| \le MC,$$

此处 C 是 Γ 的弧长, $M = \max\limits_{(x,y)\in\Gamma} \sqrt{P(x, y)^2 + Q(x, y)^2}$.

3. 设 C_R 表示圆周 $x^2 + y^2 = R^2$, 取逆时针方向. 利用前题的不等式估计

$$I_R = \int_{C_R} \frac{y\mathrm{d}x - x\mathrm{d}y}{(x^2 + xy + y^2)^2},$$

并证明极限关系 $I_R \to 0$ $(R \to +\infty)$.

4. 设 xy 平面上某力场 $\boldsymbol{F}$ 的方向是 y 轴的负方向, 大小等于作用点横坐标的平方. 求质量为 m 的质点沿抛物线 $y^2 = 1 - x$ 从点 $(1,0)$ 运动到 $(0,1)$ 时, 力场 $\boldsymbol{F}$ 所做的功.

9.3 曲面的面积

9.3.1 曲面面积的定义

如果向量值函数 $\boldsymbol{r}(u,v)\in\mathbb{R}^3$ 在区域 $\varDelta\subset\mathbb{R}^2$ 上连续可微, 且 $\boldsymbol{r}'_u\times\boldsymbol{r}'_v(u,v)\neq\boldsymbol{0}$ 在 $\varDelta$ 上处处成立, 我们就称

$$\varSigma:\ \boldsymbol{r}=\boldsymbol{r}(u,v)\in\mathbb{R}^3,\quad (u,v)\in\varDelta \tag{9.15}$$

为一个**正则曲面**.

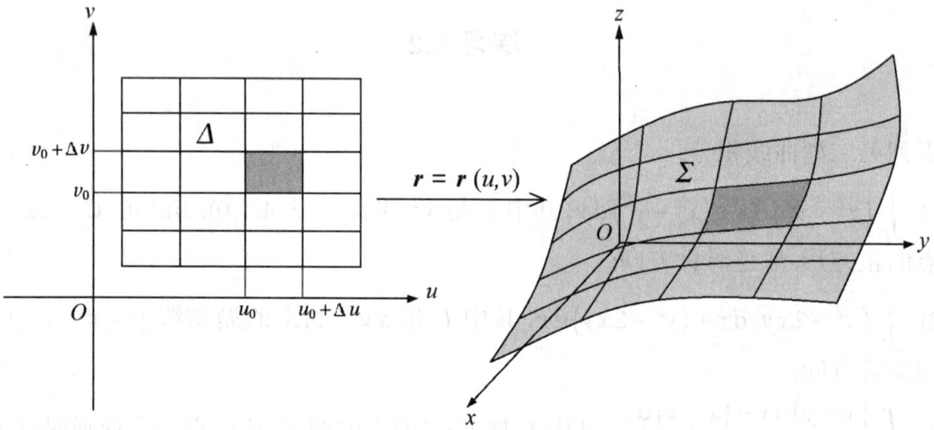

图 9.1

如图 9.1 所示, 对正则曲面 $\varSigma$, 我们可以用 u 曲线和 v 曲线把 $\varSigma$ 分割成若干小曲面片, 对应于 uv 参数平面上的小矩形 $[u_0,\ u_0+\Delta u]\times[v_0,\ v_0+\Delta v]$ （图 9.1 左边的灰色区域）的小曲面片（图 9.2 左边的灰色区域）, 我们用 xyz 空间中以 $\boldsymbol{r}(u_0,\ v_0)$ 为始点的两个向量 $\boldsymbol{r}'_u(u_0,\ v_0)\Delta u$ 和 $\boldsymbol{r}'_v(u_0,\ v_0)\Delta v$ 张成的平行四边形（图 9.2 右边的灰色区域）作为近似. 这个平行四边形的面积是

$$\|\boldsymbol{r}'_u(u_0,\ v_0)\times\boldsymbol{r}'_v(u_0,\ v_0)\|\Delta u\Delta v.$$

所有这样的小平行四边形的面积之和

$$\sum\|\boldsymbol{r}'_u(u,\ v)\times\boldsymbol{r}'_v(u,\ v)\|\Delta u\Delta v \tag{9.16}$$

就是曲面 $\varSigma$ 的面积的近似值. 令 $\max\Delta u\to 0$, $\max\Delta v\to 0$, 显然, 和式(9.16) 的极限就是平面区域 $\varDelta$ 上的二重积分.

$$\iint_{\varDelta}\|\boldsymbol{r}'_u(u,\ v)\times\boldsymbol{r}'_v(u,\ v)\|\mathrm{d}u\mathrm{d}v. \tag{9.17}$$

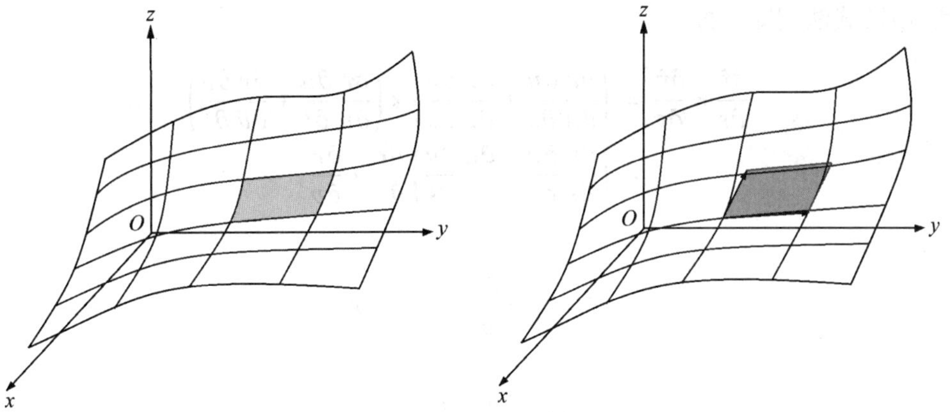

图 9.2

定义 9.3.1. 对正则曲面(9.15), 我们称积分(9.17) 为 Σ 的**面积**, 记为 $\sigma(\Sigma)$, 并且记

$$\mathrm{d}\sigma = \|\boldsymbol{r}'_u \times \boldsymbol{r}'_v\| \,\mathrm{d}u\mathrm{d}v, \tag{9.18}$$

称其为曲面 Σ 的**面积元**.

注记 9.3.2. 正则曲面的假设要求 $\boldsymbol{r} = \boldsymbol{r}(u, v)$ 是定义在区域 Δ 上的单射. 但是, 由于零面积集上的函数值对积分值没有影响, 因此, 如果在 Δ 上去掉一个零面积集后, 在剩下的集合上 $\boldsymbol{r} = \boldsymbol{r}(u, v)$ 是单射, 上述通过积分给出的面积定义仍然成立.

对于隐式曲面, 我们可以通过引进参数表示的方法求面积. 但是, 同一个曲面可以有不同的参数表示. 能否保证对不同的参数表示得到相同的面积值? 下面结果肯定地回答了这个问题.

定理 9.3.3. 设

$$\boldsymbol{r} = \boldsymbol{r}(u, v)$$

是曲面 Σ 的正则参数表示,

$$\varphi: \widetilde{\Delta} \to \Delta, \ (s, t) \mapsto (u, v)$$

是一个正则映射, 它将区域 $\widetilde{\Delta}$ 映到区域 Δ, 则

$$\widetilde{\boldsymbol{r}} = \boldsymbol{r} \circ \varphi(s, t), \quad (s, t) \in \widetilde{\Delta}$$

也是曲面 Σ 的正则参数表示, 且

$$\iint_{\Delta} \|\boldsymbol{r}'_u \times \boldsymbol{r}'_v\| \,\mathrm{d}u\mathrm{d}v = \iint_{\widetilde{\Delta}} \|\widetilde{\boldsymbol{r}}'_s \times \widetilde{\boldsymbol{r}}'_t\| \,\mathrm{d}s\mathrm{d}t. \tag{9.19}$$

证明. 用链式法则即可推出

$$\frac{\partial\widetilde{r}}{\partial s}\times\frac{\partial\widetilde{r}}{\partial t}=\left(\frac{\partial r}{\partial u}\frac{\partial u}{\partial s}+\frac{\partial r}{\partial v}\frac{\partial v}{\partial s}\right)\times\left(\frac{\partial r}{\partial u}\frac{\partial u}{\partial t}+\frac{\partial r}{\partial v}\frac{\partial v}{\partial t}\right)$$
$$=\left(\frac{\partial u}{\partial s}\frac{\partial v}{\partial t}-\frac{\partial u}{\partial t}\frac{\partial v}{\partial s}\right)\frac{\partial r}{\partial u}\times\frac{\partial r}{\partial v},$$

这就是

$$\widetilde{\boldsymbol{r}}'_s\times\widetilde{\boldsymbol{r}}'_t=\frac{\partial(u,v)}{\partial(s,t)}\boldsymbol{r}'_u\times\boldsymbol{r}'_v,$$

从而

$$\left\|\widetilde{\boldsymbol{r}}'_s\times\widetilde{\boldsymbol{r}}'_t\right\|=\left|\frac{\partial(u,v)}{\partial(s,t)}\right|\left\|\boldsymbol{r}'_u\times\boldsymbol{r}'_v\right\|,$$

根据二重积分的换元公式（定理8.3.3），立即得到(9.19) 式. □

注记 9.3.4. 平面区域 D 也可以看成正则曲面的一种特殊情形. 只要取参数表示 $\boldsymbol{r}(x,y)=(x,y,0)$，则 $\boldsymbol{r}'_x=(1,0,0)$，$\boldsymbol{r}'_y=(0,1,0)$，于是

$$\mathrm{d}\sigma=\left\|\boldsymbol{r}'_x\times\boldsymbol{r}'_y\right\|\mathrm{d}x\mathrm{d}y=\mathrm{d}x\mathrm{d}y.$$

此时曲面面积公式

$$\sigma(D)=\int_D\mathrm{d}\sigma=\iint_D\mathrm{d}x\mathrm{d}y,$$

与平面区域面积的定义相同.

9.3.2 正则曲面的第一基本量

定义 9.3.5. 对正则曲面(9.15)，我们称

$$E=\boldsymbol{r}'_u\cdot\boldsymbol{r}'_u=\left(\frac{\partial x}{\partial u}\right)^2+\left(\frac{\partial y}{\partial u}\right)^2+\left(\frac{\partial z}{\partial u}\right)^2$$
$$F=\boldsymbol{r}'_u\cdot\boldsymbol{r}'_v=\frac{\partial x}{\partial u}\frac{\partial x}{\partial v}+\frac{\partial y}{\partial u}\frac{\partial y}{\partial v}+\frac{\partial z}{\partial u}\frac{\partial z}{\partial v}$$
$$G=\boldsymbol{r}'_v\cdot\boldsymbol{r}'_v=\left(\frac{\partial x}{\partial v}\right)^2+\left(\frac{\partial y}{\partial v}\right)^2+\left(\frac{\partial z}{\partial v}\right)^2$$

为曲面 Σ 的**第一基本量**.

利用第一基本量，Σ 的面积可以表示成

$$\sigma(\Sigma)=\iint_\Delta\sqrt{EG-F^2}\mathrm{d}u\mathrm{d}v. \tag{9.20}$$

注记 9.3.6. 显式曲面

$$\Sigma:\ z=f(x,y),\ (x,y)\in D$$

有一个自然的参数表示

$$\Sigma:\ \boldsymbol{r}=\left(x,y,f(x,y)\right),\ (x,y)\in D.$$

此时

$$\mathrm{d}\sigma=\left\|\boldsymbol{r}_x'\times\boldsymbol{r}_y'\right\|\mathrm{d}x\mathrm{d}y=\sqrt{1+\left(\frac{\partial f}{\partial x}\right)^2+\left(\frac{\partial f}{\partial y}\right)^2}\mathrm{d}x\mathrm{d}y.$$

此时可以给出面积公式

$$\sigma(\Sigma)=\iint_D\sqrt{1+\left(\frac{\partial f}{\partial x}\right)^2+\left(\frac{\partial f}{\partial y}\right)^2}\mathrm{d}x\mathrm{d}y. \tag{9.21}$$

例 9.3.7. 计算半径为 a 的球面的面积.

解. 将球面用如下参数表示,

$$\Sigma:\begin{cases}x=a\sin\theta\cos\varphi,\\ y=a\sin\theta\sin\varphi,\\ z=a\cos\theta,\end{cases} \tag{9.22}$$

$$\theta\in[0,\pi],\ \varphi\in[0,2\pi].$$

此时第一基本量

$$E=a^2,\ F=0,\ G=a^2\sin^2\theta,$$

因此面积元

$$\mathrm{d}\sigma=\sqrt{EG-F^2}\mathrm{d}\theta\mathrm{d}\varphi=a^2\sin\theta\mathrm{d}\theta\mathrm{d}\varphi, \tag{9.23}$$

于是

$$\sigma(\Sigma)=\int_0^{2\pi}\int_0^{\pi}a^2\sin\theta\mathrm{d}\theta\mathrm{d}\varphi=4\pi a^2.$$

□

例 9.3.8. 计算球面 $x^2+y^2+z^2=a^2$ 被柱面 $x^2+y^2=ax$ 截下的面积.

解. 仍采用球面的参数表示(9.22). 考虑第一卦限中的部分, 此时可确定参数变化范围是

$$\Delta=\left\{(\theta,\varphi)\mid\theta,\ \varphi\geq0,\ \theta+\varphi\leq\pi/2\right\}.$$

这样可以得到整个曲面的面积为

$$4\int_{\Delta}\mathrm{d}\sigma=4\iint_{\Delta}a^2\sin\theta\mathrm{d}\theta\mathrm{d}\varphi=4a^2\int_0^{\pi/2}\mathrm{d}\varphi\int_0^{\pi/2-\varphi}\sin\theta\mathrm{d}\theta$$

$$=4a^2\int_0^{\pi/2}(1-\sin\varphi)\mathrm{d}\varphi=2a^2(\pi-2).$$ □

练习 9.3

1. 求下列曲面的面积：

1) $z=axy$ 包含在圆柱面 $x^2+y^2=a^2\ (a>0)$ 内的部分；

2) 锥面 $x^2+y^2=\dfrac{z^2}{3}\ (z>0)$ 被平面 $x+y+z=2a\ (a>0)$ 所截的部分；

3) 球面 $x^2+y^2+z^2=a^2$ 包含在锥面 $z=\sqrt{x^2+y^2}$ 内的部分；

4) 圆柱面 $x^2+y^2=a^2$ 被两平面 $x+z=0,\ x-z=0\ (x,y>0)$ 所截的部分；

5) 抛物面 $x^2+y^2=2az$ 包含在柱面 $(x^2+y^2)^2=2a^2xy\ (a>0)$ 内的部分；

6) 环面 $\begin{cases}x=(b+a\cos\phi)\cos\varphi,\\ y=(b+a\cos\phi)\sin\varphi,\\ z=a\sin\phi,\end{cases}$ $0\le\phi\le2\pi,\ 0\le\varphi\le2\pi$，其中 $0<a<b$.

9.4 第一型曲面积分

9.4.1 第一型曲面积分的定义

我们现在把第一型曲线积分推广到曲面的情形. 假设

$$\Sigma:\ \boldsymbol{r}=\boldsymbol{r}(u,v)\in\mathbb{R}^3,\quad (u,v)\in\Delta$$

是一个正则曲面，它由某种物质组成，Σ 上任意一点 $\boldsymbol{r}$ 处的面密度定义为极限

$$\rho(\boldsymbol{r})=\lim_{\operatorname{diam}\Delta\Sigma\to0}\frac{\mu(\Delta\Sigma)}{\Delta\sigma}.$$

这里 $\Delta\Sigma$ 是在 Σ 上任取的包含点 $\boldsymbol{r}$ 的一小片曲面，$\mu(\Delta\Sigma)$ 是 $\Delta\Sigma$ 的质量，$\Delta\sigma=\sigma(\Delta\Sigma)$ 是 $\Delta\Sigma$ 的面积. 符号 $\operatorname{diam}\Delta\Sigma$ 表示集合 $\Delta\Sigma$ 的直径，即

$$\operatorname{diam}\Delta\Sigma=\sup_{\boldsymbol{r},\boldsymbol{s}\in\Delta\Sigma}\|\boldsymbol{s}-\boldsymbol{r}\|.$$

将 Σ 分成 n 个小曲面片 $\Delta\Sigma_i$, $i=1,\cdots,n$. 如果各个小片 $\Delta\Sigma_i$ 的直径很小, 那么 $\Delta\Sigma_i$ 上各点的面密度近似相等, 于是 $\Delta\Sigma_i$ 的质量近似等于

$$\rho(\boldsymbol{r}_i)\Delta\sigma_i,$$

此处 $\boldsymbol{r}_i$ 是从 $\Delta\Sigma_i$ 上任取的一个点, $\Delta\sigma_i$ 是 $\Delta\Sigma_i$ 的面积. 这样, Σ 的质量近似等于

$$\sum_{i=1}^{n}\rho(\boldsymbol{r}_i)\Delta\sigma_i.$$

于是, Σ 的质量应该等于极限值

$$\lim_{\max\limits_i \operatorname{diam}\Delta\Sigma_i\to 0}\sum_{i=1}^{n}\rho(\boldsymbol{r}_i)\Delta\sigma_i.$$

我们用定义在曲面 Σ 上的任意函数 f 代替面密度 ρ, 就得到了下面的概念.

定义 9.4.1. *在上述假设之下, 如果极限*

$$\lim_{\max\limits_i \operatorname{diam}\Delta\Sigma_i\to 0}\sum_{i=1}^{n}f(\boldsymbol{r}_i)\Delta\sigma_i \tag{9.24}$$

*存在且有限, 就称该极限值为函数 f 在曲面 Σ 上的***第一型曲面积分***, 记为*

$$\int_{\Sigma}f(\boldsymbol{r})\,\mathrm{d}\sigma. \tag{9.25}$$

9.4.2 第一型曲面积分的计算

将面积元的表达式(9.18)代入(9.25)式, 即可得到

定理 9.4.2. *设 $f\circ\boldsymbol{r}(u,v)$ 在平面区域 Δ 上可积, 则 f 在曲面 Σ 上的第一型曲面积分*

$$\int_{\Sigma}f(\boldsymbol{r})\,\mathrm{d}\sigma=\iint_{\Delta}f\circ\boldsymbol{r}(u,v)\left\|\boldsymbol{r}'_u\times\boldsymbol{r}'_v\right\|\mathrm{d}u\mathrm{d}v=\iint_{\Delta}f\circ\boldsymbol{r}(u,v)\sqrt{EG-F^2}\,\mathrm{d}u\mathrm{d}v. \tag{9.26}$$

此处 E, F, G 是曲面 Σ 的第一基本量.

注记 9.4.3. 对显式曲面

$$\Sigma:\ z=h(x,y),\ \ (x,y)\in D,$$

由(9.26)式可得

$$\int_{\Sigma}f(\boldsymbol{r})\,\mathrm{d}\sigma=\iint_{D}f\big(x,y,h(x,y)\big)\sqrt{1+\left(\frac{\partial h}{\partial x}\right)^2+\left(\frac{\partial h}{\partial y}\right)^2}\,\mathrm{d}x\mathrm{d}y. \tag{9.27}$$

例 9.4.4. 计算积分

$$I=\int_{\Sigma}(x+y+z)\,\mathrm{d}\sigma,$$

其中 Σ 表示上半球面 $x^2+y^2+z^2=a^2$，$z\geq 0$.

解. 对第一型曲面积分,积分的可加性仍然成立,即有

$$I=\int_{\Sigma}x\mathrm{d}\sigma+\int_{\Sigma}y\mathrm{d}\sigma+\int_{\Sigma}z\mathrm{d}\sigma.$$

考虑到球面的几何对称性和被积函数的奇偶性,不难看出

$$\int_{\Sigma}x\mathrm{d}\sigma=\int_{\Sigma}y\mathrm{d}\sigma=0.$$

注意到

$$\mathrm{d}\sigma=\sqrt{1+\left(\frac{\partial z}{\partial x}\right)^2+\left(\frac{\partial z}{\partial y}\right)^2}\,\mathrm{d}x\mathrm{d}y=\frac{a}{z}\mathrm{d}x\mathrm{d}y,$$

从而有

$$I=\int_{\Sigma}z\mathrm{d}\sigma=a\iint_{x^2+y^2\leq a^2}\mathrm{d}x\mathrm{d}y=\pi a^3.$$

□

例 9.4.5. 计算积分

$$I=\int_{\Sigma}x^2\mathrm{d}\sigma,$$

其中 Σ 表示球面 $x^2+y^2+z^2=a^2$.

解. 引进参数表示就可以应用定理9.4.2 得到积分值. 如果注意到球面的对称性, 那么

$$I=\frac{1}{3}\int_{\Sigma}(x^2+y^2+z^2)\,\mathrm{d}\sigma=\frac{a^2}{3}\int_{\Sigma}\mathrm{d}\sigma=\frac{a^2}{3}\sigma(\Sigma)=\frac{4\pi a^4}{3}.$$

□

例 9.4.6. 设半径为 R 的球面 Σ 上均匀分布着某种质量, 求其产生的引力场 $\boldsymbol{F}$.

解. 要计算空间中任意一点 $\boldsymbol{p}$ 处单位质量所受到的引力, 不妨取球心为原点, 建立 xyz 坐标系, 使得 $\boldsymbol{p}=(0,0,\ell)$. 根据球面的对称性, $\boldsymbol{F}$ 在 x 轴和 y 轴方向的分量为

$$F_x=F_y=0.$$

包含球面上一点 $\boldsymbol{r}=(x,y,z)$ 的面积元 $\mathrm{d}\sigma$ 对点 $\boldsymbol{p}$ 的引力在 z 轴方向的分量

$$\frac{z-\ell}{\left(x^2+y^2+(z-\ell)^2\right)^{3/2}}\mathrm{d}\sigma,$$

因此整个球面对点 $\boldsymbol{p}$ 的引力在 z 轴方向的分量为

$$F_z=\int_{\Sigma}\frac{z-\ell}{\left(x^2+y^2+(z-\ell)^2\right)^{3/2}}\mathrm{d}\sigma.$$

引进 Σ 的参数表示

$$x = R\sin\theta\cos\varphi,\ y = R\sin\theta\sin\varphi,\ z = R\cos\theta,$$

则第一基本量

$$E = R^2,\ F = 0,\ G = R^2\sin^2\theta.$$

于是

$$\mathrm{d}\sigma = \sqrt{EG - F^2}\mathrm{d}\theta\mathrm{d}\varphi = R^2\sin\theta\mathrm{d}\theta\mathrm{d}\varphi.$$

这样就有

$$\begin{aligned} F_z &= \int_0^{2\pi}\int_0^{\pi} \frac{(R\cos\theta - \ell)\sin\theta}{\left(R^2 - 2R\ell\cos\theta + \ell^2\right)^{3/2}} R^2\sin\theta\mathrm{d}\theta\mathrm{d}\varphi \\ &= 2\pi R^2 \int_0^{\pi} \frac{(R\cos\theta - \ell)\sin^2\theta}{\left(R^2 - 2R\ell\cos\theta + \ell^2\right)^{3/2}}\mathrm{d}\theta = 2\pi R^2 G(R), \end{aligned}$$

此处

$$G(R) = \int_0^{\pi} \frac{(R\cos\theta - \ell)\sin^2\theta}{\left(R^2 - 2R\ell\cos\theta + \ell^2\right)^{3/2}}\mathrm{d}\theta.$$

我们在重积分的应用中引力计算的例子中已经得到

$$G(R) = \begin{cases} 0, & R > \ell, \\ -\frac{2}{\ell^2}, & R < \ell. \end{cases}$$

由此可见, 当点 $\boldsymbol{p}$ 在球内, 即 $R > \ell$ 时,

$$F_z = 0,$$

即球面对其不产生引力. 而当点 $\boldsymbol{p}$ 在球外, 即 $R < \ell$ 时,

$$F_z = -\frac{4\pi R^2}{\ell^2},$$

这相当于将球面上的全部质量集中在球心处产生的引力. □

练习 9.4

1. 求下列第一类曲面积分:

   1) $\int_{\Sigma}(x + y + z)\mathrm{d}\sigma$, 其中 Σ 是左半球面 $x^2 + y^2 + z^2 = a^2$ $(y \leq 0)$;

2) $\int_{\Sigma}(x^2+y^2)\mathrm{d}\sigma$, 其中 Σ 是区域 $\sqrt{x^2+y^2}\le z\le 1$ 的边界;

3) $\int_{\Sigma}(xy+yz+zx)\mathrm{d}\sigma$, 其中 Σ 是锥面 $z=\sqrt{x^2+y^2}$ 被柱面 $x^2+y^2=2ax$ 所截的部分;

4) $\int_{\Sigma}\frac{1}{x^2+y^2+z^2}\mathrm{d}\sigma$, 其中 Σ 是圆柱面 $x^2+y^2=a^2$ 介于两平面 $z=0$, $z=H$ 之间的部分;

5) $\int_{\Sigma}z\mathrm{d}\sigma$, 其中 Σ 是一段螺旋面 $x=u\cos v,\ y=u\sin v,\ z=v,\ 0\le u\le a,\ 0\le v\le 2\pi$.

2. 求密度为 $\rho(x,y)=z$ 的抛物面

$$z=\frac{x^2+y^2}{2},\quad 0\le z\le 1$$

的质量与重心.

3.设 Σ 是单位球面 $x^2+y^2+z^2=1$. 证明

$$\int_{\Sigma}f(ax+by+cz)\,\mathrm{d}\sigma=2\pi\int_{-1}^{1}f\left(u\sqrt{a^2+b^2+c^2}\right)\mathrm{d}u,$$

其中 $a,\ b,\ c$ 是不全为零的常数, f 是 $\left[-\sqrt{a^2+b^2+c^2},\sqrt{a^2+b^2+c^2}\right]$ 上的连续函数.

9.5 第二型曲面积分

在一个空间区域 $D\subset\mathbb{R}^3$ 中有某种流动的气体或液体, 称为流体. 对每个点 $\boldsymbol{p}\in D$, 包含点 $\boldsymbol{p}$ 的小块流体也叫作流体微团, 它可以近似地看成一个运动的质点, 其速度 $\boldsymbol{U}(\boldsymbol{p})$ 定义了一个向量场 $\boldsymbol{U}:D\to\mathbb{R}^3$, 称为**流速场**. 现在假设 D 中有一片曲面 Σ, 我们要计算单位时间内从曲面一侧流到另一侧的流量.

考虑这个问题的一个特例: $\boldsymbol{U}$ 是一个常向量, 并且 Σ 是一片平行四边形. 如图 9.3 所示, 假设 $\boldsymbol{n}$ 是 Σ 的单位法向量, 它与 $\boldsymbol{U}$ 指向 Σ 的同一侧. 在单位时间内, 位于 Σ 上的流体运动到全等的平行四边形 Σ_1 处, 全体通过 Σ 的流体充满以 Σ 和 Σ_1 为一对侧面的平行六面体. 显然, 这个平行六面体的体积是 $\boldsymbol{U}\cdot\boldsymbol{n}\,\sigma(\Sigma)$.

对一般的曲面片 Σ, 将其分成 n 个小曲面片 $\Delta\Sigma_i,\ i=1,2,\cdots,n$, 每个都近似于小的平行四边形. 因此, 在单位时间内, 全体通过 Σ 的流体的体积近似等于

$$\sum_{i=1}^{n}\boldsymbol{U}(\boldsymbol{p}_i)\cdot\boldsymbol{n}_i\,\Delta\sigma_i.$$

这里 $\boldsymbol{p}_i$ 是 $\Delta\Sigma_i$ 上任取的一点, $\boldsymbol{n}_i=\boldsymbol{n}(\boldsymbol{p}_i)$ 是曲面 Σ 在点 $\boldsymbol{p}_i$ 处的单位法向量, $\Delta\sigma_i=\sigma(\Delta\Sigma_i)$ 是 $\Delta\Sigma_i$ 的面积. 于是, 在单位时间内通过 Σ 的流量就应该是

$$\lim_{\max\limits_i \operatorname{diam}\Delta\Sigma_i\to 0}\sum_{i=1}^{n}\boldsymbol{U}(\boldsymbol{p}_i)\cdot\boldsymbol{n}_i\,\Delta\sigma_i. \tag{9.28}$$

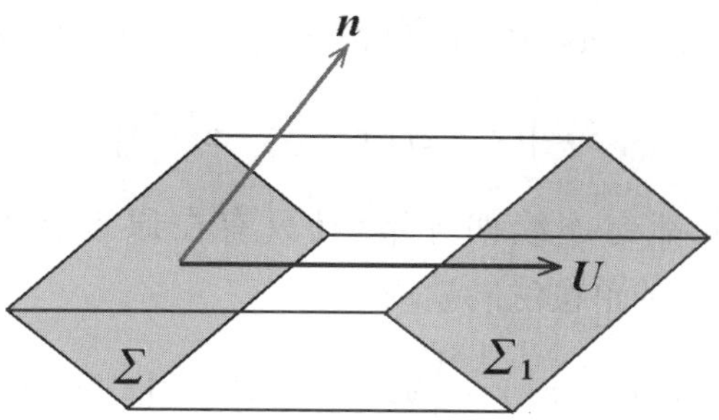

图 9.3

这个极限明显定义了某种积分的概念, 但又不同于前面我们已经引进的任何一种积分.

9.5.1 曲面的定向

为了使极限(9.28) 有意义, 我们注意到以下两点:

1°. 曲面 Σ 上每点都有确定的单位法向量, 也就是说有单位法向量场 $\boldsymbol{n}: \Sigma \to \mathbb{R}^3$;

2°. 单位法向量场 $\boldsymbol{n}: \Sigma \to \mathbb{R}^3$ 必须是连续的, 这样在 $\Delta\Sigma_i$ 上才能统一地用点 $\boldsymbol{p}_i$ 处的法向量 $\boldsymbol{n}_i$ 做近似.

对于正则曲面(9.15) 来说, $\boldsymbol{r}'_u \times \boldsymbol{r}'_v$ 处处不为零的假设, 使得两个单位法向量场

$$\pm\frac{\boldsymbol{r}'_u \times \boldsymbol{r}'_v}{\|\boldsymbol{r}'_u \times \boldsymbol{r}'_v\|}$$

都满足条件1° 和2°. 我们可以指定其中之一, 比如带正号的作为 Σ 的**正向**, 这时另一个法向量场就成为 Σ 的**负向**. 曲面 Σ 与它的正方向 $\boldsymbol{n}$ 合在一起, 记为二元组 $(\Sigma, \boldsymbol{n})$, 称为一个**有向曲面**.

对于由某个定义在区域 $\Omega \subset \mathbb{R}^3$ 上的函数 F 定义的隐式曲面

$$S: F(x, y, z) = 0, \tag{9.29}$$

我们补充以下假设: 函数 F 在区域 Ω 内有连续偏导数, 且

$$\nabla F(x, y, z) \neq \mathbf{0}, \quad (x, y, z) \in S. \tag{9.30}$$

这时, 在点 $(x, y, z) \in S$ 处, $\nabla F(x, y, z)$ 是 S 的法向量. 于是我们可以取

$$\pm\frac{\nabla F(x, y, z)}{\|\nabla F(x, y, z)\|}$$

之一, 作为 S 的正向, 使得 S 成为有向曲面.

例 9.5.1. 取 $F(x, y, z) = x^2 + y^2 + z^2 - 1$, 则 $F(x, y, z) = 0$ 是中心在原点的单位球面

$$S = \{(x, y, z) \mid x^2 + y^2 + z^2 = 1\}.$$

这时 F 在全空间 $\mathbb{R}^3$ 上都有连续偏导数, 且只有在原点 $\mathbf{0}$ 处 $\nabla F = \mathbf{0}$. 当 $(x, y, z) \in S$ 时 $\|\nabla F(x, y, z)\| = 2$, 故 S 的单位法向量场.

$$\boldsymbol{n}(x, y, z) = \pm\frac{1}{2}\nabla F(x, y, z) = \pm(x, y, z).$$

对有向曲面, 其正向所指的一侧, 称为曲面的**正侧**; 其负向所指的一侧, 称为曲面的**负侧**. 因此, 有向曲面又叫**双侧曲面**.

9.5.2 曲面的拼接

在应用中涉及的很多曲面, 例如一个立方体的表面, 无法直接表示为正则曲面或隐式曲面. 这时可以考虑将这种曲面分割成若干部分, 使得每部分都可以用正则曲面或隐式曲面来表示. 从另一方面来说, 就是用若一些正则曲面或隐式曲面, 拼接成一个更复杂的曲面. 这种做法带来了一个非常麻烦的问题: 对于由两个以上有向曲面拼接在一起得到的曲面, 怎样为其定向? 显而易见的是, 要解决这个问题, 必须对曲面的边界进行仔细的处理. 以下我们就从这项工作开始, 获得通过拼接产生的有向曲面.

我们把连续映射

$$\gamma: [0,1] \to \mathbb{R}^3$$

称为 $\mathbb{R}^3$ 中的一条道路, 也叫**曲线**. 如果当 $t_1 < t_2$ 并且 $t_1 \neq 0$ 或者 $t_2 \neq 1$ 时, 总是有 $\gamma(t_1) \neq \gamma(t_2)$, 就说曲线 γ 是**简单的**. 如果 $\gamma(0) = \gamma(1)$, 也就是说 γ 的始点 $\gamma(0)$ 和终点 $\gamma(1)$ 重合, 我们就说 γ 是一条**闭路**, 也叫**闭曲线**. 比如圆周

$$\gamma(t) = (\cos 2\pi t, \sin 2\pi t, 0), \quad t \in [0,1]$$

就是一条简单闭曲线.

以下我们提到一个曲面 Σ, 总是假设它的边界 $\partial\Sigma$ 是有限多条简单闭曲线 $\gamma_1, \cdots, \gamma_n$ 的并集, 而且这些闭曲线中的任意两条都没有公共点.

例 9.5.2. 柱面

$$S: x^2 + y^2 = 1 \ (0 \le z \le 1)$$

的边界由上下两个圆周组成,

$$\partial S = \gamma_1 \cup \gamma_n,$$

这里

$$\gamma_1(t) = (\cos 2\pi t, \sin 2\pi t, 0), \quad \gamma_2(t) = (\cos 2\pi t, \sin 2\pi t, 1), \quad t \in [0,1].$$

对空间中的简单曲线 $\gamma(t)$, 参数 t 增加和减少的方向都称为 $\gamma(t)$ 的方向. 我们可以任意指定其中之一, 称为 $\gamma(t)$ 的**正向**. 此时相反的方向就称为 $\gamma(t)$ 的**负向**. 所以每条简单曲线有两个方向. 如果指定了曲线 γ 的正向, 我们就将 γ 称为**有向曲线**.

设 Σ 是有向曲面, 其边界 $\partial\Sigma$ 是若干互不相交的简单闭曲线 $\gamma_1,\cdots,\gamma_n$ 之并, 并且每个 γ_i 都是有向曲线. 设想一个人站在 Σ 的正侧. 如果在每个 γ_i 上沿着 γ_i 的正向运动时, 曲面的内部总是位于运动者的左侧, 我们就说曲面 Σ 的定向与边界 $\partial\Sigma$ 的定向是**协调的**. 此时我们也说 $\partial\Sigma$ 具有曲面 Σ 的**诱导定向**.

以下我们所说的有向曲面, 总是将边界包含在内, 并且其边界的定向具有曲面的诱导定向. 如果两个有向曲面 Σ_1, Σ_2 仅在各自的边界上相交于一段曲线, 而这段曲线在 $\partial\Sigma_1$ 和在 $\partial\Sigma_2$ 上的定向恰好相反, 就说 Σ_1 和 Σ_2 的定向是**协调的**.

定义 9.5.3. 假设 $\Sigma_1,\cdots,\Sigma_n$ 是一组有向曲面, 其中任意两个曲面至多相交于边界上的一段曲线, 任意三个曲面至多只能相交于边界上的一点. 我们就将它们的并

$$\Sigma=\Sigma_1\cup\cdots\cup\Sigma_n$$

称为由 $\Sigma_1,\cdots,\Sigma_n$ 组成的**拼接曲面**. 如果 $\Sigma_1,\cdots,\Sigma_n$ 中任意两个有一段曲线作为公共边界的曲面, 它们的定向都是协调的, 我们就说拼接曲面 Σ 是**可定向的**. 此时, Σ 的各个部分曲面 $\Sigma_1,\cdots,\Sigma_n$ 的正向, 就称为 Σ 的**正向**.

由此, Σ 的正向所指向的一侧, 也称为 Σ 的**正侧**; 负向所指的一侧称为**负侧**. 有向的拼接曲面同样称为**双侧曲面**.

9.5.3 第二型曲面积分的定义

定义 9.5.4. 假设 $\Omega\subset\mathbb{R}^3$ 上定义了一个向量场 $\boldsymbol{F}\colon \Omega\to\mathbb{R}^3$, $\Sigma\subset\Omega$ 是一个有向曲面, $\boldsymbol{n}$ 是 Σ 的正向. 将 Σ 分成 n 个小曲面片 $\Delta\Sigma_i$, $i=1,\cdots,n$, 用 $\Delta\sigma_i$ 表示 $\Delta\Sigma_i$ 的面积. 如果极限

$$\lim_{\max\limits_i \operatorname{diam}\Delta\Sigma_i\to 0}\sum_{i=1}^{n}\boldsymbol{F}(\boldsymbol{p}_i)\cdot\boldsymbol{n}(\boldsymbol{p}_i)\,\Delta\sigma_i \tag{9.31}$$

存在且有限, 这里 $\boldsymbol{p}_i$ 是 $\Delta\Sigma_i$ 上任取的一点, 我们就称(9.31) 为向量场 $\boldsymbol{F}$ 在有向曲面 Σ 上的**第二型曲面积分**, 记为

$$\int_\Sigma \boldsymbol{F}\cdot\boldsymbol{n}\mathrm{d}\sigma \tag{9.32}$$

或者

$$\int_\Sigma \boldsymbol{F}\cdot\mathrm{d}\boldsymbol{\sigma}, \tag{9.33}$$

这里 $\mathrm{d}\boldsymbol{\sigma}=\boldsymbol{n}\mathrm{d}\sigma$, 称为 Σ 的有向面积元.

第二型曲线积分也可以用分量表示.

注记 9.5.5. 设 $\boldsymbol{F}=(P,\ Q,\ R)$，曲面正向

$$\boldsymbol{n}=\left(\cos\alpha,\ \cos\beta,\ \cos\gamma\right),$$

其中 $\alpha,\ \beta,\ \gamma$ 是向量 $\boldsymbol{n}$ 的三个方向角, 即 $\boldsymbol{n}$ 与三个坐标轴正向的夹角. 此时(9.32) 式可以写成

$$\int_{\Sigma}\left(P\cos\alpha+Q\cos\beta+R\cos\gamma\right)\mathrm{d}\sigma. \tag{9.34}$$

再记

$$\begin{aligned}\mathrm{d}y\mathrm{d}z&=\cos\alpha\mathrm{d}\sigma,\\ \mathrm{d}z\mathrm{d}x&=\cos\beta\mathrm{d}\sigma,\\ \mathrm{d}x\mathrm{d}y&=\cos\gamma\mathrm{d}\sigma,\end{aligned} \tag{9.35}$$

则(9.34) 式就可以写成更常用的形式

$$\int_{\Sigma}P\mathrm{d}y\mathrm{d}z+Q\mathrm{d}z\mathrm{d}x+R\mathrm{d}x\mathrm{d}y. \tag{9.36}$$

9.5.4 第二型曲面积分的计算

表达式(9.32) 是一个第一型曲面积分, 因此第二型曲面积分的计算原则上已经解决了. 特别地, 对正则曲面

$$\Sigma:\ \boldsymbol{r}=\boldsymbol{r}(u,v),\quad (u,v)\in\Delta,$$

其正向

$$\boldsymbol{n}=\pm\frac{\boldsymbol{r}_u'\times\boldsymbol{r}_v'}{\left\|\boldsymbol{r}_u'\times\boldsymbol{r}_v'\right\|},$$

则

$$\mathrm{d}\boldsymbol{\sigma}=\boldsymbol{n}\mathrm{d}\sigma=\pm\left(\boldsymbol{r}_u'\times\boldsymbol{r}_v'\right)\mathrm{d}u\mathrm{d}v,$$

于是

$$\int_{\Sigma}\boldsymbol{F}\cdot\boldsymbol{n}\mathrm{d}\sigma=\pm\iint_{\Delta}\boldsymbol{F}\circ\boldsymbol{r}\cdot\left(\boldsymbol{r}_u'\times\boldsymbol{r}_v'\right)\mathrm{d}u\mathrm{d}v.$$

将上式右端积分中的混合积展开, 即得

$$\pm\iint_{\Delta}\left(P\circ\boldsymbol{r}\frac{\partial(y,z)}{\partial(u,v)}+Q\circ\boldsymbol{r}\frac{\partial(z,x)}{\partial(u,v)}+R\circ\boldsymbol{r}\frac{\partial(x,y)}{\partial(u,v)}\right)\mathrm{d}u\mathrm{d}v, \tag{9.37}$$

还可以用行列式写成

$$\pm\iint_{\Delta}\begin{vmatrix} P\circ\boldsymbol{r} & Q\circ\boldsymbol{r} & R\circ\boldsymbol{r} \\ \frac{\partial x}{\partial u} & \frac{\partial y}{\partial u} & \frac{\partial z}{\partial u} \\ \frac{\partial x}{\partial v} & \frac{\partial y}{\partial v} & \frac{\partial z}{\partial v} \end{vmatrix}\mathrm{d}u\mathrm{d}v. \tag{9.38}$$

对显式曲面

$$\Sigma:\ z=f(x,y),\quad (x,y)\in D,$$

则

$$\iint_{\Sigma}P\mathrm{d}y\mathrm{d}z+Q\mathrm{d}z\mathrm{d}x+R\mathrm{d}x\mathrm{d}y=\pm\iint_{D}\left(P\frac{\partial f}{\partial x}+Q\frac{\partial f}{\partial y}+R\right)\mathrm{d}x\mathrm{d}y. \tag{9.39}$$

这里, 如果 Σ 的正向指向曲面上侧, 即 $\boldsymbol{n}$ 与 z 轴正向的夹角 γ 为锐角, 右端积分就取正号; 如果 Σ 的正向指向曲面下侧, 即 $\boldsymbol{n}$ 与 z 轴正向的夹角 γ 为钝角, 右端积分就取负号.

例 9.5.6. 计算

$$I=\iint_{\Sigma}x\mathrm{d}y\mathrm{d}z+y\mathrm{d}z\mathrm{d}x+z\mathrm{d}x\mathrm{d}y,$$

其中 Σ 是三角形 $\{(x,\ y,\ z)\mid x,y,z\geq 0,\ x+y+z=1\}$, 法向量 $\boldsymbol{n}$ 与 $(1,\ 1,\ 1)$ 同方向.

解法一. 由可加性和对称性,

$$I=3\iint_{\Sigma}z\mathrm{d}x\mathrm{d}y.$$

而

$$\iint_{\Sigma}z\mathrm{d}x\mathrm{d}y=\iint_{x,y\geq 0,\ x+y\leq 1}(1-x-y)\mathrm{d}x\mathrm{d}y$$

$$=\int_0^1\mathrm{d}x\int_0^{1-x}(1-x-y)\mathrm{d}y=\frac{1}{2}\int_0^1(1-x)^2\mathrm{d}x=\frac{1}{6}.$$

所以 $I=1/2$.

解法二. 这时 $\boldsymbol{n}=\frac{1}{\sqrt{3}}(1,\ 1,\ 1)$. 令 $\boldsymbol{F}=(x,\ y,\ z)$, 则

$$I=\int_{\Sigma}\boldsymbol{F}\cdot\boldsymbol{n}\mathrm{d}\sigma=\frac{1}{\sqrt{3}}\int_{\Sigma}(x+y+z)\mathrm{d}\sigma=\frac{1}{\sqrt{3}}\int_{\Sigma}\mathrm{d}\sigma=\frac{1}{\sqrt{3}}\sigma(\Sigma).$$

由于 Σ 是一个边长为 $\sqrt{2}$ 的等边三角形, 所以 $\sigma(\Sigma)=\sqrt{3}/2$, 仍然得到 $I=1/2$. □

例 9.5.7. 计算

$$I=\iint_{\Sigma}x\mathrm{d}y\mathrm{d}z+y\mathrm{d}z\mathrm{d}x+z\mathrm{d}x\mathrm{d}y,$$

其中 Σ 是中心在原点, 半径为 a 的球面, 取外法方向.

解. 此时 $\boldsymbol{F}=(x,\ y,\ z)$, Σ 的外法方向是

$$\boldsymbol{n}=\left(\frac{x}{a},\ \frac{y}{a},\ \frac{z}{a}\right),$$

于是

$$I=\int_\Sigma \boldsymbol{F}\cdot\boldsymbol{n}\,\mathrm{d}\sigma=\frac{1}{a}\int_\Sigma (x^2+y^2+z^2)\,\mathrm{d}\sigma=a\int_\Sigma \mathrm{d}\sigma=4\pi a^3. \qquad \square$$

例 9.5.8. 设流速场 $\boldsymbol{F}=(yz,\ zx,\ xy)$, 曲面 Σ 是圆柱体 $x^2+y^2\le a^2,\ 0\le z\le h$ 的表面. 求流速场流出 Σ 的流量.

解. 根据题意应该取 Σ 的外法方向为正向. Σ 可视为拼接曲面, 由圆柱面部分 Σ_1、下底 Σ_2 和上底 Σ_3 组成.

在 Σ_1 上, 正向

$$\boldsymbol{n}=\left(\frac{x}{a},\ \frac{y}{a},\ 0\right),$$

由对称性可知

$$\int_{\Sigma_1} \boldsymbol{F}\cdot\boldsymbol{n}\,\mathrm{d}\sigma=\frac{2}{a}\int_{\Sigma_1} xyz\,\mathrm{d}\sigma=0.$$

在 Σ_2 上, $\boldsymbol{F}=(0,\ 0,\ xy)$, $\boldsymbol{n}=(0,\ 0,\ -1)$, 故

$$\int_{\Sigma_2} \boldsymbol{F}\cdot\boldsymbol{n}\,\mathrm{d}\sigma=-\int_{\Sigma_2} xyz\,\mathrm{d}\sigma=-\int_{\Sigma_2} 0\,\mathrm{d}\sigma=0.$$

在 Σ_3 上, $\boldsymbol{F}=(hx,\ hy,\ xy)$, $\boldsymbol{n}=(0,\ 0,\ 1)$, 仍由对称性得到

$$\int_{\Sigma_3} \boldsymbol{F}\cdot\boldsymbol{n}\,\mathrm{d}\sigma=\int_{\Sigma_3} xyz\,\mathrm{d}\sigma=h\int_{\Sigma_3} xy\,\mathrm{d}\sigma=0.$$

综上所述, 可见通过 Σ 的流量为零.

练习 9.5

1. 求下列第二型曲面积分:

1) $\iint_\Sigma (x+y)\,\mathrm{d}y\mathrm{d}z+(y+z)\,\mathrm{d}z\mathrm{d}x+(z+x)\,\mathrm{d}x\mathrm{d}y$, 其中 Σ 是中心在原点, 边长为 $2h$ 的立方体 $[-h,h]\times[-h,h]\times[-h,h]$ 的表面, 方向取外侧;

2) $\iint_\Sigma yz\,\mathrm{d}z\mathrm{d}x$, 其中 Σ 是椭球面 $\dfrac{x^2}{a^2}+\dfrac{y^2}{b^2}+\dfrac{z^2}{c^2}=1$ 的上半部分, 方向取上侧;

3) $\iint_\Sigma z\,\mathrm{d}y\mathrm{d}z+x\,\mathrm{d}z\mathrm{d}x+y\,\mathrm{d}x\mathrm{d}y$, 其中 Σ 是柱面 $x^2+y^2=1$ 被平面 $z=0$ 和 $z=4$ 所截部分, 方向取外侧;

4) $\iint_{\Sigma} zx\mathrm{d}y\mathrm{d}z + 3\mathrm{d}x\mathrm{d}y$, 其中 Σ 是抛物面 $z = 4 - x^2 - y^2$ 在 $z \geq 0$ 的部分, 方向取下侧;

5) $\iint_{\Sigma} \big(f(x,y,z) + x\big)\mathrm{d}y\mathrm{d}z + \big(2f(x,y,z) + y\big)\mathrm{d}z\mathrm{d}x + \big(f(x,y,z) + z\big)\mathrm{d}x\mathrm{d}y$, 其中 $f(x,y,z)$ 为连续函数, Σ 是平面 $x - y + z = 1$ 在第四卦限的部分, 方向取上侧;

6) $\iint_{\Sigma} x^2\mathrm{d}y\mathrm{d}z + y^2\mathrm{d}z\mathrm{d}x + \left(z^2 + 5\right)\mathrm{d}x\mathrm{d}y$, 其中 Σ 是锥面 $z = \sqrt{x^2 + y^2}$ $(0 \leq z \leq h)$, 方向取下侧;

7) $\iint_{\Sigma} \dfrac{\mathrm{e}^{\sqrt{y}}}{\sqrt{z^2 + x^2}}\mathrm{d}z\mathrm{d}x$, 其中 Σ 是抛物面 $y = x^2 + z^2$ 与平面 $y = 1$ 和 $y = 2$ 所围立体的表面, 方向取外侧;

8) $\iint_{\Sigma} \dfrac{1}{x}\mathrm{d}y\mathrm{d}z + \dfrac{1}{y}\mathrm{d}z\mathrm{d}x + \dfrac{1}{z}\mathrm{d}x\mathrm{d}y$, 其中 Σ 是椭球面 $\dfrac{x^2}{a^2} + \dfrac{y^2}{b^2} + \dfrac{z^2}{c^2} = 1$, 方向取外侧.

参考文献

[1]大连理工大学应用数学系.工科数学分析[M].2版.大连：大连理工大学出版社，2008.

[2]同济大学数学系. 高等数学[M].7版.北京：高等教育出版社，2014.

[3]哈尔滨工业大学数学学院. 工科数学分析[M].6版.北京：高等教育出版社，2020.

[4]菲赫金哥尔茨.微积分学教程[M].8版.杨弢亮，叶彦谦，译.北京：高等教育出版社，2006.

[5]常庚哲，史济怀. 数学分析教程[M].3版.北京：高等教育出版社，2012.

[6]W. Rudin.数学分析原理[M].3版.赵慈庚，蒋铎译. 北京：机械工业出版社，2018.

[7]陶哲轩.陶哲轩实分析[M].3版. 李馨，译.北京：人民邮电出版社，2018.

[8]楼红卫. 数学分析：要点・难点・拓展[M].北京：高等教育出版社，2020.

部分练习的提示与答案

第 1 章

练习 1.1

3. $\mathbb{Q}^+ \subset \left\{\frac{m}{n} \;\middle|\; m \in \mathbb{Z}^+, n \in \mathbb{Z}^*\right\} = \mathbb{Q}^* = \left\{\frac{p}{q} \;\middle|\; p, q \in \mathbb{Z}^*\right\} \subset \left\{nr \;\middle|\; n \in \mathbb{N}, r \in \mathbb{Q}^*\right\} = \mathbb{Q}$.

4. $\left\{(r, s) \;\middle|\; r, s \in \mathbb{Q}\right\} = \mathbb{Q} \times \mathbb{Q} \subset \mathbb{R} \times \mathbb{R}$, $\left\{(n, x) \;\middle|\; n \in \mathbb{Z}^+, x \in \mathbb{R}\right\} = \mathbb{Z}^+ \times \mathbb{R} \subset \mathbb{R} \times \mathbb{R}$, $\left\{(x, x) \;\middle|\; x \in \mathbb{R}\right\} \subset \mathbb{R} \times \mathbb{R}$. 5. $\varnothing = \mathbb{Q}^* \cap \{0\} = \mathbb{Z} \setminus \mathbb{Q} \subset \{0\} \subset \mathbb{Q} \setminus \mathbb{R}^* \subset \mathbb{Q}$； $\{0\} \subset \mathbb{Q}^* \cup \{0\} \subset \mathbb{Q}$.

练习 1.2

7. $h \circ g \circ f(n) = 0$, 即 $h \circ g \circ f$ 是将每个自然数映到 0 的常值映射.

8. $f = g|_{\mathbb{Z}}$, 即 f 是 g 在全体整数集合 $\mathbb{Z}$ 上的限制.

练习 1.3

5. $\sup A = 1$. $\inf A = 0$.

第 2 章

练习 2.1

1\. 1) $\frac{1}{3}$； 2) 1； 3) 0； 4) 0. 2. 1) $\frac{1}{4}$； 2) 2049； 3) 1； 4) 1.

3\. 1) 是; 2) 否; 3) 是; 4) 否; 5) 是; 6) 否; 7) 是; 8) 否.

11\. 提示：用反证法, 设 $\{\sin n\}$ 收敛于 a. 我们首先证明 $a \geq 0$ 不成立. 对每个 $k \in \mathbb{N}^*$, 记闭区间 $I_k = \left[\left(2k - \frac{2}{3}\right)\pi, \left(2k - \frac{1}{3}\right)\pi\right]$, 则当 $x \in I_k$ 时, $\sin x \leq -\frac{1}{2}$. 注意 I_k 长度大于 1, 因此其中至少含有一个正整数 n_k. 根据定理2.1.21, 子列 $\{\sin n_k\}_{k=1}^{\infty}$ 同样收敛于 a. 这与所有 $\sin n_k \leq -\frac{1}{2}$ 的事实矛盾. 类似地, $a \leq 0$ 也是不可能的.

练习 2.2

2\. 1) $\frac{1}{e}$； 2) $a = \sqrt{e}$； 3) e； 4) 1. 3. 1. 4. 2.

练习 2.3

6. 1) 极限不存在; 2) 正无穷; 3) 正无穷; 4) 无穷大, 但非正无穷或负无穷; 5) 收敛于 0; 6) 负无穷; 7) 极限不存在; 8) 极限不存在.

第 3 章

练习 3.1

1. 1) 有界，但非单调; 2) 无界，严格递增; 3) 有界，严格递增; 4) 有界, 严格递减; 5) 有界, 严格递减; 6) 有界, 但非单调.

3. 1) $\bigcup\limits_{k\in\mathbb{Z}}\big(2k\pi,(2k+1)\pi\big)\Big\backslash(-1,3)$; 2) $\mathbb{R}\Bigg\backslash\Bigg((-1,3)\bigcup\Bigg\{1\pm\sqrt{4+\left(k+\dfrac{1}{2}\right)\pi}\ \Bigg|\ k\in\mathbb{Z},k\le-1\Bigg\}\Bigg)$;

3) $[-7,3)$.　6. $\dfrac{x}{\sqrt{n+x^2}}$.　7. $f^{-1}(x)=-2\sqrt{1-x^2}$, $\dfrac{\sqrt{3}}{2}<x\le1$.

练习 3.2

1. 1) $\dfrac{7}{9}$; 2) 1; 3) $\sqrt{2}$; 4) 1.　7. 1) $\dfrac{2}{5}$; 2) $\dfrac{\pi}{2}$; 3) 0.

10. 1) $a=1,\ b=-\dfrac{1}{2}$; 2) $a=-1,\ b=\dfrac{1}{2}$.　16. 1) 1; 2) $\dfrac{9}{2}$; 3) 1.

练习 3.3

1. 1) 10; 2) 2,040,200; 3) $\dfrac{7}{5}$; 4) e^{2a}; 5) 1; 6) 1; 7) $\mathrm{e}^{-\frac{x^2}{2}}$; 8) $\mathrm{e}^{-\frac{1}{4}}$.　2. $\mathrm{e}^{\frac{x}{1-x}}$.

6. 例如 $xD(x)$, 此处 $D(x)$ 为Dirichlet 函数.

9. 提示：证明可分 4 个步骤. 首先, 对 $x\in(0,1)$, 由 $f(x)=f\left(x^2\right)=\cdots=f\left(x^{2^n}\right)$ 和 $x^{2^n}\to 0\ (n\to\infty)$, 可得 $f(x)=\lim\limits_{n\to\infty}f\left(x^{2^n}\right)=f(0)$. 其次, $f(1)=\lim\limits_{x\to1^-}f(x)=f(0)$. 其三, 对 $x>1$, 由 $f(x)=f\left(\sqrt{x}\right)=\cdots=f\left(\sqrt[2^n]{x}\right)$ 和 $\sqrt[2^n]{x}\to1\ (n\to\infty)$, 可得 $f(x)=\lim\limits_{n\to\infty}f\left(\sqrt[2^n]{x}\right)=f(1)=f(0)$. 最后, 对 $x<0$, 有 $f(x)=f\left(x^2\right)=f(0)$.

12. 1) 上确界和下确界分别为 1 和 −1; 2) 无最大值或最小值;
3) 最大值和最小值分别为 $\dfrac{\mathrm{e}-\mathrm{e}^{-1}}{\mathrm{e}+\mathrm{e}^{-1}}$ 和 $-\dfrac{\mathrm{e}-\mathrm{e}^{-1}}{\mathrm{e}+\mathrm{e}^{-1}}$.

第 4 章

练习 4.1

2 (仅写出导数). 1) $12x^3-15x^2$; 2) $-\dfrac{1}{\sin^2 x}$; 3) $-\dfrac{1}{1+x^2}$; 4) $\cot x$;

5) $\dfrac{c(ad-bc)}{a(cx+d)^2}\ (ac\ne0)$, $-\dfrac{bc}{(cx+d)^2}\ (a=0,\ c\ne0)$, $\dfrac{a}{d}\ (c=0,\ d\ne0)$; 6) $2^{\sin x}\cos x\ln 2$;

7) $\dfrac{2x}{x^4+2x^2+2}$； 8) $\dfrac{1}{4\sqrt{x\left(1+\sqrt{x}\right)}}$； 9) $\dfrac{1}{\sqrt{x^2+1}}$； 10) $\dfrac{1}{x\ln x}$； 11) $-\mathrm{e}^{-x^2}(\sin x+2x\cos x)$；

12) $x^x(\ln x+1)$； 13) $x^{\sin x}\left(\cos x\ln x+\dfrac{\sin x}{x}\right)$； 14) $(\cos\sin x)\cos x$；

15) $\dfrac{\sqrt{a^2-b^2}}{a+b\sin x}$ (当 $(a+b\sin x)\cos x>0$)， $-\dfrac{\sqrt{a^2-b^2}}{a+b\sin x}$ (当 $(a+b\sin x)\cos x<0$).

3. 1) $g'\left(g(x)\right)g'(x)$； 2) $g'\left(x+g(x)\right)\left(1+g'(x)\right)$； 3) $g'\left(xg(x)\right)\left(g(x)+xg'(x)\right)$；

4) $g'\left(g(x)^x\right)g(x)^x\left(\ln g(x)+\dfrac{xg'(x)}{g(x)}\right)$； 5) $g'(x\sin x)(\sin x+x\cos x)$；

6) $g'(x\sinh x)(\sinh x+x\cosh x)$. 4. $y'\left(\dfrac{\pi}{2}-1\right)=2$，$y'(\pi)=\dfrac{1}{2}$.

9. 1) $\dfrac{nx^{n+1}-(n+1)x^n+1}{(1-x)^2}$； 2) $\dfrac{n}{2^n}-\dfrac{n+1}{2^{n-1}}+2$. 11. $\mathrm{e}^{f(a)^{-1}f'(a)}$.

练习 4.2

1. $x=-1, 0, 1$ 都是驻点，$x=0$ 是极小值点，$x=-1$ 是极大值点.

9. 提示：考虑函数 $\mathrm{e}^x f(x)$.

练习 4.3

1. 1) $+\infty$ (当 $\mu\le 0$)，0 (当 $\mu>0$)； 2) 0； 3) 1； 4) $\dfrac{1}{2}$； 5) 1； 6) e^{-2}； 7) 1； 8) $-\dfrac{1}{2}$.

练习 4.4

1. 1) $\dfrac{\sin x}{\cos^4 x}$； 2) $-\dfrac{1}{x^2}$； 3) $-8\cos 2x$； 4) $\left(6-x^2\right)\cos x-6x^2\sin x$； 5) $\left(4x^2-2\right)\mathrm{e}^{-x^2}$；

6) $2^{-10}\cdot 17!!\,(39-x)(1-x)^{-21/2}$.

2. $y^{(n)}(0)=0$ (当 n 为偶数)，$y^{(n)}(0)=\left((n-1)!!\right)^2$ (当 n 为奇数).

6. 1) $x+\dfrac{1}{3}x^3+\dfrac{2}{15}x^5+o\left(x^6\right)$； 2) $x-\dfrac{x^3}{3}+\dfrac{x^5}{5}+o\left(x^6\right)$；

3) $1-\dfrac{1}{2\cdot 1!}x+\dfrac{3!!}{2^2\cdot 2!}x^2-\dfrac{5!!}{2^3\cdot 3!}x^3+\dfrac{7!!}{2^4\cdot 4!}x^4-\dfrac{9!!}{2^5\cdot 5!}x^5+o\left(x^5\right)$.

7. 1) $\dfrac{1}{3}$； 2) $\dfrac{1}{3}$； 3) $\dfrac{1}{2}$. 8. 0.540302306，1.648721271.

11. 提示：将 $f\left(\dfrac{a+b}{2}\right)$ 分别在点 $x=a$ 和 $x=b$ 处展开，得到

$$f\left(\frac{a+b}{2}\right)=f(a)+\frac{f''(\xi_1)}{2}\left(\frac{a+b}{2}-a\right)^2,\quad f\left(\frac{a+b}{2}\right)=f(b)+\frac{f''(\xi_2)}{2}\left(\frac{a+b}{2}-b\right)^2,$$

于是

$$\left|f(b)-f(a)\right|=\frac{1}{2}\left(\frac{b-a}{2}\right)^2\left|f''(\xi_1)-f''(\xi_2)\right|\le\frac{(b-a)^2}{8}\left(\left|f''(\xi_1)\right|+\left|f''(\xi_2)\right|\right)\le\frac{(b-a)^2}{4}\left(\left|f''(\xi)\right|,\right.$$

这里 ξ 是 ξ_1 和 ξ_2 中使得 $|f''|$ 的值较大的那一个.

12. 提示：分别将 $f(x+1)$ 和 $f(x+2)$ 在点 x 处展开, 得到的等式可以把 $f'(x)$ 和 $f''(x)$ 用 f 和 f''' 的函数值表示出来.

14. 1) $-3, 0, 9$；2) $\dfrac{9}{2}$.

练习 4.5

4. 1) $f(-1)=-\dfrac{1}{2}$，$f(1)=\dfrac{1}{2}$；2) $f(1)=0$，$f\left(e^2\right)=4e^{-2}$.

5. 1) 最大值 $f(0)=0$，无最小值；2) 最小值 $f\left(e^{-2}\right)=-\dfrac{2}{e}$，无最大值.

7. 1.　9. 1) 垂直渐近线 $x=-1$，斜渐近线 $y=x-3$；2) 水平渐近线 $y=0$.

11. 提示：首先证明 f 在 $[0,1]$ 上是常数.

第 5 章

练习 5.1

1 (省略了任意常数). 1) $x+\dfrac{x^4}{2}+\dfrac{x^7}{7}$；2) $\cosh x$；3) $\dfrac{2^{-x}}{3\ln 2}-\dfrac{2}{\ln 3}3^{-x}$；

4) 当 $a\neq b$ 时 $\dfrac{1}{b-a}\ln\dfrac{x+a}{x+b}$，当 $a=b$ 时 $-\dfrac{1}{x+a}$；5) $\dfrac{x^3}{3}-\dfrac{x^2}{2}+x-\ln(x+1)$；6) $\dfrac{x}{2}+\dfrac{\sin 2x}{4}$；

7) $\tan\dfrac{x}{2}$；8) $\dfrac{1}{2\sqrt{3}}\arctan\left(\dfrac{\sqrt{3}}{2}x\right)$；9) $-\ln\left(1+e^{-x}\right)$；10) $\dfrac{x^3}{3}-x+\arctan x$；

11) $x\arctan x-\dfrac{1}{2}\ln\left(1+x^2\right)$；12) $x\arcsin x+\sqrt{1-x^2}$；13) $x\ln\left(x+\sqrt{1+x^2}\right)-\sqrt{1+x^2}$；

14) $\dfrac{2}{27}x\sqrt{x}\left(9\ln^2 x-12\ln x+8\right)$；15) $e^x\left(x^2-2x+2\right)$；16) $\ln\ln\ln x$；

17) $\dfrac{1}{2\sqrt{3}}\ln\dfrac{2+\cos x+\sqrt{3}\sin x}{2+\cos x-\sqrt{3}\sin x}$；18) $\ln\left(x+\sqrt{x^2+a^2}\right)$.

2. 1) $f(x)=2\sqrt{x}+C$；2) $g(x)=-\dfrac{x^2}{2}+x+C$.

3. $\dfrac{1}{4(x-1)}-\dfrac{x+1}{2\left(x^2+1\right)^2}-\dfrac{x+1}{4\left(x^2+1\right)}$，$\dfrac{1}{8}\ln\dfrac{(x-1)^2}{x^2+1}-\dfrac{x-1}{4\left(x^2+1\right)}-\dfrac{1}{2}\arctan x+C$.

练习 5.2

1. 1) $\dfrac{\pi}{8}(b-a)^2$；2) 1；3) 0.

2. 1) $\displaystyle\int_0^1 x^2\mathrm{d}x>\int_0^1 x^3\mathrm{d}x$；2) $\displaystyle\int_0^1 e^x\mathrm{d}x>\int_0^1\left(1+x+\frac{x^2}{2!}+\cdots+\frac{x^n}{n!}\right)\mathrm{d}x$.

练习 5.3

1. 1) $\frac{\pi}{2}$; 2) $\left(\cos x + x\sin x\right)\Big|_a^b$; 3) $\sqrt{2}\ln\left(2+\sqrt{2}\right)-2+\sqrt{2}$; 4) $-\frac{1}{(n+1)^2}$; 5) $2-\frac{\pi}{2}$; 6) 0.

2. 1) $\frac{\pi}{4}$; 2) $\frac{1}{2}$. 4. 1) $3x^2\mathrm{e}^{x^3}$; 2) $-2\sin\left(1+4x^2\right)$; 3) $\frac{2x}{1+x^2}-\frac{1}{1+x}$.

7. 提示：作变换 $t=-x$, 得到 $I=\int_{-1}^{1} x\left(1-x^{2m+1}\right)\left(\mathrm{e}^x-\mathrm{e}^{-x}\right)\mathrm{d}x$, 再与原式相加. 最后得 $I=4\left(1-\frac{1}{\mathrm{e}}\right)$.

8. 提示：$\int_0^{\frac{\pi}{2}}\sin^n x\mathrm{d}x=\int_0^{\frac{\pi}{2}-\delta}\sin^n x\mathrm{d}x+\int_{\frac{\pi}{2}-\delta}^{\frac{\pi}{2}}\sin^n x\mathrm{d}x<\int_0^{\frac{\pi}{2}-\delta}\sin^n\left(\frac{\pi}{2}-\delta\right)\mathrm{d}x+\delta$.

练习 5.4

1. 1) $4\sqrt{6}$; 2) $\frac{1}{6}$; 3) $\frac{3\pi}{2}a^2$. 2. $\frac{3\pi}{10}$. 3. $4\pi g r^4$. 4. $12\pi g$. 5. $\int_a^b\sqrt{1+f'(x)^2}dx$.

练习 5.5

1. 1) 2; 2) ln2; 3) $\frac{1}{\ln 2}$; 4) 1; 5) $\frac{1}{2}$; 6) π. 5. $-\frac{\pi}{2}\ln 2$. 6. $\frac{\pi\rho}{a}$.

第 6 章

练习 6.1

7. $A'=A\bigcup\left\{(0,\ y)\,\middle|\,-1\le y\le 1\right\}$.

练习 6.2

2. 1) 1; 2) 0; 3) 不存在; 4) 0; 5) 0.

练习 6.3

1. 1) 连续点集为 $\left\{(x,\ y)\,\middle|\,x^2+y^2>0\right\}$，间断点集为 $\{(0,\ 0)\}$;

2) 连续点集为 $\left\{(x,\ y)\,\middle|\,y\ne 0\right\}\bigcup\{(0,\ 0)\}$，间断点集为 $\left\{(x,\ 0)\,\middle|\,x\ne 0\right\}$.

第 7 章

练习 7.1

1. 1) $\frac{\partial f}{\partial x}=2x$, $\frac{\partial f}{\partial y}=2y$. 2) $\frac{\partial f}{\partial x}=\mathrm{e}^{xyz}\left(1+xyz+2y^2z+3yz^2\right)$,

$\frac{\partial f}{\partial y}=\mathrm{e}^{xyz}\left(2+x^2z+2xyz+3xz^2\right)$, $\frac{\partial f}{\partial z}=\mathrm{e}^{xyz}\left(3+x^2y+2xy^2+3xyz\right)$.

4. 1) $e^3dx+\left(1+e^3\right)dy$; 2) $\dfrac{1}{\sqrt{a_1^2+\cdots+a_n^2}}\sum_{k=1}^{n}a_k dx_k$.

6. 1) $\left(y^2z^3,\ 2xyz^3,\ 3xy^2z^2\right)$; 2) $\left(\dfrac{a_1}{\sqrt{a_1^2+\cdots+a_n^2}},\cdots,\dfrac{a_n}{\sqrt{a_1^2+\cdots+a_n^2}}\right)$.

7. 1) $\begin{pmatrix}-2x & z & y\\ y & x & -2z\end{pmatrix}$; 2) $\begin{pmatrix}\cos\theta & -r\sin\theta\\ \sin\theta & r\cos\theta\end{pmatrix}$.

8. $\left(\dfrac{\partial f}{\partial \xi}(x+y,xy)+y\dfrac{\partial f}{\partial \zeta}(x+y,xy),\ \dfrac{\partial f}{\partial \xi}(x+y,xy)+x\dfrac{\partial f}{\partial \zeta}(x+y,xy)\right)$,

其中 $\xi=x+y,\ \zeta=xy$.

练习 7.2

1. $f_x'=\dfrac{y^2z^3}{\cos z-3xy^2z^2}$, $f_x'=\dfrac{2xyz^3}{\cos z-3xy^2z^2}$. 2. $\dfrac{\partial f}{\partial x}-\dfrac{\partial f}{\partial y}\dfrac{\partial g}{\partial x}\left(\dfrac{\partial g}{\partial y}\right)^{-1}$.

3. $\dfrac{dy}{dx}=\dfrac{z-x}{y-z},\ \dfrac{dz}{dx}=\dfrac{y-x}{z-y}$. 4. $\begin{pmatrix}0 & 0\\ 0 & 0\\ -1 & 0\end{pmatrix}$. 5. $\begin{pmatrix}\frac{1}{2x} & 0\\ \frac{y}{2x^2} & x\end{pmatrix}$.

练习 7.3

1. $\dfrac{\partial^2 z}{\partial x^2}=\dfrac{-2x^2+2y^2}{\left(x^2+y^2\right)^2}$, $\dfrac{\partial^2 z}{\partial x\partial y}=\dfrac{-4xy}{\left(x^2+y^2\right)^2}$, $\dfrac{\partial^2 z}{\partial y^2}=\dfrac{2x^2-2y^2}{\left(x^2+y^2\right)^2}$;

$\dfrac{\partial^2 u}{\partial x^2}=-y^2z^2\sin(xyz)$, $\dfrac{\partial^2 u}{\partial x\partial y}=z\cos(xyz)-xyz^2\sin(xyz)$,

$\dfrac{\partial^2 u}{\partial x\partial z}=y\cos(xyz)-xy^2z\sin(xyz)$, $\dfrac{\partial^2 u}{\partial y^2}=-x^2z^2\sin(xyz)$,

$\dfrac{\partial^2 u}{\partial y\partial z}=x\cos(xyz)-x^2yz\sin(xyz)$, $\dfrac{\partial^2 u}{\partial z^2}=-x^2y^2\sin(xyz)$.

4. 极大值 $f(0,0)=0$，极小值 $f\left(\pm\dfrac{\sqrt{2}}{2},\pm1\right)=-\dfrac{3}{2}$. 5. 极大值 $f\left(\dfrac{\pi}{3},\dfrac{\pi}{6}\right)=\dfrac{3\sqrt{3}}{2}$.

6. $f\left(1,\sqrt{2},\sqrt{3}\right)=\ln\left(6\sqrt{3}\right)$. 7. $\dfrac{3\sqrt{3}}{4}$.

第 8 章

练习 8.1

2. 提示：考虑 Ω 中连接 f 的最大值点和最小值点的道路.

3. 1) $\dfrac{\pi}{12}$; 2) 0; 3) $\dfrac{8}{15}$; 4) $\dfrac{32}{21}$; 5) $e-\dfrac{1}{e}$. 4. $f(a,c)-f(a,d)-f(b,c)+f(b,d)$.

5. 1) $\displaystyle\int_0^2 dy\int_{\frac{y}{2}}^{y} f(x,y)dx+\int_2^4 dy\int_{\frac{y}{2}}^{2} f(x,y)dx$;

2) $\displaystyle\int_{-1}^0 dy\int_{-\sqrt{1-y^2}}^{\sqrt{1-y^2}} f(x,y)dx+\int_0^1 dy\int_{-\sqrt{1-y}}^{\sqrt{1-y}} f(x,y)dx$. 6. $1-\sin 1$. 9. $\dfrac{32}{3}$.

练习 8.2

1. $\dfrac{1}{8}$. 4. $\dfrac{n}{3}$. 5. $\dfrac{1}{2^n n!}$.

练习 8.3

1. 1) π; 2) 8π; 3) $\dfrac{59}{480}\pi a^5$. 2. $\dfrac{\pi}{6}\left(7-4\sqrt{2}\right)$. 3. $\dfrac{4}{3}\pi abc$. 4. $\dfrac{a^3}{6}$.

练习 8.4

4. $\dfrac{11}{8}\pi^2$.

练习 8.5

1. 1) $\left(0,\dfrac{4b}{3\pi}\right)$; 2) 设平面直角坐标系使长 b 的底边在 $x-$ 轴上, 中点为原点, 长 a 的底边在直线 $y=h$ 上. 则质心为 $\left(0,\dfrac{b+2a}{3(a+b)}h\right)$. 3. $\left(0,\ 0,\ 2\pi(\sqrt{10}-\sqrt{2}-2)\mu\right)$.

第 9 章

练习 9.1

1. (1) $1+\sqrt{2}$; (2) 4; (3) $4a^{4/3}$; (4) $\dfrac{16\sqrt{2}}{143}$; (5) $\sqrt{a^2+b^2}\left(2a^2\pi+\dfrac{8\pi^3 b^2}{3}\right)$; (6) $-\pi$.

2. $$m=\begin{cases} 2b^2+\dfrac{2a^2b}{\sqrt{a^2-b^2}}\arcsin\dfrac{\sqrt{a^2-b^2}}{a}, & \text{当 } a>b;\\ 4a^2, & \text{当 } a=b;\\ 2b^2+\dfrac{2a^2b}{\sqrt{b^2-a^2}}\ln\dfrac{b+\sqrt{b^2-a^2}}{a}, & \text{当 } a<b. \end{cases}$$

练习 9.2

1. (1) 2; (2) $-\dfrac{14}{15}$; (3) -2π; (4) 13; (5) $-\sqrt{2}\pi a^2$. 4. $-\dfrac{8}{15}$.

练习 9.3

1. (1) $\dfrac{2\pi}{3a^2}\left(\sqrt{\left(1+a^4\right)^3}-1\right)$; (2) $8\sqrt{3}\pi a^2$; (3) $\left(2-\sqrt{2}\right)\pi a^2$; (4) $2a^2$. (5) $\dfrac{20-3\pi}{9}a^2$; (6) $4\pi^2 ab$.

练习 9.4

1. (1) $-\pi a^3$; (2) $\dfrac{1+\sqrt{2}}{2}\pi$; (3) $\dfrac{64}{15}\sqrt{2}a^4$; (4) $2\pi\arctan\dfrac{H}{a}$; (5) $\pi^2\left(a\sqrt{1+a^2}+\ln\left(a+\sqrt{1+a^2}\right)\right)$.

2. 质量 $M=\dfrac{12\sqrt{3}+2}{15}\pi$. 重心为 $\left(0,0,\dfrac{596-45\sqrt{3}}{749}\right)$.

3. 提示：保持原点不动, 将 xyz 坐标系旋转成 uvw 坐标系, 使得 xyz 坐标系中的方向 $\dfrac{1}{\sqrt{a^2+b^2+c^2}}(a,b,c)$ 成为 u 坐标轴的正向, 则 $ax+by+cz=\sqrt{a^2+b^2+c^2}u$. 注意旋转变换保持两点之间距离不变, 因此球面上的面积元也不变. 于是

$$\int_{\Sigma} f\left(ax+by+cz\right)\mathrm{d}\sigma=\int_{\Sigma} f\left(\sqrt{a^2+b^2+c^2}u\right)\mathrm{d}\sigma.$$

再用球坐标变换计算右端的积分.

练习 9.5

1. (1) $24h^3$; (2) $\dfrac{\pi}{4}abc^2$; (3) 0; (4) $-\dfrac{68}{3}\pi$; (5) $\dfrac{1}{2}$; (6) $-\dfrac{\pi}{2}\left(h^4+10h^2\right)$; (7) $2\mathrm{e}^{\sqrt{2}}\left(\sqrt{2}-1\right)\pi$; (8) $\dfrac{4\pi}{abc}\left(a^2b^2+b^2c^2+c^2a^2\right)$.